Werkzeugmaschinen 3

T0255251

Lizenz zum Wissen.

Sichern Sie sich umfassendes Technikwissen mit Sofortzugriff auf tausende Fachbücher und Fachzeitschriften aus den Bereichen: Automobiltechnik, Maschinenbau, Energie + Umwelt, E-Technik, Informatik + IT und Bauwesen.

Exklusiv für Leser von Springer-Fachbüchern: Testen Sie Springer für Professionals 30 Tage unverbindlich. Nutzen Sie dazu im Bestellverlauf Ihren persönlichen Aktionscode C0005406 auf
www.springerprofessional.de/buchaktion/

Jetzt 30 Tage testen!

Springer für Professionals.
Digitale Fachbibliothek. Themen-Scout. Knowledge-Manager.

- Zugriff auf tausende von Fachbüchern und Fachzeitschriften
- Selektion, Komprimierung und Verknüpfung relevanter Themen durch Fachredaktionen
- Tools zur persönlichen Wissensorganisation und Vernetzung

www.entschieden-intelligenter.de

Springer für Professionals

Manfred Weck • Christian Brecher

Werkzeugmaschinen 3

Mechatronische Systeme, Vorschubantriebe, Prozessdiagnose

6. Auflage

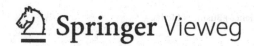 Springer Vieweg

Manfred Weck
Produktionstechnologie (IPT)
Fraunhofer Institut für
 Produktionstechnologie (IPT)
Aachen, Deutschland

Christian Brecher
WZL Laboratorium für Werkzeugmaschinen
 und Betriebslehre
Aachen, Deutschland

ISBN 978-3-540-22506-5 (Hardcover)
ISBN 978-3-642-38746-3 (Softcover)
DOI 10.1007/ 978-3-540-32506-2

ISBN 978-3-540-32506-2 (eBook)

Die Deutsche Nationalbibliothek verzeichnet diese Publikation in der Deutschen Nationalbibliografie; detaillierte bibliografische Daten sind im Internet über http://dnb.d-nb.de abrufbar.

Springer Vieweg
© Springer-Verlag Berlin Heidelberg 1995, 2001, 2006

Das Werk einschließlich aller seiner Teile ist urheberrechtlich geschützt. Jede Verwertung, die nicht ausdrücklich vom Urheberrechtsgesetz zugelassen ist, bedarf der vorherigen Zustimmung des Verlags. Das gilt insbesondere für Vervielfältigungen, Bearbeitungen, Übersetzungen, Mikroverfilmungen und die Einspeicherung und Verarbeitung in elektronischen Systemen.

Die Wiedergabe von Gebrauchsnamen, Handelsnamen, Warenbezeichnungen usw. in diesem Werk berechtigt auch ohne besondere Kennzeichnung nicht zu der Annahme, dass solche Namen im Sinne der Warenzeichen- und Markenschutz-Gesetzgebung als frei zu betrachten wären und daher von jedermann benutzt werden dürften.

Gedruckt auf säurefreiem und chlorfrei gebleichtem Papier

Springer Vieweg ist eine Marke von Springer DE.
Springer DE ist Teil der Fachverlagsgruppe Springer Science+Business Media.
www.springer-vieweg.de

Überblick über Dateien Deutsch-Russisch

Zu den bei Springer veröffentlichten Werken Werkzeugmaschinen 1 bis 5 existiert eine Kurzfassung in russischer Sprache, die den interessierten Lesern verfügbar gemacht werden soll. Inhalte der russischen Kurzfassung orientieren sich an Inhalten der Vorlesungen im Fach Werkzeugmaschinen an der Rheinisch-Westfälischen Technischen Hochschule in Aachen. Die Inhalte sind verfügbar auf http://extras.springer.com.

Die Vorlesung ist in 12 Abschnitte gegliedert:

1 Einführung in Werkzeugmaschinen, Umformmaschinen
1 Обзор станков и оборудования, станки для обработки металлов давлением

2 Spanende Werkzeugmaschinen mit Werkzeugen mit geometrisch bestimmten und unbestimmten Schneiden, Verzahnmaschinen
2 Станки для обработки инструментом с геометрически определенными и неопределенными режущими кромками, станки для обработки зубчатых колес

3 Auslegung und Konstruktion von Gestellen und Gestellbauteilen
3 Расчет и конструирование структурных компонентов

4 Simulation, FEM, MKS, Aufstellung und Fundamentierung
4 Симуляция, МКЭ, МТМ, расчет фундаментов

5 Hydrodynamische Gleitführungen und Gleitlager, hydrostatische und aerostatische Gleitlager, Magnetlager
5 Гидродинамические, гидро- и аэростатические, элетромагнитные подшипники инаправляющие

6 Führungen, Lager und Gewindetriebe
6 Направляющие, подшипники, винтовые передачи

7 Geometrische und kinematische Genauigkeit
7 Геометрическая и кинематическая точность

8 Steifigkeit, Temperatur und Lärm
8 Жесткость, температура и шум

9 Dynamik von Werkzeugmaschinen
9 Динамика станков

10 Motoren und Umrichter
10 Двигатели и преобразователи частот

11 Aufbau von Vorschubantrieben, Positionsmesssysteme und Regelung
11 Конструкция приводов, системы позиционирования и управление

12 Logik- und numerische Steuerungen, NC-Programmierung
12 Логическое и числовое управление, программы ЧПУ

Vorwort
zum Kompendium „Werkzeugmaschinen Fertigungssysteme"

Werkzeugmaschinen zählen zu den bedeutendsten Produktionsmitteln der metallverarbeitenden Industrie. Ohne die Entwicklung dieser Maschinengattung wäre der heutige hohe Lebensstandard der Industrienationen nicht denkbar. Die Bundesrepublik Deutschland nimmt bei der Werkzeugmaschinenproduktion eine führende Stellung in der Welt ein. Innerhalb der Bundesrepublik Deutschland entfallen auf den Werkzeugmaschinenbau etwa 8% des Produktionsvolumens des gesamten Maschinenbaus; 8% der Beschäftigten des Maschinenbaus sind im Werkzeugmaschinenbau tätig.

So vielfältig wie das Einsatzgebiet der Werkzeugmaschinen ist auch ihre konstruktive Gestalt und ihr Automatisierungsgrad. Entsprechend den technologischen Verfahren reicht das weitgespannte Feld von den urformenden und umformenden über die trennenden Werkzeugmaschinen (wie spanende und abtragende Werkzeugmaschinen) bis hin zu den Fügemaschinen. In Abhängigkeit von den zu bearbeitenden Werkstücken und Losgrößen haben diese Maschinen einen unterschiedlichen Automatisierungsgrad mit einer mehr oder weniger großen Flexibilität. So werden Einzweck- und Sonderwerkzeugmaschinen ebenso wie Universalmaschinen mit umfangreichen Einsatzmöglichkeiten auf dem Markt angeboten.

Aufgrund der gestiegenen Leistungs- und Genauigkeitsanforderungen hat der Konstrukteur dieser Maschinen eine optimale Auslegung der einzelnen Maschinenkomponenten sicherzustellen. Hierzu benötigt er umfassende Kenntnisse über die Zusammenhänge der physikalischen Eigenschaften der Bauteile und der Maschinenelemente. Eine umfangreiche Programmbibliothek versetzt den Konstrukteur heute in die Lage, die Auslegungen rechnerunterstützt vorzunehmen. Messtechnische Analysen und objektive Beurteilungsverfahren eröffnen die Möglichkeit, die leistungs- und genauigkeitsbestimmenden Kriterien, wie die geometrischen, kinematischen, statischen, dynamischen, thermischen und akustischen Eigenschaften der Maschine, zu erfassen und nötige Verbesserungen gezielt einzuleiten.

Die stetige Tendenz zur Automatisierung der Werkzeugmaschinen hat zu einem breiten Fächer von Steuerungsalternativen geführt. In den letzten Jahren nahm die Entwicklung der Elektrotechnik/Elektronik sowie der Softwaretechnologie entscheidenden Einfluss auf die Maschinensteuerungen. Mikroprozessoren und Prozessrechner ermöglichen steuerungstechnische Lösungen, die vorher nicht denkbar waren. Die Mechanisierungs- und Automatisierungsbestrebungen beziehen auch den Materialtransport und die Maschinenbeschickung mit ein. Die Überlegungen auf diesem Gebiet führten in der Massenproduktion zu Transferstraßen und in der Klein- und Mittelserienfertigung zu flexiblen Transferstraßen und flexiblen Fertigungszellen und -systemen.

Die in dieser Buchreihe erschienenen fünf Bände zum Thema „Werkzeugmaschinen Fertigungssysteme" wenden sich sowohl an die Studierenden der Fachrichtung „Fertigungstechnik" als auch an alle Fachleute aus der Praxis, die sich in die immer komplexer werdende Materie dieses Maschinenbauzweiges einarbeiten müssen. Außerdem verfolgen diese Bände das Ziel, dem Anwender bei der Auswahl der geeigneten Maschinen einschließlich der Steuerungen zu helfen. Dem Maschinenhersteller werden Wege für eine optimale Auslegung der Maschinenbauteile, der Antriebe und der Steuerungen sowie Möglichkeiten zur gezielten Verbesserung aufgrund messtechnischer Analysen und objektiver Beurteilungsverfahren aufgezeigt.

Der Inhalt des Gesamtwerkes lehnt sich eng an die Vorlesung „Werkzeugmaschinen" an der Rheinisch-Westfälischen Technischen Hochschule Aachen an und ist wie folgt gegliedert:

Band 1:   Maschinenarten, Bauformen und Anwendungsbereiche,
Band 2:   Konstruktion und Berechnung,
Band 3:   Mechatronische Systeme, Vorschubantriebe und Prozessdiagnose,
Band 4:   Automatisierung von Maschinen und Anlagen,
Band 5:   Messtechnische Untersuchung und Beurteilung.

Aachen, im Juli 2005   *Manfred Weck, Christian Brecher*

Vorwort zum Band 3

Der vorliegende Band 3 soll dem Leser einen Einblick in die Steuerungs- und Automatisierungstechnik von Werkzeugmaschinen geben. Der Schwerpunkt liegt einerseits in der Darstellung von Lösungen, die sich seit langem in der Praxis bewährt haben, andererseits in der Vorstellung neuester Entwicklungen, die erst durch die Fortschritte in der modernen Halbleitertechnologie, den Einsatz von Mikroprozessoren und neuerdings der steigenden Nutzung von Internettechnologien ermöglicht wurden.

Schon in der 4. Auflage ließ sich die stetig komplexer werdende Thematik nicht mehr in einem einzigen Band darstellen. In der fünften Auflage ist daher der Stoff neu gegliedert worden, so dass zwei eigenständige Bände entstanden sind.

Band 3 beschäftigt sich mit den mechatronischen Komponenten zur Erzeugung hochdynamischer Antriebsbewegungen der Werkzeugmaschinen, wobei ihre mechanische und regelungstechnische Auslegung im Vordergrund steht. Bei komplexen und hochautomatischen Maschinen wird die Diagnose von Maschinen- und Prozesszuständen zunehmend bedeutsamer. Messtechnische Signalerfassung, -verarbeitung und -interpretation werden detailliert für viele praktische Anwendungsfälle dargestellt.

Zu den wichtigsten Komponenten moderner Werkzeugmaschinen zählen ihre hochdynamischen Vorschubantriebe. Die hohe Produktvielfalt, die durch die großen Schnittgeschwindigkeiten mit den heutigen Werkzeug-Hartstoffen erreicht wird, verlangt von den Vorschubantrieben eine enorme Dynamik, damit die Abweichungen der Werkstückmaße bei den hohen Geschwindigkeiten und Beschleunigungen der Achsbewegung innerhalb der vorgegebenen Toleranzen bleiben.

Nach einer kurzen Einleitung und Klärung des Begriffs „mechatronische Systeme" (Kapitel 1) beschäftigt sich Kapitel 2 mit dem prinzipiellen Aufbau einer Vorschubachse. Neben den Motoren und mechanischen Übertragungselementen wird besonders auf die Umrichter, sowie die Positionsmesssysteme eingegangen.

Darauf aufbauend wird in Kapitel 3 das dynamische Verhalten von Vorschubachsen analysiert. Nach den einleitenden regelungstechnischen Grundlagen werden die optimale Auslegung des Reglers und das Zusammenspiel mehrerer Achsen bei der Werkstückerstellung behandelt.

Die Regelbandbreite wird häufig durch das Übertragungsverhalten der mechanischen Komponenten und durch das Messsystem begrenzt, sodass diese Thematik einer intensiven Betrachtung unterzogen wird. Auf eine messtechnische Bewertung

der Vorschubantriebe hinsichtlich ihrer dynamischen Steifigkeit, d.h. ihrer Empfindlichkeit auf Prozesskraftsignale, wird nachfolgend eingegangen.

In Kapitel 4 wird die Geschwindigkeitsführung zur Bahnerzeugung erläutert.
Schwerpunkt dieses Kapitels sind das Folgeverhalten sowie die diversen Arten von
Bahnabweichungen und deren Vermeidung.

In Kapitel 5 werden beispielhaft die einzelnen Schritte der Auslegung der mechanischen Komponenten sowie die Auswahl von Motor und Messsystem vollzo-
gen, wobei häufig erst durch Iterationsrechnungen ein tragbarer Kompromiss zwischen massearmem Leichtbau zur Erreichung der geforderten Dynamik und ausreichender Steifigkeit gefunden wird.

Durch die hohe Belastung wichtiger Komponenten wie Hauptspindeln, Vorschubantrieben und Werkzeugen ist eine Maschinen- und Prozessdiagnose von großer
Bedeutung. Dies wird dadurch noch verstärkt, dass die Anlagen vielfach ohne oder
nur mit geringer Aufsicht durch den Maschinenbediener gefahren werden.

Kapitel 6 befasst sich daher sehr umfassend mit dieser Thematik. Da in fast allen Fällen die eigentlichen Kennwerte (Abnutzung, Verschleiß usw.) messtechnisch
nicht direkt erfasst werden können, werden indirekte Verfahren angewandt. Hierbei
werden die Auswirkungen (Kräfte, Schwingungen, Temperatur) gemessen und über
Modelle auf die interessanten Kenngrößen zurückgeführt.

Neben einer sorgfältigen und sicheren Messwerterfassung spielt die Auswertung und richtige Interpretation der Messdaten eine große Rolle. Zahlreiche praktische Beispiele für die wichtigen Maschinenkomponenten und Fertigungsverfahren
werden in diesem Kapitel vorgestellt.

Die Überarbeitung des neuen Bandes „Mechatronische Systeme, Vorschuban-
triebe und Prozessdiagnose" geschah unter Mitwirkung unserer Mitarbeiter, der
Herren Dipl.-Ing. Robert Glißmann, Dipl.-Ing. Severin Hannig, Dipl.-Ing. Peter
Krüger, M. Eng. Marco Lescher, Dipl.-Ing. Michael Metzele, Dipl.-Ing. Thorsten
Ostermann, Dipl.-Ing. Stephan Platen sowie Dipl.-Ing. Andreas Schmidt. Allen Be-
teiligten möchte ich wir für ihre große Einsatzbereitschaft herzlich danken.

Für die Koordination und Organisation der Überarbeitung sowie die mühevolle
EDV-technische Erfassung der Texte und Bilder zur sechsten Auflage möchten wir
Frau Anna Lea Dyckhoff, Herrn Dipl.-Ing. Roman Klement und Dipl.-Ing. Thorsten
Ostermann besonders danken.

Den Firmen, die die bildlichen Darstellungen aufbereitet und für diesen Band
zur Verfügung gestellt haben, möchten wir ebenfalls herzlich danken.

Aachen, im Juli 2005   *Manfred Weck, Christian Brecher*

Inhaltsverzeichnis

Formelzeichen und Abkürzungen XV

1   Einleitung.. 1
    1.1   Begriffsbestimmung „mechatronische Systeme" 1
    1.2   Beispiele mechatronischer Produkte in Werkzeugmaschinen 2
    1.3   Weiterentwicklungen 4

2   Aufbau einer Vorschubachse 7
    2.1   Motoren in Vorschubachsen 8
          2.1.1   Anforderungen an die Antriebseinheiten 8
          2.1.2   Elektrische Antriebseinheiten 9
                  2.1.2.1   Gleichstrommotoren 10
                  2.1.2.2   Synchronmotoren 15
                  2.1.2.3   Asynchronmotoren........................ 19
                  2.1.2.4   Vergleich Gleichstrom- / Drehstromservoantriebe   23
                  2.1.2.5   Schrittmotoren 25
                  2.1.2.6   Linearmotoren 29
    2.2   Positionsmesssysteme für NC-Maschinen 37
          2.2.1   Grundlagen der Weg- und Winkelmessung 37
                  2.2.1.1   Grundbegriffe 38
                  2.2.1.2   Messprinzipien und Messverfahren 38
                            2.2.1.2.1   Direkte und indirekte
                                        Messwerterfassung 38
                            2.2.1.2.2   Analoge und digitale
                                        Messwerterfassung 40
                            2.2.1.2.3   Relative und absolute
                                        Messwerterfassung 41
          2.2.2   Messsysteme....................................... 43
                  2.2.2.1   Photoelektrische Messverfahren 43
                            2.2.2.1.1   Digital-inkrementale Messsysteme .. 43
                            2.2.2.1.2   Digital-absolute Messsysteme 48
                            2.2.2.1.3   Inkremental-absolute Messsysteme.. 52
                            2.2.2.1.4   Interferenzielle Wegmesssysteme ... 53
                  2.2.2.2   Interferometrische Wegmesssysteme 58
                            2.2.2.2.1   Michelson-Interferometer.......... 58

2.2.2.2.2   Zweifrequenzenlaser-Interferometer .   59
2.2.2.3   Elektromagnetische Aufnehmer   62
2.2.2.3.1   Inductosyn   63
2.2.2.3.2   Resolver   66
2.2.2.4   Magnetische Aufnehmer   68
2.2.3   Interpolationsverfahren und Richtungserkennung   71
2.2.3.1   Interpolation mit Hilfsphasen   71
2.2.3.2   Digitale Interpolation   74
2.2.3.3   Amplitudenauswertung   75
2.2.3.4   Richtungserkennung   75
2.2.4   Messgeräte - Auswahl und Einbau   76
2.2.4.1   Auswahl des Messgeräts   77
2.2.4.2   Anbauort in der Anlage und Maschine   78
2.2.4.3   Montagehinweise   79
2.2.4.4   Elektrischer Anschluss   80
2.3   Mechanische Übertragungselemente   81
2.3.1   Komponenten zur Wandlung von Rotationsbewegung in
Translationsbewegung   82
2.3.1.1   Gewindespindel-Mutter-Antrieb   82
2.3.1.2   Ritzel-Zahnstange-Antrieb   94
2.3.1.3   Schnecke-Zahnstange-Antrieb   95
2.3.1.4   Zahnriemen-Antriebe   96
2.3.2   Vorschubgetriebe   98
2.3.2.1   Zahnradgetriebe   99
2.3.2.2   Zahnriementriebe   100
2.3.2.3   Sondervorschubgetriebe   102
2.3.3   Kupplungen   108
2.3.3.1   Ausgleichskupplungen   108
2.3.3.2   Sicherheitskupplungen zum Überlastschutz   110
2.4   Umrichter für WZM-Vorschubachsen   114
2.4.1   Aufbau von Umrichtersystemen   115
2.4.2   Regelungselektronik in Umrichtern   117
2.4.2.1   Analoge Regelung   118
2.4.2.2   Digitale Regelung   119
2.4.2.3   Zusätzliche Funktionen digitaler Antriebsregler .   119
2.4.3   Schnittstellen zur Steuerung   122
2.4.3.1   Analoge Schnittstelle   124
2.4.3.2   Digitale Schnittstelle   124
2.5   Hydraulische Antriebseinheiten   130
2.5.1   Kolben-Zylinder-Antriebe   131
2.5.2   Hydraulikmotoren   133
2.5.3   Servo-, Proportionalregel- und Piezoventile   134
2.5.4   System Hydraulikmotor - Servoventil   139

| | 2.5.5 | Elektrohydraulischer Antrieb als Stellglied im Lageregelkreis | 142 |
| | 2.5.6 | Vergleich von Elektro-, Schritt- und Hydraulikmotoren... | 145 |

3 Dynamisches Verhalten von Vorschubachsen **151**
- 3.1 Regelungstechnische Grundlagen 152
  - 3.1.1 Lineare zeitkontinuierliche Übertragungssysteme 155
    - 3.1.1.1 Zeitverhalten von Regelkreisgliedern.......... 155
    - 3.1.1.2 Grundsysteme von Regelkreisgliedern und ihre Darstellung 159
    - 3.1.1.3 Aufbau eines Regelkreises 162
    - 3.1.1.4 Wirkungsplan (Blockschaltbild) 163
    - 3.1.1.5 Stabilität von Regelkreisen 165
    - 3.1.1.6 Einstellregeln für analog arbeitende Regler..... 169
  - 3.1.2 Lineare zeitdiskrete Übertragungssysteme 171
    - 3.1.2.1 Darstellung zeitdiskreter Systeme 171
    - 3.1.2.2 z-Transformation 173
    - 3.1.2.3 Lineare Differenzengleichungen 175
    - 3.1.2.4 Einstellregeln für zeitdiskret arbeitende Regler . 176
    - 3.1.2.5 z-Übertragungsfunktion 177
  - 3.1.3 Feedforward-Controller zur Schleppfehlerkorrektur 179
  - 3.1.4 Zustandsregelung 183
    - 3.1.4.1 Darstellung im Zustandsraum 184
    - 3.1.4.2 Entwurf des Zustandsreglers 187
    - 3.1.4.3 Zustandsbeobachter 190
- 3.2 Regelung von Vorschubantrieben 191
  - 3.2.1 Vorschubantrieb als Regelkreis..................... 191
  - 3.2.2 Berechnung von zeitkontinuierlichen Lageregelkreisen... 195
  - 3.2.3 Übertragungsverhalten des linearen Lageregelkreises 196
  - 3.2.4 Simulation von Vorschubantrieben................... 201
- 3.3 Übertragungsverhalten der Mechanik 202
  - 3.3.1 Physikalische Grenzen des mechanischen und elektrischen Systems 203
  - 3.3.2 Übertragungsverhalten elektromechanischer Antriebssysteme 205
    - 3.3.2.1 Kinematisches Übertragungsverhalten......... 205
    - 3.3.2.2 Statisches Übertragungsverhalten 206
    - 3.3.2.3 Dynamisches Übertragungsverhalten.......... 208
  - 3.3.3 Übertragungsverhalten linearer Direktantriebe 211
- 3.4 Einflüsse des Messsystems auf die Vorschubregelung 214
  - 3.4.1 Verhalten von elektromechanischen Achsen bei Regelung über indirektes und direktes Messsystem.............. 214
  - 3.4.2 Einfluss des Messsystems bei linearen Direktantrieben ... 216
  - 3.4.3 Verbesserung der Vorschubregelung durch Verwendung eines Ferraris-Sensors 217

3.4.4   Kleinste verfahrbare Schrittweite   221

3.5   Statische und dynamische Steifigkeit von Vorschubachsen   223

    3.5.1   Statische Steifigkeit   224

        3.5.1.1   Statische Steifigkeit elektromechanischer
                Antriebe (Gewindespindelantrieb)   224

        3.5.1.2   Statische Steifigkeit beim elektrischen
                Lineardirektantrieb   225

    3.5.2   Dynamische Steifigkeit   226

        3.5.2.1   Dynamische Steifigkeit elektromechanischer
                Vorschubachsen (Gewindespindeltanrieb)   228

        3.5.2.2   Elektrischer Lineardirektantrieb   229

4   Vorschubantriebe zur Bahnerzeugung   235

4.1   Aufbau von Bahnsteuerungen   235

4.2   Bahnfehler an Werkzeugmaschinen   236

    4.2.1   Bahnfehler im Interpolator   236

    4.2.2   Typische Bahnfehler der Lageregelung   237

    4.2.3   Auswirkungen der mechanischen Übertragungselemente .   237

    4.2.4   Bestimmung der dynamischen Bahnabweichungen   239

        4.2.4.1   Eckenverrundung   240

        4.2.4.2   Kreisform- und Durchmesserabweichung   240

    4.2.5   Einfluss des K_V-Faktors auf die Bahnabweichungen   243

4.3   Maßnahmen zur Verringerung der Bahnabweichungen   246

5   Auslegung von Vorschubantrieben   249

5.1   Auswahl des Motors und der mechanischen Komponenten   249

    5.1.1   Bestimmung der Anforderungen und Wahl des
        Antriebsprinzips   249

    5.1.2   Wahl und Auslegung der mechanischen Komponenten . . .   251

    5.1.3   Auswahl und Auslegung des Antriebsmotors   253

        5.1.3.1   Statische Auslegung   254

        5.1.3.2   Dynamische Auslegung   256

        5.1.3.3   Optimales Übersetzungsverhältnis   258

5.2   Auslegung des Messsystems   260

5.3   Inbetriebnahme der Regelung   260

    5.3.1   Manuelle Inbetriebnahme   260

        5.3.1.1   Einstellung des Drehzahlreglers   262

        5.3.1.2   Einstellung des Lagereglers   265

    5.3.2   Automatische Inbetriebnahme   266

6   Prozessüberwachung   267

6.1   Einführung   267

    6.1.1   Hintergrund, Begriffe und Ziele   267

6.1.2 Wirtschaftliche Bedeutung von Prozessüberwachung, Prozessregelung, Diagnose und Instandhaltungsmaßnahmen 272

6.1.3 Einflussgrößen auf die Funktion der Fertigungsmittel und die Qualität der Produkte 273

6.1.4 Strategien und Struktur von Überwachungssystemen 275

6.1.4.1 Strategien für Überwachungssysteme 275

6.1.4.2 Die Struktur von Überwachungssystemen 277

6.1.4.3 Zusammenhang und Abgrenzung zwischen Prozessüberwachung und Maschinendiagnose .. 278

6.1.5 Prinzipien der Prozessregelung 280

6.2 Sensoren 282

6.2.1 Dehnungsmessung 282

6.2.2 Piezoelektrische Kraftmesselemente 286

6.2.3 Körperschall- und Beschleunigungssensoren 290

6.2.4 Strom- und Leistungsmessung 293

6.2.5 Steuerungsinterne Informationen 295

6.2.6 Temperatursensoren 297

6.2.7 Mechanische und optische Sensoren 299

6.3 Signalverarbeitung und Mustererkennung 299

6.3.1 Analoge Signalaufbereitung 301

6.3.2 Digitale Vorverarbeitung 305

6.3.3 Merkmalsextraktion 306

6.3.4 Klassifikation 308

6.3.4.1 Feste Grenzen 308

6.3.4.2 Mitlaufende Schwellen 309

6.3.4.3 Mehrdimensionale Klassifikation 310

6.4 Technologische Prozessüberwachung und Prozessregelung 314

6.4.1 Drehbearbeitung 314

6.4.1.1 Sensorsysteme zur Drehmoment- und Zerspankraftmessung 314

6.4.1.2 Kraft-, Drehmoment- und Leistungsregelung bei der Drehbearbeitung....................... 317

6.4.1.3 Automatische Schnittaufteilung für das Drehen . 322

6.4.1.4 Prozessüberwachung beim Drehen 325

6.4.2 Fräsbearbeitung 329

6.4.2.1 Sensorsysteme und Verfahren zur Prozessüberwachung beim Fräsen 329

6.4.2.2 Prozessüberwachung für die Fräsbearbeitung ... 334

6.4.2.3 Prozessregelung für die Fräsbearbeitung 339

6.4.2.4 Prozessregelung beim Gussputzen 345

6.4.2.5 Automatische Ratterbeseitigung 347

6.4.3 Bohren 355

	6.4.3.1	Prozessüberwachung beim Bohren und Tiefbohren	355
	6.4.3.2	Prozessregelung für das Tiefbohren	361
6.4.4	Schleifen		364
	6.4.4.1	Prozessregelung	364
	6.4.4.2	Abrichtüberwachung	366
6.4.5	Funkenerosive Bearbeitung		367
6.4.6	Kollisionsüberwachung		373
6.5	Statistische Prozessregelung		377
6.6	Instandhaltung und Maschinenzustandsüberwachung		380
	6.6.1	Verfahren der Instandhaltung und Wartung	380
	6.6.2	Maschinenzustandsüberwachung	383
	6.6.3	Diagnosemöglichkeiten	390
	6.6.4	Teleservice	399

Literatur 405

Index 415

Formelzeichen und Abkürzungen

Großbuchstaben

A	m^2	Fläche
$A_{\ddot{u}}$	mm	Überschwingweite
A, B	$-$	hydraulische Verbraucher
C_1, C_2	$-$	Abkürzungen
C_m	$-$	Maschinenfähigkeit
$[C]$	$-$	Dämpfungsmatrix (tridiagonal)
D	$-$	Dämpfungsmaß
D	$-$	Dämpfung
D	dB	Signaldynamik
D	mm	Fräserdurchmesser
$E_{\ddot{O}l}$	N/cm^2	Elastizitätsmodul Öl
E_{St}	N/cm^2	Elastizitätsmodul Stahl
F	N	Kraft
F_a	N	Antriebskraft
F_c	N	Schnittkraft
F_i	N	Kraft
F_L	N	Lastkraft
F_{max}	N	Maximalkraft
F_{nenn}	N	Nennkraft
$F_{stör}$	N	Störkraft
F_V	$-$	Vorschubkraft
$\hat{F}$	N	maximale Kraftamplitude
$G(j\omega)$	$-$	Frequenzgang
$G_{führ}(j\omega)$	$-$	Führungsfrequenzgang
$G_{stör}(j\omega)$	$-$	Störfrequenzgang
I	A	Stromstärke
I	A	Strom
I	cd	Lichtintensität
I_A	A	Ankerstrom
I_n	A	Nennstrom
J	kgm^2	Massenträgheitsmoment
J_{Ab}	kgm^2	abtriebseitiges Massenträgheitsmoment

J_{An}	kgm^2	antriebseitiges Massenträgheitsmoment
J_{Ges}	kgm^2	Gesamtträgheitsmoment
J_i	kgm^2	Massenträgheitsmoment
J_{Rad}	kgm^2	Massenträgheitsmoment Getrieberad
J_{red}	kgm^2	reduziertes Massenträgheitsmoment
K	–	Verstärkungsfaktor
$K_{D,F,R,S}$	–	Verstärkungsfaktoren
K_F	N/A	Kraftkonstante eines Linearmotors
K_i	V/A	Verstärkungsfaktor des Stromreglers
K_L	$1/s$	Verstärkungsfaktor des Lagereglers
K_M	Nm/A	Momentkonstante
K_p	As/m	Verstärkungsfaktor des Geschwindigkeits-(Drehzahl-)reglers
K_V	$1/s$	Geschwindigkeitsverstärkung (Lageregler)
$[K]$	–	Steifigkeitsmatrix (tridiagonal)
L_{0-1000}	Hz	Summenleistungspegel des Körperschallsignals im Frequenzbereich von 0 bis $1000Hz$
L_{ges}	Hz	Summenleistungspegel des gesamten aufgenommenen Körperschallsignals
M	Nm	Moment
M	Nm	Drehmoment, Motormoment
M_0	Nm	Leerlaufmoment
M_A	Nm	Anfahrmoment
$M_{Beschl.max}$	Nm	maximales Beschleunigungsmoment
M_L	Nm	Lastmoment an Motorwelle
M_M	Nm	Motormoment
M_{max}	Nm	max. Dreh-/Motormoment
M_N	Nm	Nennmoment
M_{Sp}	Nm	Drehmoment an der Spindel
$MTBF$	–	Mean Time Between Failure (mittlere störungsfreie Zeit)
MWF	–	Mittelwertfaktor
$[M]$	–	Massenmatrix (diagonal)
OEG_x	–	Obere Eingriffsgrenze
P	W	Leistung
P	kW	hydraulische Leistung
P_0	W	Sollleistung
$P_{A,B}$	bar	Verbraucherdrücke
P_P	bar	Pumpendruck
P_S	bar	Steuerdruck
$P_{UE,max}$	kW	Leistung bei $U_{E,max}$
Q	1/min	Volumenstrom
R	Ω	elektr. Widerstand
$R(t)$	–	Zuverlässigkeit des Systems

R_A	Ω	Ankerwiderstand
R_H	Ω	Motorwiderstand
Re	–	Realteil
$Re\{Gg(if)\}_{neg}$		negativer Realanteil der gerichteten Nachgie-bigkeitsfunktion zw. Werkstück und Werkzeug
S_K	–	Imaginärteil der modalen Nachgiebigkeit
T_0	s	Abtastzeit
T_{32}	–	Abbildungsmatrix
T_{an}	s	Anregelzeit
T_{aus}	s	Ausregelzeit
T_i	–	Moment
T_{ni}	s	Nachstellzeit des Stromreglers
T_{np}	s	Nachstellzeit des Geschwindigkeits-(Drehzahl-)reglers
T_o	–	obere Toleranzgrenze
T_φ	–	Abbildungsmatrix
T_r	s	Elektrische Rotorzeitkonstante
T_t	s	Totzeit
T_u	–	unter Toleranzgrenze
$T_{\ddot{u}}$	s	Überschwingzeit
U	V	Spannung
$\underline{U}$	–	komplexe Lichtwellenamplitude
U_E	V	Ansteuerspannung, Eingangsspannung
$U_{E,max}$	V	max. Ansteuerspannung
U_{ist}	V	Ist-Spannung
U_{uv}, U_{vw}, U_{wu}	V	Klemmenspannung
U_{zk}	V	Zwischenkreisspannung
UEG_x		Untere Eingriffsgrenze
V	m/min	Geschwindigkeit
V	1/min	Volumenstrom
V_Q	1/min	Ölstrom
V_e	–	Verstärkungsfaktor
$\overline{XG_i}$	–	gleitender Mittelwert
$X_a(j\omega)$	–	Ausgangsgröße eines Systems im Frequenzbereich
$X_i(j\omega)$	–	Istgröße im Frequenzbereich
$X_s(j\omega)$	–	Sollgröße im Frequenzbereich
$\hat{X}$	m	maximale Wegamplitude
$\mathfrak{Z}$		z-Transformation

Kleinbuchstaben

a_{cr}	mm	Grenzschnitttiefe
a_{max}	mm	maximal zulässige Schnitttiefe
a_{min}	mm	minimale Schnitttiefe
a_p	mm	Schnitttiefe
b_z	mm	Schneidenabstand
c	Ns/m	Dämpfungskraftkonstante
$\underline{c}(n)$	–	n-dimensionaler Merkmalvektor
$c_{r+t,i}$	–	Dämpfung: rotatorische und translatorisch
f	Hz	Frequenz
f	mm	Vorschub
f_0	mm	Richtwert für den Vorschub
f_0	Hz	Eigenfrequenz
f_a	Hz	Abtastfrequenz
f_g	Hz	Grenze des Nutzfrequenzbereiches
f_{max}	Hz	Frequenz-Bandbreite
f_{Ratter}	Hz	Ratterfrequenz
f_s	Hz	TP-Sperrgrenzfrequenz
f_z	m/s	Vorschub je Schneide
$\{f\}$	–	Vektor der äußeren Kräfte
h	mm/U	Spindelsteigung
h_0	–	Maximalwert der analogen Größe
$h_{opt.}$	mm/U	beschleunigungsoptimale Spindelsteigung
$h(x)$	–	analoge Messgröße
i	–	Anzahl
i	–	Übersetzungsverhältnis des Vorschubgetriebes
i_a	A	Motorstrom
i_E	A	Amplitude des Wechselstromes
$i_E(t)$	A	Wechselstrom
i_i	A	Iststrom
i_μ	A	Magnetisierungsstrom
$i_{opt.}$	–	beschleunigungsoptimales Übersetzungsverhältnis
i_s	A	Sollstrom
i_{sa}, i_{sb}	A	Ströme im Statorkoordinatensystem
i_{sd}	A	flussbildende Stromkomponente
i_{sq}	A	momentbildende Stromkomponente
i_u, i_v, i_w	A	Strangströme
i_w	A	Differenz zwischen Soll- und Iststrom
k	N/mm	Federsteifigkeit
$k_{c1,1}$	N/mm^2	spezifische Schnittkraft
k_{cB}	N/mm^2	dynamischer Schnittkraftkoeffizient des Werkstoffs

$k_{\ddot{O}l}$	N/m	Steifigkeit einer Ölsäule
k_{Sp}	N/m	Federsteifigkeit einer Vorschubspindel
$k_{r+t,i}$	–	Steifigkeit: rotatorisch und translatorisch
$1 - m_c$	–	Anstiegswert der spezifischen Schnittkraft
m	kg	Masse
m	–	Zahl der Wellen zwischen zwei Messereingriffen
m_i	kg	Masse
$n_{M,max}$	min^{-1}	Maximaldrehzahl des Motors
n	min^{-1}	Drehzahl
n_i	min^{-1}	Istdrehzahl
n_s	min^{-1}	Solldrehzahl
n_w	min^{-1}	Differenz Soll- zu Istdrehzahl
$n(t)$	–	verfügbare Einheiten zum Zeitpunkt t
n_0	min^{-1}	Leerlaufdrehzahl
n_{max}	min^{-1}	maximale Drehzahl
u_u, u_v, u_w	–	Strangspannungen
m_i	–	inneres Moment
n	–	Stichprobengröße
n	min^{-1}	Drehzahl, Geschwindigkeit, Spindeldrehzahl
n_{cr}	min^{-1}	kritische Drehzahl
n_{ist}	min^{-1}	momentane Motor/Spindeldrehzahl
n_K	min^{-1}	Knickfrequenz, Kippdrehzahl
n_{max}	min^{-1}	max. Drehzahl, Geschwindigkeit
n_S	min^{-1}	synchrone Drehzahl
n_{st}	min^{-1}	stabile Drehzahl
p	–	Polpaarzahl
p_0	bar	Pumpendruck
p_{max}	bar	max. Druck
p_R	bar	Druckniveau des abfließenden Öls
q	1/min	Öldurchsatzmenge
q_0	1/min	normierter Öldurchsatz
r	mm	Werkstückradius
s	mm	Weg
s_x	–	Standardabweichung
t	–	Zeit
$u(t)$	–	Eingangsgröße, kontinuierliches Sensorsignal
$u_A(t)$	V	induzierte Spannung
v	m/s	Geschwindigkeit
v_c	mm/s	Schnittgeschwindigkeit
v_f	mm/s	Vorschubgeschwindigkeit
x	m	Weg, Position
x	mm	Schlittenweg, Schlittenlage
x_a	mm	Istposition des Antriebs (Motormesssystem)
$x_a(t)$	–	Ausgangsgröße eines Systems im Zeitbereich

$x_e(t)$	–	Eingangsgröße eines Systems im Zeitbereich
x_i	–	aktueller Messwert
x_{ist}	mm	momentane Schlittenposition
x_m	mm	Istposition der Mechanik (direktes Messsystem)
x_{soll}	mm	vorgegebene Schlittenposition
x_w	mm	Schleppfehler
$\dot{x}$	mm/s	Vorschubgeschwindigkeit
$\dot{x}_{soll}$	mm/s	vorgegebene Vorschubgeschwindigkeit
$\{x\}$	–	Verlagerungsvektor
$\{\dot{x}\}$	–	Geschwindigkeitsvektor
$\{\ddot{x}\}$	–	Beschleunigungsvektor
y	mm	Stellweg
y_{ist}	mm	Ist-Stellweg
z	–	Schneidenanzahl, Zähneanzahl

Griechische Buchstaben

α_D	–	Durchflusskoeffizient
α, β	Grad	Winkel
γ	–	Rotorpositionswinkel
δ_s	dB	Dämpfung im Sperrbereich (Analogfilter)
Δp	bar	Belastungsdruck
$\Delta R/R$	–	relative Widerstandsänderung
Δu_A	V	induzierte Spannungsänderung
ε	–	Dehnung
η_{Ges}	–	Gesamtwirkungsgrad
κ	–	Empfindlichkeit des DMS
κ	Grad	Einstellwinkel der Hauptschneide
λ	m	Wellenlänge
λ	–	Ausfallrate
λ_0	m	Wellenlänge im Vakuum
λ_L	m	Wellenlänge in der Luft
μ	–	Mittelwert des Vorschubkraftsignals
σ	–	Standardabweichung der Häufigkeitsverteilung des Streuverhältnisses
σ_2	–	Streuverhältnis
τ	mm	Periodenlänge eines Messzyklus
τ'	mm	Teilungsperiode des Körperschallsignals
φ	Grad	Phasenverschiebung
φ	Grad	Flusskoordinatenwinkel
φ	Grad	Motorumdrehung
φ	Grad	Vorschubrichtungswinkel
$\dot{\varphi}$	Grad$/s$	Motordrehzahl

φ_i	Grad	Fräsereintrittswinkel
φ_o	Grad	Fräseraustrittswinkel
Φ	Grad	Winkel
Φ_r	Vs	Läuferfluss
φ_s	Grad	Schnittbogen
φ_T	Grad	Schneidenteilungswinkel
Φ	Vs	magnetischer Fluss
ω	s^{-1}	Rotordrehzahl
ω	s^{-1}	Kreisfrequenz
ω	s^{-1}	Kreisfrequenz
ω_0	s^{-1}	Eigenkreisfrequenz
ω_E	s^{-1}	Eckkreisfrequenz

1 Einleitung

1.1 Begriffsbestimmung „mechatronische Systeme"

Seit den 70er Jahren des letzten Jahrhunderts hat die fortwährende Weiterentwicklung der Mikroelektronik bzw. des Mikrocomputers die Automatisierungstechnik und im Speziellen den Umfang an Funktionalität und Leistungsfähigkeit von Werkzeugmaschinen gravierend verändert bzw. ständig verbessert.

Werkzeugmaschinen wie auch Roboter haben präzise Bewegungsaufgaben zu vollziehen, wie beispielsweise ein spanendes Werkzeug relativ zum Werkstück sehr genau zu führen, oder eine Montageaufgabe bzw. einen Lackiervorgang vorgabegerecht umzusetzen.

Die zu führenden Komponenten wie Schlitten, Tische oder Roboterarme werden von hochdynamischen Motoren – meist Synchron-Servomotoren – direkt oder über mechanische Anpassgetriebe angetrieben. Solche Getriebe sind beispielsweise Kugelumlauf-Spindel-Muttergetriebe oder Zahnstange-Ritzel-Getriebe. Die genaue Position der Schlitten bzw. Winkel von Drehtischen oder Robotergelenken wird von Präzisionsmessgeräten erfasst. Soll/Ist-Lageabweichungen werden erfasst und einem Regelalgorithmus zugeführt, der unter Berücksichtigung der kleinsten dynamischen Bahnabweichung geeignete Steuersignale für die Motorsteller erzeugt und somit die Motoren mit dem richtigen Strom für die Momentenerzeugung beaufschlagt, Bild 1.1.

Wie an diesem Beispiel einer der wichtigen Werkzeugmaschinen- bzw. Roboterbaugruppe deutlich wird, sind an der Lösung dieser Aufgabe gleich mehrere Disziplinen beteiligt:

- die Mechanik mit ihren Strukturen wie Tische, Ständer, Führungen, Getriebe zur Aufnahme und Übersetzung von Kräften sowie zur Führung und zur Übertragung von Bewegungen,
- die Informatik zur softwaremäßigen Lösung der mess- und regelungstechnischen Aufgabe,
- die Elektronik und Computertechnik zur Realisierung der erforderlichen Hardware,
- die herkömmliche Elektrik und Leistungselektronik für Schaltungstechnik, für Verstärker- und Motorgestaltung.

Für dieses bereichsübergreifende Tätigkeitsfeld hat sich der Begriff „Mechatronik" eingebürgert. Mechatronische Systeme kombinieren die Vorteile der einzelnen

Fachdisziplinen in einem Produkt, das seine Funktionen flexibel und an die jeweilige Situation angepasst verrichtet.

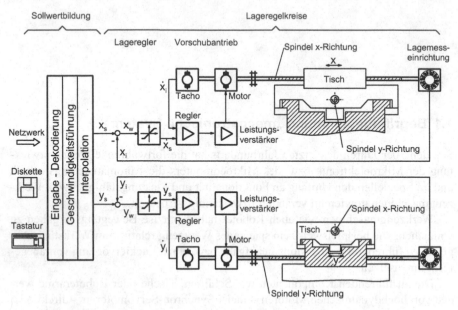

Bild 1.1. Aufbau eines Vorschub-Antriebssystems für eine Werkzeugmaschine als Beispiel für ein mechatronisches System

Umfassende Entscheidungen des Planungsingenieurs darüber, wie Funktionalitäten umgesetzt werden und welche fachspezifischen Phänomene genutzt werden, sind mit der klassischen Ingenieursausbildung nur schwer zu treffen. Ein Maschinenbauingenieur heutiger Prägung muss sich daher auf all den genannten Gebieten auskennen, um eine optimale Lösung einer Automatisierungsaufgabe überhaupt erst zu ermöglichen.

1.2 Beispiele mechatronischer Produkte in Werkzeugmaschinen

Es gibt viele mechatronische Systeme in Werkzeugmaschinen, teilweise in Form integrierter Subsysteme. Durch die räumliche Integration von Mechanik, Elektrik, Elektronik und Software wird es möglich, aufgabenangepasste Lösungen zu entwickeln. Ein typischer Vertreter eines solchen kompakten mechatronischen Subsystems ist der elektrische Lineardirektantrieb mit Positionsmessgerät, Bild 1.2.

Den Motor dieses Antriebssystems, ein Lineardirektmotor, kann man sich als einen bis zur Mitte aufgeschnittenen und abgerollten Elektromotor vorstellen, der demzufolge keine rotatorische, sondern eine lineare Bewegung erzeugt. Die beiden Teile des Motors (Wicklung und Magnete) werden jedoch nicht durch das Gehäuse,

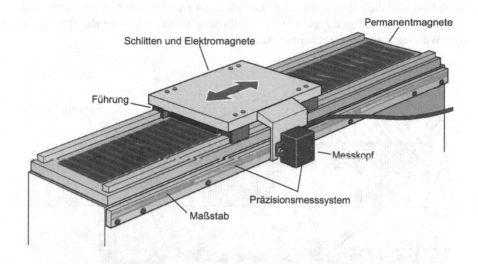

Bild 1.2. Lineares Antriebssysten mit integriertem Positionsmessgerät für Werkzeugmaschinen als Beispiel für ein mechatronisches Subsystem. (Quelle: Heidenhain)

sondern durch die umgebende Maschinenstruktur miteinander verbunden. Die Signale des Positionsmessgerätes werden neben der Erfassung der Lage des Maschinenschlittens auch für die Ansteuerung der Motorwicklungen verwendet. Insofern stellt die Kombination aus Linearmotor, Maschinenstruktur mit Linearführungen sowie Positionsmessgerät ein mechatronisches System dar.

Diese Antriebsart zeichnet sich gegenüber konventionellen elektromechanischen Vorschubantrieben (Kugelrollspindel, Zahnstange-Ritzel) durch ein besseres dynamisches Verhalten und eine geringere Störanfälligkeit aus. Dies wird im Wesentlichen durch den Wegfall der mechanischen Übertragungselemente, wie Lager und Getriebe, mit den damit verbundenen Massenträgheiten und Nachgiebigkeiten erreicht.

Der integrierte Messkopf des Messsystems erlaubt mit dem feinen optischen Gitter in Verbindung mit der steifen und direkten Ankopplung an den zu bewegenden Schlitten eine Positionierung mit (je nach Auslegung des Vorschubsystems) einer Genauigkeit im Mikrometer-Bereich und einer Beschleunigung vom Vielfachen der Erdbeschleunigung sowie Geschwindigkeiten von mehreren hundert m/min. Dieses gute dynamische Verhalten kann durch die optimale Abstimmung der einzelnen Komponenten erreicht werden. Dabei müssen Mechanik, Elektrik, Optik, Signalverstärkung und -aufbereitung, Interpolation und Wegsignalausgabe optimal aufeinander abgestimmt werden, um das gewünschte Verhalten zu erreichen.

Ein weiteres mechatronisches System ist die in Bild 1.3 dargestellte, kommerziell erhältliche Frässpindel mit magnetischer Lagerung. Sie erlaubt einen extrem hochtourigen Betrieb mit bis zu 40.000 U/min bei 40 kW Schnittleistung. Im Betrieb bestehen die Lagerungen axial und radial aus zwei bis vier Magnetpaaren. Zur Lagerung im stromlosen Zustand und im Störungsfall werden in der Regel zusätzliche Wälzlager als Fanglager eingesetzt [24].

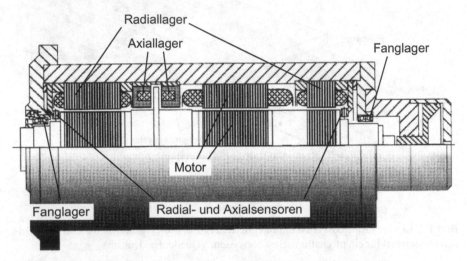

Bild 1.3. Frässpindel mit magnetischer Lagerung. (Quelle: Mexos Traxler AG)

Für die Anwendung von Magnetlagern spricht die Wartungs- und Verschleißfreiheit, die erreichbaren extrem hohen Drehzahlen sowie die Möglichkeit, gezielt ein dynamisches Verhalten der Lagerstelle vorzugeben, das Systemverhalten zu überwachen und aktiv Schwingungen zu dämpfen. Beispielsweise können auftretende Unwuchten in Größe und Richtung kompensiert werden [45, 181]. Die Abweichung der Spindellager aus ihrer Mitte wird von induktiven Messsensoren erfasst. Über die elektronische Regelung werden die Elektromagnete derart mit Strom beaufschlagt, dass die Spindel in ihre Mittelstellung zurückgebracht wird.

Bild 1.4 stellt einige mechatronische Teilsysteme dar, wie sie in Werkzeugmaschinen üblich sind. Neben den unmittelbaren Maschinenkomponenten werden auch mechatronische Komponenten in der Peripherie eingesetzt. Sie ermöglichen eine bessere Einbindung der Maschine in das Produktionsumfeld.

1.3 Weiterentwicklungen

Eine weitere Entwicklung, die seit den 90er Jahren eingesetzt hat, wird die Systemintegration und auch die Funktionserweiterung zusätzlich positiv beeinflussen. Es handelt sich hierbei um das Gebiet der Mikro-Systemtechnik. Ergänzend zu den etablierten Herstellverfahren für elektronische Bausteine wie: Si-Ätztechnik, Lithographie und Beschichtungstechnik gesellten sich weitere Verfahren aus dem kon-

Mechatronische Teilsysteme einer modernen Werkzeugmaschine	**Hauptspindel** mit integrierter Prozessanalyse-Sensorik und integrierten Schmier- und Überwachungssystemen der Wälzlager	**Werkzeugspeicher- und Wechselsystem** mit integrierter Werkzeugverwaltung und Werkzeugzustands- und -geometrievermessung
	Vorschubantriebe mit integrierter Verschleissanalyse der Führungsbahnen und -abdeckungen	**Werkstück-Handlingssystem** Palettenwechsler mit integriertem Spannsystem und Spannkraft- sowie Positionsüberwachung
	Funktions- und **Sicherheitsüberwachung** durch SPS und Sensorik	**Fertigungsleitsystem** zur Anbindung der Maschine an die Werkzeug- und Werkstücklogistik über flexible Transportsysteme

Bild 1.4. Mechatronische Komponenten von Werkzeugmaschinen

ventionellen Produktionsbereich wie: Ultrapräzions- und Mikrofertigung mit Hilfe der Funkenerosion, den spanenden Verfahren und der Lasertechnik.

Hiermit wurde es möglich, miniaturisierte, monolithische oder hybride Mikrosysteme mit einem hohen Integrationsgrad zu produzieren. Solche Bauelemente finden in allen Bereichen unseres Lebens Anwendung wie z.B. als Sensoren für die unterschiedlichsten Aufgaben in Technik und Medizin, als Analysatoren und Mikroreaktoren im medizinischen Umfeld, als Mikromotoren mit Mikrogetrieben oder Mikropumpen zur dezentralen Versorgung von Wälzlagern mit Öl oder zur Unterstützung des Herzens.

Diese kompakten Systeme lassen sich auf Grund ihrer miniaturisierten Größe und ihres geringen Energieverbrauchs dezentral und einfach an komplexen Maschinen anbringen. In naher Zukunft wird sogar eine drahtlose Energie- und Signalübertragung möglich sein, wie wir das heute schon von der Transpondertechnik kennen.

So sind intelligente Hauptspindelsysteme für Werkzeugmaschinen denkbar, bei denen die Sensorik für die Prozessanalyse (Werkzeugverschleiß, Werkzeugbruch) und Prozesskräfte ebenso in die Spindel integriert ist, wie das Überwachungs- und automatische Schmierversorgungssystem für die Wälzlager. Bei diesen Entwicklungen stehen wir jedoch erst am Anfang.

Eine erste Anwendung der Verwendung frei kombinierbarer mechatronischer Komponenten eines Handhabungssystems zeigt Bild 1.5. Verschiedene Module können beliebig zusammengestellt und an eine spezielle Handhabungsaufgabe angepasst werden. Damit können zum Beispiel Beschickungen von Werkzeugmaschinen schnell und flexibel automatisiert werden. Über einen Datenbus, der alle Module miteinander verbindet, können die einzelnen Module miteinander kommunizieren und über eine Steuerung koordiniert werden. Die jeweilige Konfiguration des Roboterarms kann von der Steuerung automatisch erkannt werden, sodass der Benutzer nach einer menügeführten Initialisierung den Roboterarm direkt in Betrieb nehmen kann. Über Standard-Schnittstellen kann die Robotersteuerung mit anderen

Maschinen Informationen austauschen und somit leicht in eine Werkstattumgebung integriert werden.

Es ist zu erwarten, dass die Werkzeugmaschinen oder allgemein Automatisierungssysteme künftig ganz, zumindest aber teilweise aus hochintegrierten Komponenten zusammengesetzt werden können. Mechanische Signal- und Software-Schnittstellen sind derart zu standardisieren, dass keine großen Anpassarbeiten erforderlich sein werden. Die Software konfiguriert sich in Form eines Plug&Play-Vorgangs automatisch. Dies erfordert jedoch neue Ansätze in der Implementierung von Steuerungs- und Fertigungsleitsoftware. Hier werden dezentrale, fehlertolerante Ansätze klassische, auf zentralisierten Client-Server-Ansätzen basierende Implementierungen ersetzen.

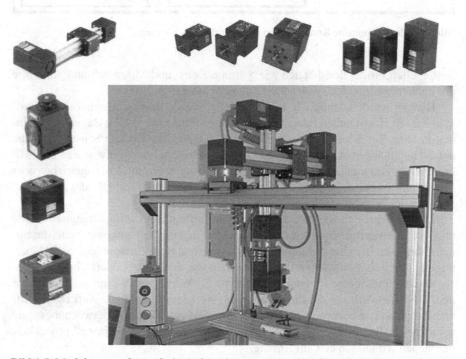

Bild 1.5. Modulare, mechatronische Roboterkomponenten. (Quelle: AMTEC)

Neben der manuellen und der automatisierten Produktion wird sich in der Folge der Ansatz der hybriden Produktion als eine optimale Mischung der beiden konträren Ansätze etablieren. Sie ermöglicht eine optimale und schnelle Anpassung der Fertigung an sich ändernde Bedingungen. Unternehmen werden somit in die Lage versetzt, sich besser als bisher an veränderte Marktbedingungen anzupassen und somit ihre Produktivität erhöhen können.

2 Aufbau einer Vorschubachse

Zu den wichtigsten Elementen automatischer Fertigungseinrichtungen zählen die Vorschubantriebe, die entsprechend den vorgegebenen Bewegungsanweisungen in Verbindung mit den Werkzeugen die Kontur der Werkstücke erzeugen. Bei rein mechanischen bzw. elektro- oder hydromechanischen Fertigungsautomaten liegen die für die Bearbeitung eines Werkstücks erforderlichen Informationen über Weg und Geschwindigkeit in Form von mechanischen Speichern vor, z.B. in Kurvenscheiben und Schablonen (s. Band 4 Kapitel 3). Numerisch gesteuerte Werkzeugmaschinen erhalten die entsprechenden Informationen in Form von NC-Daten, Bild 2.1.

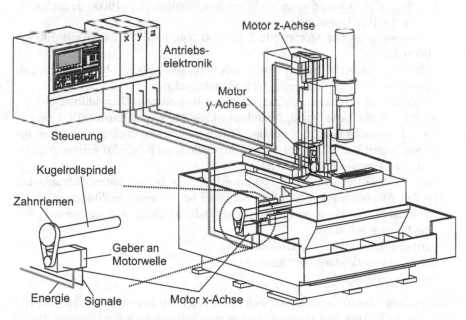

Bild 2.1. Vorschuberzeugung in einer 3-achsigen Werkzeugmaschine

Die Steuerungseinheit der Maschine wertet diese Signale aus und gibt sie über den Interpolator an die Antriebseinheit (die Stelleinrichtung für die Relativbewegung zwischen Werkzeug und Werkstück) als Führungsgröße weiter. Der Motor führt daraufhin eine Drehwinkeländerung mit vorgegebener Drehzahl aus, die durch

die mechanischen Übertragungselemente in eine entsprechende Lageänderung des
zu bewegenden Maschinenteils umgesetzt wird.

Dieses Kapitel beschreibt die in Vorschubachsen verwendeten Teilsysteme Motoren, Messsysteme, mechanische Übertragungselemente und die Umrichter.

2.1 Motoren in Vorschubachsen

2.1.1 Anforderungen an die Antriebseinheiten

Die Antriebseinheiten von Werkzeugmaschinen mit Bahnsteuerungen müssen hohen Anforderungen genügen, da sie als Stellglied im Lageregelkreis die Bearbeitungsqualität wesentlich beeinflussen. Folgende Forderungen werden daher an die
Antriebe gestellt:

– ruckfreier Lauf auch bei kleinsten Vorschubgeschwindigkeiten (geringe Drehmomentwelligkeit, winkelunabhängiges Moment bzw. geringe Vorschubkraftwelligkeit, wegunabhängige Vorschubkraft),
– Eilganggeschwindigkeiten 30 bis 120 m/min,
– Geschwindigkeit steuerbar im Verhältnis von mindestens 1 : 10000 (je nach Auflösung des D/A-Umsetzers),
– Drehmoment an der Motorwelle 5 bis 100 Nm, bzw. Vorschubkraft 500 bis 10000 N,
– hohe Kurzzeitüberlastbarkeit bzw. hohes Impulsdrehmoment beim Beschleunigen und Abbremsen (kurzzeitig vier- bis zehnfach),
– möglichst hohes Beschleunigungsvermögen im gesamten Drehzahlbereich,
– hohe Positioniergenauigkeit, Ausführung kleinster Weginkremente ($< 1\,\mu m$),
– hohe dynamische Güte, d.h. geringe Zeitkonstanten (Anregelzeit $T_{an} = 5\,ms$ bis $50\,ms$, Totzeit $T_t <$ Abtastzeit der NC-Steuerung), um möglichst geringe Anfahr- und Verzögerungszeiten zu erzielen,
– hohe Eckkreisfrequenz $\omega_E \geq 100$ bis $600\,s^{-1}$, wobei die untere Schranke bei großen Amplituden und die obere Schranke bei kleinen Amplituden gefordert wird, damit sowohl ein hochdynamisches Bahnfahren als auch ein genaues Positionieren möglich ist,
– geringes Bauvolumen und Gewicht,
– geringe Verlustleistung (Erwärmung),
– hohe Zuverlässigkeit.

Die genannten Forderungen lassen sich mit speziell für hochdynamische Antriebe
entwickelten Elektro- und Hydraulikmotoren in Verbindung mit geeigneten Regel-
und Steuereinrichtungen verwirklichen. Derart optimierte Motoren werden als Servomotoren bezeichnet.

2.1.2 Elektrische Antriebseinheiten

Heute finden im Werkzeugmaschinenbau für Vorschubantriebe hauptsächlich Elektromotoren Anwendung. Diese sind in unterschiedlichsten Bauformen, Leistungsklassen und mit angepassten Eigenschaften für die spezifischen Anwendungen in Werkzeugmaschinen verfügbar, z.B. [126, 135]. In Bild 2.2 sind verschiedene Varianten dargestellt.

links oben:
Elektronisch kommutierter Servomotor mit Inkrementalmesssystem

rechts oben:
Hohlwellen-Servomotor mit integriertem Kugelrollspindelsystem

links unten:
Hochleistungs-Asynchronmaschine mit wassergekühltem Gehäuse

rechts unten:
Schleifmotorspindel mit direkter Werkzeugzustellung durch axial verschiebbare Welle

Bild 2.2. Beispiele für Bauvarianten von Servomotoren. (nach SSB)

Der gesamte Geschwindigkeitsbereich von der kleinsten Vorschubgeschwindigkeit bis hin zur Eilganggeschwindigkeit lässt sich mit elektrischen Antriebseinheiten zumeist stetig durchsteuern. Es ist keine Getriebeumschaltung zwischen Vorschub und Eilgang mehr erforderlich. Diese technische Eigenschaft führt bei der Werkzeugmaschine zu konstruktiv sehr einfachen Lösungen, da auf Schaltgetriebe verzichtet werden kann.

Bei den (rotatorischen) Elektromotoren wird zwischen Gleichstrom-, Synchron-, Asynchron- und Schrittmotoren unterschieden. Daneben stellt der Linearmotor einen Antrieb dar, der ohne eine mechanische Umwandlung direkt eine lineare Bewegung ausführt.

Kennzeichnend für Servomotoren sind die dynamischen Eigenschaften der Antriebe, wie geringe Masse bzw. geringes Trägheitsmoment, hohes Beschleunigungsvermögen sowie extrem gleichmäßiger Lauf auch bei kleinsten Drehzahlen bzw. Vorschubgeschwindigkeiten. Servomotoren werden in verschiedenen Bauformen gefertigt. Die Prinzipien der unterschiedlichen Bauarten rotatorischer Motoren sind

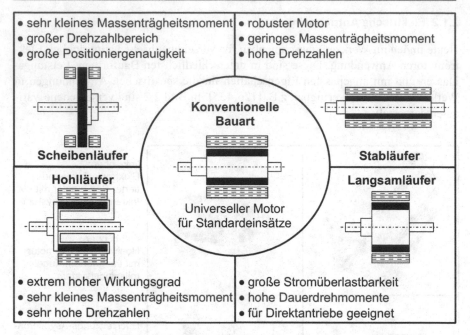

Bild 2.3. Bauarten von Servomotoren

im Bild 2.3 gegenübergestellt. Zur Verringerung der Massenträgheitsmomente der Rotoren bieten sich u.a. folgende konstruktive Lösungen an:

- dünner, scheibenförmiger Rotor bei axialem magnetischem Fluß, kleines Läufergewicht, kurze Baulänge (Scheibenläufer),
- stabförmiger Rotor, schlanke Bauform, kleines Trägheitsmoment, Schnellläufer (Stabläufer),
- korbförmiger Rotor und zusätzlicher feststehender Statorkern (Hohlläufer).

Zur Realisierung von Direktantrieben mit großem Drehzahlbereich werden Langsamläufer mit vergleichsweise hohem Trägheitsmoment eingesetzt. Wegen der grossen Masse weisen diese eine große Wärmekapazität auf. Sie sind daher zumeist kurzzeitig hoch überlastbar und können ein großes Spitzenmoment abgeben.

2.1.2.1 Gleichstrommotoren

Gleichstrommotoren spielen heute im Werkzeugmaschinenbau keine Rolle mehr. Sie wurden in den letzten Jahren ausnahmslos durch Drehstrommaschinen in Form von Synchron- und Asynchronmotoren ersetzt. Die Funktion der Drehzahlverstellung ist am Gleichstrommotor gut darstellbar. Aus diesem Grund wird er in den folgenden Kapiteln ausführlich dargestellt.

Prinzipiell wird bei den verwendeten Gleichstrommotoren zwischen elektrischen Nebenschlussmotoren und permanenterregten Gleichstrommotoren unter-

schieden. Im Motorständer wird ein magnetischer Fluss erzeugt, der über den Luftspalt den Anker (Rotor) mit den Ankerwicklungen durchdringt. Nach dem physikalischen Prinzip nach Lorentz, demzufolge ein Magnetfeld auf einen stromdurchflossenen Leiter eine Kraft ausübt, entsteht ein Drehmoment. Damit die Richtung
des Moments konstant bleibt, wird der Ankerstrom mit Hilfe von Kollektorlamellen auf der drehenden Welle in die Wicklungen übertragen, sodass die Richtung des
Ankerstroms der Drehung nachgeführt wird und ein räumlich stehendes Ankerfeld
entsteht. Die Drehzahl wird über die Ankerspannung und die Felderregung geändert.

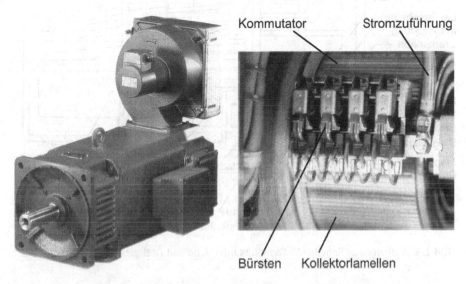

Bild 2.4. Fremdgekühlter Gleichstrommotor und Ansicht des Kollektors. (Siemens)

Beim Nebenschlussmotor erfolgt die Felderregung im Stator mittels Neben-
schlusswicklungen. Praktische Anwendung finden zumeist Gleichstromservomotoren, bei denen durch das niedrige Trägheitsmoment des Läufers und die Blechung
des Jochs eine hohe Dynamik erreicht wird. Anregelzeiten von kleiner 10 ms sind
üblich, die Stromänderungsgeschwindigkeit kann über 250 I_n/s (I_n: Nennstrom
des Motors) betragen [129]. Bild 2.4 zeigt einen Gleichstrommotor mit Fremdlüfter
sowie eine Ansicht der Bürsten und Kollektorlamellen. Gleichstrommotoren zeichnen sich weiterhin durch eine hohe Leistungsdichte, eine hohe Drehzahlkonstanz
bei Belastung, eine sehr geringe Drehmomentwelligkeit, eine hohe Betriebssicherheit und Verfügbarkeit aus. Sie wurden daher bis vor einigen Jahren wegen ihres
großen Drehzahlstellbereichs von mehr als 1 : 1000 bevorzugt für Haupt- und Vorschubantriebe eingesetzt. Gleichstrommotoren wurden jedoch – wie oben erwähnt
– zunehmend durch die verschleißfrei arbeitenden und mittlerweile ebenso einfach
handhabbaren Synchron- und Asynchronmotoren ersetzt.

Scheibenläufer

Scheibenläufermotoren, vgl. Bild 2.3 links oben, sind Gleichstromservomotoren mit Permanentfelderregung, in deren Luftspalt eine aus Isolationsmaterial bestehende Scheibe (Rotor) mit aufgeklebten Kupferleitern drehbar gelagert ist, Bild 2.5. Das

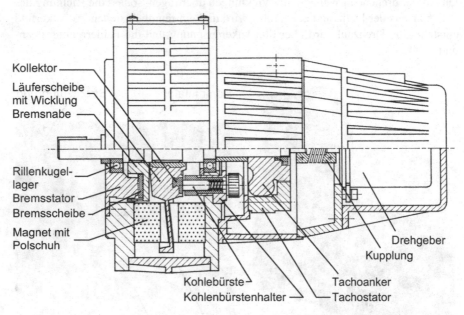

Bild 2.5. Aufbau eines Scheibenläufermotors mit Tacho und Drehgeber. (nach Infranor)

von typischerweise acht bis zehn Polpaaren gebildete Magnetfeld breitet sich homogen im Inneren des Motors aus. Der magnetische Rückschluss erfolgt durch die Eisenteile des Motorgehäuses. Der Strom wird über Spezialkohlebürsten direkt auf die Leiterzüge übertragen. Durch die Wechselwirkung mit dem Magnetfeld wirkt auf die Läuferscheibe eine Kraft in Umfangsrichtung, sodass sich die Scheibe dreht.

Durch das Fehlen des Eisens im Anker wird nicht nur das Trägheitsmoment reduziert, es ergeben sich außerdem sehr kleine Werte für die Ankerinduktion. Dadurch lassen sich große Stromanstiegsgeschwindigkeiten realisieren, sodass der Motor in wenigen Millisekunden auf die gewünschte Drehzahl gebracht werden kann.

Stabläufer (Schnellläufer)

Stabläufer oder Minertia-Motoren, vgl. Bild 2.3 rechts oben, sind Gleichstromservomotoren mit stabförmigem Anker, die sehr geringe Trägheitsmomente und ein hohes Beschleunigungsvermögen aufweisen. Auf die Motorwelle ist ein nutenloser Siliziumstahlblechkern als Träger der Ankerwicklung aufgepresst. Die Wicklung wird mit Glasfaserbandagen festgehalten.

Hohlläufer (Glockenankerläufer)

Beim Hohlläufermotor, vgl. Bild 2.3 links unten, sind die Ankerwicklungen auf einen glockenförmigen Wicklungskorb aufgebracht, der fest mit der Motorwelle verbunden ist. Im Gegensatz zum konventionellen Gleichstrommotor ist das Eisen des Ankers nicht Teil der Welle, sondern feststehend und bildet einen Teil des Gehäuses. Nur die Wicklung mit einem Stützmaterial aus Kunststoff dreht sich ähnlich wie beim Scheibenläufer. Damit ergibt sich für den Rotor ein geringes Massenträgheitsmoment.

Langsamläufer

Servomotoren dieses Typs sind dauermagneterregte Gleichstrommotoren mit hoher Polzahl, vgl. Bild 2.3 rechts unten. Sie zeichnen sich durch hohe Drehmomente bei niedrigen Drehzahlen aus. Die dabei entstehende Verlustwärme wird von der hohen Wärmespeicherkapazität des großen Läufers aufgenommen. Der Motor eignet sich für den Direktantrieb von Vorschubspindeln. Die Drehzahl reicht zumeist bis maximal 3000 min^{-1}. Bedingt durch die Dauermagneterregung ist der Wirkungsgrad sehr hoch.

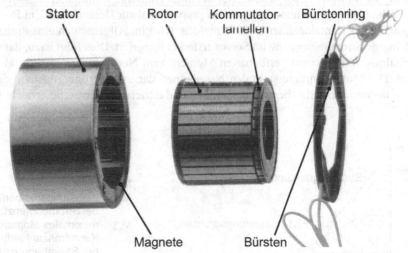

z.B.: M_{max} = 4080 Nm, P_{max} = 6,3 kW, n_N = 15 U/min, T_{el} = 22 ms, J_{Rotor} = 1,0946 kgm²

Bild 2.6. Aufbau und charakteristische Größen eines Torque-Motors. (nach Inland)

Torque-Motor

Einen Extremfall des Langsamläufers bildet der Torque-Motor, der bei kleinen Drehzahlen ein enorm hohes Drehmoment aufbringen kann, Bild 2.6. Er weist eine hohe Polzahl und zumeist einen ringförmigen, genuteten Rotor mit großem

Durchmesser auf. Typische Drehzahlen von Torque-Motoren liegen zwischen 5 und 700 min^{-1}. Ein Reduktionsgetriebe ist hier vielfach nicht erforderlich. Diese Art von Motoren eignet sich besonders gut für Sonderanwendungen, z.B. als Vorschuban-trieb für Ultra-Präzisionsmaschinen oder im Bereich des Gelenkantriebs von Hand-habungsgeräten in Form von Direktantrieben. Aufgrund des kleinen zur Verfügung stehenden Bauraums ist hier kein Getriebe erwünscht. Außerdem besitzt ein direkter Antrieb eine hohe Dynamik.

Torque-Motoren werden heute als bürstenlose Gleichstrommotoren d.h. Syn-chronmotoren ausgeführt, vgl. den folgenden Abschnitt. Für Sonderanwendungen, z.B. für Rundtische in Werkzeugmaschinen, sind Torque-Motoren mit einem Durch-messer von über 1 m verfügbar, wobei Drehmomente von bis zu 47 kNm erreicht werden [134].

Kennlinie und Strombegrenzung

Da die Stromübertragung beim Gleichstrommotor über Bürsten auf den Kollektor erfolgt, existiert bei diesem Motortyp eine natürliche Grenze für den maximal über-tragbaren Strom, der gerade noch ohne Beschädigung der Kontaktelemente übertra-gen werden kann. Der prinzipielle Verlauf dieser sogenannten Grenze der Kommu-tierung ist im Bild 2.7 dargestellt. Der maximal zulässige Kommutierungsstrom ist drehzahlabhängig und nimmt umgekehrt proportional zur Drehzahl ab. Um Beschä-digungen der Kontaktelemente zu vermeiden, wird im Allgemeinen eine drehzahl-abhängige Strombegrenzung im Servoverstärker integriert. Dies führt dazu, dass das Verhältnis von maximal verfügbarem Moment zum Nennmoment effektiv kleiner wird. Die Motorkennlinie stellt den Nennbetrieb dar. Alle Ströme oberhalb dieser Linie liegen im Überlastbereich des Motors und dürfen nur kurzzeitig erreicht wer-den.

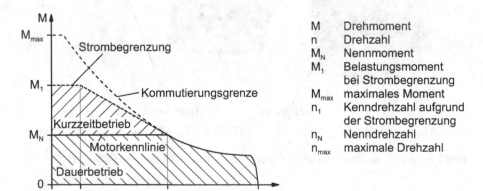

Bild 2.7. Momentenkennlinie bei drehzahlabhängiger Strombegrenzung eines Gleichstrom-motors

2.1.2.2 Synchronmotoren

In den 80er Jahren des letzten Jahrhunderts hat eine Entwicklung eingesetzt, den Gleichstromservomotor durch den wartungsarmen Synchronmotor zu ersetzen. Heute wird die Mehrheit aller verwendeten Vorschubantriebe mit Synchronservomotoren bestückt. Die Synchronservomotoren entstanden aus der Weiterentwicklung des permanenterregten Gleichstrommotors, wobei die Funktionen von Stator und Rotor vertauscht sind. Im Folgenden wird der Aufbau der permanenterregten Synchronmaschine sowie ausschließlich ihre Betriebsart als Servomotor beschrieben. Bei Synchronmotoren wird das magnetische Erregerfeld durch die Permanentmagnete, die sich auf der Rotoroberfläche befinden, erzeugt. Das bedeutet, dass sich das Feld mit der Rotation des Läufers mitdreht. Die im magnetischen Fluss befindlichen, stromdurchflossenen Leiter befinden sich im Stator. Die Ansteuerung der Statorspulen d.h. die Stromrichtung und die örtliche Durchflutung richtet sich nach der Winkelstellung des Rotors. Der Strombetrag hängt von dem geforderten Drehmoment ab. Entsprechend der Drehzahländerung muss sich auch die Ansteuerfrequenz der Spulen im Stator bezogen auf die Winkelstellung des Rotors anpassen. Diese elektronische Kommutierung ist verschleißfrei, Bürsten und Kollektoren sind nicht erforderlich. Die Aufgabe des Kommutators, d.h. die Aufteilung des den Ständerwicklungen zugeführten Stroms, wird in Abhängigkeit vom Rotorlagewinkel ausgeführt. Der Winkel muss zu diesem Zweck gemessen werden. Üblicherweise sind die dafür verwendeten Geber zur Rotorlage- und Drehzahlmessung berührungslos, um eine elektrische Drehübertragung über Schleifkontakte vom Stator zum Rotor oder umgekehrt zu vermeiden. Aufgrund ihres Aufbaus sind die Synchronmotoren im Vergleich zum Gleichstrommotor vor allem wartungsfrei und weisen eine geringe Wärmeentwicklung auf. Jedoch ist eine aufwändigere Ansteuerelektronik als bei konventionellen Gleichstrommotoren erforderlich.

Speisungsarten und Funktionsprinzip

Bei der Speisung der Ständerwicklungen von Synchronmotoren unterscheidet man zwischen sinusförmigen und blockförmigen Strömen [61], Bild 2.8. Der Vorteil der Speisung mit blockförmigen Strömen liegt in der einfacheren Signalverarbeitung und in der Verwendung eines einfachen Gebers zur Lageerfassung des Rotors. Der nur mit drei Sensorelementen ausgestattete Geber erkennt jeweils die Anfangspunkte für die U-, V- und W-Speisung der Drehstromspulen. In Sonderfällen kann auf den Lagegeber vollständig verzichtet werden, falls die Rotorlage aus der induzierten Gegenspannung in den zeitweise nicht bestromten Phasen berechnet wird [189]. Für die Speisung mit sinusförmigen Strömen werden aufwändigere, zyklisch arbeitende Geber zur genauen Erfassung der absoluten Rotorstellung eingesetzt. Allgemein bewirkt die Speisung mit sinusförmigen Strömen eine Dämpfung der Oberwellen und erzielt daher eine hohe Gleichlaufgüte des Antriebs. Durch den Fortschritt in der Leistungselektronik und bei absolut arbeitenden Rotorlagegebern wird bei Neuentwicklungen heute nur noch die Sinusansteuerung angewandt.

Im Bild 2.8 sind die beiden Speisungsarten gegenübergestellt. Die oberen drei Diagramme zeigen jeweils die Verläufe von Luftspaltinduktion B, sowie Spannung

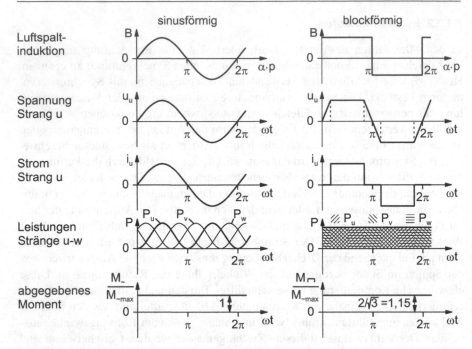

Bild 2.8. Speisungsarten für permanenterregte Synchronmotoren. (nach Henneberger)

und Strom im Strang u für beide Speisungsarten. Die Verläufe in den beiden anderen Wicklungssträngen ergeben sich aus diesem Verlauf durch eine Phasenverschiebung von 120° (Strang v) bzw. 240° (Strang w). Darunter wird die Überlagerung der Leistungen in den einzelnen Strängen dargestellt. Sowohl bei der sinusförmigen als auch bei der blockförmigen Speisung ergibt sich insgesamt eine konstante Leistungsabgabe des Motors. Bei der blockförmigen Speisung haben die Blöcke ein Impuls-Pausenverhältnis von 120° : 60° und eine Phasenverschiebung von jeweils 120° gegeneinander, sodass zu jedem Zeitpunkt genau zwei Stränge bestromt sind. Der Motor gibt ein konstantes Moment ab. Der trapezförmige Verlauf der induzierten Spannung folgt aus einer Schrägung der Nuten, die zur Vermeidung von Drehmomentwelligkeiten vorgenommen wird [61].

Im Bild 2.9 ist die sinusförmige Speisung des Synchronmotors noch einmal für alle Stränge einzeln dargestellt. Als Beispiel dient ein sechspoliger Motor. Sechspolig ($p = 3$, p: Polpaarzahl des Motors) bedeutet, dass die Speisefrequenz in den Strängen dreimal so hoch ist wie die Motordrehzahl. In Rotorstellung 0° wird Strang v in positiver Richtung und Strang w in negativer Richtung vom Strom durchflossen, während Strang u stromlos ist. In Stellung 30° werden Strang u positiv und die Stränge v und w negativ bestromt. Die in dieser Weise zeitlich geschalteten Stromrichtungen in den Ständerwicklungen erzeugen auf dem magnetisierten Rotor ein gleichsinniges Drehmoment, das den Rotor im Uhrzeigersinn in Bewegung setzt. Die Speisung der Stränge wird der Rotorstellung nachgeführt. Jede Strangspeisung

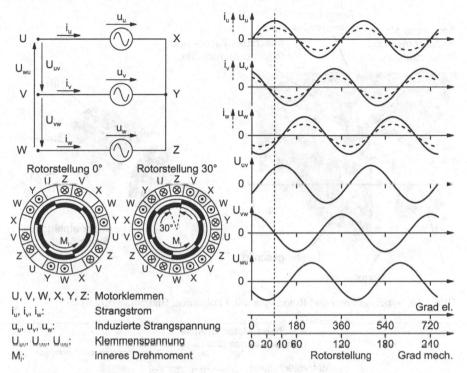

Bild 2.9. Funktionsprinzip und sinusförmige Speisung des permanenterregten Synchronser-vomotors. (nach Bosch)

erfolgt bei dem sechspoligen Motor sinusförmig und jeweils um 60° bzw. 120° in der Phase verschoben. Die Verläufe der induzierten Spannung in den einzelnen Strängen bzw. an den Anschlussklemmen sind ebenfalls im Bild 2.9 dargestellt.

Bild 2.10 zeigt einen Synchronmotor und den Aufbau einer Rotorwelle mit der Polpaarzahl $p = 3$. Jeder Pol ist aus sechs Segmenten in axialer Richtung aufgebaut, die nebeneinander angeordnet sind. Die Segmente setzen sich wiederum aus sieben Plättchen zusammen, die die Krümmung des Rotorumfangs mit einfachen Elementen nachbilden. Als Magnetwerkstoff werden Aluminium-Nickel-Cobalt (AlNiCo), Samarium-Cobalt (SmCo), Neodym-Eisen-Bor (NdFeB) und Ferrit verwendet. Im vorliegenden Fall wird das Magnetmaterial $SmCo5$ eingesetzt. Bild 2.11 zeigt den typischen Aufbau eines Synchronmotors.

Ein besonderes Problem bei den meisten Synchronmotoren ist es, ein gleichför-miges, von der Rotorlage unabhängiges Drehmoment zu entwickeln. Oberwellen in der Feldkurve und in der Verteilung des Strombelags können zu Pendelmomenten führen, die beim Positioniervorgang des Antriebs störend wirken. Als Maßnahme zur Glättung der Oberwellen bietet sich eine Nutschrägung an, die zumeist im Stän-der vorgenommen wird. Weiterhin können durch eine Erhöhung der Polpaarzahl die Oberwellen im Strombelag reduziert werden.

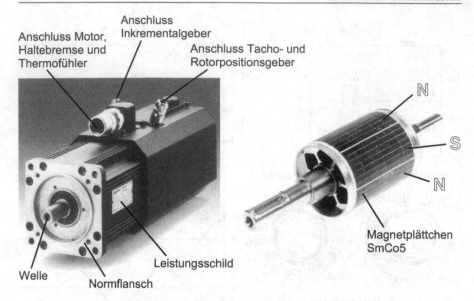

Bild 2.10. Synchronmotor und Rotorwelle mit 3 Polpaaren. (Indramat, Bosch)

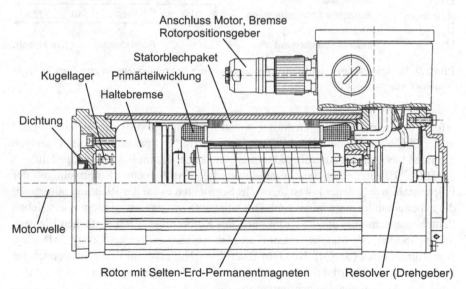

Bild 2.11. Aufbau eines Synchronmotors. (Bildquelle: Georgii Kobold)

Kennlinie

Bild 2.12 zeigt die typische Belastungskurve und die Betriebsbereiche eines Synchronmotors. Eine Kommutierungsgrenze wie bei Gleichstrommotoren ist hier nicht gegeben. Die Leistung wird vielmehr durch den eingesetzten Servoverstärker beschränkt. Ein Feldschwächbetrieb ist bei der üblichen Ausführung der Synchronservomotoren als permanenterregte Maschine nicht vorgesehen.

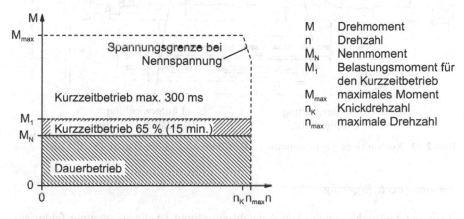

M	Drehmoment
n	Drehzahl
M_N	Nennmoment
M_1	Belastungsmoment für den Kurzzeitbetrieb
M_{max}	maximales Moment
n_K	Knickdrehzahl
n_{max}	maximale Drehzahl

Bild 2.12. Betriebsbereiche eines Synchronmotors

2.1.2.3 Asynchronmotoren

Der Asynchronmotor ist hinsichtlich Einfachheit und Robustheit allen anderen Motoren überlegen. Allgemein weist auch der Asynchronmotor eine sehr hohe Überlastbarkeit auf. Die mit speziellen Regelverfahren erreichbare Dynamik ist mit der von Gleichstromantrieben erzielten vergleichbar [74]. Einen Asynchronmotor der Kurzschlussläufer-Bauart, der sich äußerlich kaum von den vorher beschriebenen Servomotorenarten unterscheidet, zeigt Bild 2.13.

Bei der Asynchronmaschine ist ein deutlich höherer Aufwand für die Regelung erforderlich als bei der Synchron- und Gleichstrommaschine. Zur genauen und dynamisch hochwertigen Regelung des Drehmoments, d.h. zur Regelung zweier frei veränderlicher Statorströme, muss die Größe und Winkellage des Läufermagnetfeldes erfasst werden. Diese sind bei der Synchronmaschine direkt mit der Rotorlage verknüpft, bei der Asynchronmaschine dagegen muss diese Information aus den Ständerströmen und der Maschinendrehzahl berechnet werden. Außer diesen direkt messbaren Größen gehen in die Berechnung auch die Motorparameter Rotorwiderstand und -induktivität ein. Diese Größen können aufgrund des Einflusses von Temperatur und magnetischer Sättigung nicht als konstant angesehen werden.

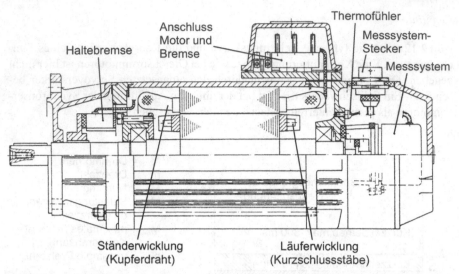

Bild 2.13. Aufbau eines Asynchronmotors der Kurzschlussläufer-Bauart. (nach ABB)

Feldorientierte Regelung

Basis der Drehzahlregelung von Asynchronmotoren ist die sogenannte feldorientierte Regelung [62]. Sie beruht auf der Idee, die Regelung der Feldstärke und des Drehmoments zu entkoppeln, um wie bei der Gleichstrommaschine feldbildenden und momentbildenden Strom unabhängig voneinander zu regeln. Die Regelung wird dabei in zwei unterschiedlichen Koordinatensystemen für die Ströme durchgeführt. Dazu wird das dreiphasige Statorstromsystem bzw. Statorwicklungskoordinatensystem (i_u, i_v, i_w) mittels der Transformationsmatrix T_{32} in das zweiphasige Statorkoordinatensystem (i_{sa}, i_{sb}) umgerechnet, in dem der Statorstromvektor mit der Speisefrequenz ω_u rotiert. Dieses wird wiederum in ein mit der Frequenz des Läuferflusses ω_μ rotierendes Feldkoordinatensystem (i_{sd}, i_{sq}) transformiert. Im Bild 2.14 wird die zweiphasige Darstellung der Statorströme im Statorkoordinatensystem und im rotierenden Läuferkoordinatensystem verdeutlicht.

In den Feldkoordinaten kann nun folgende Regelungsstrategie verfolgt werden: Der Läuferfluss wird auf einem konstanten Wert gehalten. Das Drehmoment kann dann allein über die momentbildende Querstromkomponente i_{sq} eingestellt werden, während der Längsstrom i_{sd} nur die Flussbildung beeinflusst. Diese unabhängige Regelung ist bei Leistungsstellern hoher Schaltfrequenz möglich, da dann gewährleistet ist, dass der Läuferfluss nur unwesentlich schwankt.

Die Umrechnung vom tatsächlichen dreiphasigen Ständerstromsystem (i_u, i_v, i_w) auf ein äquivalentes zweiphasiges System (i_{sa}, i_{sb}) im Statorkoordinatensystem kann folgendermaßen durchgeführt werden: Die drei Ströme (i_u, i_v, i_w) sind linear abhängig, $i_w = -i_u - i_v$, weswegen T_{32} nur eine 2×2-Matrix ist. In die Umrechnung von (i_{sa}, i_{sb}) auf das rotierende Koordinatensystem des Ständerflusses (i_{sd}, i_{sq}) mit Hilfe einer weiteren Matrix T_φ geht der sich zeitlich ändernde Winkel $\varphi(t)$ zwischen

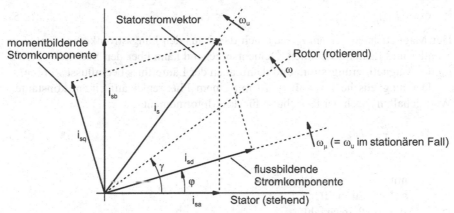

γ: Winkel zwischen Ständer- und Läuferachse (Rotorpositionswinkel)
φ: Winkel zwischen Ständer- und Läuferflussachse (Flusskoordinatenwinkel)

Bild 2.14. Transformation der Statorströme bei der feldorientierten Regelung

den Koordinatensystemen ein:

$$
\begin{pmatrix} i_{su} \\ i_{sb} \end{pmatrix} = T_{32} \cdot \begin{pmatrix} i_u \\ i_v \end{pmatrix}, \text{ mit } T_{32} = \begin{pmatrix} \sqrt{\tfrac{3}{2}} & 0 \\ \tfrac{1}{\sqrt{2}} & \sqrt{2} \end{pmatrix}; \tag{2.1}
$$

$$
\begin{pmatrix} i_{sd} \\ i_{sq} \end{pmatrix} = T_{\varphi} \cdot \begin{pmatrix} i_{sa} \\ i_{sb} \end{pmatrix}, \text{ mit } T_{\varphi} = \begin{pmatrix} \cos\varphi(t) & \sin\varphi(t) \\ -\sin\varphi(t) & \cos\varphi(t) \end{pmatrix}. \tag{2.2}
$$

Die Rücktransformation erfolgt mit der jeweiligen Inversen der Transformations-matrix:

$$
\begin{pmatrix} i_u \\ i_v \end{pmatrix} = T_{32}^{-1} \cdot \begin{pmatrix} i_{su} \\ i_{sb} \end{pmatrix}, \text{ mit } T_{32}^{-1} = \begin{pmatrix} \sqrt{\tfrac{3}{2}} & 0 \\ -\tfrac{1}{\sqrt{6}} & \tfrac{1}{\sqrt{2}} \end{pmatrix}; \tag{2.3}
$$

$$
\begin{pmatrix} i_{sa} \\ i_{sb} \end{pmatrix} = T_{\varphi}^{-1} \cdot \begin{pmatrix} i_{sd} \\ i_{sq} \end{pmatrix}, \text{ mit } T_{\varphi}^{-1} = \begin{pmatrix} \cos\varphi(t) & -\sin\varphi(t) \\ \sin\varphi(t) & \cos\varphi(t) \end{pmatrix}. \tag{2.4}
$$

Der Wirkungsplan der feldorientierten Regelung ist in Bild 2.15 dargestellt. Rechts von den Transformationsblöcken handelt es sich bei den Strömen um die physikalisch existierenden Phasenströme des Motors (Statorwicklungskoordinaten). Die zumeist auf Pulsweitenmodulation (PWM) basierenden Stromregler arbeiten mit den tatsächlichen Phasenströmen, womit die Möglichkeit zu deren Kontrolle und Begrenzung besteht. Es müssen prinzipiell nur zwei Ströme geregelt werden, da sich der dritte in einem symmetrischen Drehstromsystem aus den beiden anderen ergibt ($i_u + i_v + i_w = 0$).

Links von den Transformationsblöcken erfolgt die entkoppelte Regelung von Feld, momentbildendem Strom und Drehzahl in Feldkoordinaten. Der Läuferfluss Φ_r ist proportional zum Magnetisierungsstrom i_μ im Feldkoordinatensystem und der Hauptinduktivität L_{1h}:

$$\Phi_r \sim L_{1h} i_\mu \qquad\qquad\qquad (2.5)$$

Der Magnetisierungsstrom i_μ setzt sich dabei aus den Längsstromkomponenten in Ständer und Läufer zusammen. Dementsprechend kann über den Statorlängsstrom i_{sd} der Magnetisierungsstrom und damit auch der Läuferfluss beeinflusst werden.

Der magnetische Fluss Φ_r wird mit einem Flussregler auf einem konstanten Wert gehalten. Nach der Beziehung für das Motormoment

$$M = \frac{pL_{1h}}{1+\sigma_2} i_\mu i_{sq} \qquad\qquad\qquad (2.6)$$

mit

σ_2 Streuziffer
p Polpaarzahl

kann nun bei konstantem Fluss Φ_r das Drehmoment allein über die Querstromkomponente i_{sq} eingestellt werden.

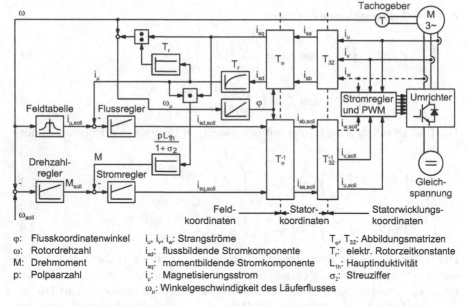

φ: Flusskoordinatenwinkel i_u, i_v, i_w: Strangströme T_ϕ, T_{32}: Abbildungsmatrizen
ω: Rotordrehzahl i_{sd}: flussbildende Stromkomponente T_r: elektr. Rotorzeitkonstante
M: Drehmoment i_{sq}: momentbildende Stromkomponente L_{1h}: Hauptinduktivität
p: Polpaarzahl i_μ: Magnetisierungsstrom σ_2: Streuziffer
                              ω_μ: Winkelgeschwindigkeit des Läuferflusses

Bild 2.15. Regelung eines Asynchronmotors nach dem Prinzip der feldorientierten Regelung. (nach Henneberger)

Für die Berechnung des Winkels $\varphi(t)$ aus den Ständerströmen in Feldkoordinaten (i_{sd}, i_{sq}) und für die Maschinendrehzahl ω gelten folgende Zusammenhänge:

$$\varphi = \int_0^t (\omega + \omega_R)\,dt \qquad\qquad\qquad (2.7)$$

mit

$$\omega_\mu = \frac{d\varphi}{dt}$$ Winkelgeschwindigkeit des Läuferflusses

$$\omega = \frac{d\gamma}{dt}$$ Winkelgeschwindigkeit des Rotors

$$\omega_R = \frac{i_{lq}}{T_r \cdot i_\mu}$$ Kreisfrequenz der Läuferströme

$$T_r$$ elektrische Rotorzeitkonstante

Kennlinien

Durch die feldorientierte Regelung verhält sich die Asynchronmaschine ähnlich wie eine Gleichstrommaschine. Insbesondere wird die Drehzahl-Drehmomentkennlinie zu einer Geraden. Im unteren Drehzahlbereich kann die Asynchronmaschine nicht kippen, da aufgrund der Regelung kein Kippschlupf mehr existiert [35].

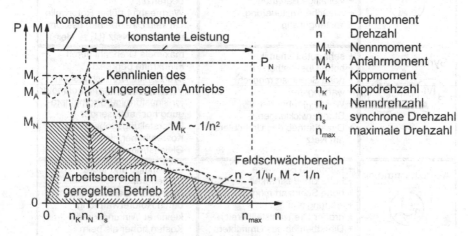

Bild 2.16. Kennlinien und Betriebsbereiche eines Asynchronmotors. (nach Klöckner-Möller)

Ein Vorteil bei Anwendung eines Asynchronmotors ist der große Feldschwächbereich. Hier kann die Drehzahl in einem großen Bereich bei konstanter Leistungsabgabe verstellt werden, Bild 2.16. Durch eine Speisung mit variabler Frequenz ist weiterhin ein Anfahren des Motors mit Nennschlupf und damit Nennstrom möglich [124]. Diese Eigenschaften kommen den Anforderungen bei Hauptspindelmotoren sehr entgegen (s. auch Band 2, Bild 6.18 dieser Buchreihe).

2.1.2.4 Vergleich Gleichstrom- / Drehstromservoantriebe

Bis vor ca. 30 Jahren wurden als Servoantriebe fast ausschließlich Gleichstrommotoren eingesetzt. Dies lag an der sehr einfachen und kostengünstigen Speise- und Regelungsmöglichkeit durch Regelung nur eines Stromes. Bei Drehstromantrieben müssen dagegen drei Strangströme in Abhängigkeit vom umlaufenden Läuferfeld geregelt werden, um das gewünschte Drehmoment einzustellen. Für diese komplexere Regelung ist außerdem die Messung der Ständerströme und der Rotorlage erforderlich. Seit mit modernen Leistungshalbleitern und der Weiterentwicklung der Mikroelektronik die Realisierung komplexer Regelungs- und Umrichtermodule preiswert möglich ist, ist der Gleichstromservomotor aufgrund der prinzipiellen Unterlegenheit seiner Antriebseigenschaften größtenteils durch Synchron- und Asynchrondrehstromantriebe abgelöst worden [167].

Tabelle 2.1. Gleichstrom-, Synchron- und Asynchronmotoren im Vergleich

Motortyp	Vorteile	Nachteile

Gleichstrommotor	+ gute Dynamik
	+ hohe Gleichlaufgüte
	+ großer Drehzahlstellbereich
	+ vielfältige Bauarten
	+ einfache Ansteuerung
	+ kostengünstig
		- Kommutator- und Bürsten-
		  verschleiß
		- Dynamik durch Kommutierung
		  begrenzt
		- Wärmeabfuhr über Rotorwelle
		- Oft kein Direktbetrieb des Um-
		  richters am Netz (U_N zu klein)

Synchronmotor	+ sehr gute Dynamik
	+ hohe Überlastbarkeit
	+ hohe Schutzart möglich
	+ wartungsfrei
	+ Wärmeabfuhr über
	  Ständerwicklungen
	+ Direktbetrieb des Umrichters
	  am Netz
		- maximale Drehzahl durch
		  Fliehkräfte begrenzt
		- Drehzahlstellbereich klein im
		  Vergleich zum Asynchronmotor
		- für sinusförmige Stromeinprä-
		  gung hochauflösender
		  Rotorstellungsgeber nötig
		- Kosten höher als beim
		  Gleichstrommotor

Asynchronmotor	+ kompakte Bauweise
	+ hohe Überlastbarkeit
	+ hohe Schutzart möglich
	+ wartungsfrei
	+ großer Drehzahlstellbereich
	+ Direktbetrieb des Umrichters
	  am Netz
		- aufwändige und teure
		  Ansteuerung
		- hohe Wärmeentwicklung
		  durch Rotorerwärmung
		- kleinerer Wirkungsgrad
		- Kosten höher als beim
		  Gleichstrommotor

Der entscheidende Nachteil des Gleichstrommotors ist der Kommutator. Er ist verschleißbehaftet und begrenzt die Motordynamik. Außerdem ist wegen der Einbrenngefahr der Bürsten im Stillstand nur eine vergleichsweise geringe Drehmomentabgabe möglich. Die für Servoantriebe eingesetzten Drehstrommotoren kommen ohne Schleifkontakte zwischen Stator und Rotor aus und sind daher wartungsfrei.

Wesentlicher Vorteil des Synchronmotors gegenüber dem Asynchronmotor ist die wesentlich einfachere Regelbarkeit. Dagegen kann die Asynchronmaschine durch Feldschwächung in einem weiten Drehzahlbereich betrieben werden. Bei der Synchronmaschine ist diese Betriebsart in der permanentmagneterregten Standardbauform nicht möglich. Bei der Synchronmaschine kommt es aufgrund der Permanenterregung zu keiner nennenswerten Läufererwärmung, wohingegen beim

Gleichstrom- und beim Asynchronmotor dort mit erheblicher Erwärmung zu rechnen ist.

Dynamisch sind Asynchron- und Synchronantriebe nahezu gleichwertig und sind Gleichstromantrieben überlegen. Tabelle 2.1 stellt die Eigenschaften von Gleichstrom-, Synchron- und Asynchronmotoren gegenüber. Anhand der Tabelle ist auch zu erkennen, welche Optimierungen bei den einzelnen Motorenarten in Zukunft noch durchzuführen sind. Außer der Verbesserung der Regelung zielen weitere Entwicklungen bei allen Motorarten auf eine höhere Integrationsdichte und in Verbindung mit den Antriebsverstärkern auf komfortablere Bedien- und Diagnosemöglichkeiten sowie auf eine verstärkte Vernetzung und Kopplung mehrerer Antriebe.

2.1.2.5 Schrittmotoren

Das charakteristische Verhalten der Schrittmotoren ist das Drehen der Motorwelle in diskreten Schritten. Vom Prinzip her ist der Schrittmotor ein Synchronmotor, dessen Ständerwicklungen durch einen rechteckförmigen Stromverlauf im zyklischen Wechsel gespeist werden. Dadurch bildet sich ein Magnetfeld aus, dessen Orientierung beim Umschalten der Ständerströme springt. Der Rotor folgt diesem Feld in seine neue Lage und führt somit einen diskreten Winkelschritt aus [158].

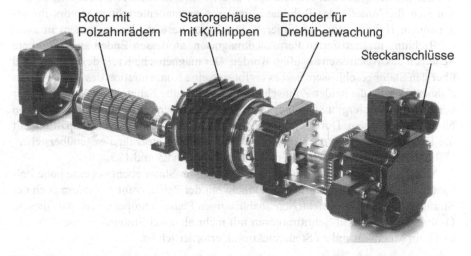

Bild 2.17. Explosionsmodell eines Fünf-Phasen-Schrittmotors mit Encoder. (Berger Lahr)

Schrittmotoren ermöglichen ein schnelles und schrittgenaues Positionieren ohne Rückmeldung der Rotorlage, d.h. es ist prinzipiell kein Regelkreis mit aufwändigem Messsystem erforderlich. Wird der Motor als Positionierantrieb verwendet, soll der Schrittwinkel möglichst klein werden. Die Anzahl der Schritte pro Umdrehung lässt sich durch ein vorgeschaltetes Getriebe an die Anforderungen anpassen.

Nachteilig ist das unkontrollierbare Außerschrittfallen bei zu hoher Belastung und die Neigung zu Schwingungen beim Betrieb im Bereich der Eigenfrequenzen. Dagegen sind neben der sehr einfachen Ansteuerung bei hoher Positioniergenauigkeit die Robustheit und die Wartungsfreiheit positive Eigenschaften des Motors. Bild 2.17 zeigt das Explosionsmodell eines Schrittmotors.

Bauarten von Schrittmotoren

Der lamellierte Stator der Schrittmotoren hat ausgeprägte, meist gezahnte Ständerpole und konzentrierte Erregerwicklungen. Die Zahnung der Polenden in Längsrichtung dient der Verkleinerung des Schrittwinkels. Die unterschiedlichen Bauarten unterscheiden sich vor allem durch die Ausbildung der Rotoren (Läufer).

Reluktanzschrittmotoren besitzen einen unerregten Läufer mit Zahnstruktur aus Weicheisen. Die Ausbildung des Drehmoments wird durch in Umfangsrichtung unterschiedliche magnetische Leitfähigkeit des Läufers ermöglicht [63].

Permanentmagnetisch erregte Schrittmotoren entsprechen der konventionellen Vollpolsynchronmaschine mit Permanenterregung. Der Rotor stellt sich in Koinzidenz mit der erregten Ständerwicklung ein. Diese Motoren entwickeln beim Abschalten der Erregung ein Selbsthaltemoment, d.h. der nichterregte Motor kann statisch belastet werden, ohne eine Drehung hervorzurufen. Bei dieser Bauart werden lediglich Schrittwinkel unter $7,5°$ erreicht.

Zur Erzielung größter Auflösungen und wesentlich höherer Drehmomente lassen sich die Vorteile des Reluktanz- und des permanenterregten Motors im sogenannten Hybridmotor kombinieren. Der Rotor besteht hier aus einem in axialer Richtung magnetisierten Permanentmagneten, an dessen Enden zwei gezahnte Scheiben aus Weicheisen angefügt werden. Der magnetische Kreis des Motors wird über den Stator geschlossen, und es ergibt sich eine Konzentration des Feldes in den Zähnen. Werden die beiden Zahnscheiben um eine halbe Zahnteilung gegeneinander versetzt montiert, ergibt sich über den Umfang gesehen ein sehr feines Raster von Nord- und Südpolen. Durch eine Zahnung der Statorpole wird das Luftspaltfeld auf die Bereiche konzentriert, in denen sich Stator- und Rotorzähne gegenüberstehen. Übliche Polpaarzahlen p liegen im Bereich zwischen 25 und 125.

Durch eine Zahnung der Statorpole lässt sich im Stator ebenfalls eine hohe Polpaarzahl erreichen. Die Schrittzahl ist nicht nur der Polpaarzahl p sondern auch der Strangzahl (Anzahl der elektrisch unabhängigen Phasen) proportional. Aus diesem Grund werden Hybrid-Schrittmotoren mit mehr als zwei Strängen hergestellt, obwohl ein Mehraufwand an Steuerelektronik erforderlich ist.

Betriebsarten von Schrittmotoren

Je nach Bestromung der Ständerwicklungen unterscheidet man die Betriebsarten Vollschritt-, Halbschritt- und Mikroschrittbetrieb. In Bild 2.18 ist der prinzipielle Aufbau einer Ansteuerung eines Drei-Phasen-Schrittmotors sowie die schrittweise Weiterschaltung im Halbschrittbetrieb für den permanenterregten Schrittmotor dargestellt.

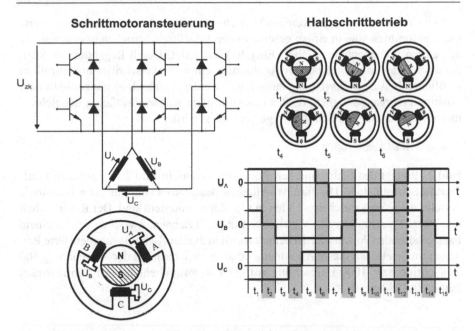

Bild 2.18. Funktionsprinzip und Betriebsarten eines Drei-Phasen-Schrittmotors. (nach Berger-Lahr)

Beim Vollschrittbetrieb werden mehrere benachbarte Wicklungen bestromt, da sich so ein höherer resultierender Feldvektor als bei der Bestromung einer einzelnen Wicklung ergibt. Im Schrittmotormodell bilden sich im Zeitschritt t_1 im Ständer zwei Südpole und ein Nordpol aus, der Läufer stellt sich in die dargestellte Rastlage ein. Man erreicht hier einen Vollschrittbetrieb, wenn im Bestromungsdiagramm in Bild 2.18 nur die ungeradzahligen Schrittfolgen gewählt werden. Durch Umpolung der Spannung U_B im Zeitschritt t_3 führt dann der Läufer den ersten Schritt mit dem Schrittwinkel 60° aus. Durch erneutes Umpolen werden weitere Schritte gesteuert. Linksdrehung wird durch umgekehrten Ablauf der Ansteuerung erreicht.

Beim Halbschrittbetrieb wird zwischen den Vollschritten ein weiterer Schritt eingefügt. Es wird jeweils eine Wicklung abgeschaltet, wodurch sich der Läufer direkt auf die Pole der bestromten Wicklung einstellt und somit Halbschritte ausführt [131].

Eine weitere Möglichkeit besteht darin, die Erregung einer Phase stufenweise zu verringern bei gleichzeitiger Erhöhung der Erregung in der zweiten Phase. Der Vollschritt wird hier in theoretisch beliebig viele Einzelschritte unterteilt. Diese Betriebsart wird Mikroschrittbetrieb genannt, wodurch selbst mit einer kleinen Polpaarzahl eine hohe Winkelauflösung erreicht werden kann [123]. Die Anzahl der Zwischenschritte ist in der Praxis durch die Winkelfehler begrenzt, die durch die Belastung, das Haftreibungsband und durch nicht exakte Steuerung der Phasenströme verursacht werden.

Schrittmotoren werden vereinzelt auch wie eine elektronisch kommutierte Gleichstrommaschine in einem geschlossenen Regelkreis betrieben, wenn man sie mit einem inkrementellen Geber (Encoder) ausstattet. Durch Regelung der Ständerströme kann der sonst bei der Ausführung eines Winkelschrittes unkontrolliert stattfindende Ausgleichsvorgang ausgeregelt werden. Dadurch ist ein zeitoptimaler Positioniervorgang möglich, da das unkontrollierte Außerschrittfallen des Schrittmotors bei zu schneller Schrittabfolge verhindert wird.

Beispiele und Kenngrößen

Bild 2.19 zeigt den Stator und den Rotor des bereits in Bild 2.17 gezeigten Fünf-Phasen-Schrittmotors. Die fünf Wicklungen des Stators sind auf zehn Hauptpole verteilt, die jeweils durch drei Nuten in vier Zähne unterteilt sind. Der Rotor enthält drei Paare Polzahnräder aus Weicheisen mit je 50 Zähnen. Zwischen den zu einem Paar gehörenden Polzahnrädern befinden sich in axialer Richtung magnetisierte Permanentmagnete. Mit dieser Anordnung erhält man je nach Art der Ansteuerung 500 Vollschritte bzw. 1000 Halbschritte auf einer Rotorumdrehung. Der Schrittwinkel beträgt $0,72^{\circ}$ bzw. $0,36^{\circ}$.

Bild 2.19. Stator und Rotor eines Fünf-Phasen-Schrittmotors. (Berger Lahr)

Die technischen Daten eines Schrittmotors sowie die Drehmoment-Drehzahlabhängigkeit zeigt Bild 2.20. Bei Betrieb mit höheren Schrittfrequenzen ist das maximale Drehmoment, mit dem der Schrittmotor belastet werden darf, kleiner als das Haltemoment. Das rührt daher, dass sich bei steigender Frequenz die Ströme nicht mehr voll ausbilden können. Ursache hierfür sind im Wesentlichen die Induktivitäten der Wicklungen. Durch Konstantstrombetrieb im Leistungsteil der elek-

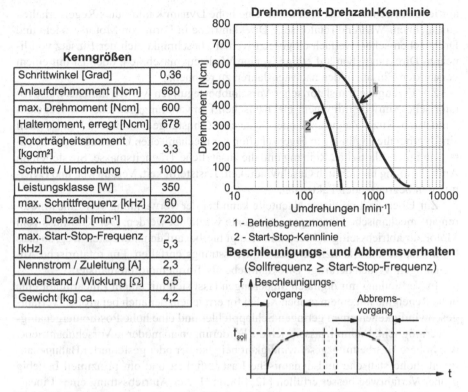

Bild 2.20. Technische Daten eines Fünf-Phasen-Schrittmotors. (nach Berger Lahr)

tronischen Ansteuerung kann der Abfall der Kennlinie zu höheren Frequenzen hin verschoben werden.

Als Start-/Stopfrequenz bezeichnet man die sprunghafte Frequenzänderung, mit der ein Schrittmotor ohne Schrittfehler aus dem Stillstand beschleunigt oder abgebremst werden kann. Will man den Motor mit einer höheren Schrittfrequenz betreiben, muss man die Frequenz nach einer Zeitfunktion bis zur gewünschten Frequenz erhöhen. Eine gute Anpassung des Beschleunigungsvorganges an den Verlauf des Betriebsgrenzmomentes lässt sich durch einen exponentiellen Verlauf der Hochlaufkurve erreichen.

2.1.2.6 Linearmotoren

Die Weiterentwicklung der Schneidstoffe für die Metallzerspanung in den letzten Jahren erlaubt die Hochgeschwindigkeitsbearbeitung (HSC) mit Schnitt- und Vorschubgeschwindigkeiten, die um Größenordnungen über denen der bis dahin üblichen Prozesse liegen. Dieses schneidstoffseitige Potenzial lässt sich mit herkömmlichen Antriebskonzepten aufgrund von Unzulänglichkeiten der mechanischen Übertragungselemente nur bedingt nutzen. In jüngster Zeit finden daher verstärkt Direktantriebe Anwendung, die sich durch eine hohe Dynamik und gutes Regelverhalten auszeichnen. Während rotatorische Direktantriebe in Form von Motorspindeln und Drehtischen schon vielfach eingesetzt werden, beschränkt sich der Einsatz von linearen Direktantrieben auf einige wenige Werkzeugmaschinen, doch ist mit einem verstärkten Einsatz in den nächsten Jahren zu rechnen.

Zur Erzeugung translatorischer Vorschubbewegungen werden üblicherweise rotatorische Antriebe mit einem mechanischen Umwandlungsgetriebe wie Kugelgewindetrieb, Ritzel-Zahnstange oder Schnecke-Zahnstange kombiniert. Von Nachteil sind hierbei die ungünstigen Eigenschaften der mechanischen Übertragungselemente, wie Spiel, Elastizität, Reibung und die zusätzliche Trägheitsmasse. Sie stellen im Antriebsstrang hinsichtlich Geschwindigkeit, Laststeifigkeit, Verfahrweg und Dynamik den begrenzenden Faktor dar.

Zur Überwindung dieser Nachteile kann bei der Verwendung von Linearmotoren auf mechanische Übertragungselemente verzichtet werden. Der Kraftfluss vom Motor zur abtriebsseitigen Mechanik erfolgt hierbei auf dem kürzesten Weg, so dass Umkehrspiel und Elastizitäten des Antriebsstrangs entfallen. Für rotatorische Anwendungen werden derartige Direktantriebe als Torquemotoren realisiert.

In Verbindung mit digitalen Steuerungen lässt sich mit einem Linearmotor eine hohe Regelgüte mit einem großen K_v-Faktor erreichen, der auch bei großen Verfahrgeschwindigkeiten einen geringen Schleppfehler und eine hohe Positioniergenauigkeit ermöglicht. Dadurch lassen sich die Forderungen an moderne Vorschubantriebe, wie höhere Bearbeitungsgeschwindigkeit bei gleicher oder gesteigerter Bahngenauigkeit, hohe statische und dynamische Laststeifigkeit und ein prinzipiell beliebig großer Verfahrweg besser erfüllen [42, 148, 153]. Der Antriebsstrang eines Linearantriebs kann auf diese Weise verschleiß-, spiel- und reibungsfrei ausgeführt werden.

Bauarten von Linearmotoren

Linearmotoren sind lineare Ausführungsformen rotierender Maschinen. Man kann sie sich als Abwicklung eines bis zur Achse aufgeschnittenen Rotationsmotors vorstellen. Prinzipiell kann ein Linearmotor als Schritt-, Asynchron-, Synchron- oder Gleichstrommotor ausgeführt sein. Die Realisierung eines Gleichstrommotors bietet sich jedoch nicht an, da Kontaktelemente zur Stromübertragung notwendig wären.

Die beiden Teilsysteme des Linearmotors werden als Primär- und Sekundärteil bezeichnet. Das Primärteil wird aus dem Stator der entsprechenden rotierenden Maschine abgeleitet. Im Bild 2.21 wird der prinzipielle Aufbau des Asynchron- und des Synchron-Linearmotors gegenübergestellt. Zu erkennen ist der prinzipiell gleiche Aufbau der Primärteile aus einem Blechpaket mit eingelegten Drehstromwicklungen. Das Sekundärteil besteht beim Asynchron-Linearmotor aus einem Kurzschlusskäfig in einem geblechten Eisenkern. Beim Synchron-Linearmotor dagegen trägt das Sekundärteil die Permanentmagnete.

Bei der üblichen Bauart eines Synchron-Linearmotors mit eisenbehaftetem Primärteil treten aufgrund der permanentmagnetischen Erregung hohe Anziehungskräfte zwischen Primär- und Sekundärteil auf, die bis zum zehnfachen der Dau-

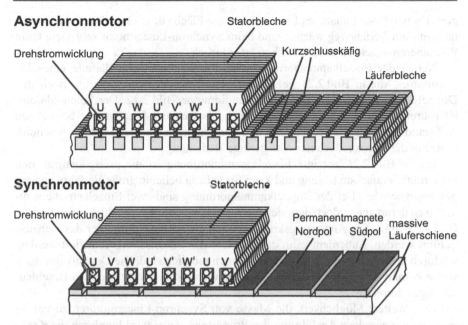

Bild 2.21. Querschnitte des Asynchron- und Synchron-Linearmotors

ervorschubkraft betragen können [136]. Diese Kräfte müssen von der Linearfüh-rung aufgenommen werden, was zu Reibung und Verschleiß führen kann. Die Per-manentmagnete beim Synchron-Linearmotor sind in ihren Abmaßen zumeist ver-gleichsweise groß gegenüber dem Luftspalt. Hieraus folgt, dass die Vorschubkraft nicht nur vom Strom, sondern auch vom Vorschubweg abhängig ist. Diese Kraftwel-ligkeit (Cogging) kann durch eine geschrägte Anordnung der Wicklung bzw. eine Schrägung der Nuten des Eisenkerns oder auch durch schräge Befestigung der Per-manentmagnete stark verringert werden. Für die Vorschubrichtung liegt die Kraft-welligkeit in der Größenordnung von 5 % der Vorschubkraft [133]. Die Kraftwel-ligkeit wirkt sich ebenfalls in Normalenrichtung aus. Weiterhin resultiert aus der genannten Schrägung, dass neben der Vorschubkraft und der Anziehungskraft von einer geringen Querkraft auszugehen ist, falls diese nicht durch einen geeigneten symmetrischen Aufbau entfällt. Zur Ansteuerung des Synchronmotors (Kommutie-rung) ist eine Erkennung der Pollage der Permanentmagnete erforderlich. Dies kann durch eine Hall-Sonde oder durch die Verwendung absoluter Wegmesssysteme er-folgen.

Zur Ausführung von Relativbewegungen muss entweder das Primär- oder das Sekundärteil verlängert werden, was zur Lang- bzw. Kurzstatorbauweise führt. Der Langstatormotor weist eine zum Verfahrweg proportional steigende Verlustleistung auf und ist daher nur bei kleinen Verfahrwegen sinnvoll einzusetzen. Für hochdyna-mische Linearmotoren wird fast ausschließlich die Kurzstatorbauweise verwendet. Hierbei wird das Sekundärteil des Motors auf die Verfahrlänge des Tischs verlängert. Da bei dieser Bauart des Linearmotors die Fläche des Sekundärteils proportional mit dem Verfahrweg wächst, sind beim Synchron-Linearmotor sehr viele teure Permanentmagnete zu dessen Aufbau erforderlich.

Neben der Einzelkammanordnung der Primär- und Sekundärteile eines Linearmotors, die in Bild 2.21 gezeigt ist, unterscheidet man weiterhin noch den Doppelkamm-Linearmotor und den Solenoidmotor, Bild 2.22. Der Solenoidmotor ist röhrenförmig aufgebaut und wird auch als Gehäuse-Linearmotor bezeichnet. Aufgrund der fertigungstechnischen und konstruktiven Nachteile hat der Solenoidmotor in der Praxis jedoch nur eine geringe Bedeutung.

Die in Bild 2.21 gezeigte Einzelkammanordnung ist die preisgünstigste und konstruktiv einfachste Lösung und kann für nahezu beliebig große Verfahrwege angewendet werden. Bei der Doppelkammanordnung sind zwei Einzelantriebe symmetrisch derart angeordnet, dass sich die Anziehungskräfte weitestgehend aufheben, Bild 2.22 links. Die Anziehungskräfte können als innere Kräfte über das Gehäuse geführt werden. Außerdem kann das Gewicht des Sekundärteils reduziert werden, wodurch erheblich größere Beschleunigungen möglich sind. Die Doppelkammbauweise kommt daher für kurzhubige Bewegungen mit hohen geforderten Beschleunigungen zum Einsatz.

Eine weitere Möglichkeit, die Masse von Synchron-Linearmotoren zu verringern, ist die eisenlose Ausführung des Primärteils. Zwar wird hierdurch die Kraftwirkung reduziert, jedoch können eine hohe Dynamik des Antriebs und damit im Lageregler Bandbreiten bis 100 Hz erreicht werden. Weiterhin wird hierdurch das Cogging vernachlässigbar gering [133].

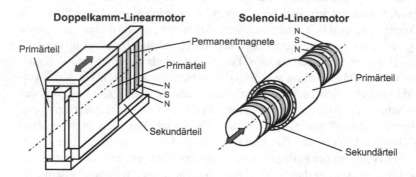

Bild 2.22. Doppelkamm- und Solenoid-Linearmotor

Vorteilhaft bei Asynchron-Linearmotoren ist, dass im stromlosen Zustand der Maschine keine Magnetkräfte wirken. Als gewichtiger Nachteil des Asynchron-Linearmotors gegenüber der synchronen Ausführung ist aber die starke Erhitzung der Sekundärteilschiene zu nennen. Große thermoelastische Maschinenstrukturverformungen können die Folge sein. Als wesentliche Vorteile des Synchronmotors

Bild 2.23. Einzelkamm- und Doppelkamm-Synchron-Linearmotoren. (Anorad)

gegenüber dem Asynchronmotor sind erheblich höhere erreichbare Dauervorschubkräfte, das Fehlen von elektrischen Verlusten im Sekundärteil und die starke Überlastfähigkeit bis zu einem Faktor von 30:1 zu nennen. Weiterhin lässt sich mit modernen Synchron-Linearmotoren ein Geschwindigkeitsbereich zwischen 1 $\mu m/s$ und 10 m/s abdecken. Vorschubkräfte bis ca. 20 kN sind erreichbar. Beschleunigungen von bis zu 10 g sind möglich [125, 171]. Damit erscheint der Synchronmotor als die geeignetere Bauweise für einen Einsatz als Vorschubantrieb in einer Werkzeugmaschine. Bild 2.23 zeigt eisenbehaftete und eisenlose Synchron-Linearmotoren in verschiedensten Bauformen und Größen.

Auch bei rotatorischen Anwendungen mit hohen Anforderungen an die Dynamik werden zunehmend Direktantriebe eingesetzt. Diese sogenannten Torque-Motoren entsprechen vom Aufbau her einem runden Linearmotor. Ihre Polpaarzahl ist deutlich höher als bei klassischen Servomotoren. Durch den rotationssymmetrischen Aufbau werden die Anziehungskräfte zwischen den beiden Motorhälften kompensiert. Torque-Motoren werden oft als Hohlwellenmotor ausgeführt, in deren Innern Platz für Medien- und Energiezuführung bleibt.

Bedingt durch das Baukastenprinzip bietet die Linearmotortechnik eine Reihe von neuen Möglichkeiten für die Maschinenkonstruktion. So kann durch den Einsatz mehrerer Primär- und Sekundärteile je Antriebsachse die Antriebskraft besser in die mechanische Konstruktion eingeleitet und die maximale Vorschubkraft gesteigert werden [60]. Es besteht beispielsweise die Möglichkeit, zwei parallele

Sekundärteile zu verwenden, auf denen sich jeweils ein Primärteil bewegt. Die Motoren können mit einem eigenen Messsystem ausgestattet sein und von getrennten Umrichtern gespeist werden oder mit einem gemeinsamen Messsystem an einem einzigen Umrichter betrieben werden. Gantry-Bauformen und neue Kinematiken von Maschinen sind hierdurch realisierbar.

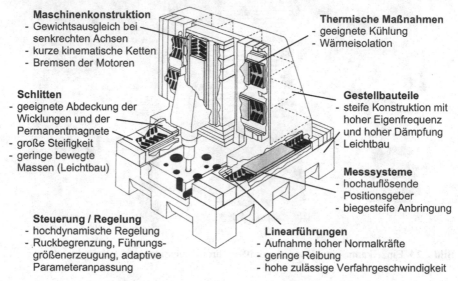

Maschinenkonstruktion
- Gewichtsausgleich bei senkrechten Achsen
- kurze kinematische Ketten
- Bremsen der Motoren

Schlitten
- geeignete Abdeckung der Wicklungen und der Permanentmagnete
- große Steifigkeit
- geringe bewegte Massen (Leichtbau)

Steuerung / Regelung
- hochdynamische Regelung
- Ruckbegrenzung, Führungsgrößenerzeugung, adaptive Parameteranpassung

Thermische Maßnahmen
- geeignete Kühlung
- Wärmeisolation

Gestellbauteile
- steife Konstruktion mit hoher Eigenfrequenz und hoher Dämpfung
- Leichtbau

Messsysteme
- hochauflösende Positionsgeber
- biegesteife Anbringung

Linearführungen
- Aufnahme hoher Normalkräfte
- geringe Reibung
- hohe zulässige Verfahrgeschwindigkeit

Bild 2.24. Anforderungen an das Maschinenkonzept beim Einsatz von Linearmotoren. (Quelle: Anorad)

Anforderungen an die Maschinenkonstruktion

Durch die Anwendung von Linearmotoren in Werkzeugmaschinen werden aber auch andere Anforderungen als bislang an das Maschinenkonzept gestellt, Bild 2.24. Da die magnetische Vorschubkraft direkt zwischen dem am Schlitten befestigten Primärteil und dem stationären Sekundärteil entsteht, ist eine Kraftübersetzung nicht möglich. Eine Erhöhung der Vorschubkraft ist zwar durch paralleles Anordnen mehrerer Linearmotoren realisierbar, doch muss zum Erreichen hoher Beschleunigungen die bewegte Masse bei gleichzeitig hoher Steifigkeit so klein wie möglich gehalten werden, sodass Leichtbaumaßnahmen sinnvoll sind [153]. Da die zur Verfügung stehende Kraft allein vom verwendeten Motor abhängt und das Beschleunigungsvermögen direkt umgekehrt proportional zur linear bewegten Masse ist, verhält sich die Vorschubdynamik bei stark schwankenden Werkstückgewichten sehr unterschiedlich. Das geänderte Beschleunigungsverhalten muss auch bei der NC-Programmierung berücksichtigt werden, da die Maschine u.U. nicht mehr die geforderten Fertigungsgenauigkeiten aufbringen kann. Des Weiteren ist besonders beim Synchronmotor der permanentmagnetische Zustand des Sekundärteils zu nennen, der sowohl die Montage als auch die Späneabfuhr erschwert.

Um eine Anregung der Maschinenstruktur durch den Antrieb zu vermeiden, müssen die mechanischen Eigenfrequenzen der Struktur über der sogenannten Bandbreite des Antriebs liegen [203]. Die Bandbreite des Antriebs ist die Frequenz einer Auslenkung, bei der die gemessene Wegantwort noch 70% der Sollantwort beträgt. Da die Bandbreite eines Linearmotors höher liegt als die eines konventionellen elektromechanischen Antriebs, steigen die Anforderungen an die dynamischen Eigenschaften der Konstruktion einer Struktur erheblich. Des Weiteren sind bei senkrechten Achsen aus Sicherheitsgründen Bremsen oder ein Gewichtsausgleich vorzusehen. Ohne einen Ausgleich wäre zudem ein hoher Konstantanteil der Vorschubkraft zur Überwindung des Gewichtes notwendig, wodurch es zu einer starken Erwärmung und zu einem richtungsabhängigen Beschleunigungsverhalten des Linearmotors käme. Als Führungen finden vor allem reibungsarme Profilschienenwälzführungen Verwendung. Zur Erhöhung der Regelgüte ist ein hochauflösender Positionsgeber in Verbindung mit einer digitalen Regelung notwendig.

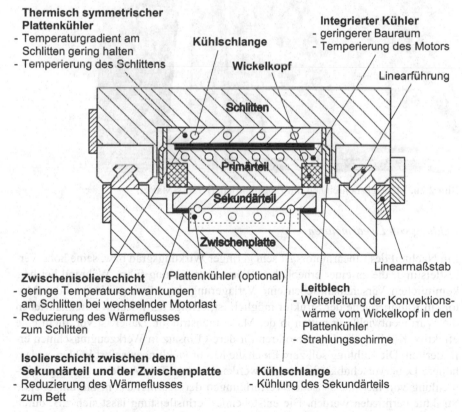

Bild 2.25. Maßnahmen zur Minimierung des Temperatureinflusses eines Linearmotors auf die mechanische Struktur. (nach Eun)

Bild 2.26. Mehrachsbohreinheit mit Linearantrieb. (Krauss-Maffei)

Kühlung von Linearmotoren

Ein Nachteil des Linearmotors ist sein geringer Wirkungsgrad bzw. seine hohe Verlustleistung, die zu einer erheblichen Wärmeentwicklung führt. Während bei herkömmlichen Vorschubantrieben eine Verlagerung des wärmeproduzierenden Motors in Randbereiche der Struktur möglich ist, erfolgt bei linearen Direktantrieben die Wärmeentwicklung mitten in der Maschinenstruktur. Daher ist vor allem eine effektive Kühlung der Linearmotoren für deren Einsatz in Werkzeugmaschinen erforderlich. Die Kühlung soll zum Einen die Motorwicklungen selbst kühlen, sodass höhere Dauervorschubkräfte erreicht werden können. Zum Anderen muss zur Vermeidung von thermoelastischen Verformungen der Wärmefluss in die umgebende Struktur vermieden werden. Die entstehende Verlustleistung lässt sich z.B. durch eine Flüssigkeitskühlung effektiv abführen. Zusätzlich zu einer Wärmeabfuhr ist bei der Auslegung des Kühlkonzeptes darauf zu achten, dass sich über den Kühler nur ein kleiner Temperaturgradient ausbilden kann, da es sonst zu Strukturverzerrungen kommt. Dies kann beispielsweise durch einen weiteren Kühler erfolgen.

Außer den aktiven thermischen Maßnahmen kann das thermische Verhalten einer direktangetriebenen Linearachse durch Isolierung des Motorraums positiv beeinflusst werden. Beispielsweise wird durch Einbringen einer Hartgewebeschicht das System thermisch träger, sodass sich Lastschwankungen geringer auswirken [38]. Bild 2.25 zeigt den Querschnitt eines thermisch gekapselten Synchron-Linearmotors für anspruchsvolle Einsatzgebiete.

Beispiele

Linearmotoren werden in hochdynamischen Maschinen mit hohen Verfahrgeschwindigkeiten und begrenzten Lastkräften eingesetzt. Anwendungsfelder liegen z.B. in der Laserbearbeitung, im Strahlschneiden und in Pick-and-Place-Automaten. Bild 2.26 zeigt ein mit einem Einzelkamm-Asynchron-Linearmotor ausgerüstetes Bohrzentrum. Die typischen Kenndaten des in Bild 2.24 dargestellten Vertikal-Bearbeitungszentrums, das in drei Achsen mit Synchron-Linearmotoren ausgestattet ist, sind wie folgt: Eilganggeschwindigkeit von $2 \, m/s$ sowie Beschleunigung der Achsen von bis zu $2 \, g$ [56]. In anderen Anwendungen mit Einzelkamm-Linearmotoren werden K_v-Faktoren von mehr als $300 \, s^{-1}$ bei einer Messsystemauflösung von unter $0,1 \, \mu m$ erreicht [121]. Vorteilhaft werden Linearmotoren auch in Ultrapräzisionsmaschinen eingesetzt. Dort werden bei kleinen Hüben Auflösungen im Nanometerbereich erreicht. Eine typische Anwendung für den Doppelkamm-Linearmotor ist das Unrunddrehen [143]. Bei einer bewegten Masse von ca. $5 \, kg$ werden hier bei 6000 Hubbewegungen pro Minute mit $K_v = 2000 \, s^{-1}$ und Dauerbeschleunigungen von $110 \, m/s^2$ Werkstückgenauigkeiten von ca. $2 \, \mu m$ erreicht.

2.2 Positionsmesssysteme für NC-Maschinen

Ein wesentlicher Bestandteil des Lageregelkreises bei numerisch gesteuerten Werkzeugmaschinen ist die Messeinrichtung, mit der die Ist-Position bewegter Maschinenteile erfasst wird. Als Beispiele seien die Wegmessung bei Schlitten und die Bestimmung der Winkellage von Antriebsspindeln oder Drehtischen genannt. Analoge und digitale Messsysteme mit elektronischen Auswerteeinheiten ermöglichen eine genaue und schnelle Erfassung der Maschinenpositionen sowie eine automatische Auswertung der Messergebnisse. Durch Verwendung solcher Messsysteme wird eine hohe Positioniergenauigkeit und damit auch eine hohe Fertigungsqualität erzielt.

2.2.1 Grundlagen der Weg- und Winkelmessung

Die Begriffe der Messtechnik sind in VDI/VDE 2600 und in DIN 1319 festgelegt [6, 205]. Die wichtigsten Begriffe werden im Folgenden erläutert.

2.2.1.1 Grundbegriffe

Messgröße und Messwert

Die Messgröße ist die physikalische Größe, deren Wert durch die Messung ermittelt werden soll (z.B. Weg, Winkel). Der Messwert ist der speziell zu ermittelnde Wert der Messgröße; er wird als Produkt aus Zahlenwert und Einheit angegeben (z.B. $345,125$ *mm*; $10,32^{\circ}$).

Messaufnehmer

Der Messaufnehmer ist ein Messgerät, das an seinem Eingang die Messgröße aufnimmt und an seinem Ausgang ein entsprechendes Messsignal abgibt. Statt der in VDI/VDE 2600 empfohlenen Bezeichnung „Messaufnehmer" findet man auch häufig die Bezeichnung „Messgeber".

Messort

Als Messort wird der Ort bezeichnet, an dem sich der Messaufnehmer befindet.

Maßverkörperung

Maßverkörperungen sind die Unterbaugruppen in den Messgeräten, die einzelne Werte oder eine Folge von Werten einer Messgröße verkörpern. Maßverkörperungen können z.B. durch periodische mechanische, optische oder elektrische Teilungen gebildet werden [6, 27].

2.2.1.2 Messprinzipien und Messverfahren

Unter dem Messprinzip versteht man die charakteristische physikalische Gesetzmäßigkeit, die bei der Messung benutzt wird. Beispielsweise bewirkt eine Helligkeitsschwankung infolge eines bewegten Gitters zwischen Lichtquelle und Photodiode eine Änderung der Beleuchtungsstärke und damit eine Änderung der Ausgangsspannung der Photodioden. Dies kann bei Weg- und Winkelmesseinrichtungen genutzt werden. Das Messverfahren ist die praktische Anwendung des Messprinzips zur Messwerterfassung. Im Folgenden werden die unterschiedlichen Arten bzw. Merkmale der Messwerterfassung anhand einfacher Beispiele erläutert.

2.2.1.2.1 Direkte und indirekte Messwerterfassung

Bei der direkten Messwerterfassung gewinnt man den Messwert durch einen unmittelbaren Vergleich zwischen der Messgröße und einer entsprechenden Bezugsgröße. Bei der indirekten Messwerterfassung wird die gesuchte Messgröße in eine andersartige physikalische Größe umgewandelt und aus dieser (unter Verwendung physikalischer Zusammenhänge) der Messwert ermittelt.

Tabelle 2.2. Fehlereinflüsse bei der direkten und indirekten Messwerterfassung

Direkte Messwerterfassung		Indirekte Messwerterfassung
Messsystem arbeitet translatorisch und ist unmittelbar mit der Längsbewegung des Maschinenschlittens gekoppelt	Antriebselement und Wandler getrennt	Antriebselement und Wandler identisch
	Umwandlung von Längs- in Drehbewegung über Zahnstange und Ritzel	Erfassung der Längsbewegung über die Drehbewegung der Arbeitsspindel
Fehlereinflüsse • Temperatur • Teilungsfehler • Abstands- und Winkelfehler • Fehler an den Stoßstellen der Maßstäbe	**Fehlereinflüsse** • Teilungsfehler der Zahnstange und des Ritzels • Exzentrizität des Ritzels • Fehler im eventuell eingesetzten Getriebe • Temperatur • Fehler des Aufnehmers • Stoßfehler der Zahnstange	**Fehlereinflüsse** • Elastische Verformung der Spindel • Steigungsfehler • Spiel • Verschleiß der Spindel • Fehler des Aufnehmers • Temperatur

In Tabelle 2.2 sind die direkte und indirekte Messwerterfassung gegenübergestellt. In der im linken Tabellenteil skizzierten Messanordnung dient der Linearmaßstab als Messbezugsgröße. Die Position des Schlittens kann vom Aufnehmer direkt am Maßstab erfasst werden. Eine indirekte Messung liegt vor, wenn die lineare Bewegung des Schlittens über den Umweg der Vorschubspindeldrehung erfasst wird. Ein Winkelschrittaufnehmer an der Vorschubspindel dient zur Aufnahme des Messwerts. Durch den bekannten Zusammenhang zwischen der Drehbewegung der Gewindespindel und der linearen Schlittenbewegung ist die Wegmessung des Schlittens indirekt über die Winkelmessung möglich (Tabelle 2.2, rechts). Übertragungsfehler der Mechanik und elastische Verformungen der Spindel durch die Last und Temperaturänderungen werden jedoch nicht erkannt und durch die Lageregelulung nicht ausgeregelt.

Zur direkten Messwerterfassung zählt auch die in Tabelle 2.2 in der Mitte dargestellte Anordnung. Die periodische Teilung der Messzahnstange, die hier als mechanische Maßverkörperung dient, wird über ein Ritzel mit einem angeflanschten Winkelaufnehmer abgetastet. Ein Grund für die Verwendung dieser Messanordnung ist darin zu suchen, dass Linearmaßstäbe für größere Verfahrwege teurer sind als Winkelschrittaufnehmer. Außerdem werden die spezifischen Fehlereinflüsse der rein indirekten Methode umgangen, Tabelle 2.2 rechts.

Einige typische Fehlereinflüsse [19,28,191] bei den verschiedenen Messwerterfassungsverfahren sind im unteren Teil der Tabelle 2.2 zusammengefasst. Während bei der direkten Messwerterfassung eine mangelhafte Fertigungs- und Einrichtgenauigkeit der Maßstäbe sowie deren thermisches Verhalten das Messergebnis verfälschen können, beeinträchtigen bei der indirekten Messwerterfassung u.a. Steigungsfehler, Umkehrspiel, statisch und thermisch bedingte elastische Verformung und Verschleiß der Vorschubspindel die Messgenauigkeit.

Die Unterscheidung „direktes" oder „indirektes" Messverfahren kann nicht immer eindeutig getroffen werden [6]. In den in Tabelle 2.2 aufgezeigten Verfahren ist diese Definition abhängig davon, welche Elemente als Bestandteile des Messsystems gezählt werden. Bei dem in Tabelle 2.2 Mitte gezeigten Beispiel dient die Zahnstange nur als mechanische Maßverkörperung des Messsystems, ähnlich wie der Maßstab die Maßverkörperung in dem Beispiel links ist. Ebenso gibt es Lösungen, in denen das Zahnstange-Ritzel-System gleichzeitig Bestandteil einer Antriebseinheit ist. Damit ähnelt dieses System im Prinzip mehr dem in Tabelle 2.2 rechts dargestellten [20]. Hier ist der Getriebeteil gleichzeitig Maßverkörperung des Messsystems.

2.2.1.2.2 Analoge und digitale Messwerterfassung

Die analoge Messwerterfassung ist dadurch gekennzeichnet, dass innerhalb des Messbereichs jedem Wert der Messgröße stetig ein entsprechender Messwert zugeordnet werden kann. Ein Beispiel dafür ist das Schiebepotentiometer, bei dem eine stetige Zuordnung zwischen der Messgröße (Weg x) und der analogen Ausgangsgröße (Spannung U) besteht, Bild 2.27.

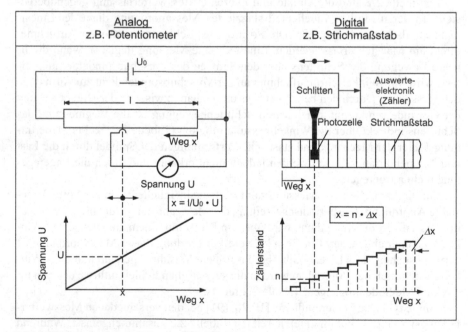

Bild 2.27. Prinzip der analogen und digitalen Messwerterfassung

Bei der digitalen Messwerterfassung wird die zu messende Größe in gleichmäßige Abschnitte aufgeteilt und der Messwert als dessen Vielfaches dargestellt. Das Beispiel im Bild 2.27 zeigt die Aufteilung des zu messenden Weges x in gleiche Wegabschnitte (Strichabstand des Maßstabs). Der Messwert wird durch Zählen der einzelnen Wegabschnitte oder durch direktes Ablesen der Stellenwerte gewonnen und kann mit Hilfe einer Auswerteelektronik ausgewertet und angezeigt werden.

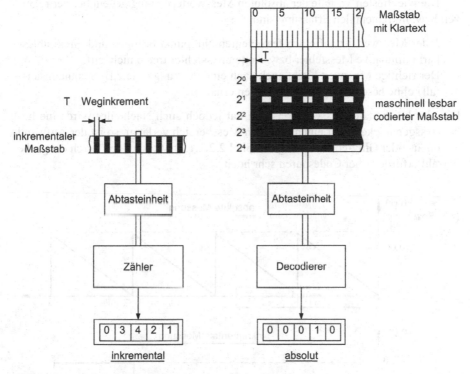

Bild 2.28. Beispiele für eine inkrementale und absolute Wegmessung

2.2.1.2.3 Relative und absolute Messwerterfassung

Ein weiteres Unterscheidungsmerkmal im Zusammenhang mit der Messwertbildung ist die Ausführungsart des verwendeten Maßstabs. Die digitale Messung lässt sich dann wie folgt unterscheiden:

– digital-relative (inkrementale) Messwerterfassung,
– digital-absolute (codierte) Messwerterfassung.

Bei der digital-inkrementalen Messwerterfassung werden die periodischen Messsignale während des Verfahrens einer Wegstrecke gezählt und dann zur Anzeige gebracht, Bild 2.28. Durch den Zählvorgang kann bei diesem Messverfahren nicht der absolute Ort des bewegten Maschinenschlittens gemessen werden, sondern nur die relative Lage zu dem Ort, an dem der Zählvorgang eingeschaltet wird. Man nennt das Verfahren daher das relative oder auch inkrementale Messverfahren.

Eine ständige, feste Zuordnung zwischen dem absoluten Ort des Schlittens und dem Messwert charakterisiert die digital-absolute Messwerterfassung. Im Beispiel im Bild 2.28 ist jede Position auf dem Maßstab durch die eindeutige Kombination codierter Spuren gekennzeichnet.

Die wichtigsten Vorteile der absoluten Messwerterfassung gegenüber der relativen bzw. inkrementalen Erfassung sind:

– Jeder Messwert ist auf einen festgelegten Nullpunkt bezogen und direkt ablesbar; kumulative Messfehler bzw. Kettenmessfehler treten nicht auf.
– Der richtige Messwert bleibt auch nach einer Störung (wie z.B. Spannungsausfall) ohne besondere Hilfsmaßnahmen erhalten.

Die absolut-digitale Messwerterfassung hat jedoch auch Nachteile. Wird eine hohe Messgenauigkeit über einen größeren Messbereich verlangt, so ist der Aufwand bei binär- oder Gray-codierten (vgl. Kapitel 2.2.2.1.2) Messgeräten durch die große Anzahl erforderlicher Codespuren sehr hoch.

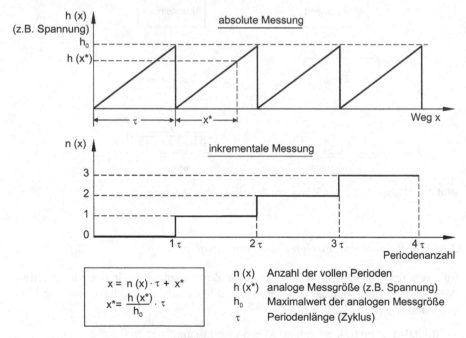

Bild 2.29. Prinzip der zyklisch-absoluten Wegmessung

Analoge Systeme nach Bild 2.27 sind nach Definition absolute Messsysteme. Die Messgenauigkeit rein analoger Messwerterfassung reicht wegen deren relativen

Auflösung von 10^{-3} bis 10^{-4} bei größeren Messbereichen nicht aus. Unterteilt man jedoch die Messstrecke in viele kleine Abschnitte, so ist das analoge Verfahren als Teil der zyklisch-absoluten Messwertgewinnung sinnvoll einsetzbar.

Die zyklisch-absolute Messwertgewinnung vereinigt die Vorteile der analogen (ausreichende Auflösung) und inkrementalen Messtechnik (einfache, störsichere Messwertgewinnung). Das Funktionsprinzip der zyklisch-absoluten Messung zeigt Bild 2.29. Innerhalb sich wiederholender Periodenlängen τ (Messzyklen) wird der Weg x mit Hilfe eines analogen Systems absolut gemessen. Zusätzlich zählt man die Anzahl n der im Weg x durchlaufenen Zyklen, sodass sich der aktuell gefahrene Weg wie folgt ergibt:

$$x = n(x) \cdot \tau + x^*; \quad (0 \leq x^* \leq \tau \text{ und } n = 0, 1, 2 \ldots) \tag{2.8}$$

$$x^* = \frac{h(x^*)}{h_0} \cdot \tau \tag{2.9}$$

mit $h(x^*)$ als analoger Messgröße (z.B. Spannung U), h_0 als Maximalwert der analogen Messgröße und τ als Periodenlänge der Maßstabinkremente.

Nahezu alle Wegmesssysteme arbeiten nach dem zyklisch-absoluten Verfahren, damit die Forderung nach einem hohen Auflösungsvermögen bei großem Verfahrweg erfüllt werden kann. Nach einer entsprechenden Verarbeitung der analogen Messsignale ist immer eine Digitalisierung erforderlich, da die NC-Steuerung der Werkzeugmaschine intern nur digitale Signale verarbeiten kann.

2.2.2 Messsysteme

2.2.2.1 Photoelektrische Messverfahren

Besonders aufgrund einer geforderten hohen Auflösung haben sich heute allgemein Messsysteme mit photoelektrischer Abtastung von Linearmaßstäben bzw. Teilscheiben für rotatorische Systeme durchgesetzt.

Die Hauptbestandteile photoelektrischer Messsysteme sind der Maßstab bzw. die Teilscheibe und die Abtasteinheit. Die Abtastung geschieht entweder nach dem Auflicht- oder nach dem Durchlichtverfahren, Bild 2.30. Beim Auflichtverfahren hat der Maßstab abwechselnd reflektierende und nicht-reflektierende Zonen. Beim Durchlichtverfahren besteht der Maßstab aus transparenten und lichtundurchlässigen Zonen. Die Abtasteinheit umfaßt die Komponenten Lichtquelle (fast ausschließlich LED), Optik, Abtastgitter und Photoempfänger. Bei einer Relativbewegung zwischen Abtasteinheit und Maßstab empfängt der Photoempfänger Licht modulierter Helligkeit. Die Empfängerschaltung wandelt die Lichtintensität in elektrische Signale um, die für die Wegmessung ausgewertet werden können [37, 92].

2.2.2.1.1 Digital-inkrementale Messsysteme

Die Bilder 2.31 und 2.32 zeigen den Aufbau von zwei häufig eingesetzten inkrementalen Messsystemen zur Längen- und Winkelmessung. Im Bild 2.31 ist ein photoelektrisches Linearmesssystem abgebildet, bei dem die Maßstababtastung nach

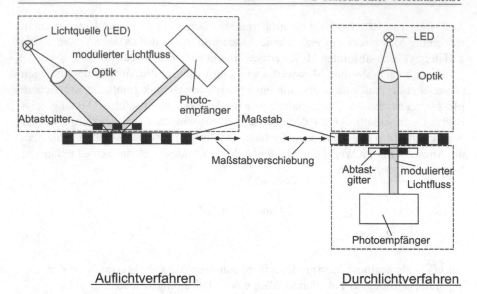

<u>Auflichtverfahren</u>   <u>Durchlichtverfahren</u>

Bild 2.30. Prinzip der photoelektrischen Abtastung bei inkrementalen Verfahren

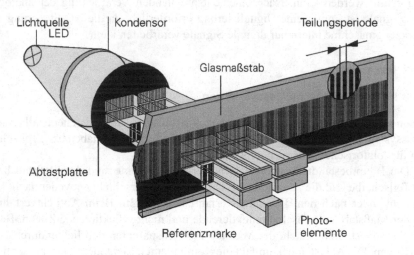

Bild 2.31. Photoelektrisches Linearmesssystem nach dem Durchlichtprinzip. (nach Heidenhain)

dem Durchlichtverfahren erfolgt. Bei dem inkrementalen Drehgeber im Bild 2.32

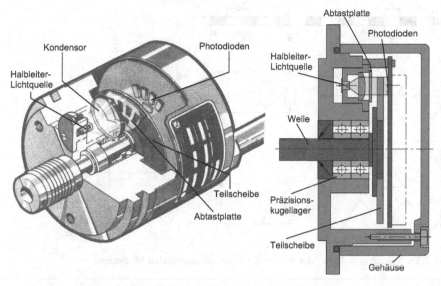

Bild 2.32. Innerer Aufbau eines Drehgebers. (nach Heidenhain)

handelt es sich ebenfalls um eine Abtastung der Teilscheibe nach dem Durchlichtverfahren. Die Messung geschieht durch photoelektrische Abtastung des Präzisions-
glasmaßstabes bzw. der Teilscheibe über Abtastplatte und Photoelemente. Die endliche Ausdehnung der aktiven Fläche des Photoelementes überdeckt mehrere Teilstriche der Scheibe, sodass ein Abtastgitter (= Abtastplatte) entsprechender Breite
zwischen Lichtquelle und Empfänger angeordnet wird. Bei Bewegung des Maßstabs bzw. Drehung der Geberwelle relativ zur Abtasteinheit werden am Ausgang
der Photodioden annähernd sinusförmige Signale erzeugt, die in der Auswerteeinheit in eine Rechtecksignalfolge umgeformt werden.

Zur Erzeugung von richtungserkennenden Signalen (s. Kapitel 2.2.3.4) sind
mindestens zwei Photoelemente erforderlich. Im Linearmesssystem in Bild 2.31
sind jedoch vier Photoelemente abgebildet. Die Anordnung von vier um jeweils 90°
verschobenen Messelementen ermöglicht eine besondere Auswertung der Messsig-
nale, Bild 2.33. Das 0°-Signal (I_1) wird im Gegentakt zu dem 180°-Signal (I_2) geschaltet, d.h. die Signale werden voneinander subtrahiert. Ebenso wird mit den Signalen 90° (I_3) und 270° (I_4) verfahren. Dadurch erhält man Sinus- und Kosinus-
signale, die periodisch um den Nullpunkt schwanken. Eine gleichspannungsfreie
Wechselspannung ist vorteilhaft für die weitere Auswertung. Zur Erzeugung der
Rechteckimpulse braucht nur auf die Nulldurchgänge getriggert zu werden. Eine
Interpolation zur Erhöhung der Auflösung wird nach dem im Kapitel 2.2.3 beschriebenen Verfahren durchgeführt.

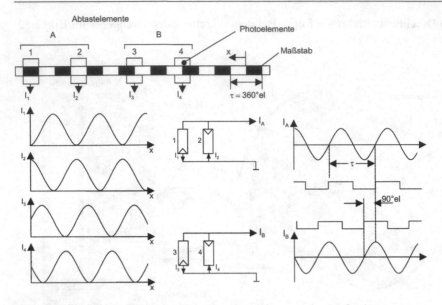

Bild 2.33. Signalverläufe bei der Abtastung eines inkrementalen Maßstabes

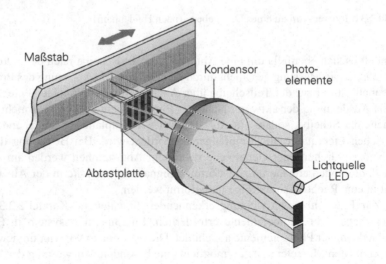

Bild 2.34. Prinzip der Quasi-Einfeld-Abtastung. (nach Heidenhain)

Die Vierfeld-Abtastung in Bild 2.31 ist empfindlich gegenüber Verschmutzungen des Maßstabes, da die Lichtintensitätsschwankungen zu Offset-Fehlern der einzelnen Phasenlagen (0°, 180°, 90° und 270°) und somit zu Fehlmessungen führen. Bei einer Bewegung der Abtasteinheit über eine Maßstabsverschmutzung werden die Fotoelemente nacheinander von der Verschmutzung erfasst, sodass die Fehlmessung an 4 Positionen auftritt.

Eine Verbesserung bringt die Quasi-Einfeld-Abtastung nach dem Auflichtverfahren, Bild 2.34 [20]. Auf dem Maßstab werden reflektierende Stahlmaßbänder mit einer Teilung von z.B. 40 μm benutzt (Auflichtverfahren). Die Abtastplatte enthält ein transparentes Abtastgitter mit zwei unterschiedlichen Teilfeldarten. Beide Teilfeldarten besitzen ein zur Maßstabsteilung paralleles Gitter gleicher Teilung, das Amplitudengitter. Parallel zur Bewegungsrichtung besitzen sie ein Beugungsgitter mit zwei unterschiedlichen Gitterteilungen (z.B. 5 μm auf den hellen und 7 μm auf den dunklen Feldern der Abtastplatte in Bild 2.34 und 2.30). Die unterschiedlichen Beugungsgitterteilungen auf den Teilabtastfeldern führen zu unterschiedlichen Beugungseigenschaften. Jedes Teilabtastfeld spaltet das Licht in zwei zueinander gegenphasige Teilstrahlenbündel, die auf den Photoelementen gemäß Bild 2.34 gesammelt werden. Demzufolge stellen die Photoelemente Signale mit 0°, 90°, 270° und 180° Phasenverschiebung (von oben nach unten) zur Verfügung. Eine geringfügige Verschmutzung auf dem Stahlmaßstab führt zu einer leichten Intensitätsänderung aller Photoelement-Signale gleichzeitig, da nur ein einziges Abtastfeld verwendet wird. Auch bei einer geringen Verschmutzung stehen bei diesem Verfahren somit sinusförmige Ausgangssignale hoher Güte zur Verfügung.

Nachteil aller inkrementalen Verfahren ist die Tatsache, dass die inkrementalen Messsysteme eine bekannte Startposition (Referenzpunkt) benötigten, ab der das Zählen der Inkremente bei Links- und Rechtsfahrt beginnen kann. Ist diese Referenzmarke nur einmal vorhanden, vgl. Bild 2.31, so muss nach dem Einschalten des Messsystems auf diese Startposition referenziert werden.

Auf Linearmaßstäben können mehrere Referenzmarken angebracht sein, die zueinander unterschiedliche Abstände haben, Bild 2.35. Nach Überfahren zweier solcher abstandskodierter Referenzmarken wird durch Auszählen der zwischen den Marken liegenden Inkremente von der Auswerteeinheit die absolute Position auf dem Maßstab bestimmt.

Die Teilungen auf dem Maßstab bzw. der Scheibe zeichnen sich durch höchste Herstellgenauigkeit und absolut scharfe optische Kanten aus. Sie werden durch Aufdampfen einer sehr dünnen, harten, metallischen, teilungsbildenden Schicht im Vakuum oder durch Ritzen von Glas- oder Metallmaßstäben hergestellt. Metallmaßstäbe eignen sich dank ihres flexiblen Grundkörpers auch für den Einsatz bei rotatorischen Anwendungen, beispielsweise zur Winkelmessung an Rundtischen. Für die digitale Auflösung einer Weg- bzw. Winkeländerung ist der Abstand bzw. die Anzahl der Teilstriche auf dem Messkörper bestimmend.

Damit das im Bild 2.30 gezeigte Durchlicht- bzw. Auflichtverfahren noch nach den Gesetzen der Strahlenoptik funktioniert, darf die Teilung eines Maßstabes nicht wesentlich kleiner als 10 μm sein. In der Regel ist jedoch ein höheres Auflösungsver-

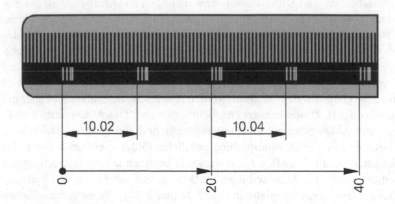

Bild 2.35. Abstandskodierte Referenzmarken. (nach Heidenhain)

mögen gefordert. Daher müssen die analogen Ausgangssignale der Photoelemente nach den im Kapitel 2.2.3 beschriebenen Verfahren interpoliert werden. Da die Signale nur annähernd sinusförmig sind, d.h. sie haben einen Anteil an Oberwellen, ist eine analoge Interpolation um mehr als den Faktor 25 nicht sinnvoll. Die 4fach-Auswertung (Bild 2.31) der digitalen Pulsfolgen erlaubt jedoch eine Steigerung des Auflösungsvermögens um den Faktor 100 (vgl. Kapitel 2.2.3). Heute werden vorwiegend digitale Verfahren eingesetzt, die Interpolationsfaktoren bis 1024 ermöglichen.

Faktoren, die die Messgenauigkeit beeinflussen, sind die Maßstabshalterung und Scheibenlagerung, die Planheit und Geradheit der Maßstäbe bzw. der Scheiben, Ankopplung und Gestaltung der Abtasteinheit sowie das Verhalten bei Temperaturänderungen.

In Verbindung mit mechanischen Übertragungselementen (z.B. Zahnstange-Ritzel, Spindel-Mutter) werden inkrementale Drehgeber auch für Längenmessungen benutzt (vgl. Kapitel 2.2.1.2.1).

Inkrementale Weg- und Winkelmesssysteme werden heute an Werkzeugmaschinen bevorzugt eingesetzt. Als Nachteil inkrementaler Messsysteme wird häufig die Tatsache genannt, dass der Messwert bei Stromausfall verloren geht und bei Auftreten von Störungsimpulsen verfälscht werden kann. Letzteres dürfte wohl bei dem heute vorliegenden, hohen Entwicklungsstand der elektronischen Geräte nicht mehr zutreffen.

2.2.2.1.2 Digital-absolute Messsysteme

Im Gegensatz zu inkrementalen Verfahren wird bei den kodierten Messsystemen jedem Wegelement ein eindeutiger Zahlenwert zugeordnet. Bild 2.36 zeigt die schematische Abbildung eines kodierten Maßstabes mit fünf Codespuren.

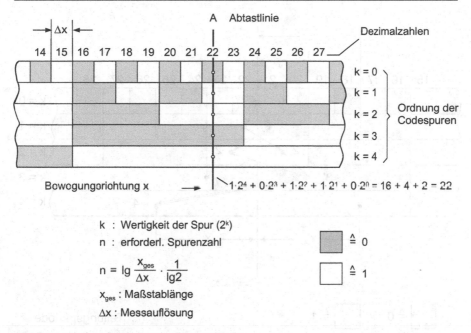

Bild 2.36. Fünfspuriges binär-kodiertes Lineal

Es gibt verschiedene Möglichkeiten zur Kodierung eines Maßstabintervalls (vgl. Kapitel 2.2.1.2). Bei binär-kodierten Maßstäben gleicher Messlänge nimmt die Messauflösung der feinsten Teilung Δx mit jeder zusätzlichen Spur um den Faktor 2 zu.

Ordnet man entsprechend Bild 2.36 jedem hellen Feld den Binärwert „1" und jedem dunklen Feld den Binärwert „0" zu, so kann bei einer gleichzeitigen Abtastung aller Spuren an jeder Stelle des Weges eine Dualzahl abgelesen werden, die der Position entspricht. Im dargestellten Beispiel beschreibt die Dualzahl 10110 das Wegelement 22. Die Anzahl der erforderlichen Spuren n ist vom Messbereich x_{ges} und der Auflösung Δx abhängig. Es gilt folgende Gesetzmäßigkeit:

$$x_{\text{ges}} = \Delta x \cdot 2^n \quad (n = 1, 2, 3, \ldots) \tag{2.10}$$

wobei Δx die kleinste Teilungsbreite und n die Spurenanzahl ist, für die gilt:

$$n = \lg \frac{x_{\text{ges}}}{\Delta x} \cdot \frac{1}{\lg 2} \tag{2.11}$$

Die Abtastung des Maßstabs, Bild 2.36, in der beschriebenen Art kann aber auch zu Fehlinformationen führen, und zwar genau dann, wenn sich auf mehreren Spuren die dualen Zustände im selben Augenblick ändern, jedoch wegen der endlichen Abmaße der Abtastelemente der Übergang nicht exakt gleichzeitig einsetzt. So kann beispielsweise an der Übergangsstelle zwischen den Wegelementen 23 und 24 durch einen kleinen Versatz des Abtastelementes der Spur 4 statt der richtigen Werte

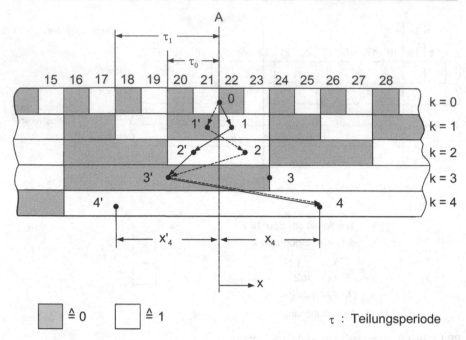

Bild 2.37. Doppelabtastung für ein dual-verschlüsseltes Coderaster

$10111 \; \hat{=} \; 23$ oder $11000 \hat{=} 24$

der falsche Wert

$11111 \; \hat{=} \; 31$

gelesen werden. Die Messfehler sind besonders gravierend, wenn höherwertige Spuren falsch abgetastet werden. Solche Fehlinterpretationen sind durch folgende Maßnahmen vermeidbar:

– Abtastung jeder Spur (mit Ausnahme der feinsten) eines dualcodierten Maßstabs mit zwei Abtastköpfen im Abstand $2^k \cdot \tau/4$ (Bild 2.37). Das Prinzip besteht darin, dass jeweils beim Lesen des Wertes „0" in der niederwertigen Spur der Wert des voreilenden Abtasters in der nächst höherwertigen Spur Gültigkeit hat. Wird der Wert „1" gelesen, so hat der nacheilende Abtaster der höherwertigen Spur Gültigkeit. Auf diese Weise lässt sich der Messwert eindeutig ablesen. Wegen der Anordnung der Abtastköpfe nennt man diesen Vorgang „V-Abtastung" [28, 92]. Die hohe Anzahl der benötigten Abtastköpfe verursacht bei dieser Lösung jedoch hohe Kosten.
– Kodierung des Maßstabs nach dem sogenannten Gray-Code (vgl. Band 4, Abschnitt 4). Während des Übergangs von einem Wert zum anderen tritt bei dieser Codierung eine Änderung des Binärzustands nur in einer Spur des Maßstabs auf.

Bild 2.38 zeigt den prinzipiellen Aufbau eines digital-absoluten Drehgebers zur Winkelmessung. Die Antriebswelle trägt eine kreisförmige Codescheibe aus bruch-

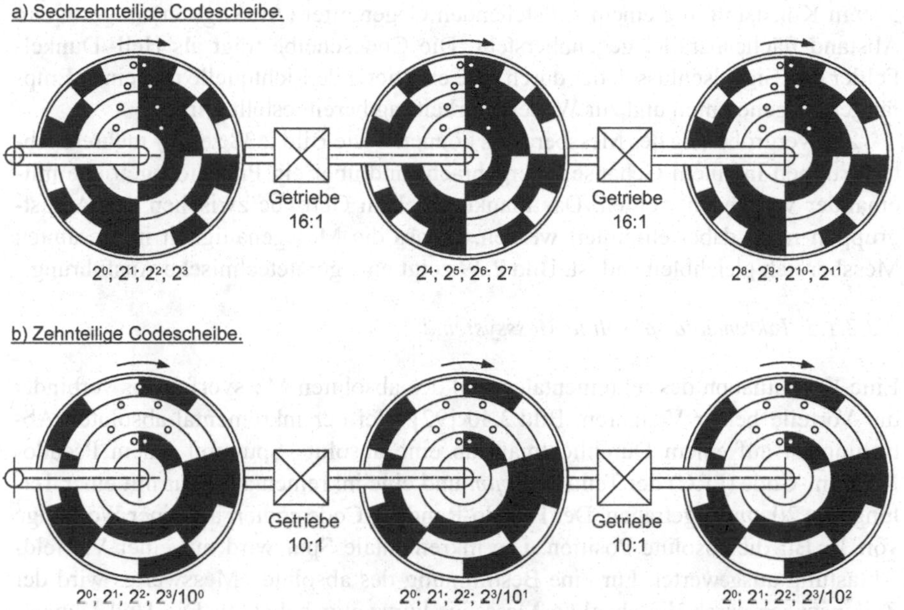

a) Sechzehnteilige Codescheibe.

$2^0; 2^1; 2^2; 2^3$ $2^4; 2^5; 2^6; 2^7$ $2^8; 2^9; 2^{10}; 2^{11}$

Getriebe 16:1   Getriebe 16:1

b) Zehnteilige Codescheibe.

$2^0; 2^1; 2^2; 2^3/10^0$ $2^0; 2^1; 2^2; 2^3/10^1$ $2^0; 2^1; 2^2; 2^3/10^2$

Getriebe 10:1   Getriebe 10:1

Bild 2.38. Prinzip eines binär-codierten und eines binär-dezimal-codierten Winkelcodierers mit einem Messbereich von mehr als einer Umdrehung. (nach Walcher)

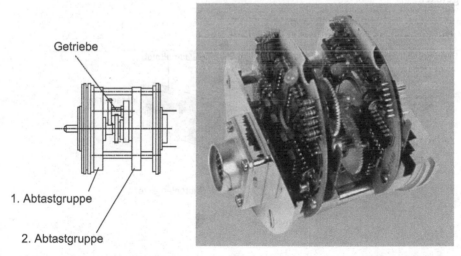

Getriebe

1. Abtastgruppe

2. Abtastgruppe

Bild 2.39. Drehgeber mit zwei Abtastgruppen und zwischengeschaltetem Getriebe zur Erhöhung der Auflösung je Umdrehung. (nach Fraba)

festem Kunststoff, die einem stillstehenden Gegengitter (Abtastgitter) in geringem Abstand flächenparallel gegenübersteht. Die Codescheibe trägt als Hell-/Dunkel-Felder den Signalschlüssel, der durch eine emittierende Lichtquelle und einen Empfänger aufgenommen und zur Weiterverarbeitung bereitgestellt wird.

Zur Vergrößerung des Messbereichs können – wie Bild 2.38 zeigt – mehrere Abtastgruppen in einem Gehäuse untergebracht und über ein Präzisionsgetriebe miteinander verbunden werden. Das Flankenspiel im Getriebe zwischen den Abtastgruppen muss dabei eliminiert werden, sodass die Messgenauigkeit im gesamten Messbereich gleichbleibend ist. Bild 2.39 zeigt eine gerätetechnische Ausführung.

2.2.2.1.3 Inkremental-absolute Messsysteme

Eine Kombination des inkrementalen und des absoluten Messverfahrens verbindet die Vorteile beider Verfahren, Bild 2.40 [92]. Bei der inkremental-absoluten Abtastung ist auf einem Durchlichtmaßstab eine absolute Spur mit einem Pseudo-Random-Code (PRC) der Teilung 75 μm und eine inkrementale Spur mit einer Teilung von 20 μm aufgetragen. Der Pseudo-Random-Code codiert auf einer Wortlänge von 16 Bit die absolute Position. Die inkrementale Spur wird mit einer Vierfeld-Abtastung ausgewertet. Für eine Bestimmung des absoluten Messwertes wird der Zeilensensor durch die absolute Messspur kurzzeitig belichtet. Die Hell-Dunkel-Codierung des Codemusters wird dadurch in Form von Ladungen in den Pixeln des Zeilensensors gespeichert. Gleichzeitig wird die Position der Inkrementalspur abgelesen.

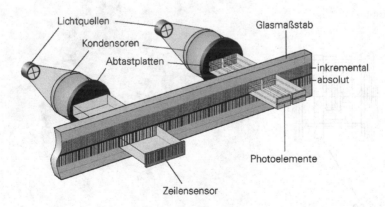

Bild 2.40. Praktischer Aufbau eines inkremental-absoluten Messsystems. (nach Heidenhain)

Ein Microcontroller bestimmt aus dem Pixelbild die absolute Position durch Decodierung des Codemusters. Zur Steigerung der Genauigkeit werden darüber hinaus die Lagen der einzelnen hell-/dunkel-Übergänge ausgewertet. Dadurch kann aus der

absoluten Spur die Position ausreichend genau bestimmt werden, um die Ordnungs-
zahl der Inkrementalperiode zu bestimmen. Im letzten Schritt werden die Inkre-
mentalsignale interpoliert und an die absolute Position angeschlossen. Dadurch ist
es möglich, die Position mit einer Auflösung von $0,1$ μm zu bestimmen.

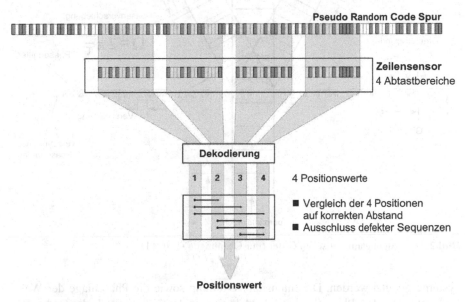

Bild 2.41. Erhöhung der Fehlersicherheit durch die Messung von vier absoluten Positionen.
(nach Heidenhain)

Zur Erhöhung der Verschmutzungssicherheit wird ein einfaches aber wirkungs-
volles Verfahren angewendet, Bild 2.41. Das Erkennen von 16 Bit würde für eine
absolute Positionsbestimmung genügen. Ausgelesen werden jedoch erheblich mehr
Bits, die eine Berechnung von vier unabhängigen absoluten Positionen ermöglichen. Da der Abstand dieser Positionen untereinander a priori bekannt ist, können
fehlerhafte Positionen durch einen einfachen Abstandstest ermittelt werden und un-
berücksichtigt bleiben.

2.2.2.1.4 Interferenzielle Wegmesssysteme

Für die Anwendung in Ultrapräzisionsmaschinen oder in hochgenauen Anlagen für
die Mikrochipherstellung gibt es Längenmesssysteme, die Auflösungen bis zu wenigen Nanometern besitzen. Diese Systeme nutzen die Überlagerung von Lichtwel-
lenzügen, die an optischen Gittern gebeugt werden [37, 138].

Trifft eine ebene Lichtwellenfront auf ein optisches Phasengitter, so wird das
Licht in verschiedenen Richtungen gebeugt. Im Bild 2.42 ist die Beugungserschei-
nung dargestellt. Gezeigt werden hier und im Folgenden nur die Beugungsordnun-
gen -1, 0, +1, da meist nur diese für die technische Realisierung der Längenmess-

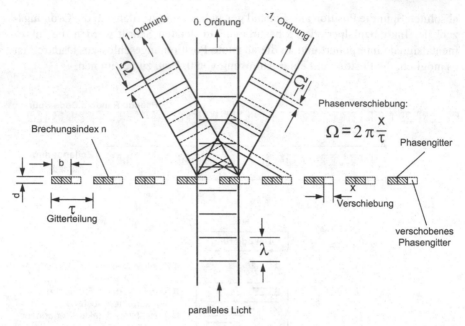

Bild 2.42. Beugung am optischen Gitter (nur Ordnungen -1, 0, +1)

systeme genutzt werden. Die Intensitätsverteilung sowie die Phasenlage der Wellenfront hinter dem Phasengitter sind abhängig von der Gitterbreite b, der Dicke der Stege d, dem Brechungsindex n des Materials der Gitterstäbe sowie der Gitterteilung τ. (Eine exakte Intensitätsverteilung kann mit Hilfe der Fourier-Transformation berechnet werden [168].)

Die Intensitätsverteilung sowie die Phasenlage der hinter dem Gitter auftretenden Wellenzüge kann gezielt über die Gittergestaltung beeinflusst werden. Unter Vernachlässigung von Verlusten und Reflexionen verschwindet z.B. die Intensität der Beugung 0. Ordnung, wenn Gitterstege und -lücken gleich breit sind und die durch die lichtdurchlässigen Stege durchtretenden Wellen gegenüber den durch die Lücken durchtretenden einen Gangunterschied von $\lambda/2$ haben.

Wird das Gitter um einen Weg x verschoben, so verändert sich dadurch die Phasenlage der gebeugten Wellen mit den Ordnungen -1 und +1 um den Winkel $-\Omega$ bzw. $+\Omega$. Die Wellen der Ordnung 0 werden nicht phasenverschoben, Bild 2.42.

Eine Hintereinanderreihung von drei Phasengittern im konstanten Abstand z zeigt Bild 2.43. Alle drei Gitter haben die Teilung τ. Gitter $G1$ und Gitter $G3$ sind exakt identisch aufgebaut. Sie sind so gewählt, dass die 0. Beugungsordnung gegenüber den Ordnungen -1 und +1 eine konstante Phasenverschiebung Φ hat. Das Gitter $G2$ ist gegenüber $G1$ und $G3$ verschiebbar.

Im Bild 2.43 sind in vereinfachter Darstellung nur die Ausbreitungsrichtungen der Wellen als Strahlen dargestellt. Trifft ein Bündel paralleler Lichtwellen auf das

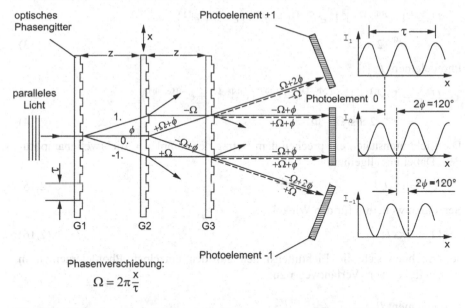

Bild 2.43. Wirkungsweise interferenzieller Wegmesssysteme. (nach Heidenhain)

Gitter G1, so wird es gebeugt in die Ordnungen -1, 0 und +1. Die Wellen der 0. Ordnung sind gegenüber der 1. Ordnung um den konstanten Winkel Φ verschoben.

An dem Gitter *G2* werden die dort auftreffenden Lichtbündel wiederum in die Ordnungen -1 und +1 gebeugt. Das Gitter *G2* erzeugt keine 0. Beugungsordnung. Bei Verlagerung des Maßstabes werden die Wellen der einzelnen Lichtbündel zusätzlich um den Winkel $+\Omega$ bzw. $-\Omega$ phasenverschoben (vgl. Bild 2.42).

Am Gitter *G3*, das identische Eigenschaften zu Gitter *G1* hat, wird das Licht erneut gebeugt. Hinter diesem Gitter überlagern sich nun einzelne Lichtbündel, die zueinander unterschiedliche Phasenlagen haben. Diese Phasenlagen sind abhängig von der Verlagerung des Gitters *G2*. Es kommt zu Interferenzen, die als Intensitätsschwankungen mit Hilfe der Photoelemente gemessen werden können.

Die Phasenlagen der einzelnen sich überlagernden Lichtbündel hinter Gitter *G3* sind im Bild 2.43 eingezeichnet. Die Beträge der Wellenamplituden der einzelnen nicht interferierenden Lichtbündel sind gleich und werden zu 1 gesetzt. In komplexer Schreibweise haben die drei Lichtbündel, die auf die Photoelemente P_{-1} bis P_{+1} fallen, folgende Amplituden [86].

Photoelement P_{+1}:

$$\underline{U}_{+1} = 1 \cdot e^{-i\Omega} + 1 \cdot e^{i(2\Phi+\Omega)} = e^{i\Phi} \cdot \left(e^{-i(\Omega+\Phi)} + e^{i(\Omega+\Phi)} \right)$$

$$= e^{i\Phi} \cdot 2\cos(\Omega + \Phi) \tag{2.12}$$

Photoelement P_0:

$$\underline{U}_0 = 1 \cdot e^{i(\Phi-\Omega)} + 1 \cdot e^{i(\Phi+\Omega)} = e^{i\Phi} \cdot \left(e^{-i\Omega} + e^{i\Omega}\right)$$

$$= e^{i\Phi} \cdot 2\cos\Omega \qquad (2.13)$$

Photoelement P_{-1}:

$$\underline{U}_{-1} = 1 \cdot e^{i\Omega} + 1 \cdot e^{i(2\Phi-\Omega)} = e^{i\Phi} \cdot \left(e^{i(\Phi-\Omega)} + e^{-i(\Omega-\Phi)}\right)$$

$$= e^{i\Phi} \cdot 2\cos(\Omega - \Phi) \qquad (2.14)$$

Die Lichtintensitäten entsprechen dem Betrag der komplexen Lichtwellenamplituden. Dabei gilt allgemein

$$|\underline{U}| = \underline{U} \cdot \underline{U}^* \qquad (2.15)$$

Setzt man weiterhin für den Winkel

$$\Omega = 2\pi x/\tau \qquad (2.16)$$

so errechnen sich die Lichtintensitäten auf den einzelnen Photoelementen in Abhängigkeit vom Verfahrweg x zu:

Photoelement P_{+1}:

$$U_{+1} = 4\cos^2(\Omega + \Phi) = 2\left[1 + \cos 2(\Omega + \Phi)\right]$$
$$U_{+1} = 2\left\{1 + \cos\left[2\pi(2x/\tau) + 2\Phi\right]\right\} \qquad (2.17)$$

Photoelement P_0:

$$U_0 = 4\cos^2\Omega = 2\left[1 + \cos 2\Omega\right]$$
$$U_0 = 2\left\{1 + \cos\left[2\pi(2x/\tau)\right]\right\} \qquad (2.18)$$

Photoelement P_{-1}:

$$U_{-1} = 4\cos^2(\Omega - \Phi) = 2\left[1 + \cos 2(\Omega - \Phi)\right]$$
$$U_{-1} = 2\left\{1 + \cos\left[2\pi(2x/\tau) - 2\Phi\right]\right\} \qquad (2.19)$$

Die Intensitäten und damit die Ausgangsströme der Photoelemente ändern sich in Abhängigkeit von der Verlagerung des Gitters $G2$ nach einer Kosinus-Funktion. Wird das Gitter $G2$ um den Weg einer Gitterteilung τ verschoben, so durchläuft das Ausgangssignal zwei volle Perioden (Bild 2.43). Die Periodenlänge des Ausgangssignals der Photodioden ist also um den Faktor 2 kürzer als die Gitterteilung τ. Die Lichtwellenlänge hat hier keinen Einfluss. Damit entfallen auch die spezifischen Messfehler aufgrund der Änderungen des Brechungsindexes der Luft, wie sie bei Laserinterferometern auftreten (vgl. Kapitel 2.2.2.2).

Die Ausgangssignale der drei Photoelemente sind jeweils um den Winkel 2Φ gegeneinander versetzt. Durch eine geeignete Auslegung der Gitter $G1$ und $G3$ wird der Winkelversatz von $2\Phi = 120^\circ$ eingestellt. Eine nachgeschaltete Elektronik erzeugt hieraus wieder zwei Rechteckpulsfolgen, die zur Richtungserkennung zueinander um $\pm 90^\circ$ phasenversetzt sind.

Die Lichtintensitätsschwankungen werden durch Interferenzen von optischen Wellen erzeugt. Damit ist der Verlauf der Intensität über den Verfahrweg *x*, und damit auch das Ausgangssignal der Photoelemente, praktisch ideal sinusförmig. Die elektrischen Signale lassen sich deshalb nach den im Kapitel 2.2.3 angegebenen Verfahren sehr fein interpolieren. Eine Interpolation der analogen Signale der Photoelemente um den Faktor 100 ist möglich. Zusammen mit der 4fach-Auswertung der digitalisierten Signale ist somit ein Auflösungsvermögen erreichbar, das um den Faktor 400 feiner als die Signalperiode, bzw. um den Faktor 800 feiner als die Gitterteilung τ ist. Mit entsprechend fein geteilten Gittern sind Messschritte von unter 10 *nm* zu verwirklichen. Mit technisch abgewandelten Systemen werden sogar Auflösungsvermögen von 1 *nm* erreicht [174].

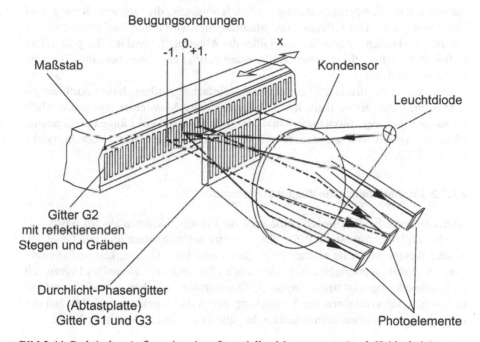

Bild 2.44. Praktischer Aufbau eines interferenziellen Messsystems. (nach Heidenhain)

Die Funktion und Messgenauigkeit werden nicht beeinträchtigt, wenn sich der Abstand *z* zwischen den Gittern innerhalb eines Toleranzbereichs verändert. Diese Eigenschaft ist besonders in der praktischen Anwendung der Messsysteme nützlich, da hier immer Fertigungs- und Montagetoleranzen einkalkuliert werden müssen. Erst bei sehr großen Abweichungen kommt es wegen der damit verbundenen geometrischen Verschiebung der Strahlenbündel nicht zu einer Überlagerung hinter Gitter *G*3 oder die interferierenden Lichtbündel werden nicht mehr auf den Photoelementen abgebildet. Das Messsystem versagt dann.

In der technischen Realisierung interferenzieller Längenmesssysteme wird die im Bild 2.43 gezeigte Anordnung aus drei Gittern um die Ebene durch das mittlere Gitter $G2$ gefaltet. Damit fallen physikalisch die identischen Gitter $G1$ und $G3$ zusammen. Für das Gitter $G2$ wird ein Gitter mit reflektierenden Gräben und Stegen verwendet. Eine solche Anordnung zeigt Bild 2.44.

Da das Prinzip auch mit nicht ideal monochromatischem Licht funktioniert, wird als Lichtquelle eine Leuchtdiode verwendet. Mit Hilfe einer Kondensorlinse wird ein paralleles Lichtbündel erzeugt. Dieses passiert das Durchlicht-Phasengitter, wird an dem Maßstabgitter reflektiert und passiert erneut das Abtastgitter. An den einzelnen Gittern treten die entsprechenden Beugungen auf. Die interferierenden Lichtbündel werden durch die Kondensorlinse auf die Photoelemente abgebildet.

Der Maßstab ist aus Stahl gefertigt. Die Genauigkeit des Messsystems ist damit nur von der Temperaturdehnung des Stahls abhängig, die rechnerisch einfach zu kompensieren ist. Das reflektierende Maßstabgitter wird durch hochpräzise aufgebrachte Goldschichten gebildet. Das Gitter der Abtastplatte wird in Glas geätzt. Der Luftspalt zwischen Phasengitter und Maßstab beträgt ca. 1 mm, bei einer Toleranz von etwa $\pm 0, 5\ mm$.

Mit ihren spezifischen Eigenschaften – einfacher Aufbau, hohes Auflösungsvermögen, hohe Genauigkeit, leicht kompensierbare Messfehler und große Maßtoleranzen bei der Montage – sind die interferenziellen Längenmesssysteme günstige Alternativen zu den bisher verwendeten Laserinterferometern (siehe Kapitel 2.2.2.2).

2.2.2.2 Interferometrische Wegmesssysteme

Interferometrische Wegmesssysteme sind im Prinzip inkrementale Messsysteme, die als Vergleichsnormal die Wellenlänge von monochromatischem Licht benutzen. Solche Wegmesssysteme zeichnen sich durch eine hohe Genauigkeit und ein sehr gutes Auflösungsvermögen aus. Sie werden an Präzisionsmaschinen und vereinzelt an Großwerkzeugmaschinen eingesetzt. Darüber hinaus haben sich die interferometrischen Messverfahren zur Vermessung der Werkzeugmaschinen, z.B. bei der Ermittlung der Positionierunsicherheit, bewährt (s.a. Band 5, Abschnitt 2.1.6).

2.2.2.2.1 Michelson-Interferometer

Die ersten Anwendungen der Interferenzerscheinungen für die Längenmesstechnik gehen schon auf das Jahr 1890 zurück. Seinerzeit entwickelte *Michelson* ein Interferometer, das auch heute noch in nahezu unveränderter Form die Grundeinheit moderner Laser-Interferometer darstellt. Das Prinzip des Michelson-Interferometers ist im Bild 2.45 erläutert.

Eine Lichtquelle sendet einen monochromatischen kohärenten Lichtstrahl aus. Der Lichtstrahl spaltet sich an einem halbdurchlässigen Spiegel S_1 in zwei Anteile und gelangt an zwei total reflektierende Spiegel S_2 und S_3. Von dem oberen Spiegel S_2 wird der eine Teilstrahl (Referenzstrahl) reflektiert. Der bewegliche Spiegel S_3 reflektiert den anderen Teilstrahl (Messstrahl) ebenfalls auf den Spiegel S_1, auf

Messaufbau

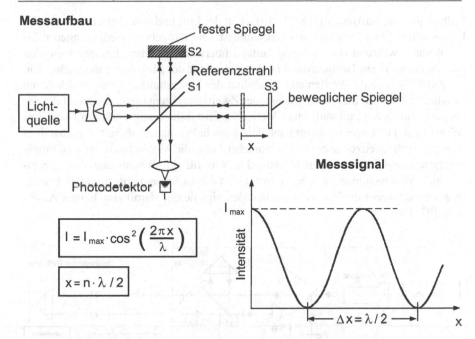

$$I = I_{max} \cdot \cos^2\left(\frac{2\pi x}{\lambda}\right)$$

$$x = n \cdot \lambda / 2$$

Bild 2.15. Prinzip des Michelson-Interferometers

dem sich beide Teilstrahlen überlagern, d.h. wo sie miteinander interferieren, um anschließend auf den Photodetektor zu gelangen. Bewegt sich nun z.B. der Spiegel S_3 parallel zur Strahlenachse in x-Richtung, so treten aufgrund der Änderung des optischen Wegunterschiedes zwischen beiden Strahlteilen im Überlagerungspunkt auf dem Halbspiegel S_1 Lichtintensitätsschwankungen durch Lichtauslöschung und Lichtaddition auf.

Die periodische Lichtintensitätsschwankung auf der Oberfläche des Empfängers wird in eine proportionale elektrische Spannung gewandelt und liefert ein sinusförmiges Signal, dessen Periode der halben Wellenlänge λ des verwendeten Lichtes entspricht. Aus diesem Signal werden Impulse geformt und gezählt; die Anzahl ist dem Weg x proportional. In Abhängigkeit vom Verfahrweg x ändert sich die Lichtintensität I nach folgender Beziehung:

$$I = I_{max} \cos^2\left(\frac{2\pi x}{\lambda}\right) \tag{2.20}$$

Der vom Messobjekt zurückgelegte Weg ergibt sich somit durch Auszählen der Intensitätsmaxima oder -minima, die ganzzahligen Vielfachen des Weginkrements $\Delta x = \lambda/2$ entsprechen. Zwischenwerte werden durch Interpolation erfaßt.

2.2.2.2.2 Zweifrequenzenlaser-Interferometer

Die Genauigkeit des Laserinterferenzverfahrens hängt sehr von der Stabilität der Lichtwellenlänge ab. Diese wird durch Umgebungsbedingungen, wie Luftdruck,

Lufttemperatur, Luftfeuchtigkeit, CO_2-Gehalt der Luft und den Betriebszustand des Lasers selbst (Anwärmphase u.a.), beeinflusst. Die Umgebungsbedingungen müssen deshalb während der Messung laufend überwacht werden. Entsprechend den Abweichungen vom Normzustand ist eine Korrektur der Messwerte unumgänglich.

Zur Erhöhung der Wellenlängenstabilität des Laserstrahls gibt es verschiedene Möglichkeiten, z.B. die Verwendung eines Zweifrequenzenlasers. Aufgrund der dabei durchführbaren automatischen Wellenlängenstabilisierung entfallen lange Anwärmzeiten. Der Laser ist sofort nach dem Einschalten betriebsbereit. Daneben bietet der Zweifrequenzenlaser in sehr einfacher Form die Möglichkeit der Richtungsunterscheidung des bewegten Messobjekts, was für die dynamische Bewegungsmessung Voraussetzung ist. Ferner ermöglicht dieses System aufgrund des Trägerfrequenzverfahrens die Interpolation der Messsignale und damit eine höhere Auflösung [97, 146].

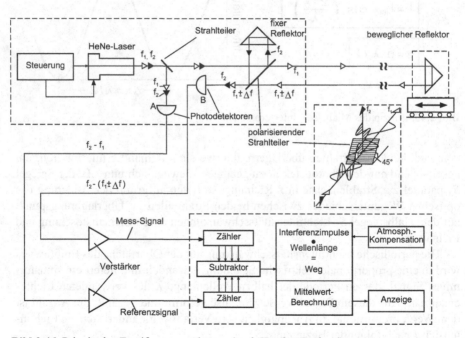

Bild 2.46. Prinzip des Zweifrequenzenlasers. (nach Hewlett-Packard)

Die Funktion eines Zweifrequenzenlaser-Interferometers sei anhand des Bildes Bild 2.46 erläutert (s. a. Band. 5, Abschnitt 2.1.6). Eine He-Ne-Laserröhre in einem axialen Magnetfeld emittiert kohärentes Licht hoher Frequenzkonstanz mit zwei sehr eng beieinanderliegenden Frequenzkomponenten f_1 und f_2 (Zeemann-Effekt). Die Frequenz beträgt $0,47408343 \cdot 10^{15}$ Hz, die Differenz ist etwa $f_2 - f_1 = 1,8 \cdot 10^6$ Hz. Die beiden Wellen sind senkrecht zueinander linear polarisiert, sodass sie durch Polarisationsfilter voneinander getrennt werden können. Ein Teil des emittierten Laserstrahls wird am ersten Strahlteiler ausgeblendet und fällt auf die Photodiode A. Die Helligkeitsschwankungen werden in der Photodiode in elektrische Signale umgesetzt. Am Ausgang der Diode A steht somit ein Referenzsignal zur Verfügung, dessen Amplitude mit der Schwebungsfrequenz $f_2 - f_1$ moduliert ist. Die verstärkten Signale werden von einem Zähler erfasst. Der größte Anteil des Laserlichtes verlässt den Laserkopf und wird im Interferometer – gebildet durch einen polarisierenden Strahlteiler und einen fixen Reflektor – in seine Komponenten f_1 und f_2 zerlegt.

Die Komponente f_2 wird am polarisierenden Strahlteiler um 90° abgelenkt und gelangt über den fixen Reflektor zurück auf den Strahlteiler. Hier wird der Strahl f_2 wieder um 90° abgelenkt und dem Photoempfänger B zugeführt. Die Strahlkomponente f_1 erfährt am polarisierenden Strahlteiler keine Ablenkung und trifft auf den beweglichen Reflektor. Dieser Reflektor lenkt den Strahl f_1 um 180° um, sodass dieser, durch den Strahlteiler hindurch, ebenfalls auf den Photoempfänger B fällt. Die reflektierten Strahlkomponenten interferieren und bilden eine Schwebung.

Bei nicht bewegtem Reflektor liegt die Frequenz dieser Schwebung bei ca. $1,8\,MHz$. Das Signal des Photodetektors wird ebenfalls verstärkt und einem zweiten Zähler zugeführt. Eine Lageveränderung des beweglichen Reflektors hat eine Dopplerverschiebung der Frequenz f_1 zur Folge. Der vom bewegten Reflektor zurückgelegte Weg entspricht der Differenz zwischen Referenz- und Messschwebungsimpulsfolge, sodass die Bewegung des Messobjekts vorzeichenrichtig ermittelt werden kann. Dabei entspricht jeder Zählimpuls einem Viertel der Lichtwellenlänge λ_L. Für eine Anzeige in metrischen Einheiten wird die Differenz mit dem Faktor $\lambda_0/4$ und dem Korrekturwert K_{Luft} multipliziert. Die Vakuumwellenlänge λ_0 wird als Konstante dem Rechenwerk zugeführt, während die atmosphärischen Kompensationsgrößen, z.B. von einer automatischen Kompensationseinheit, ständig entsprechend den aktuellen Luftbedingungen errechnet werden. Zum Ausgleich von Temperaturschwankungen des Maschinenkörpers kann auch die Materialtemperatur als Kompensationswert dem Rechenwerk zugeführt werden.

Die laserinterferometrische Wegmessung zeichnet sich neben einer hohen Auflösung durch große Genauigkeit aus. Mit dem Laserinterferometer wird eine Messunsicherheit von etwa einem Mikrometer je Meter Messlänge erreicht, und es können translatorische Bewegungen bis zu einer Geschwindigkeit von $18\,m/min$ erfasst werden. Durch eine Interpolation (vgl. Kapitel 2.2.3) ist heute eine hohe Auflösung von $5\,nm$ zu erreichen [112], womit ein Längenmessnormal zur Verfügung steht, das höchsten Genauigkeitsanforderungen entspricht. Solche Messsysteme finden Anwendung bei Höchstpräzisions-Werkzeugmaschinen für hochgenaue Werkstücke (Kugelrollspindeln, optische Elemente) [111].

Zum Einbau in Werkzeug- und Messmaschinen wurde ein Laser-Transducer-Messsystem entwickelt [23], Bild 2.47. Die Hauptmerkmale dieses Systems liegen zum Einen in der Miniaturisierung der optischen Komponenten und zum Anderen in der Trennung von Laserkopf und Strahlempfänger. Mit Hilfe von nur einer Laserquelle ist es mit diesem modular aufgebauten System möglich, Wegmessungen an bis zu sechs linearen Bewegungsachsen simultan zu erfassen. Unter Verwendung von Strahlteilern und Umlenkspiegeln wird der Laserstrahl in die einzelnen Ach-

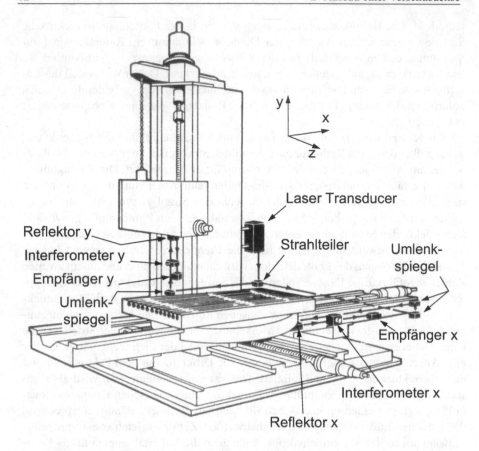

Bild 2.47. Laser-Transducer-System für die simultane Positionsmessung in drei Achsen. (nach Hewlett-Packard)

sen geleitet. Das Laser-Transducer-System hat in der einfachsten Ausführung eine Auflösung von $0,16~\mu m$ und findet bei Präzisions-NC-Maschinen, Großwerkzeug-maschinen und Dreikoordinatenmessmaschinen Anwendung. Darüber hinaus wird das Laser-Transducer-System zur Messung und Kalibrierung von Werkzeug- und Messmaschinen eingesetzt. Durch verschiedene Anordnungen der Komponenten ist es möglich, Länge, Winkel, Ebenheit, Geradheit und Rechtwinkligkeit zu messen.

2.2.2.3 Elektromagnetische Aufnehmer

Elektromagnetische Messeinrichtungen basieren auf dem Induktionsprinzip, siehe Bild 2.48. Ein vom Wechselstrom $i_E(t)$ durchflossener Leiter a erzeugt ein Wechsel-feld, gekennzeichnet durch den magnetischen Fluss Φ. Die magnetischen Feldlinien induzieren in einem zweiten Leiter b eine Spannung $u_A(t)$, deren Wert u. a. von der Entfernung und der gegenseitigen Lage der Leiter zueinander abhängig ist. Bewegt

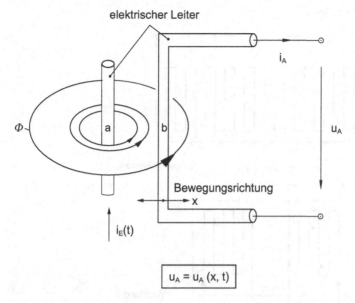

Bild 2.48. Das Induktionsprinzip

sich der Leiter b um Δx, so ändert sich der Effektivwert der induzierten Spannung um einen Betrag Δu_A, der so ein Maß für die Wegänderung ist.

Häufig werden von einem mit Wechselstrom durchflossenen Leiter in versetzten Leiterschleifen zwei Wechselspannungen induziert, die gegeneinander um 90° phasenverschoben sind. Mit der Bewegung ändern sich aufgrund der Lage der Induktionswicklungen die Amplituden der Spannungen relativ zueinander, was als Weginformation ausgewertet wird. Inductosyn und Resolver sind die bekanntesten nach dem Induktionsprinzip arbeitenden Messsysteme.

2.2.2.3.1 Inductosyn

Für die Längenmessung setzt man das Linear-Inductosyn ein, während das Rund-Inductosyn für Winkelmessungen verwendet wird. Die Funktionsweisen beider Messsysteme sind identisch, sie unterscheiden sich nur in ihrem mechanischen Aufbau und gelten als klassische Vertreter der zyklisch-absoluten Messsysteme.

Die Komponenten des Linear-Inductosyns, Lineal und Reiter, enthalten mäanderförmige Leiterwicklungen, die in Form einer gedruckten Schaltung auf den Grundkörper aufgebracht sind (Bild 2.49). Der Grundkörper darf nicht aus ferromagnetischem Material bestehen, damit das induzierte Magnetfeld keinen Veränderungen unterliegt. In der Regel wird Glas oder Keramik als Grundmaterial ausgewählt. Es wird aber auch Stahl mit Kunststoffisolation verwendet. Die Wicklungen auf dem Lineal und dem Reiter haben die gleiche Teilungsperiode. Auf dem Reiter befinden sich zwei um $(n+1/4) \cdot \tau$, $n = 0, 1, 2, \ldots$, d.h. räumlich um 90° zueinander verschobene Wicklungsgruppen. Diese Anordnung ermöglicht durch eine Phasen-

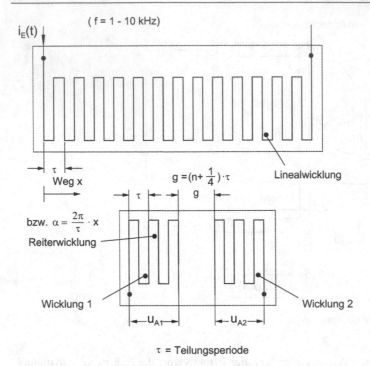

τ = Teilungsperiode

Bild 2.49. Wicklungsanordnung des Linear-Inductosyns

und Amplitudenmessung eine Bewegungsrichtungserkennung und eine genaue Lageauswertung (vgl. Kapitel 2.2.3.3).

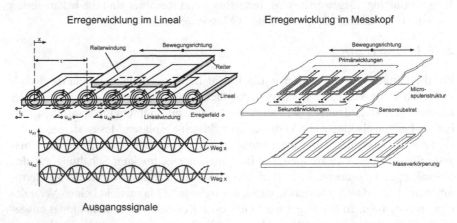

Bild 2.50. Prinzipielle Darstellung und Funktionsweise des Linear-Inductosyns (Quelle: AMO Messtechnik)

Die Funktionsweise des Linear-Inductosyns sei anhand der Darstellung im Bild 2.50 links erläutert. Die Linealwicklung wird mit einem hochfrequenten Wechselstrom $i_E(t)$ (etwa 10 kHz) gespeist:

$$i_E(t) = \hat{\imath}_E \sin \omega t \qquad (2.21)$$

Dieser verursacht ein magnetisches Wechselfeld, das in den beweglichen Reiterwicklungen die Wechselspannungen $u_{A1}(t)$ und $u_{A2}(t)$ induziert. Bild 2.50 zeigt die räumliche Anordnung des Lineals und des Reiters sowie die Verläufe der induzierten Wechselspannungen im Reiter. Die aktuelle Amplitude bzw. Phasenlage von $u_{A1}(t)$ und $u_{A2}(t)$ ist von der jeweiligen Lage des Reiters zum Lineal abhängig.

Durch den räumlichen Versatz der beiden Reiterwicklungen um $(n+1/4) \cdot \tau = \pi/2$ (elektrisch) entsprechen die Verläufe der induzierten Wechselspannungsamplituden $u_{A1}(t)$, $u_{A2}(t)$ dem Kosinus bzw. Sinus des elektrischen Drehwinkels α (vgl. Bild 2.49):

$$u_{A1}(t) = K \cdot \hat{\imath}_E \cdot \sin \omega t \cdot \cos \alpha \qquad (2.22)$$

$$u_{A2}(t) = K \cdot \hat{\imath}_E \cdot \sin \omega t \cdot \sin \alpha \qquad (2.23)$$

$$\alpha = 2\pi x/\tau; \quad (0 \le x \le \tau) \qquad (2.24)$$

mit K als elektromagnetischem Kopplungsfaktor.

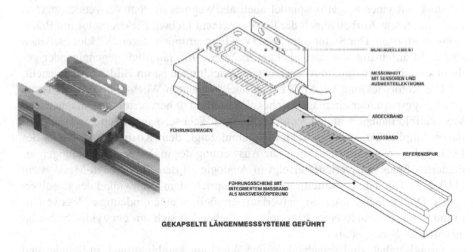

GEKAPSELTE LÄNGENMESSSYSTEME GEFÜHRT

Bild 2.51. Praktische Ausführung des Linear-Inductosyns (Quelle: AMO Messtechnik)

Eine Verschiebung des Reiters auf dem Lineal führt bei den hochfrequenten Spannungsverläufen dort zu Phasensprüngen um 180°, wo der Verlauf der Einhüllenden seine Nulldurchgänge hat. Die eindeutige Bestimmung der Lage des Reiters erfolgt durch eine Auswertung der Phase α über den Verlauf der einhüllenden Spannungsverläufe in den Reiterwicklungen sowie über das Phasenverhältnis (Gleich- oder Gegenphasigkeit) der hochfrequenten, induzierten Signale. Das im

Kapitel 2.2.3.3 beschriebene Amplitudenauswerteverfahren dient zur Umsetzung der Reiterspannungen in digitale Pulsfolgen, die in der NC-Steuerung als Zählinkremente verarbeitet werden.

Bild 2.50 rechts zeigt eine neuere Bauform, bei der die Erregerwicklung und die Messwicklung im Reiter untergebracht sind. Die Maßverkörperung besteht aus in das Lineal geätzten Vertiefungen. Die Vertiefungen vergrößern lokal den wirksamen Luftspalt und führen somit zu einer Änderung der Spannung in der Messentwicklung.

Die Anordnung der Komponenten des Linear-Inductosyns zeigt Bild 2.51. Das Lineal wird am stillstehenden Maschinenteil (z.B. Bett) befestigt. Der Reiter befindet sich am beweglichen Maschinenteil (z.B. Schlitten oder Tisch). Dabei muss eine relativ kleine Luftspaltbreite (etwa $0,25$ mm) zwischen beiden Komponenten eingehalten werden.

Einzelne Inductosyn-Maßstäbe haben in der Regel Teilungen von 2 mm oder 1/10 Zoll und Längen von etwa 250 bis 1000 mm. Bei größeren Wegen werden die Maßstabelemente aneinander gereiht, wobei eine sorgfältige Justage zur Vermeidung von Fehlern an den Stoßstellen erforderlich ist.

2.2.2.3.2 Resolver

Der Resolver ist ein elektromagnetischer Winkelmessaufnehmer, der z.B. in Verbindung mit einer Kugelrollspindel auch als Wegmesssystem verwendet werden kann. In seinem Aufbau ähnelt der Resolver einem kleinen Elektromotor mit Präzisionswicklungen. Der Stator trägt zwei Wicklungsgruppen, deren Wicklungsebenen senkrecht aufeinander stehen, also um $\pi/2$ bzw. 90° räumlich gegeneinander gedreht sind. Die prinzipielle Anordnung der Wicklungen ist im Bild 2.52 dargestellt.

Die Rotorwicklung wird mit einem hochfrequenten Wechselstrom $i_E(t)$ (etwa 10 kHz) gespeist, der ein magnetisches Wechselfeld Φ hervorruft. Das magnetische Wechselfeld induziert in den Statorwicklungen Wechselspannungen $u_{A1}(t)$, $u_{A2}(t)$, deren Amplituden, wie das Vektordiagramm zeigt, dem Kosinus bzw. Sinus des Drehwinkels α proportional sind. Die Auswertung der in den Statorwicklungen induzierten Spannungsverläufe erfolgt in Analogie zu dem Inductosyn-Messsystem [110,217]. Der dabei ermittelte Winkel α entspricht dem Drehwinkel des Resolverrotors. Die Periodität des Signalverlaufs ermöglicht eine eindeutige Messwertzuordnung nur innerhalb einer Rotorteilung. Es handelt sich um ein zyklisch-absolut arbeitendes Messsystem.

Grundsätzlich sind verschiedenartige Wicklungskombinationen in Ständer und Rotor möglich [10,110,217]. Zur Erhöhung des Auflösungsvermögens wird die Gesamtwicklung des Stators in Wicklungsgruppen unterteilt, deren Anzahl durch die Polteilung p gegeben ist. Durch die Kombination von Wicklungsgruppen mit der Polteilung 1 und solchen mit höherer Teilung erhält man Resolver, die innerhalb einer Umdrehung die Winkelposition absolut messen, welche mit einer Auflösung von einigen Winkelsekunden erfaßt werden kann. Den realen Aufbau eines Resolvers zeigt Bild 2.53. Wie bei den meisten Resolvern wird auch hier die Rotorwick-

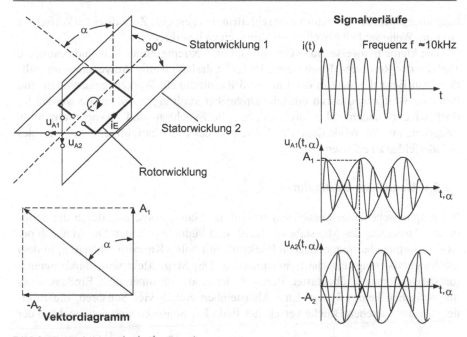

Bild 2.52. Funktionsprinzip des Resolvers

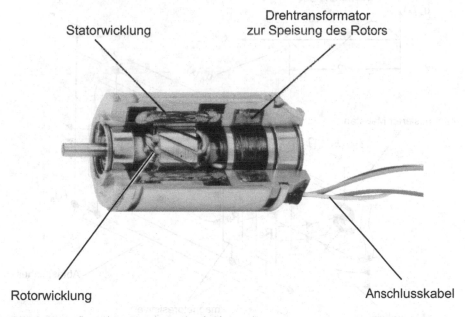

Bild 2.53. Aufbau eines Resolvers. (nach Siemens)

lung über einen Drehtransformator schleifringlos gespeist. Zum direkten Aufsetzen auf eine Welle sind Hohlwellenausführungen weit verbreitet.

Die kleine Bauweise, hohe Genauigkeit und extreme Robustheit sind besondere Vorteile des Resolver-Messsystems. Es findet deshalb häufig Anwendung im militärischen Bereich sowie in der Luft- und Raumfahrt. In Werkzeugmaschinen sind Resolver weitgehend durch optische Drehgeber verdrängt worden. Sie werden jedoch wieder zunehmend in drehzahlgeregelte Synchron- und Asynchronmotoren integriert, um die Winkellage des Läufers zwecks phasenrichtiger Steuerung des Ständerfeldes zu erfassen.

2.2.2.4 Magnetische Aufnehmer

Bei magnetischen Wegmesssystemen wird die Maßverkörperung durch die periodische Aufteilung des Maßstabes in Nord- und Südpole gebildet. Der Maßstab besteht aus einem hartmagnetischen Werkstoff mit hoher Koerzitivfeldstärke, in dem die Magnetisierung dauerhaft eingeprägt ist. Das Magnetfeld wird durch magnetoresistive Sensoren abgetastet, deren Widerstand sich unter dem Einfluss eines magnetischen Feldes ändert. Eine Abtasteinheit enthält vier Sensoren, die zu einer Wheatstoneschen Brücke verschaltet sind. Die Sensoren sind entsprechend der

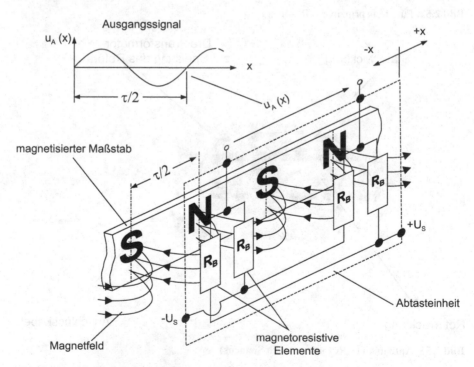

Bild 2.54. Aufbau eines magnetischen Wegmesssystems. (nach Heidenhain)

im Bild 2.54 gezeigten Anordnung gegeneinander versetzt. Dadurch erreicht man, dass die Brückenausgangsspannung $u_A(x)$ über den Verfahrweg x sinusförmig um die Nulllinie schwankt. Eine weitere Abtasteinheit, die gegenüber der ersten um $n\tau + \tau/4$ ($n = 1, 2, \ldots$) versetzt ist, erzeugt das zweite um 90° verschobene Ausgangssignal. Beide Signale dienen als Eingangsgröße für die Interpolationseinheit.

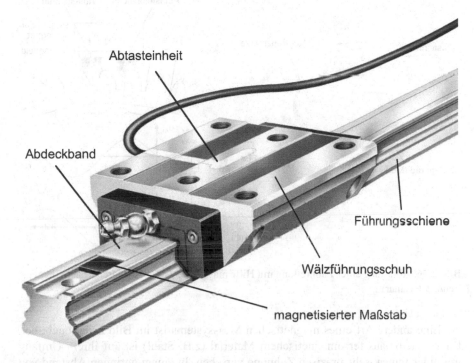

Bild 2.55. Praktische Ausführung eines magnetischen Wegmesssystems. (nach INA)

Magnetische Wegmesssysteme sind gegenüber Verschmutzungen durch Öle und Fette unempfindlich. Deswegen und aufgrund ihres geringen Bauvolumens eignen sie sich zum direkten Einbau in die Schiene einer Wälzführung (Bild 2.55). Eventuell anhaftende magnetisch leitende Metallpartikel werden durch Späneabstreifer entfernt, die ohnehin Bestandteile der Führungseinheit sind. Die Messsysteme bieten zusammen mit einer Interpolationseinheit ein für Werkzeugmaschinen ausreichendes Auflösungsvermögen von 1 μm. Zur Bestimmung der absoluten Messposition befindet sich auf dem Maßstab auch eine Referenzmarke.

Als Maßstab lässt sich auch ein magnetisiertes Kunststoffband verwenden, das gegenüber mechanischen Einwirkungen mit einem nicht-magnetischen Metallband geschützt ist. Es wird einfach auf den Maschinenkörper aufgeklebt. Die Bänder sind als preiswerte Meterware erhältlich. Aufgrund der einfachen Montage sind diese Wegmesssysteme sehr kostengünstig, haben aber ein geringeres Auflösungsvermögen (ca. 10 μm). Sie eignen sich z.B. für die Anwendung in Holzbearbeitungs-

maschinen, in Schlagscheren zur Profilstahlpartitionierung [172] und für Handha-
bungsaufgaben.

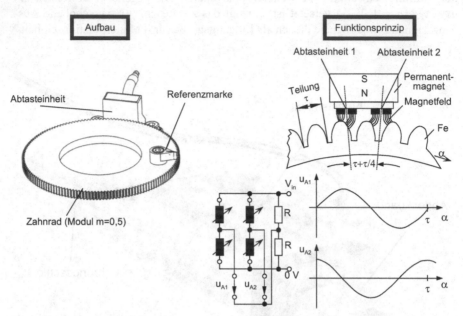

Bild 2.56. Abtastung einer Zahnteilung mit Hilfe magnetoresistiver Sensoren. (nach Siemens,
Lenord + Bauer)

Eine andere Art eines magnetischen Messsystems ist im Bild 2.56 abgebildet.
Eine Scheibe aus ferromagnetischem Material (z.B. Stahl) ist auf ihrem Umfang
mit einer feinen, sehr präzisen Zahnung versehen. In einem geringen Abstand von
etwa $0,2$ bis $0,5$ *mm* zu dem Kopfkreisdurchmesser des Zahnrades sind die Abtastelemente angeordnet. Die Abtaster erzeugen ein permanentes Magnetfeld, das auch
die Zähne der Teilscheibe durchdringt. Der magnetische Fluss ändert sich nun, je
nachdem ob sich ein Zahn oder eine Zahnlücke vor dem Abtastelement befindet. Der
magnetische Fluss wird durch magnetoresistive Sensoren erfasst und in ein analoges, annähernd sinusförmiges Spannungssignal umgewandelt [59,120]. Ein zweites,
um $n\tau + \tau/4$ versetztes Abtastelement erzeugt das um 90° phasenverschobene Signal, mit dem dann eine Vorwärts-/Rückwärtserkennung möglich ist. Zur Erhöhung
des Auflösungsvermögens werden die Ausgangssignale einer Interpolationseinheit
zugeführt (vgl. Kapitel 2.2.3).

Für die Zahnteilung werden Standardmodule (z.B. m = 0,3 oder m = 0,5) verwendet. Zur Verfügung stehen Zahnräder mit Durchmessern zwischen ca. 77 und
257 *mm* bei einer Zähnezahl von 256 oder 512 Zähnen auf dem Umfang. Die Winkelmessung kann mit einer Genauigkeit von $1/100^\circ$ durchgeführt werden. Je nach
Interpolation kann eine Auflösung von bis zu 18 000 Messschritten pro Umdrehung
erreicht werden.

Das Messsystem ist sehr empfindlich gegenüber mechanischen Beschädigungen der Zahnteilung, aber sehr robust gegenüber Verschmutzung durch Öl oder Fett. Es wird deshalb bevorzugt ohne weitere Kapselung zur Messung der Winkelstellung der Hauptspindel bei Drehmaschinen mit einer NC-gesteuerten C-Achse verwendet. Hier wurden bisher optische Drehgeber (vgl. Kapitel 2.2.2.1) eingesetzt, die, neben der Spindel montiert, über einen Zahnriemen angetrieben wurden. Durch das Fehlen der Übertragungsfehler des Zahnriementriebes ist die Genauigkeit der Winkelmessung mit dem im Bild 2.56 dargestellten System deutlich höher. Kritisch ist jedoch die Montage des Zahnrades auf der Spindel. Sehr geringe Rund- und Planlauftoleranzen sind für das exakte Funktionieren des Systems erforderlich.

2.2.3 Interpolationsverfahren und Richtungserkennung

Die Ausgangswerte der Weg- oder Winkelmesssysteme liegen in der Regel in Form von periodischen, analogen Signalen vor, deren Amplituden sich sinusförmig mit dem Verfahrweg ändern. Die Periodenlänge ist dabei abhängig von der Teilung des Messsystems. Im Allgemeinen ist die Periodenlänge zu grob, sodass ein bloßes Auszählen nicht die bei Werkzeugmaschinen erforderliche Auflösung bringt. Die Messung von Verfahrwegen erfolgt üblicherweise in Messschritten von 1 μm. Bei Ultrapräzisionsmaschinen sind sogar Auflösungen von wenigen Nanometern gefordert. Deshalb ist es erforderlich, je nach Art der analogen Ausgangssignale entsprechende Interpolationsverfahren anzuwenden, Bild 2.57. Durch die Interpolation wird die Periode des Messsignals in ganzzahlige Vielfache unterteilt. Das Ausgangssignal der Interpolationseinheit sind zwei Rechteckfolgen, die um 90° gegeneinander phasenversetzt sind. Anhand des Vorzeichens der Phasenverschiebung der Signalverläufe untereinander ist die Verfahrrichtung zu erkennen. Eine zusätzliche Erhöhung des Auflösungsvermögens erreicht man durch das Zählen der Flanken einer Rechteckfolge (2fach-Auswertung) oder beider Folgen (4fach-Auswertung) innerhalb der Teilungsperiode τ' des digitalen Signals.

Die Eingangsfrequenz f_{ein} der Interpolationseinheit errechnet sich entsprechend Bild 2.57 nach:

$$f_{ein} = \frac{v}{\tau} \tag{2.25}$$

mit

v = Verfahrgeschwindigkeit,

τ = Teilungsperiode.

Die Eingangsfrequenz der Interpolationseinheit ist begrenzt. Oftmals bedingt eine Erhöhung des Auflösungsvermögens eine Reduzierung der maximal möglichen Verfahrgeschwindigkeiten.

2.2.3.1 Interpolation mit Hilfsphasen

Liegen die Ausgangssignale eines Messsystems in Form zweier sinusförmiger, um 90° verschobener Spannungen vor, so lässt sich das Interpolationsverfahren mit

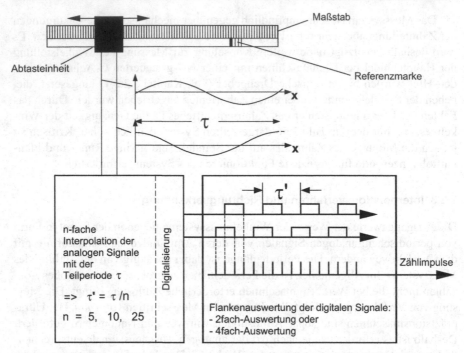

Bild 2.57. Interpolationsschritte und -verfahren zur Erhöhung des Auflösungsvermögens

Hilfsphasen oder Frequenzvervielfachung anwenden [92]. Die beiden Spannungen haben den Verlauf

$$U_{A1} = k \cdot \cos a \qquad\qquad\qquad\qquad (2.26)$$

$$U_{A2} = k \cdot \sin a \qquad\qquad\qquad\qquad (2.27)$$

mit

$$\alpha = \frac{2\pi x}{\tau}$$

$x =$ zurückgelegter Weg oder Winkel innerhalb einer Teilung,

$\tau =$ Teilungsperiode.

Werden mit Hilfe eines Widerstandsnetzwerkes die beiden Spannungen entsprechend

$$U_{An} = A_n U_{A1} + B_n U_{A2} = A_n k \cos\alpha + B_n k \sin\alpha \qquad\qquad (2.28)$$

überlagert, erhält man ein resultierendes Signal

$$U_{An} = \sqrt{A_n^2 + B_n^2}\, k\, \sin(\alpha + \lambda_n) \qquad\qquad (2.29)$$

mit

$$\alpha = \frac{2\pi x}{\tau}$$

und der Phasenverschiebung

$$\lambda_n = arctan\frac{B_n}{A_n} = \arctan\frac{R/\sin\lambda_n}{R/\cos\lambda_n} \qquad (2.30)$$

Eine Schaltung, wie im Bild 2.58 gezeigt, erzeugt durch vektorielle Addition eine Vielzahl phasenverschobener Sinussignale. Die Nulldurchgänge werden mittels einer nachfolgenden Logikschaltung so ausgewertet, dass man zwei Impulsfolgen erhält, die zueinander einen Phasenversatz von 90° haben. Die Teilung τ' dieser Impulsfolgen muss ein ganzzahliger Bruchteil der Teilung τ des Eingangssignals sein. Durch dieses Interpolationsverfahren ist eine Erhöhung des Auflösungsvermögens eines Maßstabes oder Drehgebers um einen Faktor von bis zu 25 möglich. Durch Auszählen jeder Flanke der beiden Impulsfolgen (Bild 2.57) kann die Anzahl der Messschritte nochmals um den Faktor 4 erhöht werden. Somit ist mit ausreichender Genauigkeit eine Steigerung des Auflösungsvermögens um das 100fache gegenüber der Maßstabteilung möglich.

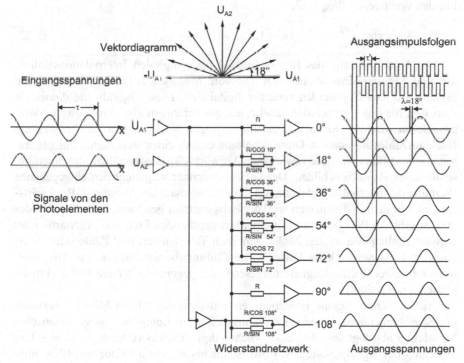

Bild 2.58. Prinzip der Interpolation (fünffach) durch Hilfsphasen oder Frequenzvervielfachung. (nach Heidenhain)

Die Genauigkeit der elektronischen Bauteile, insbesondere der Widerstände, führt bei Interpolationsrate von mehr als 25-fach zu steigenden Interpolationsfehlern. Aufgrund dieser Fehler ist eine weitere Steigerung des Auflösungsvermögens durch Interpolation nicht sinnvoll. Zu beachten ist auch, dass durch die Interpolation nur das Auflösungsvermögen, nicht aber die Genauigkeit des Messsystems gesteigert wird.

2.2.3.2 Digitale Interpolation

Mit einer Arcustangens-Tabelle in der Auswerteelektronik ist ebenfalls eine Interpolation realisierbar. Sind die Amplituden der Spannungen U_{A1} und U_{A2} gleich groß, so gilt mit $k = $ konst (Amplitudenfaktor) und $\alpha = 2\pi x/\tau$

$$
\begin{aligned}
U_{A1} &= k \cdot \cos\alpha, \\
U_{A2} &= k \cdot \sin\alpha, \\
\frac{U_{A2}}{U_{A1}} &= \frac{k \cdot \sin\alpha}{k \cdot \cos\alpha} = \tan\alpha \quad (-\pi/2 < \alpha \le \pi/2)
\end{aligned} \tag{2.31}
$$

Für den verfahrenen Weg x gilt:

$$
x = \frac{\tau}{2\pi} \arctan\frac{U_{A2}}{U_{A1}} + n\frac{\tau}{2} \quad (n = 1,2,3,\dots) \tag{2.32}
$$

Das Bild 2.59 zeigt das Blockschaltbild einer digitalen Interpolationseinheit, die eine Arcustangens-Tabelle nutzt. Die vom Messsystem kommenden analogen Signale U_{A1} und U_{A2} werden zunächst digitalisiert. Diese Digitalwerte dienen als Adressen für eine Interpolationstabelle, aus der der zugehörige Arcustangens-Wert ausgelesen wird. Zur Erzeugung der Impulsfolgen wird mit dem Tabellenwert ein Nachlaufzähler angesteuert. Diese Schaltung enthält einen steuerbaren Pulsgenerator, einen Differenzrechner sowie einen Vorwärts-/Rückwärtszähler, die einen geschlossenen Regelkreis bilden. Der Differenzrechner vergleicht den eingegebenen Wert aus der Interpolationstabelle mit dem Zählerstand des Vorwärts-/ Rückwärtszählers. Mit dem Differenzwert wird der Pulsgenerator gesteuert. Je nach Größe des Wertes gibt der Pulsgenerator mit einer entsprechenden Frequenz Aufwärts- oder Abwärtszählimpulse an den Zähler. Stimmen Tabellenwert und Zählerstand überein, gibt der Generator keine Pulse ab. Die Zählimpulse werden von dem Ausgangstreiber in zwei Rechtecksignale umgesetzt, die gegeneinander um 90° elektrisch phasenversetzt sind.

Aufwändigere digitale Interpolatoren enthalten zusätzliche Mikroprozessoren und Speicherbereiche, in denen Korrekturtabellen zur Kompensation systematischer Messfehler abgelegt sind. Mit einer solchen digitalen Auswerteeinheit ist eine Unterteilung der Signalperiode des Messsystems bis zu einem Faktor von 1024 möglich [92]. Diese extrem feine Unterteilung wird hauptsächlich dazu benutzt, um auch beim sehr langsamen Verfahren ausreichend viele Impulse zu erzeugen. Aus dem Wegsignal kann dann durch Differenziation mit ausreichender Genauigkeit der aktuelle Geschwindigkeitswert bestimmt werden. Ein zusätzlicher Tachogenerator für den Geschwindigkeitsregelkreis, der dem Lageregelkreis unterlagert ist, entfällt somit.

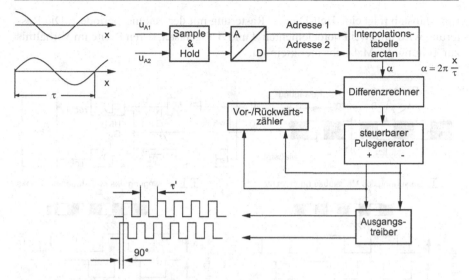

Bild 2.59. Blockbild eines digitalen Interpolators

2.2.3.3 Amplitudenauswertung

Die Amplitudenauswertung wird angewendet, wenn das Messsystem (Inductosyn, Resolver) zwei Signale mit einer konstanten Frequenz f (Trägerfrequenz) ausgibt, deren Amplitude sich in der Messgröße (Verfahrweg, Drehwinkel) sinusförmig ändert. Die beiden Wechselstromsignale haben die Form

$$u_1 = A \cdot \sin \omega t \cdot \cos \alpha \tag{2.33}$$

$$u_2 = A \cdot \sin \omega t \cdot \sin \alpha \tag{2.34}$$

$$\alpha = 2\pi x/\tau \tag{2.35}$$

$$\omega = 2\pi f \tag{2.36}$$

$x =$ zurückgelegter Weg oder Winkel,

$\tau =$ Teilung,

$f =$ Trägerfrequenz.

Die Signale werden verstärkt und phasenrichtig gleichgerichtet. Anschließend ist eine Interpolation möglich.

2.2.3.4 Richtungserkennung

Beim inkrementalen Messverfahren werden die Perioden eines Messsignals während des Verfahrens gezählt. Um eine Richtungserkennung durchführen zu können, werden zwei periodische Signale benötigt, die um $90°$ gegeneinander versetzt sind. Bei Änderung der Verfahrrichtung springt die Phasenverschiebung von $+90°$ auf $-90°$. Das Prinzip der Richtungserkennung wird anhand von Bild 2.60 deutlich.

Ein Maßstab trägt eine Hell-Dunkel-Rasterung mit der Teilungsperiode τ. Die Rasterung wird mit zwei Photoelementen A und B abgetastet, deren Breite im Verhältnis zur Teilung des Maßstabs hier klein sei.

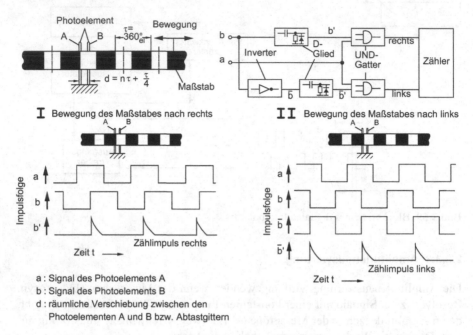

Bild 2.60. Richtungserkennung beim inkrementalen Messsystem. (nach Herold, Maßberg, Stute)

In Abhängigkeit von der Bewegungsrichtung entstehen die unterschiedlichen Signalfolgen I und II am Ausgang der Abtastelemente A und B. In der Auswerteschaltung (rechts oben im Bild 2.60) werden die Rechteckfolge b und deren Inverse $\bar{b}$ differenziert und die Signale b' und $\bar{b}'$ gewonnen. Je nachdem, ob sich der Maßstab relativ zu den Abtastern A und B nach rechts oder links bewegt, entscheidet die Lage der Impulse b' und $\bar{b}'$ zur Rechteckfolge a, ob der angeschlossene Zähler aufwärts oder abwärts zählt. Bei der dargestellten Auswerteeinheit werden nur die positiven Anteile der Signale b' bzw. $\bar{b}'$ als Zählimpulse gewertet. Die Anzahl der vorzeichenrichtig aufsummierten Impulse ist ein Maß für die Weglänge bzw. den Drehwinkel.

2.2.4 Messgeräte - Auswahl und Einbau

Unterschiedliche Anforderungen an Funktionalität und Leistung bei den Positionsmessgeräten für Länge und Winkel ergeben eine Vielzahl von Auswahlmöglichkeiten. Insbesondere für die Genauigkeit, d.h. die Abweichung des ermittelten Positionswertes vom tatsächlichen Positionswert, ist zum Einen die Genauigkeit des

Messgeräts entscheidend. Zum Anderen hat der Anbauort in der Maschine sowie die Einhaltung von Einbautoleranzen erheblichen Einfluss auf die Genauigkeit des ermittelten Positionswertes.

2.2.4.1 Auswahl des Messgeräts

Maschinen und Anlagen, die zur Montage oder zum Transport von Komponenten dienen, stellen meist geringere Anforderungen an das Positionsmessgerät als beispielsweise Fertigungsmaschinen, die eine spanabhebende Bearbeitung von sehr genauen Teilen ermöglichen.

Zum Messen von Längen und linearen Wegen bieten sich Spindel Drehgeber-Systeme oder Längenmessgeräte an. Spindel-Drehgeber-Lösungen nutzen die Spindelsteigung der Antriebsspindel als Maßverkörperung, die vergleichsweise grob, d.h. im 5 ... 40 Millimeter-Bereich ausfällt. Der Drehgeber dient dabei als mechanisch/elektronische Unterteilung der Spindelsteigung, und man erzielt so Messschritte im Mikrometer-Bereich. Nachteilig auf die Positioniergenauigkeit wirken sich grundsätzlich Wärmequellen aus, die in der meist hoch vorgespannten Spindelmutter ihren Ursprung haben oder vom Antrieb ausgehen und ein Spindellängenwachstum verursachen. Die meist undefinierbaren lokalen Erwärmungen der Spindel erzeugen erhebliche, meist nicht vorhersehbare Abweichungen bei der Positionierung und damit Ausschuss in der Fertigung.

Direkte Längenmessgeräte nehmen Verfahrbewegungen des Achsschlittens unmittelbar auf. Der Regelkreis schließt so – im Gegensatz zur Spindel-Drehgeber-Lösung – die Vorschubmechanik mit ein. Ein Spindelwachsen aufgrund thermischer Einflüsse hat keinen Einfluss auf die Genauigkeit des ermittelten Positionswertes.

Bei gekapselten Längenmessgeräten schützt ein Gehäuse den Maßstab und die Abtasteinheit vor Spänen, Staub und Spritzwasser. Diese Ausführungen eignen sich insbesondere für den Betrieb an Werkzeugmaschinen. Gekapselte Längenmessgeräte sind in der Regel eigengeführt, d.h. die Abtasteinheit wird relativ zum Maßstab über eine Lagerung geführt. Dies kann gegebenenfalls die Beschleunigungen begrenzen, die Maschinen mit elektrischen Lineardirektantrieben ermöglichen. In diesem Falle bieten sich offene Längenmessgeräte an, die ohne mechanischen Kontakt zwischen Abtasteinheit und Maßstab arbeiten.

Die Erfassung von Drehbewegungen und Winkeln, z.B. bei Drehtischen oder Spindelachsen, erfolgt über zwei Gerätearten: Drehgeber und Winkelmessgeräte, die sich in der Systemgenauigkeit unterscheiden. Drehgeber haben in der Regel Systemgenauigkeiten von +/- 10 Winkelsekunden, bei Winkelmessgeräten erreicht man Systemgenauigkeiten von bis zu +/- 0,2 Winkelsekunden.

Gekapselte Drehgeber und Winkelmessgeräte besitzen grundsätzlich eine Eigenlagerung der Rotoren. Unterschiede gibt es in den Wellenausführungen: Geräte mit Vollwelle benötigen zur Ankopplung an die zu messende Welle meist eine Kupplung, die radiale und axiale Wellenbewegungen ausgleicht. Blattfeder- und Rohrbalgkupplungen werden hier häufig eingesetzt (siehe Bild 2.32).

Geräte mit Hohlwelle verfügen über eine integrierte oder angebaute Statorkupplung. Die Statorkupplung muss nur das aus der Lagerreibung resultierende Drehmoment aufnehmen und die Exzentrizitäts- und Taumelbewegungen des Wellenendes, an das der Drehgeber angekoppelt ist, mitmachen. Diese Geräte ermöglichen eine direkte und somit steife Ankopplung an die zu messende Welle und minimieren daher statische und dynamische Messabweichungen. Aufgrund der auf dem Markt erhältlichen relativ kleinen Lagerdurchmesser sind die Hohlwellendurchmesser bei eigengelagerten Ausführungen begrenzt. Erfordert die Maschinenkonstruktion größere Innendurchmesser, so werden Geräte ohne Eigenlagerung eingesetzt. Wie offene Längenmessgeräte arbeiten auch offene Winkelmessgeräte berührungslos, d.h. reibungsfrei und lassen höhere Beschleunigungswerte und Drehzahlen zu.

Üblicherweise sind die Positionsmessgeräte mit allen am Markt üblichen elektronischen Schnittstellen erhältlich.

2.2.4.2 Anbauort in der Anlage und Maschine

Um Positionsinformationen mit geringsten Abweichungen zu erfassen, ist neben der Genauigkeit des Messgeräts der Anbauort innerhalb der Maschine oder Anlage entscheidend.

Beim Erfassen von Längen beeinträchtigen Fehler von Achsführungen, die während des Maschinenbetriebs noch verstärkt auftreten können, das Messergebnis. Der daraus resultierende Abbé-Fehler lässt sich durch eine geeignete Wahl des Einbauorts minimieren. Grundsätzlich sollte das Längenmessgerät in der Nähe des Messobjekts bzw. Werkzeugeingriffs platziert werden, was natürlich in den meisten Fällen nicht zu realisieren ist.

Beim An- oder Einbau von Winkelmessgeräten sind es vor allem Exzentrizitätsfehler, die bei offenen Geräten zwischen der Maschinenlagerung und der Teilscheibe auftreten. Die durch Exzentrizität auftretenden Abweichungen können durch einen zweiten diametral angebrachten Abtastkopf weitgehend eliminiert werden. Bei Geräten mit Eigenlagerung gleicht die wellenseitig angebrachte Kupplung, bzw. bei Hohlwellenausführungen die integrierte Statorkupplung, Fluchtungsfehler aus.

Zu berücksichtigen sind in allen Fällen die Umgebungsbedingungen, die am Messort auftreten können, wie Späne, Staub und Spritzwasser, welche die Funktionstüchtigkeit des Geräts beeinflussen. Flüssige Medien wie z.B. Kühlmittel können sich bei gekapselten Geräten im Inneren ansammeln. Abhilfe schaffen geeignete Schutzmaßnahmen, wie z.B. Abdeckungen, Dichtungen und Ablaufbohrungen, die ein Abfließen der Medien ermöglichen. Durch das Anlegen von Druckluft in das Gehäuse-Innere wird ein Eindringen von Staub und Spritzwasser zusätzlich verhindert. Auch die Maschinenreinigung ist bei der Wahl des Anbauortes zu berücksichtigen: Nicht selten werden die Maschinen nach dem Betrieb mit teils aggressiven Reinigungsmitteln oder mit Druckluft gesäubert.

Lassen sich die meist mit photoelektrischer Abtastung arbeitenden Messgeräte nicht ausreichend schützen, bieten sich als Alternative magnetische oder induktive Messgeräte an. Die Nachteile geringerer Genauigkeit müssen allerdings dabei in Kauf genommen werden.

Ein wesentlicher Einflussfaktor auf die Positioniergenauigkeit ist die Temperatur. Grundsätzlich sollte das Messgerät nicht in unmittelbarer Nähe von Temperaturquellen angebaut werden.

2.2.4.3 Montagehinweise

Ist der Anbauort für das Positionsmessgerät festgelegt, so sind die Anbautoleranzen, die der Messgeräte-Hersteller in seinen Anschlussmaßzeichnungen vorschreibt, einzuhalten. Diese Toleranzen beinhalten zulässige Führungsabweichungen, Rechtwinkligkeitsfehler, Parallelitäten von Anschraubflächen etc. Eine Überschreitung der vorgegebenen Toleranzen reduziert die Positioniergenauigkeit einerseits, andererseits wird die Funktionstüchtigkeit und die Lebensdauer des Messgeräts in der Maschine beeinträchtigt.

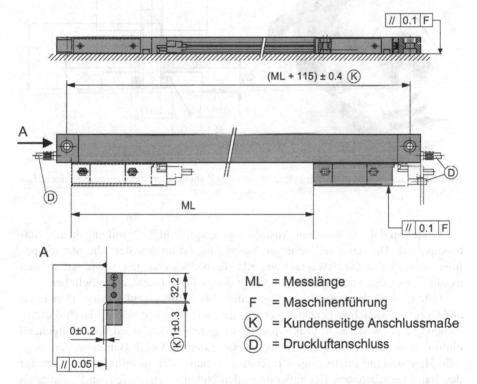

Bild 2.61. Einbaumaße und -toleranzen an einem gekapselten Längenmesssystem. (nach Heidenhain)

Gekapselte Längenmessgeräte lassen sich unter Berücksichtigung der Einbautoleranzen sehr einfach montieren, da die Abtasteinheit am Maßstab geführt wird und somit eine Justage der Abtasteinheit zum Maßstab entfällt, s. Bild 2.61. Bei offenen Längenmessgeräten ist diese zusätzliche Justagearbeit immer aufzuwenden.

Mechanische Hilfsmittel wie Abstandsplättchen oder -winkel sowie elektronische Hilfen, die quantitative oder qualitative Aussagen über das Messsignal ausgeben, erleichtern diese Arbeiten.

Eigengelagerte gekapselte Winkelmessgeräte und Drehgeber mit Vollwelle werden unter Berücksichtigung der Einbautoleranzen statorseitig über ihren Anbauflansch befestigt. Zur wellenseitigen Ankopplung benötigen diese Geräte eine Rohrbalg-, Membran- oder eine Flachkupplung, vgl. Bild 2.32, die Fluchtungsfehler und Versatz von Drehgeberwelle und Motorwelle bzw. Kugelrollspindel ausgleicht. Bei dieser Gerätegattung können zusätzliche kinematische Fehler auftreten.

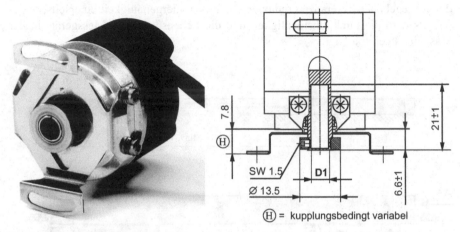

Bild 2.62. Einbaumaße eines Winkelmesssystems mit angebauter Statorkupplung. (nach Heidenhain)

Besser sind die Hohlwellen-Ausführungen, vgl. Bild 2.62, mit angebauter Statorkupplung. Die starre wellenseitige Verbindung ist torsionssteif, die Statorkupplung muss hierbei die Bewegung wie z.B. Taumelbewegungen, sowie radiale und axiale Bewegungen des Gehäuses, bedingt durch die Achsfehler, ermöglichen.

Offene Winkelmessgeräte verfügen nicht über eine Eigenlagerung. Hier muss auf Exzentrizitätsfehler geachtet werden, die, wie bereits erwähnt, durch die Anbringung eines weiteren Abtastkopfes auf der gegenüberliegenden Seite weitgehend eliminiert werden. Bei offenen Winkelmessgeräten sind auch Bandlösungen möglich. Hier sind mit relativ engen Toleranzen innen- oder außenliegende Nuten für das Band vorzubereiten. Bei außenliegenden Nuten ist zusätzlich ein Einbauraum für das Bandschloss zu berücksichtigen.

2.2.4.4 Elektrischer Anschluss

Automatisierte Maschinen und Anlagen sind elektromechanische Systeme, in denen erhebliche Leistungen installiert sind. Kapazitive oder induktive Einkopplungen können zu Störungen der Messsignale führen. Diese Einstreuungen erfolgen im Wesentlichen über Leitungen und Geräteein- und -ausgänge. Typische Störquellen sind starke Magnetfelder von Trafos und Elektromotoren, Relais, Schütze und Magnetventile, Hochfrequenzgeräte, Impulsgeräte und magnetische Streufelder von Schaltnetzteilen, Frequenzumrichtern sowie deren Netz- und Zuleitungen.

Um elektrische Störungen zu vermeiden, sollten nur speziell geschirmte Messgerätekabel und Steckverbinder verwendet werden (EN 50178). Die Messgerätekabel sollten so kurz wie möglich sein und nicht in unmittelbarer Umgebung zu Leistungskabeln anderer elektrischer Systeme verlegt werden.

Bei der Verwendung von Verbindungskabeln ist auf die Eignung des Kabels zu achten. Hierbei sind Biegeradien, Schleppkettentauglichkeit und Medienbeständigkeit zu berücksichtigen. Um den Versorgungsspannungsbereich der Messgeräte einzuhalten ist der Spannungsabfall über die Kabellänge zu beachten.

2.3 Mechanische Übertragungselemente

Zu den mechanischen Komponenten sind alle Bauteile eines Vorschubantriebes zu rechnen, die im Kraftfluss zwischen Motor und Werkzeug bzw. Werkstück liegen. Neben den Komponenten zur Wandlung von Rotationsbewegung in Translationsbewegung wie Kugelgewindetriebe sind dies Vorschubgetriebe, Kraftübertragungskomponenten und Kupplungen. Weitere Komponenten sind Werkzeug- und Werkstückhalter, Linear-Führungssysteme, Lagerungen, Führungsbahnabdeckungen und Energieführungsketten [Band 2]. Bild 2.63 zeigt den schematischen Aufbau eines Vorschubantriebes mit Elektroservomotor, Zahnriementrieb, Gewindespindel, Gewindemutter und Werkstücktisch.

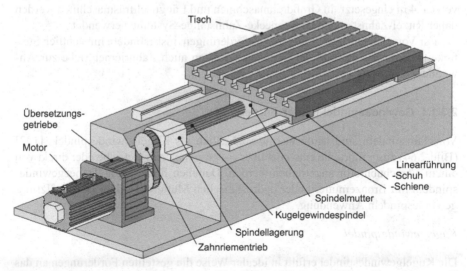

Bild 2.63. Schematischer Aufbau eines Vorschubantriebes mit Elektro-Servo-Motor und Gewindespindel-Mutter-System

Die in Werkzeugmaschinen vorliegenden Vorschubaufgaben unterscheiden sich z. T. sehr stark hinsichtlich ihrer Anforderungen bezüglich Verfahrweg, -geschwindigkeit und -beschleunigung sowie Bauraum. Hieraus ergeben sich zwangsläufig deutliche Unterschiede hinsichtlich des zu wählenden Antriebsprinzips und der Ausführung der verwendeten mechanischen Komponenten.

Der allgemeine Entwicklungstrend geht bei Gewindespindelantrieben zu getriebelosen Lösungen. Bei Maschinen mit großen Verfahrwegen finden Zahnstange-Ritzel bzw. Zahnstange-Schnecke oder auch Lineardirektantriebe Verwendung. Bei kleinen bis mittleren Maschinengrößen mit sehr hohen Beschleunigungsanforderungen der Vorschubbewegung wird heute ebenfalls auf den Lineardirektantrieb zurück gegriffen.

Die Vorschubaufgabe kann in vielen Fällen hinsichtlich der konstruktiven Lösung unterschiedlich realisiert werden. Dann entscheiden Zuverlässigkeit und Kostengesichtspunkte über die Wahl des Vorschubprinzips.

2.3.1 Komponenten zur Wandlung von Rotationsbewegung in Translationsbewegung

Wesentlich für elektromechanische Vorschubantriebe sind die Komponenten zur Umwandlung der rotatorischen Drehbewegung des elektrischen Antriebes in eine lineare Vorschubbewegung von Tisch oder Schlitten. In kleinen und mittelgroßen Werkzeugmaschinen werden hierzu überwiegend Gewindespindel-Mutter-Systeme verwendet. Bei langen Verfahrwegen besteht die Gefahr, dass Vorschubspindeln aufgrund ihrer Länge unter Last ausknicken und die Spindel-Drehfrequenz in den Bereich der Biegeeigenfrequenz der Spindel fällt. Deshalb werden Vorschubantriebe mit Kugelgewindetrieb und drehender Spindel nur bis zu einer Verfahrweglänge von ca. 4 m eingesetzt. In Großdrehmaschinen und Langtischfräsmaschinen werden daher Ritzel-Zahnstange oder Schnecke-Zahnstange-Systeme verwendet.

Für Vorschubantriebe geringerer Anforderungen, insbesondere hinsichtlich Steifigkeit, kommen aufgrund der geringeren Kosten auch Zahnriementriebe zur Anwendung.

2.3.1.1 Gewindespindel-Mutter-Antrieb

Vorschubspindeln sind heute fast ausschließlich als Kugelgewindespindel [122] (Bild 2.64) ausgeführt, die entweder über ein vorgelagertes Getriebe oder direkt von einem Vorschubmotor angetrieben werden. Daneben finden auch Trapezgewindespindeln mit Bronzemuttern oder hydrostatischen Muttern, Rollen- oder Wälzringgewindespindeln Anwendung.

Kugelgewindespindel

Die Kugelgewindespindel erfüllt in idealer Weise die gestellten Forderungen an das Übertragungsverhalten eines Vorschubantriebes. Hierzu tragen die folgenden positiven Eigenschaften des Kugelgewindetriebes entscheidend bei:

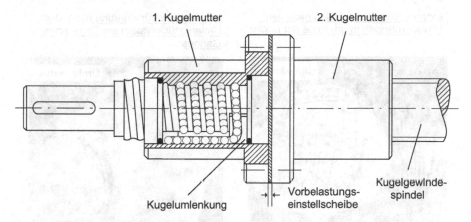

Bild 2.64. Kugelgewindespindel mit Einrichtung zum Spielausgleich

- sehr guter mechanischer Wirkungsgrad (0,95 bis 0,99) aufgrund der geringen Rollreibung (0,01 bis 0,02),
- kein Stick-Slip-Effekt (Ruckgleiten),
- geringer Verschleiß und dadurch bedingt eine hohe Lebensdauer,
- geringe Erwärmung,
  hohe Positionier- und Wiederholgenauigkeit infolge von Spielfreiheit und ausreichender Federsteifigkeit,
  hohe Vorfahrgeschwindigkeit,
- käufliches Maschinenelement.

Vorschubsysteme müssen allgemein spielfrei sein und eine ausreichend hohe Steifigkeit besitzen. Dies wird bei Kugelgewindetrieben durch gegenseitiges Verspannen von zwei Muttern und der Verwendung vorgespannter Spindellagerungen erreicht, Bild 2.64. Die Steifigkeit des Systems wird bestimmt durch die Lagersteifigkeit, durch die Vorspannkraft und die Anzahl der tragenden Gänge der Mutter sowie durch den Durchmesser und die Länge der Spindel selbst. Sie ist daher über dem Verfahrweg nicht konstant.

Bei Kugelgewindespindeln wälzen die Kugeln zwischen den Führungsnuten von Spindel und Mutter. Die Kugeln führen dabei eine Tangential- bzw. Umfangsbewegung aus. Hierdurch wird eine Rückführung der Kugeln notwendig, die nach drei unterschiedlichen Konstruktionsprinzipien in der Spindelmutter erfolgen kann. Bild 2.64 zeigt die Ausführung mit axialem Umlenksystem, bei dem die Kugelrückführung innerhalb des Gehäuses an den Enden der Mutter erfolgt. Es gibt keine vorstehenden Bauteile. Die starke Umlenkung begrenzt die Geschwindigkeit, erhöht die Schallemission und bewirkt eine Beeinträchtigung der Gleichförmigkeit der Kugelbewegung.

Die beiden weiteren Varianten von Spindelmuttern zeigt Bild 2.65. Im linken Bildteil ist eine Kugelgewindespindel gezeigt, bei der die Kugelrückführung wie-

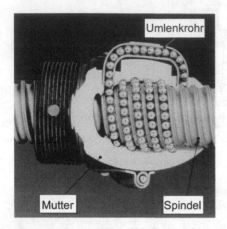

Bild 2.65. Ausführungsformen von Kugelgewindemuttern. (nach SKF)

derum über die gesamte Mutterlänge, jedoch über ein Rückführrohr außerhalb des Muttergehäuses, erfolgt.

Durch eine angepasste Gestaltung des Rohres treten die Kugeln hierbei mehr tangential aus dem tragenden Mutterbereich aus bzw. in ihn ein, sodass ein gleichmäßiger und stoßfreier Lauf sowie höhere zulässige Spindeldrehzahlen erreicht werden. Als wesentlicher Nachteil dieser Konstruktion ist zu nennen, dass leicht eine Beschädigung des Umlenkrohres auftreten kann, die den Kugeltransport hemmt und zur Beschädigung des Spindel-Mutter-Systems führt.

Im rechten Bildteil ist ein Kugelgewindetrieb mit vielen internen Kugelrückführungen dargestellt. Hier erfolgt die Kugelführung durch ein als Rückführungskanal ausgebildetes Umlenkstück am Ende eines jeden Gewindeganges. Der Vorteil der Konstruktion liegt im geringen Platzbedarf. Die ungünstigen Kugelein- und -austrittswinkel wirken sich nachteilig auf ein gleichmäßiges Abwälzen und die Geräuschentwicklung aus [3].

Die Entwicklung geht zurzeit dahin, die Kugeln wie bei den Linearwälzführungen durch eine Kunststoffkette auf Abstand zu halten, Bild 2.66. Hierdurch wird ein Kugelstau im Kugelrückführungskanal vermieden und der Kugellauf soll verbessert werden. Nachteilig wirkt sich die geringere Kugelzahl aus, die zu einer verminderten Tragfähigkeit und Steifigkeit führt. Dies kann durch eine längere Mutter ausgeglichen werden.

Da es sehr aufwändig ist, Gewindespindel, Gewindemutter und Kugeln vollständig spielfrei zu fertigen und zu paaren, werden in der Regel zwei Muttern gegeneinander verspannt. Aber auch die Verspannung in einer einzigen Mutter ist durch die gezielte Auswahl der richtigen Kugeldurchmesser oder durch einen Versatz der

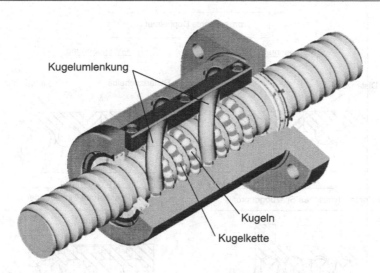

Bild 2.66. Einsatz von Kugelketten bei Spindelmuttern. (nach THK)

Gewindegänge in der Mutter möglich. Bild 2.67 zeigt die beiden konstruktiven Lösungen.

Bei der Doppelmutter wird durch die Zweiteilung der Spindelmutter die Vorspannung durch ein Auseinander- oder Zusammendrücken der beiden Mutterhälften ermöglicht. Zum Auseinanderdrücken der beiden Mutterhälften werden kalibrierte Distanzscheiben eingefügt (Bild 2.67, oben links). Die Spindel steht dabei unter Zugspannung (O-Vorspannung). Beim Zusammendrücken der beiden Gewindemutterhälften entsteht die Vorspannung durch Einfügen dünnerer, kalibrierter Distanzscheiben. Die Spindel steht so unter einer Druckspannung (X-Vorspannung, Bild 2.67, oben rechts). Bei anderen Spindelmuttern wird die Erzeugung der Vorspannung konstruktiv durch ein Verdrehen der beiden Mutterhälften gegeneinander erzielt. Anschließend werden beide entweder durch ein Verstiften im Gehäuse oder durch einen Sicherungsring in der vorgespannten Lage fixiert [3].

Bei Einzelmuttern (Bild 2.67, unten) wird die Vorspannung durch eine axial versetzte Anordnung der Gewinderillen in der Mutter um den Abstand Δl erzielt. Eine vorgespannte Einzelmutter ist auch durch eine gotische Spitzbogenform der Gewinderillen in Mutter und Spindel möglich, Bild 2.67 unten links. Hierdurch entsteht ein Vierpunktkontakt der Kugeln. Die gewünschte Vorspannung wird durch die richtige Auswahl der Kugeldurchmesser erreicht. Um eine große Steifigkeit zu erhalten, muss gewährleistet sein, dass auch bei Einwirkung einer äußeren Belastung eine geforderte Mindestvorspannung erhalten bleibt.

Rollengewindespindel

Das Bild 2.68 zeigt einen Rollengewindetrieb (Planetenmutter), der wegen seiner hohen Steifigkeit und hohen axialen Tragfähigkeit besonders in Präzisionswerk-

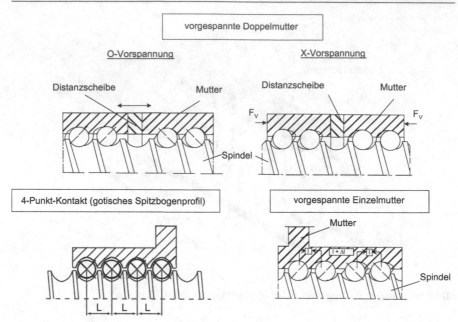

Bild 2.67. Möglichkeiten zur Erzeugung einer Vorspannung in Kugelgewindetrieben. (nach SKF und Steinmeyer)

zeugmaschinen, Messmaschinen, Industrierobotern sowie in der Feinwerktechnik eingesetzt wird. Hierbei werden Gewinderollen als Wälzkörper eingesetzt, sodass kleinste Gewindesteigungen realisierbar sind und daher hohe Positioniergenauigkeiten erreicht werden. Das Gewinde ist ein normales 60°-Spitzengewinde. Die Steigung ist naturgemäß wesentlich geringer als bei den Kugelgewindetrieben.

Die Gewinderollen haben an beiden Enden Zapfen zur achsparallelen Lagerung in den Bohrungen der Führungsscheiben und wälzen in der Gewindemutter und auf der Spindel ab. Die verzahnten Enden der Gewinderollen greifen in die innenverzahnten Zahnkränze der Gewindemutter ein und werden auf diese Weise wie Planeten in einem Planetengetriebe eindeutig kinematisch geführt.

Zur Erzeugung der Vorspannung werden ähnliche Prinzipien verwendet wie bei Kugelgewindetrieben. Beispielhaft werden im Bild 2.69 verschiedene Bauformen gezeigt. Zweiteilige Gewindemuttern werden durch eine geschliffene Passscheibe vorgespannt, die ein definiertes Auseinander- bzw. Zusammendrücken der Mutterhälften ermöglicht, Bild 2.69, links. Bei einteiligen Gewindemuttern, wie der Gewindemutter mit Flansch im Bild 2.69, Mitte, erfolgt die Vorspannung durch die maßliche Zusortierung von Spindel, Gewinderollen und Mutter. Dieser Typ zeichnet sich durch hohe Tragzahlen aus. Zur axialen Befestigung haben die Muttern ein geschliffenes Gewinde. Die Gewindemuttern werden damit direkt in die Anschlusskonstruktion eingeschraubt. Eine dritte Möglichkeit ist die Vorspannung in Umfangsrichtung mit einer Stellschraube (im Bild: Gewindemutter mit Mittelflansch).

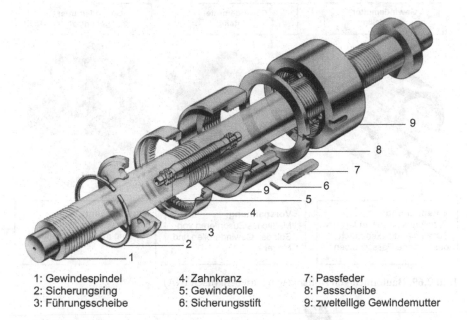

1: Gewindespindel	4: Zahnkranz	7: Passfeder
2: Sicherungsring	5: Gewinderolle	8: Passscheibe
3: Führungsscheibe	6: Sicherungsstift	9: zweiteilige Gewindemutter

Bild 2.68. Rollengewindetrieb mit zweiteiliger Gewindemutter. (nach INA)

Der Mutterkörper ist zum Vorspannen radial über seiner Gesamtlänge geschlitzt. Durch die schräg verlaufende Schlitzführung wird ein stoßfreies Überrollen der Gewinderollen erreicht, da immer ein Teil der Gewindelänge vor und hinter der Unterbrechung im Einsatz ist.

Dem Vorteil der hohen Steifigkeit und Belastbarkeit der Rollengewindetriebe im Vergleich zu den Kugelgewindetrieben steht die größere Reibung gegenüber, die insbesondere bei hohen Drehzahlen zu Erwärmungsproblemen führen kann.

Wälzringgewindespindel

In Wälzringgewindetrieben werden Kugellager als lastübertragende Elemente zwischen Spindel und Mutter eingesetzt. Die als Wälzringe dienenden, speziell geformten Innenringe der Kugellager greifen in das Spindelgewinde ein und wälzen sich auf der Gewindeflanke ab, Bild 2.70.

Die Kugellager sind wechselseitig gegen die Gewindespindel angestellt, wodurch ein vorgespanntes System entsteht. Durch die Verwendung von Wälzlagern ergibt sich ein gleichmäßiges, reibungsarmes Laufverhalten. Wälzringgewindetriebe zeichnen sich durch hohe Verfahrgeschwindigkeiten aus, da große Gewindesteigungen realisiert werden. Übliche Anwendungsgebiete sind Handhabungstechnik, Mess- und Prüfmaschinen, Holzbearbeitungs- und Verpackungsmaschinen. Die Steifigkeit ist naturgemäß gegenüber den oben besprochenen Systemen wesentlich geringer.

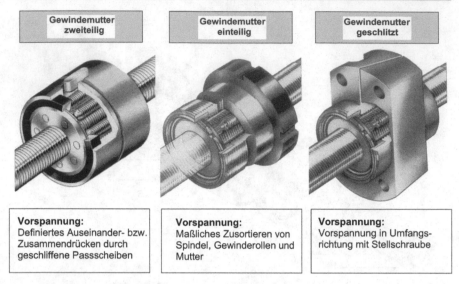

Bild 2.69. Bauformen von Rollengewindetrieben. (nach INA)

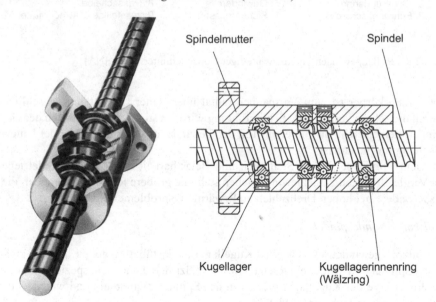

Bild 2.70. Wälzringgewindetrieb. (nach INA)

Trapezgewindespindel mit hydrostatischer Spindelmutter

Neben der Kugelgewindespindelmutter kommt in Vorschubantrieben auch die hydrostatische Spindelmutter zum Einsatz. Sie ist insbesondere für die Aufnahme von sehr großen Vorschubkräften geeignet und wird deshalb vorwiegend im Großwerkzeugmaschinenbau verwendet. Wegen der nahezu völligen Reibungsfreiheit bei kleinsten Drehzahlen und der hohen Steifigkeit findet man sie auch in Ultrapräzisionsmaschinen.

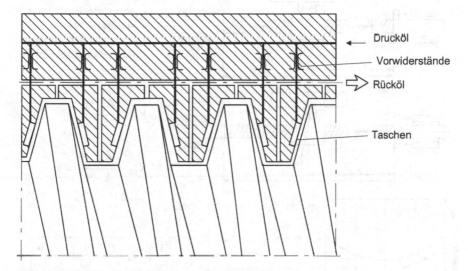

Bild 2.71. Prinzip einer hydrostatischen Spindelmutter

Wie in Bild 2.71 ersichtlich, entspricht das Gewindeprofil eines hydrostatischen Spindel-Muttersystems einem Trapezgewinde. Im Gegensatz zu herkömmlichen Gewindemuttern sind in die Flanken der hydrostatischen Mutter Öltaschen eingearbeitet, die über konstante Drosseln aus einer gemeinsamen Leitung mit Drucköl versorgt werden. Das Öl wird von einer ebenfalls gemeinsamen Leitung aus dem Spalt im Mutter- und Spindelgewindegrund abgeführt.

Als Vorteile sind Spielfreiheit, hohe Steifigkeit der Mutter, minimale Reibung und Verschleißfreiheit zu nennen. Dem stehen einige wesentliche Nachteile gegenüber. Es ist ein großer Spindeldurchmesser bei zugleich kleinem Kerndurchmesser erforderlich, was ein großes Massenträgheitsmoment und eine relativ große Spindelnachgiebigkeit zur Folge hat. Weiterhin sind die Herstellkosten relativ hoch, und es entstehen zusätzliche Kosten für das erforderliche Ölversorgungssystem. Sie werden daher nur in Sonderfällen eingesetzt z.B. für Ultrapräzisionsmaschinen.

Gewindespindellagerung

Als dritte wichtige Bauteilkomponente des Vorschubspindelantriebs ist neben Spindel und Mutter die Spindellagerung zu nennen. Diese hat die Aufgabe, die Spindel radial zu führen und gleichzeitig die Vorschubkräfte in Axialrichtung aufzunehmen, wobei Spindelverformungen und -verlagerungen in erlaubten Grenzen bleiben müssen. Deshalb stehen bei der Auswahl einer Lagerung für Kugelgewindespindeln die Anforderungen hinsichtlich großer axialer Tragfähigkeit, hoher Steifigkeit, Spielfreiheit, geringer Lagerreibung, hoher Drehzahl und hoher Laufgenauigkeit im Vordergrund.

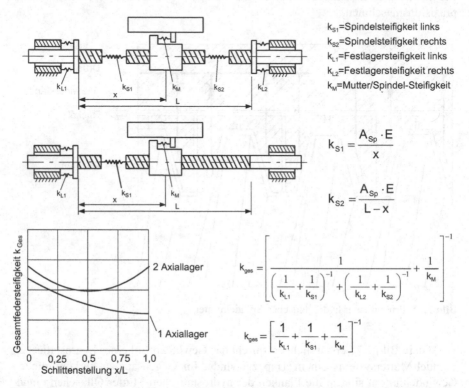

k_{S1}=Spindelsteifigkeit links
k_{S2}=Spindelsteifigkeit rechts
k_{L1}=Festlagersteifigkeit links
k_{L2}=Festlagersteifigkeit rechts
k_M=Mutter/Spindel-Steifigkeit

$$k_{S1} = \frac{A_{Sp} \cdot E}{x}$$

$$k_{S2} = \frac{A_{Sp} \cdot E}{L - x}$$

$$k_{ges} = \left[\frac{1}{\left(\dfrac{1}{k_{L1}} + \dfrac{1}{k_{S1}}\right)^{-1} + \left(\dfrac{1}{k_{L2}} + \dfrac{1}{k_{S2}}\right)^{-1}} + \frac{1}{k_M} \right]^{-1}$$

$$k_{ges} = \left[\frac{1}{k_{L1}} + \frac{1}{k_{S1}} + \frac{1}{k_M} \right]^{-1}$$

Bild 2.72. Steifigkeitsverhalten eines Spindelantriebs mit einseitigem und doppelseitigem Axialfestlager

Je nach Einsatzfall kommt den einzelnen Kriterien noch besondere Bedeutung zu. So spielt bei Vorschubantrieben großer Fräsmaschinen mit hohen Zerspanungskräften die Steifigkeit des Lagers als Teil des Gesamtsystems eine große Rolle. Im Interesse der hohen Steifigkeit wird hier z.B. die Reibung der stark vorgespannten Lager im Verhältnis zu anderen Reibungsverlusten vernachlässigt. Demgegenüber dominiert dieser Faktor bei Vorschubantrieben von Schleifmaschinen, wo bei geringen bewegten Massen sehr hohe Positioniergenauigkeiten verlangt werden. Hier ist eine reibungsarme Lagerung gefordert.

Damit die Kugelgewindetriebe die hohen Positioniergenauigkeiten erreichen, müssen die Lagerungen insbesondere eine große axiale Steifigkeit über dem gesamten Verfahrweg aufweisen. Bei der herkömmlichen Lagerung mit einem Festlager und einem Loslager nimmt die Steifigkeit der Anordnung mit der Entfernung des Schlittens vom Festlager hyperbolisch ab. Führt man die zweite Lagerstelle ebenfalls als Festlager aus, so lässt sich eine spiegelbildlich verlaufende Steifigkeitskurve superponieren, sodass eine symmetrische Kurve entsteht.

Im Bild 2.72 ist die obere Lageranordnung mit einem Festlager und einem Loslager ausgeführt, die untere Lageranordnung mit zwei Festlagern. Es ist zu erkennen, dass die Gesamtsteifigkeit bei zwei Axiallagern wesentlich vergrößert wird und in der Spindelmitte über einen größeren Bereich annähernd konstant ist.

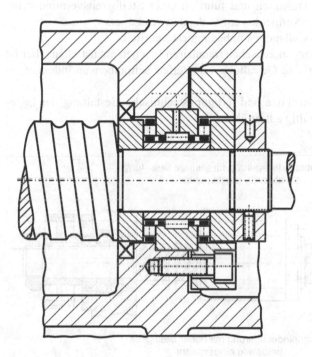

Bild 2.73. Einbaubeispiel für ein kombiniertes Radial-Axial- Rollenlager für Gewindespindeln

Das Verfahren des Vorschubschlittens bewirkt aufgrund der Reibung zwischen Spindel und Spindelmutter eine Erwärmung der Spindel, die eine Spindelausdehnung zur Folge hat. Bei doppelseitig eingespannter Spindel führt dies zu zusätzlichen Druckkräften, die eine Stauchung der Spindel verursachen. Spindeln, die aufgrund hoher Reibbelastung im Dauerbetrieb einer starken Erwärmung unterliegen, werden deshalb in kaltem Zustand auf Zug vorgespannt. Bei Wärmedehnung wird dann zunächst die Vorspannung der Spindel abgebaut. Erst bei weiterer Erwärmung können axiale Druckkräfte entstehen, die dann jedoch – bei richtiger Wahl der Vorspannung – erträglich sind.

Folgende Konstruktionsregeln sind bei der Auslegung von steifen Gewindespindellagerungen zu beachten:

- Axialkugellager mit großem Kontaktwinkel (60 %) sind zu verwenden.
- Lager sind vorzuspannen.
- Nadel- und Rollenlager sind wegen der Linienberührung und somit wegen höherer Steifigkeit Kugellagern vorzuziehen, wenn es die Drehzahl erlaubt.
- Lagerringe und Zwischenringe sollen möglichst vermieden werden, da die Kontaktflächen die Steifigkeit verringern.
- Passungs- und Distanzflächen sollen geschliffen werden. Hohe Rauhigkeit bedingt einen geringen Traganteil und führt zu einer Steifigkeitsverminderung. Parallele Anlageflächen vermeiden ein Verkanten des Lagers.
- Das Vorspannen der Axiallager ist unbedingt erforderlich.
- Es sind steife Verbindungen zwischen trennbaren Flächen anzustreben. Hier ist insbesondere auch auf eine Gestaltung von steifen Schraubenverbindungen zu achten.
- Insgesamt ist die konstruktive und fertigungstechnische Gestaltung der Lagerumbauteile sehr sorgfältig auszuführen.

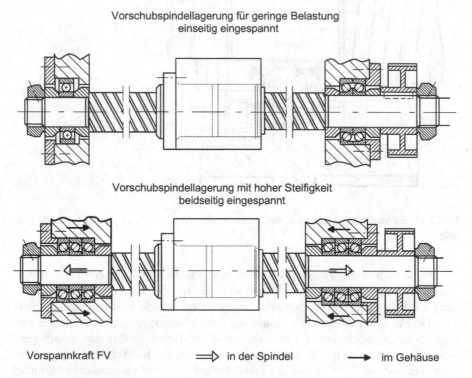

Bild 2.74. Lagerungsbeispiele für Kugelgewindespindeln mit Axial-Schrägkugellagern. (nach SKF)

Bild 2.73 zeigt ein Einbaubeispiel für ein kombiniertes Radial-Axial-Rollenlager. Die Vorspannung des Axiallagers kann man durch geeignete Wahl der Distanzbuchsenlänge erzielen.

Einbaubeispiele für Gewindespindellagerungen mit Axial-Schrägkugellagern sind im Bild 2.74 dargestellt. Für mittlere Steifigkeitsanforderungen ist eine Fest-Loslagerung wie in Bild 2.74 oben üblich. Für Vorschubantriebe mit hohen Steifigkeitsanforderungen empfiehlt sich ein Einbau nach Bild 2.74 unten. Die Spindel ist durch die beiden Schrägkugellager an beiden Enden in Tandem-O-Anordnung auf Zug vorgespannt. Ein jeweils dagegengesetztes Schrägkugellager übernimmt die Kraftübertragung in das Gestell, wenn durch Erwärmung der Spindel und deren hierdurch erzeugte Ausdehnung die Zugvorspannung in eine Druckspannung übergeht. Neben den bereits genannten Lagerungsformen sind bei geringeren Steifigkeitsanforderungen auch einseitig gelagerte Gewindespindeln mit freien Enden üblich.

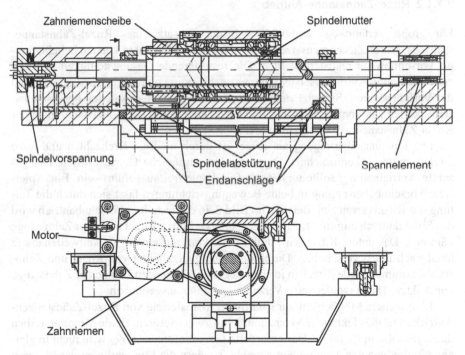

Bild 2.75. Spindelantrieb mit stehender Kugelrollspindel und Spindelabstützungen. (nach Chiron)

Um Kugelgewindetriebe auch bei großen Verfahrwegen einsetzen zu können und dabei hohe Steifigkeiten zu realisieren, kommen Spindelmutterantriebe mit stehender Kugelrollspindel zum Einsatz (Bild 2.75). Während bei herkömmlichen Sys-

temen die Kugelrollspindel angetrieben wird, rotiert in diesem Beispiel die Spindelmutter, welche über einen mitfahrenden Motor über Zahnriemen angetrieben wird.

Auf diese Weise können Spindeln mit großem Durchmesser verwendet werden,
und die Vorspannung der Spindel mittels Tellerfedern und/oder Spannelementen ist
sehr leicht möglich. Im Bild 2.75 sind zusätzlich Spindelabstützungen erkennbar,
die auch bei großen Spindellängen ein Schwingen der Spindel mit der Biegeeigenfrequenz verhindern. Hierbei werden die auf Führungsschienen verfahrbaren Spindelabstützungen von der Spindelmutter verschoben, sodass die Spindelabstützungen
in dem Verfahrbereich der Spindelmutter von der Endlage auf einer Seite bis zum
Erreichen der gegenüberliegenden Spindelabstützung nicht bewegt werden. Ähnlich
den Motorspindeln bei Hauptantrieben werden auch für dieses System Lösungen
angestrebt, in dem der Motor, in Form eines Hohlmotors, die Spindelmutter in sich
aufnimmt.

2.3.1.2 Ritzel-Zahnstange-Antrieb

Für große Verfahrwege empfiehlt sich der Einsatz eines Ritzel-Zahnstange-
Antriebs. Durch Zusammensetzen von Zahnstangensegmenten können beliebig lange Vorschubwege realisiert werden. Die resultierende Gesamtsteifigkeit des Rit-
zel-Zahnstange-Antriebs ist dabei immer unabhängig von der Verfahrweglänge und
der Verfahrposition. Sie setzt sich im Wesentlichen aus den Anteilen der Torsions-
steifigkeiten von Vorgelegegetriebe und Ritzelwelle sowie der Kontaktsteifigkeit der
Ritzel-Zahnstangen-Paarung zusammen.

Die Leistungsübertragung am Ritzel ist durch niedrige Drehzahlen und hohe
Drehmomente gekennzeichnet. Dies erfordert zusätzliche Getriebestufen. Der gesamte Antriebsstrang sollte torsionssteif und spielfrei ausgeführt sein. Eine spielfreie Vorschubübertragung in beide Bewegungsrichtungen lässt sich durch die Teilung des Ritzels erreichen. Bei dem im Bild 2.76 dargestellten Vorschubantrieb wird
das Spiel dadurch eliminiert, dass zwei schrägverzahnte Ritzel mit einer Zahnstange
kämmen. Das untere Ritzel wird durch Federkraft auf einem Vielkeilwellenabsatz
axial nach unten verschoben. Durch die Schrägverzahnung von Ritzel und Zahnstange kommen beide Ritzel an je einer gegenüberliegenden Flanke der Zahnstange
zur Anlage. Dabei werden auch Verzahnungsfehler ausgeglichen.

Eine weitere Möglichkeit zur spielfreien Realisierung von Ritzel-Zahnstangen-
Antrieben ist die elektrische Verspannung mit zwei Motoren. Beide Motoren treiben
dabei jeweils ein Ritzel an. Das geforderte Gesamtmoment M_{Soll} wird nicht in gleichen Teilen von den Motoren aufgebracht, sondern die Momentlinien der Motoren
werden so verschoben, dass bei gefordertem Nullmoment ($M_{Soll} = 0$) die Motoren
mit dem Verspannmoment M_V entgegengerichtet arbeiten. Bild 2.77 zeigt die Ver-
spannkennlinien. Die Ritzel kommen beim Momentennulldurchgang an gegenüberliegenden Zahnstangenflanken zur Anlage. Das Spiel wird eliminiert. Bei höheren
Momenten wirken die Motoren gleichsinnig.

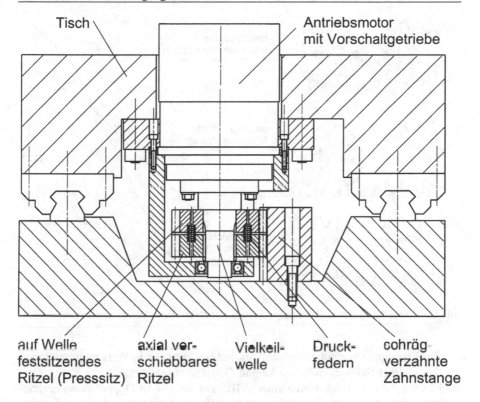

Tisch
Antriebsmotor mit Vorschaltgetriebe

auf Welle festsitzendes Ritzel (Presssitz)
axial verschiebbares Ritzel
Vielkeilwelle
Druckfedern
cohrägverzahnte Zahnstange

Bild 2.76. Spielfreies Ritzel-Zahnstange-System mit geteiltem Ritzel

2.3.1.3 Schnecke-Zahnstange-Antrieb

Zur Vermeidung mehrstufiger Getriebe – wie bei einem Zahnstange-Ritzel-System erforderlich – werden bei langen Verfahrwegen häufig auch hydrostatische Zahnstange-Schnecken-Systeme (Johnson-Drive) eingesetzt. Typische Anwendungen der Zahnstange-Schnecke-Systeme sind Tisch- oder Supportantriebe für Großwerkzeugmaschinen (z.B. Portalfräsmaschinen). Vorteile des Systems sind die geringe Reibung und die hohe Steifigkeit. Bild 2.78 verdeutlicht die Funktionsweise.

Die Zahnstange ist mit Drucköltaschen versehen. Die Ölversorgung erfolgt durch Hohlkolben, die auf die Zuleitungen der Öltaschen gepresst werden. Die Öltaschen der an dem Schlitten befestigten Zahnstange werden im Bereich der Schnecke über die Hohlkolben mit Druck beaufschlagt. Die Hohlkolben werden dabei durch den Staudruck, der an dem im Hohlkolben integrierten Vorwiderstand entsteht, an die Zahnstange gepresst. Das Leck- und Rücköl fließt frei über die Schnecke in eine Sammelrinne ab. Der Antrieb der Schnecke geschieht über eine Verzahnung im Schneckenaußenzylinder und ein Zwischenrad. Das Zwischenrad greift unmittelbar in das Ritzel des Vorschubmotors ein. Die Schnecke ist axial hydrostatisch und radial in Nadeln gelagert.

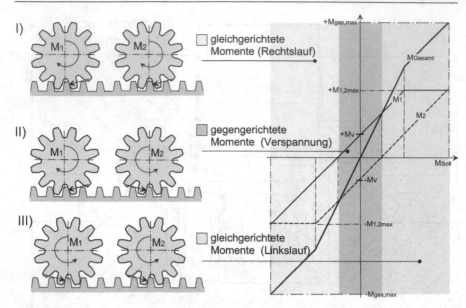

Bild 2.77. Spielfreies Ritzel-Zahnstange-System mit elektrischer Verspannung

Zur Erzeugung von rotatorischen Vorschubbewegungen in Werkzeugmaschinen werden vielfach Schnecken/Schneckenrad-Getriebe eingesetzt.
Bild 2.79 zeigt den Tischantrieb einer Wälzfräsmaschine in Doppelschneckentriebausführung. Über die hydraulisch axial anstellbare obere Schnecke wird die Vorspannung aufgebracht und das Spiel eliminiert. Da sich die obere Schnecke durch die Stirnverzahnung entgegengesetzt zur unteren dreht, muss auch die Steigung von Schnecke und Schneckenrad ein umgekehrtes Vorzeichen besitzen.

2.3.1.4 Zahnriemen-Antriebe

Zahnriemen-Antriebe werden wie Ritzel-Zahnstange-Antriebe für große Verfahrwege eingesetzt. Hierbei dient der Zahnriemen als Übertragungselement zwischen Zahnstange und Ritzel, Bild 2.80. Die Umsetzung der Drehbewegung in eine Linear- bzw. Rotationsbewegung erfolgt über den Zahnriemen, der örtlich feststeht und nur im Bereich der Ritzelstelle aus der Zahnstange herausgehoben wird. Mit dem antreibenden Zahnritzel bildet der Riemen einen Umschlingungstrieb. Der Zahnriemen wird nach einem kurzen freilaufenden Trum über Umlenkrollen in die Zahnstange gedrückt, wodurch ein Formschluss hergestellt wird.

Der Vorteil gegenüber einer konventionellen Zahnstangen-Ritzel-Lösung besteht in den preiswerten käuflichen Elementen und der Spielfreiheit des Antriebes, die durch das Einpressen der elastischen Riemenzähne in Zahnstange und Ritzel entsteht. Ein ausgeführtes Beispiel für die Verwendung eines solchen Antriebes ist im Bild 2.81 dargestellt. Der mit dem Tisch mitfahrende Motor treibt ein Zahnritzel

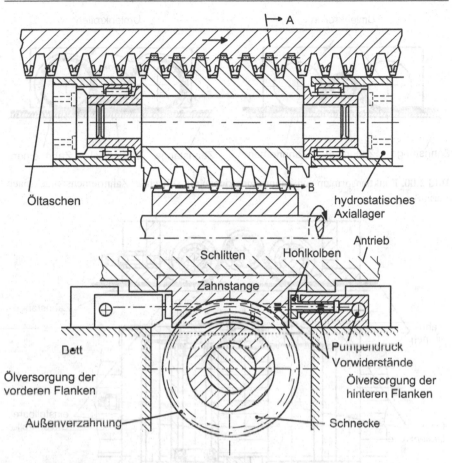

Bild 2.78. Vorschubantrieb mit hydrostatischem Zahnstange-Schnecken-System - Johnson-Drive. (nach Ingersoll)

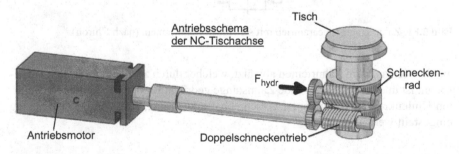

Bild 2.79. Tischantrieb einer Wälzfräsmaschine mit hydraulisch vorgespanntem Doppel-schneckentrieb. (nach Pfauter)

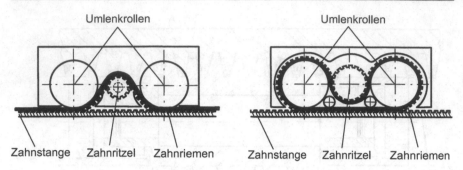

Bild 2.80. Funktionsprinzip von Zahnriementrieben mit stützender Zahnriemenstange. (nach Zarian)

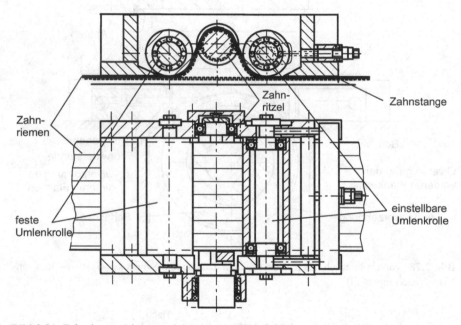

Bild 2.81. Zahnriemen-Linearantrieb mit stehenden Zahnriemen. (nach Chiron)

an, das sich auf dem Zahnriemen abwälzt, welcher durch zwei Umlenkrollen vorgespannt ist und in die feststehende Zahnstange gedrückt wird. Eine der kugelgelagerten Umlenkrollen ist horizontal verschiebbar angeordnet, sodass die Vorspannung eingestellt werden kann.

2.3.2 Vorschubgetriebe

Neben den im vorherigen Abschnitt vorgestellten Getrieben zur Umwandlung einer Drehbewegung in eine translatorische Schlitten- oder Tischbewegung werden in Vorschubantrieben oft zusätzliche Vorschubgetriebe zwischen Motor und Spindel bzw. Ritzelwelle eingesetzt. Diese sind vielfach für die Übersetzung der hohen Motordrehzahlen auf eine für den Vorschubantrieb geeignete Drehzahl sowie zur Drehmomentanpassung erforderlich. Darüber hinaus bieten sie die Vorteile einer weiteren Reduzierung der Massenträgheitsmomente auf die Motorwelle. Vorschubgetriebe sollten torsionssteif, trägheitsarm und verdrehspielfrei ausgeführt sein.

2.3.2.1 Zahnradgetriebe

Zahnradgetriebe für Vorschubantriebe werden üblicherweise als Stirnrad- und bei höheren Untersetzungen auch als Planetengetriebe ausgeführt. Aus räumlichen Restriktionen ist in manchen Fällen die winkelige Anordnung des Vorschubmotors zum anzutreibenden Ritzel bzw. zu der Spindel sinnvoll. Hierfür werden Winkelgetriebe mit Kegelradpaarung verwendet. Vorschubgetriebe werden heute häufig als Vorschaltgetriebe ausgeführt. Dabei ist die direkte Verbindung des Getriebes mit dem Motor bei gemeinsamer Aufstellung realisiert. Vorteilhaft bei Vorschaltgetrieben ist das Wegfallen sonst eventuell notwendiger Ausgleichselemente für Wellenversatz (Ausgleichskupplung).

Das Trägheitsmoment von Vorschubgetrieben sollte für ein gutes Beschleunigungsvermögen des Gesamtantriebes möglichst klein sein. Aus diesem Grund sollten Getrieberäder einen kleinen Durchmesser besitzen, da dieser mit der vierten Potenz in das Massenträgheitsmoment eingeht. Dies bedingt, dass oft mehrstufige Zahnradgetriebe statt eines einstufigen verwendet werden müssen. Um hierbei die unbedingt geforderte Spielfreiheit zu realisieren, ist jedoch ein großer konstruktiver Aufwand erforderlich.

Eine konstruktive Lösung stellt das tangentiale Verspannen von zwei auf einer Welle verdrehbar gelagerten Zahnrädern dar, die mit einem Gegenrad von der Breite der beiden Zahnräder kämmen. Diese Variante ist in der Regel ohne besonders hohen konstruktiven und fertigungstechnischen Aufwand realisierbar.

Bei dem im Bild 2.82 dargestellten Vorschubgetriebe ist für jede der beiden Stufen das tangentiale Verspannen konstruktiv durch ein Zahnrad mit einem angeflanschten, verdrehbaren Zahnradring gelöst. Zusätzlich sind weitere steifigkeitsverbessernde Maßnahmen zu erkennen, wie Kegelsitz (Ölpressverband) der Zahnräder auf den Wellen, Schrumpfsitz zwischen Motorwelle und Ritzel (Ölpressverband), Lagerung der Wellen mit verspannten Schrägkugellagern und Lagerung der Gewindespindel mit steifen, vorgespannten Axial-Rollenlagern.

Eine weitere Möglichkeit, Vorschubgetriebe ohne Radteilung spielfrei zu verwirklichen (d.h. kleinere Radbreite, kleineres Massenträgheitsmoment), besteht darin, die Zahnradwellen in justierbaren Exzenterbuchsen zu lagern. Durch Verdrehen der Exzenterbuchsen kann man den Achsabstand verändern, um das Zahnflankenspiel zu eliminieren.

Bild 2.83 zeigt am Beispiel eines Planetengetriebes das Prinzip der Spieleinstellung über konisch, d.h. mit in Zahnlückenrichtung kontinuierlicher Profilverschiebung geschliffene Zahnräder. Durch axiales Hineinschieben der Planetenräder in das Sonnenrad wird das Spiel eliminiert. Durch zusätzliches Verschieben des Hohlrades wird auch diese Zahnradpaarung spielfrei einstellbar. Im Gegensatz zu den meisten

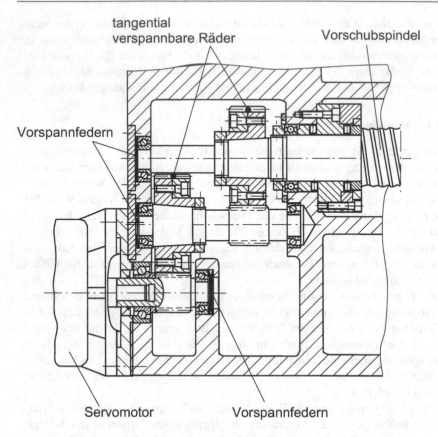

Bild 2.82. Spielfreies Stirnradgetriebe für Vorschubspindeln

anderen Möglichkeiten, Vorschubgetriebe spielfrei zu gestalten, zeichnet sich diese Lösung dadurch aus, dass das Getriebe in beide Richtungen mit gleichen Kräften und Drehfrequenzen belastbar ist und keine Zwischenräder notwendig sind.

Nachteilig ist der höhere Fertigungsaufwand gegenüber der Produktion konventioneller Zahnräder, da bei der Herstellung der konischen Verzahnung keine Mehrfacheinspannung der Räder in Paketen auf der Verzahnmaschine möglich ist [218].

2.3.2.2 Zahnriementriebe

Aufgrund der vorgenannten Nachteile werden heute anstelle von Zahnradgetrieben vielfach Zahnriemengetriebe (Bild 2.84) als Vorschubgetriebe eingesetzt, wenn aus konstruktiven Gründen nicht auf eine zusätzliche Getriebestufe verzichtet werden kann. Das Zahnriemengetriebe erfüllt die an in NC-Werkzeugmaschinen eingesetzten Vorschubgetriebe zu stellenden Forderungen hinsichtlich Steifigkeit, Spielfreiheit und Genauigkeit in besonders kostengünstiger Weise. Durch Zugstränge aus

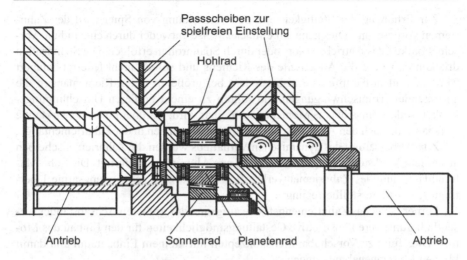

Bild 2.83. Planetengetriebe mit Spieleinstellung über konisch geschliffene Zahnräder. (nach Alpha Getriebebau)

Glasfasern, Kevlarfasern oder Stahlseilen wird eine große Zugfestigkeit, eine gute Biegewilligkeit und eine geringe Dehnung erreicht.

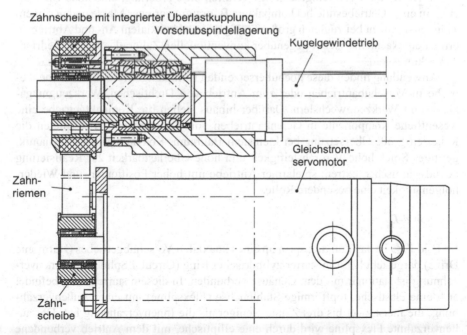

Bild 2.84. Vorschubantrieb einer Bettfräsmaschine mit integriertem Zahnriemengetriebe. (nach Maho)

Zur Erhöhung der Steifigkeit und zur Vermeidung von Spiel wird der Zahnriemen vorgespannt. Dies kann auf einfache Weise entweder durch eine radiale Ver-
schiebbarkeit des Antriebsmotors oder durch Spannrollen erfolgen. Die Spannrollen
drücken dabei auf die Außenseite des Riemens und sollten nicht federnd gelagert
werden. Zudem dämpfen sie insbesondere bei größeren freien Riemenlängen die
auftretenden Trumschwingungen und führen zu einem größeren Umschlingungs-
winkel, sodass ein größeres Moment übertragbar wird. Darüber hinaus bewirkt eine
Vorspannung auch den Ausgleich der Fertigungstoleranzen in der Zahnriemenlänge.

Zur Verbesserung des dynamischen Verhaltens werden die Zahnriemenscheiben
aus einem Werkstoff geringer Dichte, d.h. aus Aluminium, gefertigt. Die hohe Ma-
terialdämpfung des Zahnriemenwerkstoffes bewirkt eine schwingungsarme Übertragung der Motorstellbewegung.

Ferner bietet das Zahnriemengetriebe aufgrund des größeren Achsabstandes wesentlich günstigere konstruktive Gestaltungsmöglichkeiten für den Einbau des Motors. Dies führt zu Vorschubantriebskonzepten mit kleinem Einbauraum und damit
kleinen Maschinenabmessungen.

2.3.2.3 Sondervorschubgetriebe

Für hohe Übersetzungen werden neben mehrstufigen Zahnradgetrieben mit Stirn-
rädern und Planetengetrieben häufig Sondervorschubgetriebe der Bauweisen *Harmonic Drive* und *Cyclo* eingesetzt. Sie erfüllen die Forderung, eine hohe Übersetzung in einer Getriebestufe bei kompaktem Bauraum, geringer Masse und geringem
Trägheitsmoment bei zugleich großer Steifigkeit und koaxialem An- und Abtrieb zu
erreichen. Nachteilig ist der gegenüber konventionellen Zahnradgetrieben niedrige-
re Wirkungsgrad.

Anwendung finden diese hochübersetzenden Kompaktgetriebe als Zwischengetriebe in Vorschubantrieben oder zum Antrieb von Drehtischen, Werkzeugmaga-
zinen und Werkzeugwechslern. Darüber hinaus stellen die Kompaktgetriebe eine
wesentliche Komponente in Gelenkantrieben von Robotern dar. Hier spielen die
Kriterien große Übersetzung bei kleinstem Bauraum, Koaxialität, hohe Dynamik,
geringes Spiel, hohe Verdrehsteifigkeit und hohe Überlastbarkeit zur Realisierung
hochdynamischer, extrem spielarmer Antriebe mit hoher Positionier- und Wiederholgenauigkeit eine besondere Rolle.

Harmonic-Drive

Im Bild 2.85 ist das Funktionsprinzip eines koaxialen Vorschubgetriebes (Harmonic
Drive) dargestellt [2]. Ein starrer zylindrischer Ring (Circular Spline) mit Innenverzahnung ist stationär mit dem Gehäuse verbunden. In diesem starren Ring befindet
sich eine elastische, topfförmige Stahlbuchse (Flexspline) mit einer Außenverzahnung, die meist zwei bis drei Zähne weniger als die Innenverzahnung hat. Der au-
ßenverzahnte Flexspline wird durch eine elliptische, mit dem Antrieb verbundene
Scheibe mit aufgezogenem Kugellager (Wave Generator) verformt und rotatorisch

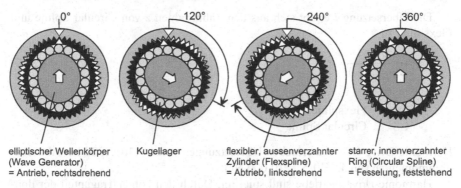

elliptischer Wellenkörper (Wave Generator) = Antrieb, rechtsdrehend

Kugellager

flexibler, aussenverzahnter Zylinder (Flexspline) = Abtrieb, linksdrehend

starrer, innenverzahnter Ring (Circular Spline) = Fesselung, feststehend

Bild 2.85. Funktionsprinzip eines Harmonic-Drive. (nach Harmonic Drive)

umlaufend an zwei gegenüberliegenden Stellen im Bereich der großen Achse in die Innenverzahnung des Circular Splines gedrückt.

Infolge der unterschiedlichen Zähnezahl (Flexspline hat zwei Zähne weniger) entsteht zwischen dem stationären Ring und der flexiblen Stahlbuchse eine Relativdrehung, die über die Stahlbuchse an den Abtrieb gegeben wird. Bei einer Umdrehung des Rollenträgers macht die elastische Stahlbuchse eine Gegendrehung, die der Zähnezahldifferenz zwischen Innen- und Außenverzahnung entspricht.

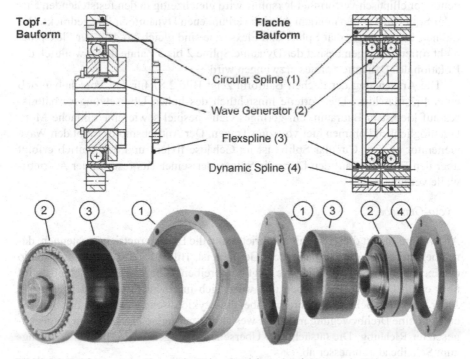

Topf - Bauform

Flache Bauform

Circular Spline (1)

Wave Generator (2)

Flexspline (3)

Dynamic Spline (4)

Bild 2.86. Bauformen von Harmonic-Drive-Getrieben. (nach Harmonic-Drive)

Die Übersetzung i ergibt sich aus den Zähnezahlen z von Circular Spline und Flexspline zu

$$i = \frac{Z_{FI}}{(Z_{FI} - Z_{CS})} \tag{2.37}$$

FS   Flexspline
CS   Circular Spline

Harmonic-Drive-Getriebe erlauben Übersetzungen von $i = 30\dots320$ bei Abtriebsdrehmomenten von $M = 0,5\dots10.000$ Nm.

Harmonic-Drive-Getriebe sind spielfrei. Durch den hohen Traganteil der doppelseitigen Zahnberührung (Zahneingriffsbereich beträgt ca. 15 % der Gesamtzähnezahl) ist die Torsionssteifigkeit sehr hoch. Besonders vorteilhaft wirkt sich weiterhin das geringe Massenträgheitsmoment des Getriebes aus.

Bild 2.86 zeigt zwei verschiedene Bauformen des Harmonic-Drive-Getriebes, die beide einen elliptischen Innenring als Wave Generator benutzen. Im linken Bildteil ist die sogenannte Topfbauform, bestehend aus den drei Getriebeteilen Circular Spline, Flexspline und Wave Generator, dargestellt. Eine Weiterentwicklung dieses Getriebetyps stellt die flache Bauform dar, die die Vorteile des Getriebes auch in kompakten Außenabmessungen realisiert. Als Abtrieb dient hier im Vergleich zur Topfbauweise ein viertes Grundelement, der Dynamic Spline. Der durch den Wavegenerator elliptisch verformte Flexspline wird gleichzeitig in den feststehenden Circular Spline und in den mit dem Abtrieb verbundenen Dynamic Spline gedrückt. Die Zähnezahlen von Circular Spline und Flexspline sind gleich, so dass der Flexspline nicht rotiert. Dagegen besitzt der Dynamic Spline 2 bis 3 Zähne mehr, wodurch die Rotation des Dynamic Splines erzwungen wird.

Die Anwendung der flachen Bauform zeigt Bild 2.87 für den Vorschubantrieb einer Fräsmaschine. Die Vorteile hinsichtlich des hohen Übersetzungsverhältnisses auf kleinstem Bauraum, ein geringes Getriebespiel sowie eine einfache Montagemöglichkeit kommen hier voll zum Tragen. Der Antriebsmotor treibt den Wave Generator an. Der Circular Spline ist im Gehäuse fixiert, und der Abtrieb erfolgt über den Flexspline auf den Dynamic Spline, der seinerseits fest mit der Abtriebswelle verbunden ist.

Cyclo-Getriebe

Als weitere Bauart dieser Kompaktgetriebe sind die Exzentergetriebe zu nennen, deren bekanntester Vertreter das Cyclo-Getriebe ist, Bild 2.88. Das Funktionsprinzip der Exzentergetriebe lässt sich wie folgt beschreiben: Eine kreisrunde Scheibe wird über einen Exzenter angetrieben und wälzt sich in einem feststehenden Ring ab. Jeder Punkt der Scheibe beschreibt dabei eine zykloidische Kurve. An der Scheibe entsteht eine Drehbewegung mit einer wesentlich geringeren Drehzahl in entgegengesetzter Richtung. Die tatsächliche Übersetzung hängt vom Verhältnis des Ring- zum Scheibendurchmesser ab.

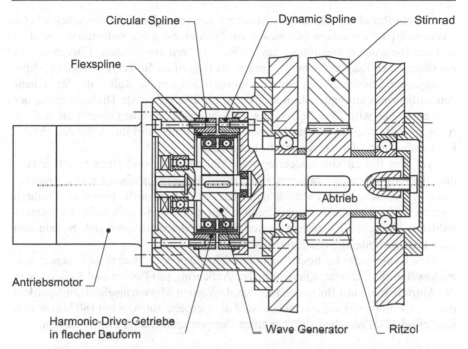

Bild 2.87. Vorschubantrieb für den Fräskopf einer Fräsmaschine. (nach Harmonic-Drive)

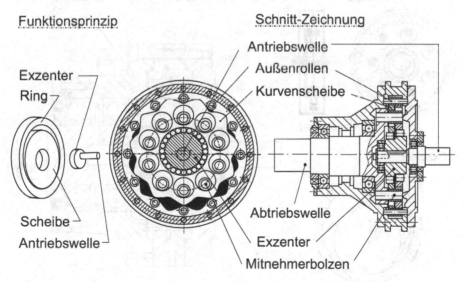

Bild 2.88. Cyclo-Getriebe. (nach Cyclo-Getriebebau Lorenz Braren)

Um ein Rutschen während des Abrollens zu vermeiden, wird die Scheibe beim Cyclo-Getriebe mit einem geschlossenen Zykloidenzug als Außenform versehen und der Ring durch kreisförmig angeordnete Bolzen ersetzt. Jede Kurvenscheibe hat dabei einen Kurvenabschnitt weniger, als Bolzen im Bolzenring sind. Die Kurvenzüge der Scheibe greifen hier nun formschlüssig in die Rollen des feststehenden Außenrings ein und wälzen sich daran ab. Die reduzierte Drehbewegung der Kurvenscheibe wird über Bolzen, die in Bohrungen derselben eingreifen, auf die Abtriebswelle übertragen. Das Übersetzungsverhältnis wird durch die Anzahl der Kurvenabschnitte der Kurvenscheibe bestimmt.

Auf den Bolzen von Außenring und Abtriebswelle sind Büchsen aufgesetzt, die eine rein wälzende Kraftübertragung zwischen Kurvenscheibe und Bolzenring sowie Kurvenscheibe und Mitnehmerbolzen der Abtriebswelle bewirken. Dadurch werden Reibungsverluste, Geräuschentwicklung und Verschleiß auf ein Minimum reduziert. Zwischen Exzenterwelle und Kurvenscheibe befinden sich Nadeln, um auch hier die Reibung gering zu halten [1].

Das Cyclo-Getriebe besitzt also die folgenden vier Hauptbauelemente: Antriebswelle mit Exzenter, Kurvenscheibe, Außenring mit Bolzen und Rollen sowie die Abtriebswelle mit Bolzen und Rollen. Um einen Massenausgleich zu bewirken und die Kraftübertragung zu erhöhen, sind die Getriebe mit zwei um 180° versetzten Kurvenscheiben versehen, die über einen Doppelexzenter angetrieben werden.

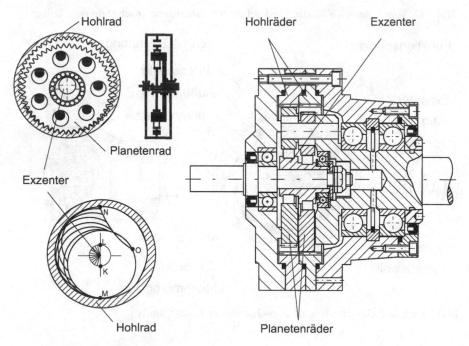

Bild 2.89. Exzentergetriebe. (Quelle: Akim)

Exzentergetriebe

Eine andere Bauform des Exzentergetriebes ist im Bild 2.89 dargestellt. Die Zykloiden des Cyclo-Getriebes werden hierbei durch eine Verzahnung ersetzt. Der Eingriff der beiden Verzahnungen findet immer dort statt, wo der Exzenter dem Wälzkreis des Hohlrades am nächsten steht.

Wird der Exzenter um eine halbe Drehung von *K* nach *L* gedreht, so wälzt sich das kleinere Planetenrad im größeren Hohlrad ab. Der Eingriffspunkt bewegt sich damit von *M* nach *N* und um den gleichen Winkel wie der Exzenter. Da das auf dem Exzenter gelagerte kleinere Planetenrad einen entsprechend kleineren Umfang als das Hohlrad aufweist, muss dieses um einen größeren Winkel drehen als der Exzenter. Die Strecke von *M* bis *N* auf dem Hohlrad entspricht somit der Strecke von *M* bis *O* auf dem kleinen Rad. Die Eigenbewegung des Planetenrades ist gegenüber dem Exzenter entgegengesetzt und entspricht der Differenz des Umfanges der beiden Räder.

Um die zykloidische Bewegung in eine Drehbewegung umzusetzen, ist die Zahnscheibe mit Bohrungen ausgerüstet, in die – wie beim Cyclogetriebe – entsprechende Mitnehmerbolzen, die in der abtreibenden Flanschwelle befestigt sind, eingreifen. Diese Bohrungen und eingreifenden Bolzen können mit einer Wellenkupplung verglichen werden. Die Übersetzung wird nur durch die Wälzkreisdurchmesser von Hohlrad und Planetenrad beziehungsweise deren Zähnezahlen bestimmt. Durch den Einbau von zwei Zahnscheiben, die um 180° zueinander versetzt sind, wird ein Gewichtsausgleich der Exzenterunwucht und eine Verspannmöglichkeit geschaffen.

Durch gegenseitiges Verdrehen der beiden Hohlräder bei der Montage werden die Zahnscheiben um ihre eigene Achse gedreht und dabei gegenseitig an die Mitnehmerbolzen angelegt. Damit wird sowohl das Zahnspiel als auch das Spiel in der Bolzenkupplung einstellbar. Die beiden Exzenter sind als Rollenlager ausgebildet.

Einen Vergleich des Harmonic-Drive-, Zykloiden- und Planetengetriebes, der aufgrund umfangreicher Prüfstandsversuche durchgeführt wurde, zeigt Bild 2.90 [40]. Bei einem Vergleich der Getriebe ist zu beachten, dass die Baugrößen etwas unterschiedlich sind. Die Messwerte müssen daher auf die Nennmomente bezogen werden, die von 250 Nm (Getriebe 3) bis 340 Nm (Getriebe 2) reichen. Sehr gute Übertragungseigenschaften bei kleinsten Drehzahlen besitzt das Harmonic-Drive-Getriebe. Bei höheren Drehzahlen liegen die Fehler jedoch bei allen Getrieben in der gleichen Größenordnung.

Die statische Nachgiebigkeit wird ermittelt, indem der Abtrieb des Getriebes bei festgesetztem Antrieb mit einem ansteigenden Moment belastet und der resultierende Verdrehwinkel gemessen wird. Wünschenswert ist hier ein linearer Zusammenhang zwischen Lastmoment und Verdrehwinkel mit einer möglichst flach verlaufenden Kennlinie. Besonders gut schneidet dabei das Zykloidengetriebe ab, das bei Nennmoment eine Steifigkeit von 118,5 Nm/arcmin besitzt. Die durch Spiel und Reibung bedingte Hysterese ist bei allen drei Getrieben gering, wenn auch leicht unterschiedlich.

Auch bei dynamischen Lasten erzielt das Zykloidengetriebe die besten Ergebnisse, nämlich die geringste dynamische Nachgiebigkeit bei der höchsten Resonanz-

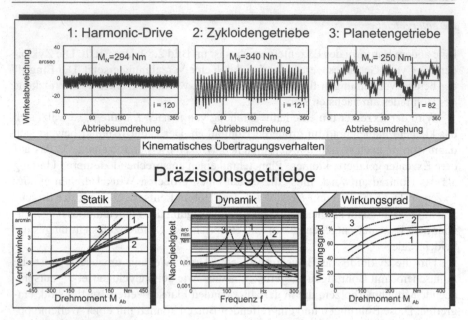

Bild 2.90. Betriebseigenschaften hochuntersetzender Sondervorschubgetriebe

frequenz. Der Wirkungsgrad des Planetengetriebes liegt deutlich über dem Wert der beiden anderen. Er verbessert sich bei allen Typen unter Last [156].

2.3.3 Kupplungen

2.3.3.1 Ausgleichskupplungen

Bei der Montage von mechanischen Komponenten im Antriebsstrang ist radialer, axialer oder auch winkeliger Wellenversatz nicht vermeidbar. Unter Last treten zudem Verformungen zwischen den Komponenten auf, die ausgeglichen werden müssen. Daher werden als Verbindungselemente Ausgleichskupplungen verwendet. Man verwendet drehstarre und elastische Ausgleichskupplungen.

Drehstarre, biegeelastische Kupplungen

Bei Direktantrieben werden zur torsionssteifen und drehwinkelgenauen Verbindung der Wellenenden von Motor und Kugelgewindespindel Kupplungen eingesetzt. Sie weisen nur in Umfangsrichtung eine hohe Steifigkeit auf. Dadurch wird die Drehbewegung in Umfangsrichtung sehr genau übertragen. Alle anderen Belastungsrichtungen sind mit einer geringeren Federsteifigkeit ausgeführt, sodass innerhalb gewisser Grenzen radiale, axiale oder winklige Fluchtungsfehler zwischen beiden Wellenenden ausgeglichen werden können.

Für hochgenaue Vorschubantriebe werden in der Regel kraftschlüssige Kupplungen verwendet. Sie erfüllen die hohen Anforderungen hinsichtlich Torsionssteifigkeit, Spielfreiheit und kleinem Massenträgheitsmoment am besten. Ihre konstruktive Auslegung erfolgt nach dem zu übertragenden Drehmoment, dem Wellendurchmesser und der Torsionssteifigkeit.

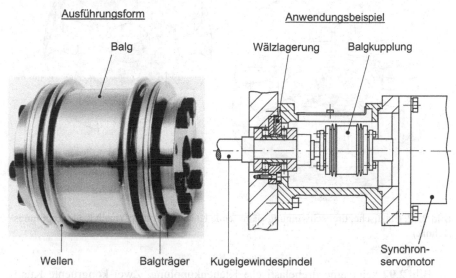

Bild 2.91. Torsionssteife, flexible Balgkupplung. (nach Jakob)

Bild 2.91 zeigt eine der gebräuchlichsten Ausführungen einer torsionssteifen, flexiblen Kupplung: die Balgkupplung. Sie besteht aus zwei durch einen Balg miteinander verbundenen, ringförmigen Balgrädern, die mit entsprechenden Wellenenden von Motor und Spindel verschraubt werden können. Durch die einzelnen Wellen des rohrförmigen Balgs lassen sich die o. g. Fehler ausgleichen [71]. Bei größerem Winkelversatz – für Werkzeugmaschinen unüblich – können andere Bauformen, z.B. Bogenverzahnungs-Kupplungen, verwendet werden.

Elastische Kupplungen mit Dämpfung

Bei diskontinuierlichen Bearbeitungs-Prozessen mit stoßartigen Prozesskräften werden elastische Kupplungen mit Dämpfung verwendet. Durch die Verwendung von elastischen Materialien mit hoher innerer Dämpfung im Kraftfluss können die während des Betriebes auftretenden Drehschwingungen und Stöße gedämpft und abgebaut werden. Dadurch wird der Antrieb vor dynamischer Überbeanspruchung geschützt. Neben der Drehschwingungsdämpfung können elastische Kupplungen meist auch Axial-, Radial- und Winkelverlagerungen der zu verbindenden Wellen ausgleichen.

Bei Verwendung von Zahnkränzen aus Kunststoffen mit hohem E-Modul wird die Kupplung drehsteifer und genügt häufig den Anforderungen bei Haupt- und

Vorschubantrieben in Werkzeugmaschinen. Aufgrund der einfachen und kompakten Bauform und dem günstigen Preis wird sie daher häufig eingesetzt.

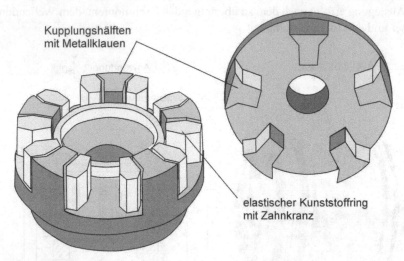

Kupplungshälften
mit Metallklauen

elastischer Kunststoffring
mit Zahnkranz

Bild 2.92. Elastische, drehschwingungsdämpfende Klauenkupplung. (nach KTR Kupplungs-
technik)

Bild 2.92 zeigt eine drehelastische Klauenkupplung. Zwei kongruente Kupplungshälften, die innenseitig mit konkav ausgebildeten Klauen versehen sind, stehen in Umfangsrichtung um eine halbe Teilung gegeneinander versetzt und sind so
gestaltet, dass in dem Raum zwischen ihnen ein elastischer Kunststoff-Zahnkranz
eingelegt werden kann. Um eine spielfreie Drehübertragung sicherzustellen, sind
die elastischen Elemente unter Vorspannung einzubauen.

2.3.3.2 Sicherheitskupplungen zum Überlastschutz

Zur wirksamen Absicherung von NC-Werkzeugmaschinen gegen Überlast- und
Kollisionsschäden infolge von Werkzeugbruch, Programmier- oder Bedienfehlern
werden Sicherheitskupplungen eingesetzt, die das wirksame Drehmoment in einem
Antriebsstrang auf einen vorgegebenen Höchstwert begrenzen. Bei Überschreiten
dieses Werts wird der Kraftfluss unterbrochen, um die gefährdeten Bauteile zuverlässig gegen Schäden zu schützen [70].
    Die Anordnung der Sicherheitskupplung im Kraftfluss hängt einerseits von der
Lage der zu schützenden Bauteile und andererseits von der Lage der Maschinenkomponenten ab, die die hohen Kollisionskräfte verursachen. Diese Kräfte werden
im Wesentlichen durch zwei Mechanismen hervorgerufen: Zum einen müssen im
Kollisionsfall bei der plötzlichen Verzögerung einer Maschinenachse große Massenkräfte aufgenommen werden, die von der kinetischen Energie der bewegten Maschinenbauteile (z.B. Schlitten, Werkstück, Spindel, Motor) bestimmt werden. Die

gesamte Bewegungsenergie wird bei einer Kollision in Verformungsenergie umgewandelt. Zum anderen erhöht sich das Motormoment im Kollisionsfall kurzzeitig bis auf etwa das drei- bis zehnfache Nennmoment. Massenkräfte und Spitzenmoment des Motors addieren sich zur resultierenden Gesamtkollisionskraft, die zu elastischen Verformungen, im ungünstigsten Fall auch zu bleibenden Deformationen bzw. zu Brüchen der im Kraftfluss liegenden Maschinenbauteile führt. Zur wirksamen Vermeidung von Kollisionsschäden an Werkzeugmaschinen kommt der optimalen Lage einer Sicherheitskupplung also eine wesentliche Bedeutung zu. Dabei ist es von Interesse, welche Energien im Augenblick der Kollision zwischen zwei Maschinenbauteilen auftreten.

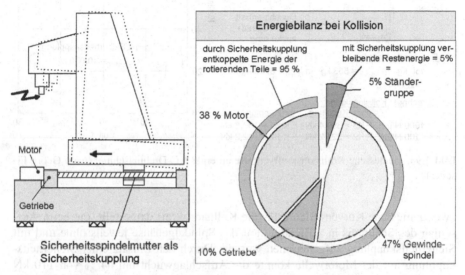

Bild 2.93. Energiebilanz für Kollision einer Fräsmaschine in Fahrständerbauweise. (nach Bohle)

Bild 2.93 zeigt für eine Fräsmaschine in Fahrständerausführung die Energiebilanz der beteiligten Baugruppen bei einer Kollision. Der translatorisch bewegten Masse des Fahrständers fällt mit 5 % der weitaus geringste Anteil zu. Eine wirkungsvolle Reduzierung der Kollisionsschäden lässt sich hierbei nur erreichen, wenn im Kollisionsfall alle rotierenden Massen von den translatorisch bewegten Massen abgekoppelt werden. Der günstigste Ort für die Anbringung einer Sicherheitskupplung scheint deshalb die Übergangsstelle zwischen Spindelmutter und Vorschubschlitten zu sein, Bild 2.96. Aus praktischen Erwägungen wird die Kupplung zumeist jedoch zwischen Motor und Spindel angebracht.

Die Wirksamkeit von Sicherheitskupplungen im Kraftfluss von Vorschubantrieben wurde in praktischen Kollisionsversuchen eindrucksvoll bestätigt [183]. Bild 2.94 zeigt den Vorschubantrieb des Planschlittens einer Schrägbettdrehmaschine mit den maschinenspezifischen Daten. Des Weiteren sind im rechten Bildteil

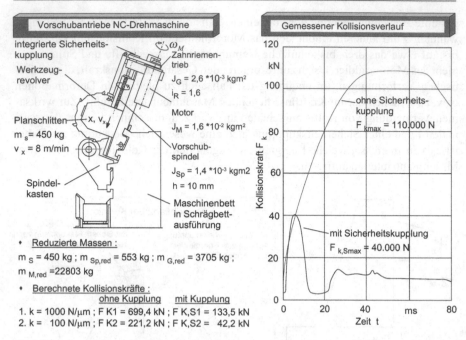

Bild 2.94. Gemessene Kollisionskraftverläufe an einer NC-Drehmaschine. (nach Georg Fischer)

zwei gemessene Kurvenverläufe für die Kollisionskraft dargestellt, die beim Aufschlag des Schlittens in x-Richtung auf das Spindelgehäuse jeweils ohne und mit Sicherheitskupplung aufgenommen wurden. Durch den Einsatz einer Sicherheitskupplung auf der Motorwelle konnte die Aufschlagwucht um 64 % von 110 kN auf 40 kN reduziert werden. Starken Einfluß auf die Kollisionskraft hat die relative Federsteifigkeit k im Kollisionspunkt, d.h. zwischen Werkzeug und Werkstück. Im Bild 2.94 links unten sind die theoretisch ermittelten Kollisionskräfte mit und ohne Kupplungseinsatz für die beiden angenommenen Steifigkeitswerte von 100 und 1000 $N/\mu m$ im Kollisionspunkt aufgeführt. Die höhere Steifigkeit vergrößert die Kollisionskraft in beiden Fällen um mehr als den Faktor 3.

Sicherheitskupplungen sollten so ausgeführt sein, dass die beiden Kupplungshälften nach dem Ausrücken durch eine mechanische Einrichtung wieder exakt zueinander in Eingriff gebracht werden können, um eine Verschiebung des Referenzpunktes für die Steuerung zu vermeiden.

Die Kupplungen werden als reibschlüssige Rutschkupplungen, zunehmend jedoch als federbelastete Formschlusskupplungen ausgeführt.

Eine Variante formschlüssiger Überlastkupplungen zeigt Bild 2.95. Während viele der bekannten formschlüssigen Überlastkupplungen das Drehmoment mit Hilfe von Kugeln oder Rollen übertragen, nutzt diese Kupplung das Prinzip der Stirnverzahnung, die durch Federkraft im Eingriff gehalten wird. Dabei sind die Flächen der Stirnverzahnung schraubenförmig ausgeführt, sodass an den Kraftübertragungsstellen nicht nur während der normalen Drehmomentübertragung, sondern auch während des Ausschaltvorgangs ein großflächiger Kontakt besteht. Extreme Hertz'sche Pressungen werden damit vermieden. Bei Überlast werden die Segmente des Kupplungsrings durch die Schrägen der Zahnflanken axial gegen die Feder bewegt, so dass die Verzahnung außer Eingriff gerät und die Kupplung durchrutscht.

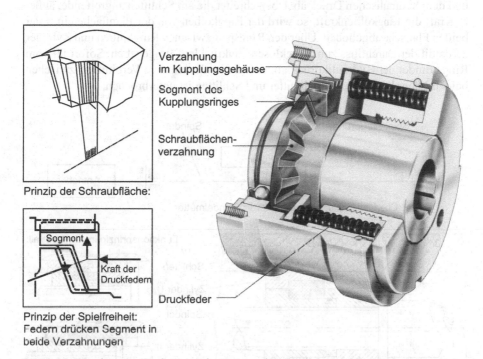

Verzahnung
im Kupplungsgehäuse

Segmont des
Kupplungsringes

Schraubflächen-
verzahnung

Prinzip der Schraubfläche:

Sogmont

Kraft der
Druckfedern

Druckfeder

Prinzip der Spielfreiheit:
Federn drücken Segment in
beide Verzahnungen

Bild 2.95. Kupplung zur Drehmomentbegrenzung in Vorschubgetrieben. (nach Ringspann)

Darüber hinaus ist der axial bewegliche Kupplungsring in mehrere Segmente geteilt. Durch die Kegelform der Stirnverzahnung bedingt, schieben die Druckfedern die einzelnen Segmente nach außen in die Innenverzahnung des Kupplungsgehäuses. Die Drehbewegung wird somit zwischen Kupplungsring und Gehäuse absolut spielfrei übertragen.

Im Bild 2.96 ist eine Sicherheitskupplung dargestellt, die es ermöglicht, die Wirkung der Massenkräfte im Kollisionsfall auf die Anteile der translatorisch bewegten Massen des Vorschubantriebs zu begrenzen. Hierzu wurde die Trennstelle zwischen Schlitten und Spindelmutter gelegt, sodass im Störfall auch das Trägheitsmoment der Spindel entfällt und nur die kinetische Energie des Schlittens selbst übrig bleibt. Das Beispiel in Bild 2.93 besitzt eine solche Lösung.

Die Sicherheitsspindelmutter ist ein hydraulisch vorgespannter, beidseitig wirkender Kraftbegrenzer. Im eingeschalteten Arbeitszustand geht der Kraftfluss von der Spindel über die Spindelmutter in einen mit ihr verschraubten Flansch. Dieser wird mit Hilfe eines Ringkolbens axial genau zu einem weiteren Flansch fixiert, der unmittelbar mit dem Schlitten verschraubt ist. Der Ringzylinder wird über den Druckanschluß mit Drucköl beaufschlagt. Dadurch wird der Ringkolben auf die genau bearbeiteten Planflächen der beiden Flansche gepresst und der Ringzylinder gegen den drucklosen Tankrücklauf T abgedichtet. Die Kraft, mit der der Ringkolben die beiden Flansche miteinander verbindet, hängt von der Ringkolbenfläche und dem hydraulischen Druck ab. Überschreitet die am Schlitten angreifende, äußere Kraft die Ringkolbenkraft, so wird der Ringkolben von der Planfläche eines der beiden Flansche abgehoben. Über den Ringspalt zwischen Ringkolben und Zylinder ist damit der Durchfluss zum drucklosen Tankrücklauf freigegeben. Sofort fällt am Ringzylinder der Hydraulikdruck ab, und die kraftschlüssige Verbindung zwischen beiden Flanschen bzw. Spindelmutter und Schlitten ist unterbrochen.

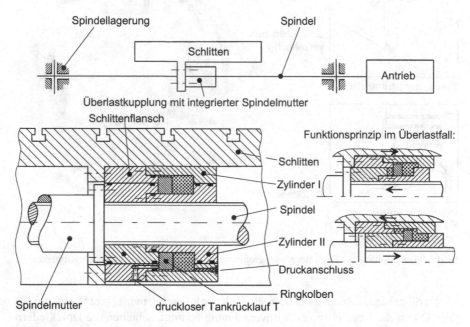

Bild 2.96. Hydraulische Sicherheitsspindelmutter. (nach Jakob)

Der Beginn des Ausrückhubes wird mit Hilfe von Schaltern erfasst. Daraufhin wird der Servomotor abgebremst. Durch einfache Drehrichtungsumkehr der Antriebsspindel kann die Kupplung nach einer Kollision wieder vorgespannt und funktionstüchtig gemacht werden.

2.4 Umrichter für WZM-Vorschubachsen

Servoverstärker enthalten neben dem Regel- und Kontrollteil eine Leistungseinheit. Um die dynamischen Eigenschaften der Vorschubservomotoren vollständig nutzen zu können, werden die modernsten Bauelemente der Leistungselektronik eingesetzt.

Numerisch gesteuerte Werkzeugmaschinen benötigen Ansteuerungen, die einen Betrieb des Servomotors in allen vier Quadranten des Drehzahl-Drehmoment-Diagramms zulassen:

1. Rechtslauf motorisch,
2. Rechtslauf bremsend,
3. Linkslauf motorisch,
4. Linkslauf bremsend.

Nach dem derzeitigen Stand der Technik stehen Transistor- und Thyristorverstärker zur Verfügung. Im Bereich der kleinen Leistungen bis etwa 300 Watt werden MOSFETs verwendet, für kleine und mittlere Antriebsaufgaben bis etwa 100 *kW* Leistung werden IGBT-Endstufen eingesetzt. Stromrichter mit Thyristorverstärker umfassen die gesamte Leistungspalette bis zu Leistungen von 10 *MW* [159].

2.4.1 Aufbau von Umrichtersystemen

Sollen Gleichstrommotoren angesteuert werden, ist eine regelbare, in der Polarität umkehrbare Gleichspannungsquelle hoher Leistung erforderlich. Die notwendige Energie wird dem Wechselstrom- bzw. Drehstromnetz entnommen und, ggf. nach einer Transformation auf die benötigte Spannung, in einem steuerbaren Gleichrichtor umgeformt. Für Antriebssysteme mit Gleichstrommotoren kleiner Leistung kann eine der Steuereingangsspannung proportionale Ausgangsspannung mit Leistungs-operationsverstärkern realisiert werden (Prinzip: Bild 2.97 oben). Mit analog arbeitenden Gleichspannungsverstärkern kann eine sehr hohe Dynamik erreicht werden. Die Verlustleistung dieses Verstärkertyps kann jedoch sehr viel größer als die Nennleistung des Motors werden.

Beim Impulsbreiten- oder Frequenzmodulator arbeiten die Transistoren oder Thyristoren als elektronische Schalter, die eine Gleichspannung impulsförmig auf den Motor schalten. Die Zwischenkreisspannung kann für die Abgabe großer Leistungen direkt durch Gleichrichtung aus dem 400 V-Netz erzeugt werden. Über die Pulsbreite bzw. Frequenz wird der Mittelwert des Ausgangsstroms gesteuert (Bild 2.97 Mitte). Es werden zumeist IGBT (engl.: Insulated Gate Bipolar Transistor) eingesetzt, da sich diese gegenüber den bisher eingesetzten Bipolartransistoren durch höhere mögliche Schaltfrequenzen (> 100 *kHz*), kürzere Verzögerungszeiten und eine einfachere Ansteuerung auszeichnen [128]. Diese Verstärker haben nahezu die gleichen dynamischen Eigenschaften wie die Gleichspannungsverstärker bei wesentlich geringeren Verlustleistungen im Transistor. Der Ausgangsstrom wird bei der genannten Taktfrequenz durch die Motorinduktivität hinreichend geglättet, sodass in den meisten Fällen zusätzliche Glättungsdrosseln entbehrlich sind.

Die Steuerung von Drehstrom-Servomotoren wird zumeist mit sinusförmigen Spannungen variabler Frequenz und Amplitude durchgeführt. Die hierfür erforderliche genaue Rotorlageerfassung erfolgt über einen hochauflösenden Positionsgeber. Gegenüber der herkömmlichen Speisung mit blockförmigen Strömen werden eine geringere Drehmomentwelligkeit und eine höhere Dynamik erzielt.

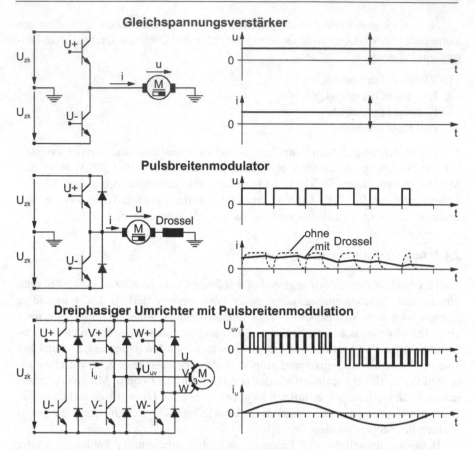

Bild 2.97. Grundschaltungen elektronischer Regelverstärker

Drehstrom-Servomotoren werden von Pulswechselrichtern gespeist (Bild 2.97 unten). Die Zwischenkreisspannung wird zumeist durch direkte Gleichrichtung oder durch Umrichten aus dem 400 V-Netz erzeugt. Zwischenkreisspannungen bis 750 V finden bereits Anwendung. Für den nachgeschalteten dreiphasigen Wechselrichter sind IGBT für die bei Servomotoren üblichen Motorleistungen am besten geeignet, da sich aufgrund der hohen Schaltfrequenzen nur eine geringe Drehmomentwelligkeit und Geräuschentwicklung am Servomotor ergibt.

Ein Schutz des Leistungsteils vor Überlastung, Kurzschluss und Erdschluss sowie gegen Überspannung und Spannungsausfall ist heute Stand der Technik. Die Meldung solcher Fehlerzustände und weiterer Signale sowie die Ankopplung an Feldbussysteme ist Standard moderner Antriebsverstärker (Bild 2.98). Fehlerzustände können auch direkt vom Antrieb gemeldet werden und z.B. über das SERCOS-Interface von der Steuerung abgefragt werden (siehe Kapitel 2.4.3.2).

Prinzipiell können Asynchronmotoren, die z.B. hauptsächlich für Hauptspindelantriebe eingesetzt werden, wie die für Servoachsen typischen permanenterregten

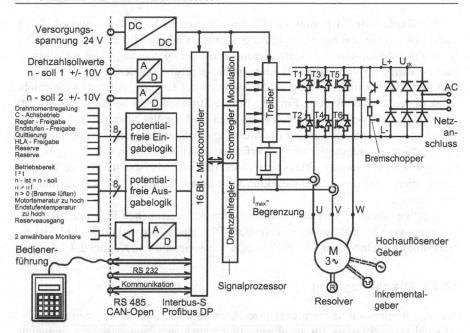

Bild 2.98. Aufbau einer Drehstrommotoransteuerung mit 10-V-Drehzahl-Schnittstelle (analog) und Feldbusankopplung (digital). (Stromag)

Synchronmotoren mit der gleichen Leistungselektronik arbeiten. Durch Softwaretausch ist die gleiche Hardware für den jeweils anderen Motorentyp einsetzbar [83]. Zur Erzeugung der Schaltsignale zur Ansteuerung der IGBT stehen ebenso wie für die Auswertung der Strommessung und die Rotorlageerfassung integrierte Bausteine und Microcontroller zur Verfügung.

2.4.2 Regelungselektronik in Umrichtern

Frequenzumrichter für elektrische Antriebssysteme in Werkzeugmaschinen sind heute meist modular ausgeführt. Das Antriebsmodul beispielsweise besteht i. d. R. aus einem Leistungsteil mit eingeschobener Regelungskarte. Dadurch lässt sich dieselbe Regelungselektronik für verschiedene Umrichterbaugrößen verwenden, anderseits kann der gewünschte Leistungsumfang der Regelung individuell durch den Einsatz verschiedener Reglerkarten bestimmt werden.

Die Regelungshardware in den Umrichtersystemen hat eine je nach Hersteller unterschiedlich definierte Schnittstelle zur Leistungselektronik. Hier wird meist die PWM-Schnittstelle (Pulsweitenmodulation) hinter dem Stromregler verwendet, um möglichst tief in der Wirkungskette anzugreifen. Das heißt, dass die Leistungselektronik keinerlei eigene Intelligenz oder Rechenleistung mehr aufweist, sondern die für das Durchschalten der IGBTs (Insulated Gate Bipolar Transistor) notwendigen Signale entgegennimmt und Messsignale wie Strom, Temperatur oder Zwischenkreisspannung zur Auswertung auf der Reglerkarte zur Verfügung stellt.

Die Reglerkarte ist primär für die Regelung eines Motors verantwortlich. Je nach Ausbaustufe und Schnittstelle zur Steuerung sind dies die Stromregelung, die Drehzahl- oder Geschwindigkeitsregelung und die Lageregelung. Die Regelkreise können analog (in alten Anlagen) oder digital ausgeführt werden.

Grundlage für die Regelung ist die Messung der Istwerte. Auch dies geschieht meist in den Antriebsreglern. Eingang für die Stromregelung ist der Stromistwert, der im Umrichter gemessen werden kann. Die Geschwindigkeitsregelung basiert bei älteren (analogen) Systemen auf der Messung der Spannung des Tachogenerators. Bei digitalen Antriebsreglern wird hierfür das zeitdiskret differenzierte Signal des Drehgebers oder Linearmaßstabs verwendet, das auch als Istsignal für die Lageregelung dient. Auf die Antriebsregelung wird in den Kapiteln 3 und 4 ausführlich eingegangen.

Heutige Antriebsregler übernehmen neben der eigentlichen Regelung des Motors noch eine Vielzahl anderer Aufgaben. Dies sind Überwachungs- und Sicherheitsfunktionen, Inbetriebnahmehilfen oder Messoperationen, Kapitel 2.4.2.3.

2.4.2.1 Analoge Regelung

Analoge Regler sind dadurch gekennzeichnet, dass die internen Größen (z.B. Geschwindigkeitsdifferenz, Stromsollwert) durch analoge Signale wie etwa Spannungen repräsentiert werden, Bild 2.99. Die Verarbeitung der Signale erfolgt mit Hilfe von Operationsverstärkern. Vorwiegend kommen Regler mit PI-Verhalten zum Einsatz, vereinzelt findet man auch PID-Regler.

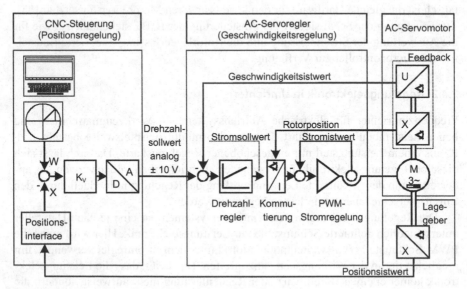

Bild 2.99. Gerätebild einer analogen Vorschubregelung

Die Einstellung der Reglerfaktoren wird bei analogen Reglern meist mit mechanischen Stellgliedern (z.B. Potentiometer) vorgenommen. Dies ist relativ aufwändig und unflexibel. Während der Inbetriebnahme muss jede Achse einzeln von einem Techniker eingestellt werden.

Die analoge Regelung spielt heute in Werkzeugmaschinen nur noch eine untergeordnete Rolle. Mit den Fortschritten in der Computertechnologie wurden Prozessoren verfügbar, die den hohen Anforderungen der Regelung in Werkzeugmaschinen gewachsen sind.

2.4.2.2 Digitale Regelung

Heute werden auch in den sehr schnellen Drehzahl- und Stromregelkreisen digitale Prozessoren eingesetzt. Aufgrund der hohen notwendigen Rechenleistung kommen hier meist digitale Signalprozessoren (DSPs) zum Einsatz. Diese Zentraleinheiten sind durch ihren Aufbau speziell für die Berechnung von komplizierten Operationen und einen hohen Datendurchsatz ausgelegt.

Heute übliche Drehzahl- und Stromregelkreise werden mit einer Frequenz von bis zu 16 *kHz* (Takt 62, 5 *μs*) abgetastet, je nach Anwendungsfall. Für die Stromregelung etwa einer asynchronen Hauptspindel wird aufgrund der Feldregelung mehr Rechenzeit benötigt als etwa für die Regelung eines Synchronmotors.

Ebenfalls in diesem schnellen Takt muss die Auswertung der Messsignale durchgeführt werden. So muss der Iststrom für die Stromregelung zur Verfügung stehen, und in jedem Drehzahl- bzw. Geschwindigkeitsreglertakt die aktuelle Istposition ausgewertet und die Istgeschwindigkeit berechnet werden, siehe auch Bild 3.27. Teilweise hat der Achsrechner hierbei zusätzlich ein nichtlineares Verhalten der Wandlungs- und Verstärkungselektronik zu kompensieren, um den genauen Positionswert zu berechnen.

2.4.2.3 Zusätzliche Funktionen digitaler Antriebsregler

Mit dem Einzug der Mikroprozessoren in die Antriebsregler wurde es möglich, viele Funktionen aus der Steuerung in die Antriebe zu verlagern. Ziel ist hierbei unter anderem, die Funktionalität besser zu bündeln und durch eine einfachere Struktur den notwendigen Datenaustausch zu minimieren. Im Folgenden werden einige Zusatzfunktionen in Antrieben kurz beschrieben.

Parametersatzumschaltung

Antriebsregler unterstützen meist die Verwaltung mehrerer Parametersätze. Die Umschaltung zwischen diesen Einstellungen kann während des Betriebs relativ problemlos erfolgen, z.B. anlässlich eines Gangwechsels im Übersetzungsgetriebe einer Hauptspindel.

Hierbei wird aufgrund der unterschiedlichen Übersetzung eine andere reduzierte Massenträgheit wirksam, die entsprechend andere Reglereinstellungen erfordern kann. Diese Reglereinstellungen können dann durch Auswahl eines zur aktuell eingestellten Getriebestufe passenden Parametersatzes von der Steuerung aktiviert werden.

Grenzwertüberwachung

In den einzelnen Reglern sind Grenzwerte parametrierbar, um die nachfolgenden Bauelemente nicht zu überlasten. Dies sind beispielsweise eine Transistorstromgrenze, die durch die Baugröße des Umrichters festgelegt ist, ein Strom- bzw. Momentengrenzwert oder eine Grenzdrehzahl des Motors.

Außerdem wird die Ausgangsgröße der Regler daraufhin überwacht, ob sie eine längere Zeitspanne dem Maximalwert entspricht. In diesem Fall wird von einem Parametrierungsfehler oder einem Störfall ausgegangen und abgeschaltet.

Überwachung von Motor- und Umrichtertemperatur

Der Antrieb überwacht die Temperatur in den Motorwicklungen und im Umrichter mit Sensoren, um eine Überlastung dieser Bauteile zu vermeiden. Meist sind zwei Temperaturschwellen einstellbar: Wird die erste überschritten, erfolgt die Ausgabe einer Warnung an die Steuerung, die die Antriebe daraufhin gezielt stillsetzen kann. Beim Überschreiten der zweiten Schwelle wird das Antriebssystem abgeschaltet, um Schäden zu vermeiden.

Neben der Überwachung der Motortemperaturen wird auch die theoretisch in den Motor eingebrachte Leistung überwacht, um auch eine kurzfristige Überlastung zu vermeiden. Hintergrund ist die hohe kurzzeitige Überlastbarkeit (5-fach bei Synchronmotoren). Wird der Motor zu lang an der Stromgrenze betrieben, können bereits bleibende thermische Schäden eintreten, bevor die Temperatursensoren die Abschaltschwelle erreicht haben.

Verfahrbereichsüberwachung

Viele Antriebsregler überwachen bereits den Verfahrbereich der Achse und realisieren auf diese Art die zum Schutz der Mechanik notwendigen Softwareendschalter. In Maschinenachsen kann damit ein dreistufiges Sicherheitskonzept verwirklicht werden, Bild 2.100.

Die Steuerung gibt nur Sollwerte innerhalb des zulässigen Achsverfahrbereichs aus. An den Rändern des Arbeitsraums wird die Bahngeschwindigkeit gezielt reduziert. Stellt der Antriebsregler eine Verletzung der Softwareendschalter fest, bremst er seinen Motor sofort mit maximal zulässigem Moment ab und gibt ein Signal an die anderen Antriebsregler, die daraufhin entsprechend reagieren können.

Wird trotz der genannten Sicherheitsvorkehrungen einer der Hardwareendschalter überfahren (etwa aufgrund einer falschen Parametrierung der Verfahrbereiche), wird die Freigabe für die Leistungteile entzogen, gleichzeitig werden die Bremsen aktiviert. Ungebremste Motoren trudeln aus. Unter Umständen kann eine Achse kollidieren, wenn die Geschwindigkeit nicht innerhalb des verbleibenden Abstands zum Anschlag abgebaut werden kann.

Bild 2.100. Verfahrbereichsbegrenzung in Vorschubachsen

Zweckmäßigerweise liegt der Referenzpunkt bei inkrementellen Messsystemen (s. Kapitel 2.2) außerhalb des Verfahrbereichs einer Achse. Dadurch kann der Referenzpunkt von jeder Position im Verfahrbereich in derselben Richtung angefahren werden.

Plausibilitätskontrollen

Neben dem Verfahrbereich wird oft auch der Schleppfehler überwacht. Wird der maximal zulässige Schleppfehler überschritten, schließt der Antrieb auf eine Überlastung der Achse oder eine falsche Parametrierung und schaltet sich ab.

Eine ähnliche Funktion ist die Klemmüberwachung. Wenn sich die Achse nach dem Aufbau eines ausreichenden Motormomentes innerhalb eines vorgegebenen Zeitraums nicht bewegt, wird die Achse ebenfalls abgeschaltet.

Motoren in vertikalen Achsen sind in der Regel mit einer Bremse versehen, die nach dem Aufbau des Haltemoments im Motor gelöst wird. Auch diese Funktion kann vom Antrieb übernommen werden. Dadurch wird die SPS entlastet. Die Bremse kann vom Antrieb automatisch wieder eingeschaltet werden, sobald das Motormoment nicht mehr anliegt, etwa um ein Herunterfallen der Achse zu vermeiden.

Kompensation geometrischer Fehler

Antriebsregler, die auch den Lageregelkreis enthalten, können den Spindelsteigungsfehler und den Teilungsfehler des direkten Messsystems kompensieren. Hierzu ist im Antriebsregler eine Kompensationstabelle abgelegt. Die Werte für die Kompensation können z.B. durch eine Vermessung der Achse mit Hilfe eines Laserinterferometers bestimmt werden, Kapitel 2.2.2.2 und Band 5.

Inbetriebnahmeunterstützung

Moderne digitale Achsregler unterstützen die Inbetriebnahme, indem sie aus den vorliegenden Daten der Motorbaugröße Starteinstellungen für ihre Regler berechnen. Mit diesen Reglereinstellungen kann die Maschine bewegt werden, es ist in der

Regel jedoch die Optimierung durch einen Techniker ratsam, um die dynamischen Eigenschaften der Achse zu verbessern.

Hierfür stehen verschiedene integrierte Messfunktionen zur Aufzeichnung und Beurteilung der Reglereinstellungen zur Verfügung, z.B. Sprungantwort, Schleppfehler und Kreisformtest. Für die Messfunktionen werden die antriebsinternen Messdaten (Positionen, Geschwindigkeiten usw.) verwendet. Einige Steuerungen bieten darüber hinaus die Möglichkeit zur Darstellung der Messdaten im Frequenzbereich, was die Parametrisierung von Sollwertfiltern erleichtert.

2.4.3 Schnittstellen zur Steuerung

Die Schnittstelle zwischen Antrieb und NC ist – je nach Hersteller und Einsatzfall – auf verschiedenen Ebenen realisiert, Bild 2.101. Über die Schnittstelle werden Sollwerte für die in den Antrieben realisierten Regelkreise übergeben. Je nach Lage der Schnittstelle werden die Regelkreise im Antrieb oder in der Steuerung geschlossen. Die Realisierung eines Regelkreises in der Steuerung setzt voraus, dass die für die Regelung benötigten Istwerte von den Antrieben an die Steuerung übertragen werden, falls ihre Erfassung in den Antrieben und nicht direkt in der Steuerung erfolgt.

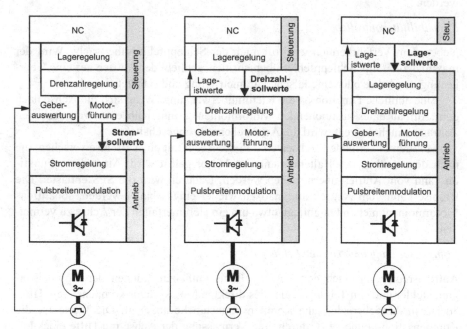

Bild 2.101. Unterschiedliche Lage der Schnittstelle zwischen Steuerung und Antrieb (Strom-, Drehzahl- und Lageschnittstelle)

In Bild 2.101 links werden der Drehzahl- und der Stromregelkreis im Steuerungssystem geschlossen. Die Erfassung der Position erfolgt ebenfalls in der Steuerung. Über die Schnittstelle werden dementsprechend Stromsollwerte übertragen.

Eine solche Schnittstelle wurde beispielsweise in den Ω-Systemen der Firma Baumüller Nürnberg eingesetzt.

In der Mitte des Bildes ist die Drehzahlsollwertschnittstelle dargestellt. Der Lageregler wird hierbei in der Steuerung geschlossen, die anderen Regelkreise im Antrieb. Die Istwerterfassung findet im Antrieb statt, so dass die aktuellen Lageistwerte über die Schnittstelle in die Steuerung übertragen werden, um den Lageregelkreis zu schließen. Dieses Vorgehen liegt darin begründet, dass das Drehzahlsignal bei digitalen Antriebsreglern üblicherweise durch Differentiation aus dem Lagesignal des Motorgebers abgeleitet wird. Auch ein optional verwendbares direktes Messsystem wird aus Gründen der leichteren Skalierbarkeit der Achsanzahl an den Antrieb angeschlossen. Die Drehzahlschnittstelle kommt beispielsweise im Simodrive 611D-System der Firma Siemens zum Einsatz.

Bild 2.101 rechts zeigt die Lage einer Schnittstelle für Lagesollwerte. Hierbei werden alle Regelkreise im Antrieb geschlossen. Der Datenverkehr auf der Schnittstelle wird hierdurch stark eingeschränkt, und es werden hohe Reglertaktraten möglich, da die schnellen Datenflüsse nur innerhalb eines Gerätes realisiert werden müssen. Außerdem eröffnet sich hierdurch die Möglichkeit, auch die Feininterpolation im Antrieb auszuführen und aktualisierte Lagesollwerte nur noch im Interpolationstakt an die Antriebe zu übergeben. Dies reduziert die Datenrate weiter. Eine solche Schnittstelle wird beispielsweise meist in den Sercos-Systemen eingesetzt, Kapitel 2.4.3.2.

Im Gegensatz zum seriellen SERCOS Interface wird von der Firma Siemens zur Realisierung dieser Struktur in der Steuerungs-/Antriebskombination 840D/611D ein paralleler Antriebsbus eingesetzt. Aufgrund der höheren Bandbreite des parallelen Antriebsbusses lassen sich kurze Taktzeiten bei einer größeren Anzahl von Achsen realisieren. Die Struktur ist in Band 4, Kapitel 6.2.2 genauer beschrieben.

Ein einheitlicher Trend zu einer bestimmten Lage der Schnittstelle zwischen Antrieb und Steuerung ist derzeit nicht zu erkennen. Je nach Anwendungsfall hat jede der Schnittstellen spezifische Vor- und Nachteile. So ermöglicht eine sehr tief liegende Schnittstelle (z.B. Stromsollwerte) eine umfangreiche Koordination der Regelung von verschiedenen Antriebsachsen, da die Daten in der Steuerung schnell zwischen den einzelnen Achsen ausgetauscht werden können. Diese Lösung ist jedoch aufwändig und unter Umständen teuer, da viele Daten in sehr kurzen Zeitabständen transportiert werden müssen. Auf der anderen Seite erlaubt eine sehr hoch gelegene Schnittstelle (z.B. Lagesollwerte) schnelle Abtastraten der Regelkreise, da innerhalb der Regelkreise keine externe Kommunikation notwendig ist. Eine Koordinierung der verschiedenen Antriebe untereinander ist in den schnellen Regelkreisen jedoch schwierig.

Die Stromsollwert- und Drehzahlsollwertschnittstelle wurden früher analog über Spannungssignale realisiert. Aufgrund der ungenügenden Auflösung und Genauigkeit der analogen Signale eignete sich diese Methode jedoch nicht für eine Lageschnittstelle.

Im Folgenden werden die analoge $\pm 10\,V$ und eine digitale Schnittstelle (SERCOS-Interface) beschrieben.

2.4.3.1 Analoge Schnittstelle

Mit der Erweiterung des Servoverstärkers um einen Drehzahlregelkreis wurde der Verstärker zu einem Antriebsregelgerät mit der international standardisierten analogen ±10-V-Drehzahlschnittstelle für den Verstärkereingang. Mit dieser Schnittstelle konnten Antriebe und Steuerungen unterschiedlicher Hersteller problemlos zusammenwirken.

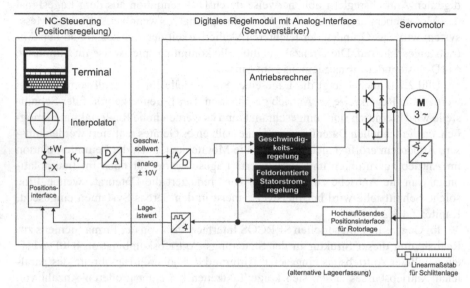

Bild 2.102. Struktur einer Antriebsregelung mit analoger Drehzahlschnittstelle. (Indramat)

Seit 1990 wird die Digitaltechnik bei Vorschubantrieben verstärkt eingesetzt, um die für heutige Ansprüche ungenaue und störempfindliche analoge Eingangsschnittstelle durch eine Schnittstelle mit hoher Reproduzierbarkeit, Zuverlässigkeit und Flexibilität zu ersetzen.

Heute sind volldigitale Kaskadenregler bis in den Stromregler Stand der Technik. Analoge Stromregler werden nur noch vereinzelt eingesetzt. Bild 2.102 zeigt die Struktur einer Antriebsregelung mit der herkömmlichen analogen ±10-V-Schnittstelle. Sowohl die Lageregelung in der NC als auch die Drehzahlregelung im Servoverstärker werden hier bereits digital durchgeführt.

2.4.3.2 Digitale Schnittstelle

Ein neuer Grad an Flexibilität bei der Auswahl der optimalen Regelungs- und Steuerungsstrategie der Antriebe kann durch die Verwendung einer digitalen Schnittstelle zwischen NC und Servoverstärker erreicht werden. Dadurch wird es möglich, je nach Anwendung die Regelung der Antriebe mehr oder weniger in die Servoverstärker zu integrieren [119]. Durch die Übertragung weiterer Daten über die digitale

Antriebsschnittstelle wird die Inbetriebnahme, Überwachung und Protokollierung des Servosystems durch die NC-Steuerung ermöglicht.

Die Zykluszeiten moderner numerischer und speicherprogrammierbarer Steuerungen (NC und SPS) liegen in der Größenordnung weniger Millisekunden, die Abtastraten im Regelkreis digital geregelter Antriebe im Bereich von $50 - 100~\mu s$. Wird beispielsweise der Antriebsregelkreis aufgeschnitten bzw. die Lageregelung dezentralisiert, muss auch die Kommunikation zwischen der NC und den dezentralen Komponenten mit denselben Zykluszeiten arbeiten. Da bei der Übertragung der Soll- und Istwerte keine undefinierten Verzögerungen auftreten dürfen, ist ein im Submillisekundenbereich echtzeitfähiges Übertragungssystem hoher Kommunikationsleistung erforderlich.

Prinzipiell kommen für die digitale Antriebsschnittstelle serielle oder parallele Datenübertragungsverfahren in Betracht. Vorteil einer seriellen Datenübertragung sind der vergleichsweise geringe Aufwand und die Möglichkeit, ohne einschneidende Festlegungen der digitalen Steuerungs- und Servoverstärkerhardware eine herstellerunabhängige Antriebsschnittstelle zu schaffen. Mit einer parallelen Schnittstelle können die Daten über einen Datenbus zwischen NC und Antrieben übertragen werden. Eine solche Schnittstelle hat prinzipbedingt eine höhere Übertragungskapazität, ist jedoch aufwändiger. Die Gesamtlänge des parallelen Busses ist wegen der Übertragungssicherheit begrenzt ($\leq 10~m$). Eine Standardisierung wird bei einem Parallelbus durch den sehr hohen Abstimmungsaufwand für die Servoverstärker-Hardware erschwert.

In jüngster Zeit lösen digitale Schnittstellen zwischen den Antrieben und der Steuerung die bislang eingesetzte und standardisierte $\perp$ 10V-Schnittstelle zunehmend ab. Oftmals sind jedoch sowohl die hardwaretechnische Realisierung der Schnittstelle als auch die zur Datenübertragung eingesetzten Protokolle und Datenformate vom Antriebs- bzw. Steuerungshersteller spezifiziert und nicht dem Anwender offengelegt.

SERCOS Interface

Die Realisierung einer standardisierten digitalen Schnittstelle zur seriellen Kommunikation zwischen Steuerungen und Antrieben ist das SERCOS Interface (engl.: Serial Real-time Communication System). Es wurde von einem Arbeitskreis des VDW (Verein Deutscher Werkzeugmaschinenfabriken e. V.) und des Fachverbandes Elektrische Antriebe im ZVEI (Zentralverband Elektrotechnik- und Elektronikindustrie e. V.) spezifiziert. Ziel der Vereinbarungen ist eine herstellerunabhängige Schnittstellenlösung mit wesentlich erweiterter Funktionalität gegenüber der bislang üblichen analogen $\pm$ 10V-Drehzahlschnittstelle [49]. Besonderer Wert wird auf Zeitäquidistanz und die Synchronisation von Messzeitpunkten, Sollwertübernahme und Interpolation gelegt.

Neben den vordefinierten Standard-Betriebsarten Moment-, Drehzahl- und Lagevorgabe durch die NC sind beliebige andere erweiterte Betriebsarten möglich, wie z.B. die Lageregelung mit Vorsteuerung. Im Bild 2.103 ist die Struktur einer digitalen Antriebsregelung dargestellt, in der der Servoverstärker die gesamte La-

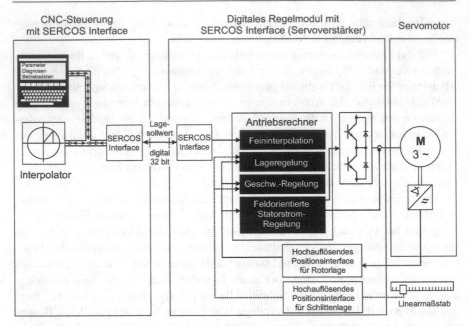

Bild 2.103. Struktur einer Antriebsregelung mit digitaler serieller Positionsschnittstelle. (Indramat)

geregelung enthält. Die NC gibt Lagesollwerte vor, die via SERCOS zum Antrieb übertragen werden. Lage- und Drehzahlistwert können mit einem Geber am Motor oder mit einem hochauflösenden Linearmaßstab erfasst werden [117].

Eine weitere Möglichkeit ist die digitale Realisierung der klassischen Drehzahlsollwertschnittstelle (Bild 2.104, vgl. Bild 2.102). Der Lageregelkreis wird durch die Übertragung der Drehzahlsollwerte bzw. der Lageistwerte über die digitale Schnittstelle geschlossen.

Eine Drehmomentschnittstelle ist für spezielle Anwendungen ebenfalls möglich, erfordert jedoch wegen des notwendigen Soll- und Istwertaustausches über die digitale Schnittstelle im relativ kurzen Stromregeltakt ($\ll 250\ \mu s$) eine sehr hohe Kommunikationsleistung.

Ein SERCOS-Ring besteht aus einem Busmaster und mehreren Busslaves, Bild 2.105. Mehrere Busmaster können an einen SERCOS-Master-Controller angeschlossen sein. Die numerische Steuerung übernimmt die Aufgabe des Busmasters oder des Master-Controllers, die Antriebsregler für die einzelnen Achsen sind die Busslaves. Durch den Einsatz leistungsfähiger Kommunikationsbaugruppen können pro physikalischem Interface mehrere Antriebe (Slaves) angekoppelt werden.

In einem Zyklus werden alle regelmäßig benötigten Daten zwischen dem Master und den maximal 254 Antrieben pro Master ausgetauscht (zyklische Übertragung). Neben den zyklischen Daten ist die flexible Übermittlung von Bedarfsdaten möglich (azyklische Übertragung). Die Echtzeitfähigkeit der SERCOS-Architektur ist durch einen maximalen zeitlichen Jitter von < 100 ns gekennzeichnet [82].

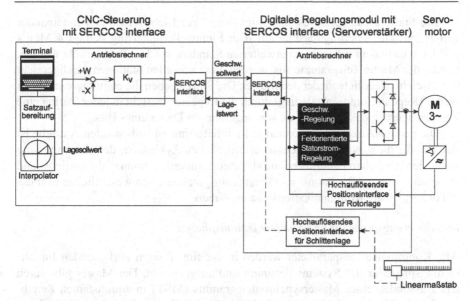

Bild 2.104. Struktur einer Antriebsregelung mit digitaler Drehzahlschnittstelle. (Indramat)

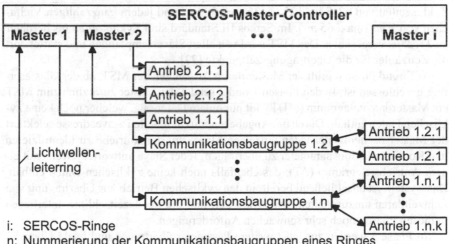

i: SERCOS-Ringe

n: Nummerierung der Kommunikationsbaugruppen eines Ringes

k: Nummerierung der Antriebe einer Kommunikationsbaugruppe

Bild 2.105. SERCOS-Architektur. (nach Groupe Schneider)

Die Stationen bzw. Slaves sind ringförmig über Lichtwellenleiter miteinander verbunden. Die Übertragungsrate auf dem Lichtwellenleiterring beträgt 4 Mbit/s und kann nach dem zukünftigen erweiterten Standard auf 16 Mbit/s erhöht werden. Sendet der Master Telegramme aus, werden diese von allen Stationen durchgereicht und erreichen letztlich wieder den Master. Die Slaves geben die empfangenen Daten weiter (Repeaterfunktion). Bedingt durch die Repeater entsteht in jeder Station eine Zeitverzögerung des Datenstroms von ungefähr der Dauer eines Bits.

Die genaue Anzahl der maximal je Lichtleiterring zu bedienenden Antriebe ist von der für die gewählte Betriebsart erforderlichen Zykluszeit, dem Datenumfang sowie der möglichen Bruttodatenrate abhängig. Außerdem können die antriebs- und steuerungsinternen Reaktions- und Verarbeitungszeiten einen wesentlichen Einfluss auf die erzielbare Kommunikationsleistung haben.

Initialisierungsprozedur und Kommunikationsphasen

Alle Kommunikationsparameter werden in der fünf Phasen umfassenden Initialisierungsprozedur des Systems bestimmt und ausgetauscht. Der Master gibt durch das Aussenden eines Mastersynchrontelegramms (MST) in äquidistanten Zeitabständen die Kommunikationszykluszeit vor. Es enthält nur ein einziges Datenbyte, welches die gerade aktuelle Kommunikationsphase (0 bis 4) enthält. Möglich sind Zykluszeiten von $62,5\,\mu s$, $125\,\mu s$, $250\,\mu s$, $500\,\mu s$ und jedem ganzzahligen Vielfachen von $1\,ms$ (max. $65\,ms$). Im Sercos III Standard sind Zykluszeiten bis herunter zu $31,25\mu s$ vorgesehen. Das MST wird von allen Slaves empfangen und startet dort die Zeitzähler für die Übertragungszeitpunkte [73].

Während Phase 0 prüft der Master durch Aussenden des MST, ob der Glasfaserring geschlossen ist. In den Phasen 1 und 2 sendet der Master zusätzlich zum MST ein Masterdatentelegramm (MDT) mit nur einem Datensatz, welcher noch keine zyklischen Daten enthält. Durch die Angabe einer individuellen Slaveadresse selektiert der Master nacheinander jeden einzelnen Slave, um die Antriebe zu identifizieren und Kommunikationsparameter zu übertragen. Jeder Slave antwortet jeweils mit einem Antriebstelegramm (AT), das ebenfalls noch keine zyklischen Daten enthält. Das System ist anschließend bereit, in den zyklischen Betrieb zur Übertragung von Echtzeitdaten umzuschalten. Die Zykluszeit und die Sendezeitschlitze unterliegen in diesen Phasen noch sehr schwachen Anforderungen.

In Phase 3 werden zunächst weitere Parameter übertragen und letzte Überprüfungen vorgenommen. Die zyklischen Daten besitzen noch keine Gültigkeit. Darauf folgt die zyklische Betriebsphase 4. Übergänge zwischen den einzelnen Phasen sind nur in aufsteigender Reihenfolge zulässig (0-1, 1-2, 2-3, 3-4). Im Falle eines fatalen Kommunikationsfehlers wird jedoch in die Phase 0 zurückgeschaltet und es folgt eine erneute Initialisierungsphase.

Die Reihenfolge der genannten Synchron- und Datentelegramme wiederholt sich in jedem Kommunikationszyklus. Durch das starre Kommunikationsprotokoll wird eine hohe zyklische Kommunikationsleistung erreicht. Sie wird jedoch auf Kosten einer geringfügig eingeschränkten Flexibilität erkauft. So ist beispielsweise eine direkte Kommunikation zwischen den Slaves nicht möglich.

Übertragung zyklischer Daten

Im MDT werden als zyklische Daten die Sollwertdaten und das Steuerwort an den Antrieb übermittelt. Der Antrieb antwortet mit dem AT, welches die zyklischen Istwertdaten und den Antriebsstatus enthält. Tabelle 2.3 enthält ausgewählte Beispiele für die zwischen NC und Antrieb üblicherweise zyklisch übertragenen Daten. Je nach Betriebsart des Achsreglers als Lage-, Geschwindigkeits- oder Momentenregler und je nach Konfiguration durch den Anwender werden die entsprechenden Soll- und Istwerte ausgetauscht. Enthält der Achsregler beispielsweise die gesamte Lageregelung, so muss die NC lediglich die Positionssollwerte ($x_{soll}, y_{soll}, \ldots$) vorgeben. Für die Vorsteuerung kann als additiver Sollwert ein Drehzahlaufschaltwert ($n_{x,auf}, n_{y,auf}, \ldots$) übertragen werden. Eine Übertragung der Istgrößen ist prinzipiell nicht erforderlich, kann jedoch zusätzlich für Überwachungs- oder Anzeigezwecke erfolgen. Durch ein Steuerwort gibt die NC die Betriebsart des Achsreglers vor. Dadurch ist z.B. der Wechsel zwischen Positions- und Geschwindigkeitsregelung des Antriebs auch während des Betriebs möglich. Im Statuswort meldet der Antrieb der NC Zustandsänderungen (z.B. Abschaltung, Überlast) sowie die aktuelle Betriebsbereitschaft.

Tabelle 2.3. SERCOS: Beispiele für zyklisch übertragene Daten

	zyklische Daten je nach Betriebsart: Achsregler als			Steuerwort/ Statuswort
	Lage-regler	Drehzahl-regler	Momenten-regler	
NC ↓ **Antrieb**	**Sollwerte** $x_{soll}, y_{soll}, \ldots$	$n_{x,soll}, n_{y,soll}, \ldots$	$M_{x,soll}, M_{y,soll}, \ldots$	- Vorgabe der Betriebsart (x-, n-, M-Regler) - Steuerung "nichtzyklische Übertragung"
	additive Sollwerte $n_{x,auf}, n_{y,auf}, \ldots$	$M_{x,auf}, M_{y,auf}, \ldots$	$M_{x,auf}, M_{y,auf}, \ldots$	- Befehle "Halt!", "Ein", "Freigabe", usw.
			Grenzwerte $M_{x,max}, M_{y,max}, \ldots$	- ...
Antrieb ↓ **NC**	**Istwerte** $x_{ist}, y_{ist}, \ldots$	$n_{x,ist}, n_{y,ist}, \ldots$		- Zustandsmeldungen (Abschaltung, Überlast) - Quittierung "nichtzyklische Übertragung"
	zusätzliche Istwerte $x_{ist}, y_{ist}, \ldots$ $n_{x,ist}, n_{y,ist}, \ldots$	$n_{x,ist}, n_{y,ist}, \ldots$		- Meldung der Betriebsbereitschaft - ...

Übertragung von Bedarfsdaten

Durch die azyklische Datenübertragung wird die Anzeige und Eingabe praktisch beliebiger antriebsinterner und weniger zeitkritischer Daten-, Parameter- und Diagnoseinformationen über das NC-Bedienfeld ermöglicht [9]. Die Übertragung der Bedarfsdaten (z.B. Parameter und herstellerspezifische Daten jeglicher Art) wird auf mehrere aufeinanderfolgende Zyklen aufgeteilt und zusammen mit den zyklischen Daten übertragen. Für diesen Zweck ist das in den Datensätzen der Antriebstelegramme und Masterdatentelegramme übertragene Informationswort vorgesehen.

Der Master kann auf Anforderung der Steuerung Parameterdaten der Slaves lesen bzw. schreiben. Anforderung und Quittierung der azyklischen Daten werden durch sogenannte Handshake-Bits innerhalb des Kontroll- bzw. Statuswortes sichergestellt.

Tabelle 2.4. SERCOS: Beispiele für azyklisch übertragene Daten

Informationswort	
Grenzwerte x_{min}, x_{max}, n_{min}, n_{max}, M_{max}, ...	**Kommandos** - NC-geführtes Referenzieren
Auswahl und Parametrierung der Antriebseigenschaften - Betriebsartenwahl (Lage-, Drehzahl-, Momentenregelung) - Regelkreisparameter (K_v-Faktor, Vorsteuerkoeffizienten, ...) - Beschreibung der mech. Umgebung (Verfahrbereich, Umkehrspiel, ...) - ...	

NC ↓ Antrieb

Referenzposition x_{ref}	**Wegschaltpositionen** x_1, x_2, ... (el. Nocken)
Zustandsabfrage/Diagnose des Antriebs im Betrieb - Überlast, Temperatur, Übertemperatur, ...	

Antrieb ↓ NC

Festlegung der Übertragungseigenschaften - Kommunikationsparameter (z. B. Zykluszeit) - Listen der unterstützten Daten und Kommandos - Konfiguration der Kommunikation und Vereinbarung der Telegramminhalte - ...

NC ↕ Antrieb

Tabelle 2.4 enthält aus der Fülle möglicher Dateninhalte für das Informationswort einige häufig verwendete Beispiele. Die NC kann z.B. Grenzwerte für jeden Antrieb vorgeben, Kommandos absetzen oder über Parameter die Antriebseigenschaften beeinflussen, z.B. Änderung der Reglerparameter oder Anpassung des Antriebs an unterschiedliche Messgeber. Der Antrieb kann das Erreichen bestimmter Achspositionen oder nähere Informationen über seinen Zustand (z.B. Motortemperatur) an die NC melden. Während der Initialisierung werden über den azyklischen Datenkanal die Übertragungseigenschaften festgelegt. Beispielsweise werden hier die Telegramminhalte vereinbart. Die NC kann außerdem beim jeweiligen Antrieb die unterstützten Daten und Kommandos abfragen.

2.5 Hydraulische Antriebseinheiten

Hydraulische Steuerungen werden seit langem in der Luftfahrttechnik eingesetzt. Der hydraulische Servoantrieb wird in Sonderfällen auch als Antriebselement im

Werkzeugmaschinenbau verwendet. Seine Vorzüge sind schnelles Ansprechen innerhalb weiter Drehmoment- bzw. Drehzahlbereiche, stufenlose Drehzahländerung, großes Drehmoment und gleichmäßige Drehmomentabgabe bei kleiner Bauweise [95].

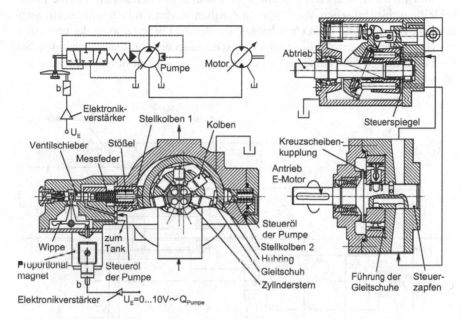

Bild 2.106. Prinzipieller Aufbau eines hydraulischen Antriebs bestehend aus Verstellpumpe und Verstellmotor

Ein Flüssigkeitsantrieb besteht aus einer durch einen Elektromotor angetriebenen Pumpe, die über Rohre bzw. Schläuche mit dem Hydraulikmotor verbunden ist. Bild 2.106 zeigt den prinzipiellen Aufbau mit einer verstellbaren Radialkolbenpumpe und einem Axialkolbenmotor als Abtrieb. Der Volumenstrom der Radialkolbenpumpe kann durch eine elektrisch angesteuerte Hubringverstellung (Stellkolben 1 und 2) eingestellt werden.

Geradlinig alternierende Bewegungen realisiert man häufig direkt durch Zylinder und Kolben (Tischantriebe, Hobel-, Schleifmaschinen). Rotatorische Bewegungen werden mit Hydraulikmotoren erzeugt. In den hier behandelten hydrostatischen Antrieben werden die Kräfte im Wesentlichen durch den statischen Druck erzeugt. Die Geschwindigkeitsenergie ist sehr gering und praktisch ohne Bedeutung.

2.5.1 Kolben-Zylinder-Antriebe

Geradlinig alternierende Bewegungen an Hobel-, Stoß- und Räummaschinen, Pressen sowie für Zustell- und Schaltbewegungen von Kupplungen und Getrieberädern werden vorwiegend von Kolben-Zylinder-Antrieben ausgeführt. Grundsätzlich unterscheidet man zwischen Zylindern mit einseitiger oder durchgehender Kolbenstange sowie zwischen Systemen mit feststehendem Zylinder oder mit feststehender Kolbenstange.

Im Bild 2.107 ist als Beispiel ein selbstschaltender Tischantrieb für eine Flachschleifmaschine zu sehen. Zwei Nocken schalten an den Umkehrpunkten ein Steuerventil. Dieses betätigt den Umschaltkolben, der die Förderrichtung der verstellbaren Hydropumpe verstellt. Einstellbare Anschläge an der Umschaltmechanik geben die Fördermenge der Pumpe und somit die Geschwindigkeit des Kolbens bzw. des Maschinentisches vor.

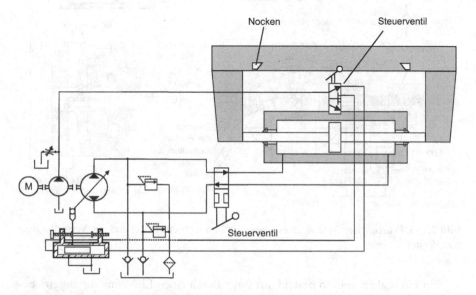

Bild 2.107. Linearer Tischantrieb einer Flachschleifmaschine

Aufgrund der Kompressibilität des Öls und der elastischen Dehnungen von Rohren und Schlauchleitungen haben Kolben-Zylinder-Antriebe nur eine geringe Steifigkeit. Als Positionierantrieb sind sie deshalb nur für kurze Hübe (max. rund 400 mm) geeignet. Wie kritisch der Einsatz von Hydrozylindern wegen der geringen Steifigkeit des Hydrauliköls ist, soll das folgende Berechnungsbeispiel zeigen.

Im Bild 2.108 ist die Federsteifigkeit einer Vorschubspindel aus Stahl k_{St} der einer gleichlangen Ölsäule von ebenfalls gleichem Querschnitt $k_{\ddot{O}l}$ gegenübergestellt.

Wie Bild 2.108 zu entnehmen ist, müsste die Ölsäule im Zylinder einen mehr als 150fach größeren Querschnitt haben als die Stahlspindel, um die gleiche Steifigkeit zu erzielen. Die Kolbenstangensteifigkeit und die Elastizität der Ölsäule im Zuflussrohr sind dabei noch nicht berücksichtigt.

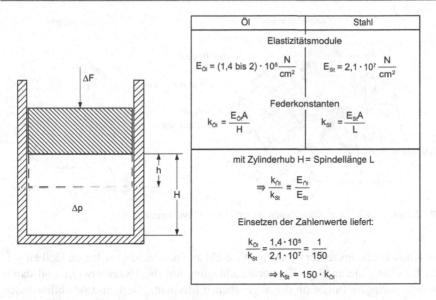

Öl	Stahl
Elastizitätsmodule	
$E_{\text{Öl}} = (1{,}4 \text{ bis } 2) \cdot 10^5 \dfrac{\text{N}}{\text{cm}^2}$	$E_{\text{St}} = 2{,}1 \cdot 10^7 \dfrac{\text{N}}{\text{cm}^2}$
Federkonstanten	
$k_{\text{Öl}} = \dfrac{E_{\text{Öl}} A}{H}$	$k_{\text{St}} = \dfrac{E_{\text{St}} A}{L}$

mit Zylinderhub H = Spindellänge L

$$\Rightarrow \frac{k_{\text{Öl}}}{k_{\text{St}}} = \frac{E_{\text{Öl}}}{E_{\text{St}}}$$

Einsetzen der Zahlenwerte liefert:

$$\frac{k_{\text{Öl}}}{k_{\text{St}}} = \frac{1{,}4 \cdot 10^5}{2{,}1 \cdot 10^7} = \frac{1}{150}$$

$$\Rightarrow k_{\text{St}} = 150 \cdot k_{\text{Öl}}$$

Bild 2.108. Vergleich der Federkonstanten einer Vorschubspindel aus Stahl mit einem Hydraulikzylinder

2.5.2 Hydraulikmotoren

Axialkolbenmotor

Beim Axialkolbenmotor in Bild 2.109 sind mehrere Kolben axial in einer mit der Motorwelle rotierenden Trommel angeordnet. Die Axialbewegung der Kolben verläuft entlang einer Steuerplatte, die um den konstanten Schrägungswinkel α gegen die Motorwelle verdreht ist. Dieser Schrägungswinkel bestimmt das Schluckvolumen des Motors und kann bei anderen Motoren auch verstellbar sein.

Das Drucköl gelangt durch die Steuerplatte in eine Hälfte der Zylinderbohrungen und treibt die Kolben vom Steuerspiegel weg. Die mechanisch mit dem Antriebswellenflansch verbundenen Kolben laufen mit der Kolbentrommel und der Antriebswelle um.

Die Druckflächen zwischen Kolben und Regelscheibe sind über eine innere Ölzufuhr durch die Kolben hindurch hydrostatisch entlastet. Ein Axialkolbenmotor ist wie eine Axialkolbenpumpe aufgebaut und ist als Pumpe verwendbar, wenn man ein Drehmoment über die Welle einleitet.

Radialkolbenmotor

Grundsätzlich werden zwei verschiedene Arten von Radialkolbenmotoren unterschieden. Dies sind Motoren mit innerer und mit äußerer Kolbenabstützung. Bild 2.110 zeigt einen Radialkolbenmotor mit innerer Abstützung. Die Kraftübertragung erfolgt über die radial angeordneten Kolbenreihen, die über Nadellager auf

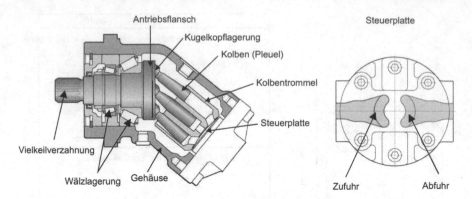

Bild 2.109. Axialkolbenmotor. (nach Brueninghaus Hydromatik)

den Kurbelwellenexzenter drücken. Die dicht aneinander angeordneten Kolben sorgen für eine gleichmäßige Kraftbeaufschlagung auf die Exzenterwelle und damit für eine geringere Pulsation des abgegebenen Moments. Den zu- und abfließenden Ölvolumenstrom steuert die wälzgelagerte Steuerscheibe, die auf einem weiteren Exzenter der Kurbelwelle läuft. Beim Drehen der Welle stellt die Steuerscheibe den Druckanschluss alternierend zu den einzelnen Kolben her und leitet gleichzeitig das drucklose Öl der gegenüberliegenden Seite zurück. Die Steuerscheibe macht nur die radiale Exzenterbewegung mit, sie braucht sich nicht zu drehen. Auf diese Weise wird eine minimale Verlustreibung und gleichmäßiger Verschleiß der Steuerteile erreicht. Der Radialkolbenmotor lässt sich auch als Pumpe betreiben. Vorteil dieser Bauweise ist eine hohe erreichbare Drehzahl. Motoren mit äußerer Abstützung zeichnen sich hingegen durch ihr sehr hohes erreichbares Drehmoment und den, im Vergleich zu anderen Motoren, sehr kleinen Bauraum aus. Nachteilig ist die relativ niedrige, erreichbare Drehzahl.

Charakteristische Merkmale des Radialkolbenmotors sind:

– hohes Anfahrmoment,
– kein stick-slip-Verhalten bei kleinen Drehzahlen,
– geeignet für hohe Drücke und Drehzahlen,
– geringe Reibungsverluste und hoher Wirkungsgrad,
– relativ unempfindlich gegen Verschmutzung und sehr hohe Lebensdauer,
– gute Eignung für regelungstechnische Anwendungen,
– extrem leiser Lauf.

2.5.3 Servo-, Proportionalregel- und Piezoventile

Die schnelle Änderung des Ölstroms zur Steuerung der Drehzahl von Hydraulikmotoren entsprechend der geforderten Dynamik geschieht über elektrisch ansteuerbare Ventile. Diese Ventile sind das Bindeglied zwischen dem hydraulischen Aktor und der vorgelagerten elektronischen Signalverarbeitung im Regelkreis.

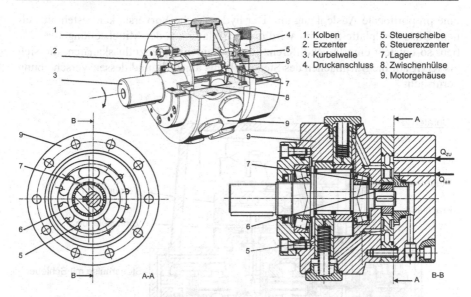

1. Kolben	5. Steuerscheibe
2. Exzenter	6. Steuerexzenter
3. Kurbelwelle	7. Lager
4. Druckanschluss	8. Zwischenhülse
	9. Motorgehäuse

Bild 2.110. Radialkolbenmotor. (nach Düsterloh)

Neben den seit Jahren bekannten Servo- und Proportionalregelventilen wurden in letzter Zeit auch Piezoventile entwickelt. Während piezoelektrische Schaltventile schon in Großserie produziert werden, befinden sich stetige Piezoventile zur Zeit noch im Versuchsstadium. Piezoventile bieten den Vorteil, dass sie bei gleicher Leistung deutlich weniger Bauraum beanspruchen und eine höhere Dynamik entwickeln können.

Die Servo-, Proportionalregel- bzw. Piezoventile haben gegenüber anderen Systemen den Vorteil, dass mit sehr kleinen Steuerleistungen große hydromechanische Leistungen in wenigen Millisekunden mit hoher Präzision gesteuert werden können. Es ist somit ein elektrohydraulischer Leistungsverstärker, der mit elektrischen Eingangssignalen im Milliwatt-Bereich hydraulische Leistungen von mehreren Kilowatt steuert.

Die Leistungsverstärkung liegt in der Regel im Bereich von $1 : 10^3$ bis $1 : 10^5$. Trotz der hohen Leistungsverstärkung sind solche Ventile sehr klein.

Funktionsweise des Servoventils

Bild 2.111 zeigt den schematischen Aufbau eines Servoventils. Das Ventil hat einen elektromagnetischen Stellantrieb sowie eine hydraulische Vorverstärkerstufe (Düse-Prallplatte-System). Die Verstellung des Steuerkolbens und somit die Verstellung des hydraulischen Durchflusses sind in Richtung und Größe dem elektrischen Strom durch die Steuerspulen proportional. Der von den Spulen aufgenommene Strom erzeugt eine auf den beweglichen Anker (Flapper) wirkende, dem Strom proportionale Magnetkraft. Diese Eingangsstufe wandelt den eingespeisten Spulenstrom in eine proportionale Auslenkung um. Der hydraulische Vorverstärker besteht aus einem Düse-Prallplatte-System. Wird die Prallplatte aus der Mittelstellung verschoben, so entsteht eine Druckdifferenz in den beiden Düsenzuflusskanälen, die sich als Kraft auf die Stirnflächen des Steuerkolbens auswirkt und dessen Verschiebung verursacht.

Gerätebild

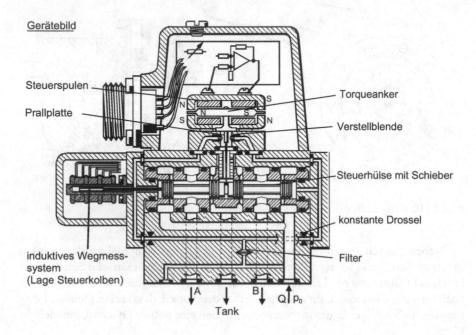

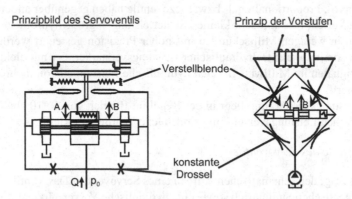

Bild 2.111. Aufbau und Ersatzschaltbild eines zweistufigen Servoventils. (nach Moog)

Die am Anker in der Verlängerung der Prallplatte befestigte Rückführfeder wird durch die Verschiebung des Steuerkolbens gespannt. Steht das Federdrehmoment mit dem Ankerdrehmoment im Gleichgewicht, so wird die Kolbenbewegung gestoppt. In diesem Zustand ist die Anker-Prallplatten-Einheit annähernd wieder in der Mittelstellung, und die Steuerkolbenauslenkung ist proportional dem Eingangssignal. Der Steuerkolben bleibt so lange in dieser Stellung stehen, bis das elektrische Eingangssignal geändert wird. Im unteren Teil des Bild 2.111, sind Ersatzschaltbilder für den hydraulischen Vorverstärker (Düse/Prallplatte) dargestellt. Es handelt sich um eine Brückenschaltung mit vier hydraulischen Widerständen, wobei zwei Widerstände konstant sind und die anderen beiden, die durch das Düse/Prallplatten-System dargestellt werden, sind variabel, wobei sie sich gegensinnig verändern. Der Differenzdruck zwischen den Widerständen wirkt auf den Steuerkolben. Der Steuerkolben selbst bildet ebenfalls mit seinen vier Steuerkanten, die eine negative Überdeckung besitzen, eine Brückenschaltung mit entsprechend vier veränderlichen Drosseln. Auf diese Weise ist eine hochdynamische ($f_0 > 100\text{Hz}$ bis 200Hz) und sehr präzise Ansteuerung von Verbrauchern, z.B. Stellmotoren, gewährleistet. Das Servoventil besitzt insgesamt 3 Verstärkungsstufen (Elektromagnetisches Signal $\rightarrow$ Düse/Prallplatte $\rightarrow$ 4 Kantensteuerschieber).

Funktionsweise des Proportionalregelventils

Bild 2.112 zeigt oben rechts den Querschnitt eines Proportionalregelventils. Man bezeichnet dieses Ventil auch als 4/4-Wegeventil, da es vier Anschlüsse (Tank T, Pumpe P, Verbraucher A und B) besitzt. Verstellt wird das Ventil durch den Elektromagneten, der den Ventilschieber gegen die Rückstellfeder verschiebt. Dieser Schieber kann nicht so exakt positioniert werden, wie der Schieber des Servoventils. Zur genauen Positionierung des Schiebers und zur Vermeidung von Hysterese wird die Lage des Magnetankers durch den Wegaufnehmer erfasst und als Lageistwert einem Lageregelkreis zugeführt. Das bedeutet, dass die Lage des Ventilschiebers und damit der Durchfluss der elektrischen Eingangsspannung (u_{soll}) direkt proportional ist. Bei Stromausfall (Freigabe aus) nimmt das Ventil die „failsafe"-Stellung an. In diesem Fall wird die Ölzufuhr von der Pumpe blockiert und der Öldruck im Ventil abgebaut. Der Steuerkolben wird hierbei durch die Feder in die Endposition geschoben.

Das dynamische Verhalten des Ventils beschreibt das Bode-Diagramm (Bild 2.112 links). Die Kenngrößen sind mit denen der Servoventile annähernd vergleichbar. In letzter Zeit wird das Proportionalregelventil zunehmend als Stellglied für Vorschub- und Hauptantriebe verwendet, da es einen einfacheren Aufbau als das Servoventil aufweist. Dies erlaubt eine wirtschaftliche Fertigung dieses Ventiltyps. Im Gegensatz zum Servoventil (ca. 20 mW) benötigt das Proportionalregelventil zur Steuerung einer hydraulischen Ausgangsleistung von bis zu 100 kW eine größere Eingangsleistung von ca. 40 W. Diese Tatsache ist auf die fehlende hydraulische Vorverstärkerstufe zurückzuführen.

Funktionsweise des Piezoventils

Piezoventile sind eine neue Art von Servoventilen. Bild 2.113 zeigt links oben den schematischen Aufbau eines Piezoventils [58]. Die Vorsteuerung des Ventils erfolgt

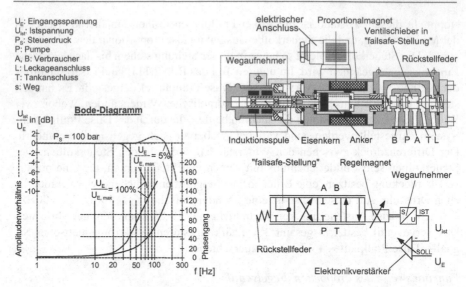

Bild 2.112. Aufbau, Prinzipbild und Bodediagramm eines Proportionalregelventils. (nach Bosch)

mittels eines Düse-Prallplatten-Systems. Die Versorgung des Vorsteuersystems geschieht hierbei durch den hohlgebohrten Schieber (linke Kolbenseite), in dem sich auch die Konstantblenden befinden. Im Deckel des Ventils sind die beiden Piezobiegewandler untergebracht, die den Widerstand der Düsen auf der Abflussseite gegensinnig verändern. Dies bedeutet, dass beim Öffnen der einen Düse die andere Düse im gleichen Maße verschlossen wird. Dadurch entsteht am Ventilschieber eine Druckdifferenz, welche in eine Beschleunigung des Schiebers umgesetzt wird. Je nach Richtung der Schieberbewegung wird Öl über die Steuerkanten vom Druck- zum Arbeitsanschluss oder vom Arbeitsanschluss in den Tank gefördert.

Dem Frequenzgang in Bild 2.113 kann entnommen werden, dass die 90°-Frequenz, je nach Amplitude, zwischen 310 Hz und 550 Hz und damit deutlich oberhalb derer der Servo- bzw. Proportionalventile liegt. Eine solche Dynamik ist mit herkömmlichen Ventilen nicht erreichbar und zeigt das große Potenzial der Piezoventile auf.

Eine sehr wichtige Funktionseigenschaft des Stetigventils (Servo-, Proportionalregelventil) in einem geschlossenen Regelkreis ist die Nullüberdeckung im Bereich der Mittelstellung, Bild 2.114. Die Qualität der Nullüberdeckung kommt in der Druckverstärkung (Bild 2.114 rechts) zum Ausdruck. Die Spanne der Hysterese ist ein Maß für die Nullüberdeckung.

Eine exakte Geometrie des Steuerkolbens mit dem Ziel der Nullüberdeckung setzt hohe Fertigungspräzision und Verwendung verschleißfester Materialien voraus. Sie ist daher eine stark fertigungstechnisch beeinflusste Größe. Die Lageregelung des Schiebers sorgt nur für eine Mittelstellung des Schiebers und kann einen eventuell vorhandenen Fertigungsfehler nicht korrigieren.

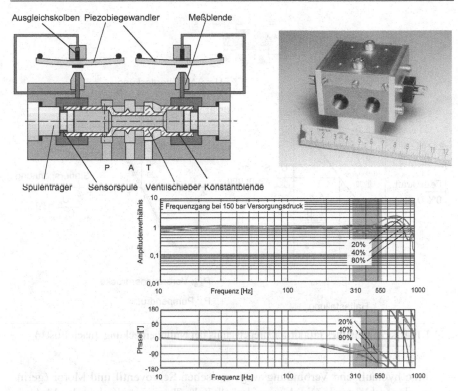

Bild 2.113. Aufbau, Foto und Frequenzgang eines Piezoventils. (nach IFAS)

Bild 2.114 unten links zeigt die Volumenstrom-Signal-Funktion. Dabei entspricht die negative Ansteuerung des Ventils einer Rückwärtsbewegung des Regelmagneten, während die positive Ansteuerung eine Vorwärtsbewegung hervorruft. Der Volumenstrom wird dadurch proportional in die gewünschte Richtung gelenkt. Die Haltestellung des Regelmagneten erreicht man bei Null-Volt-Ansteuerung (U_E Koordinatenursprung), wohingegen die „failsafe"-Stellung nur bei Stromausfall durch die Federkraft erzwungen wird. Bei Stromausfall fällt die Wegregelung des Steuerkolbens aus.

2.5.4 System Hydraulikmotor - Servoventil

Bild 2.115 zeigt einen Hydraulikmotor (Axialkolbenmotor) mit Servoventil und angeflanschtem Tachogenerator. Das Servoventil ist ein 24 V 2/2-Wege-Ventil mit elektronischer „failsafe"- Stellung (Bild 2.114). Es dosiert die zugeführte Ölmenge für den Motor und dient zur Drehzahlverstellung. Der Tachogenerator liefert eine der Drehzahl proportionale Spannung an die Regelungseinrichtung (Geschwindigkeitsrückführung). Merkmale eines Antriebes aus Hydromotor und Servoventil sind:

– Kompaktbauweise nach dem Baukastenprinzip,

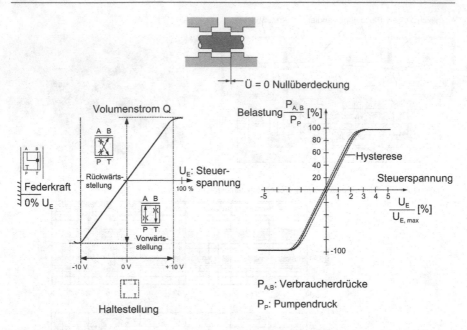

Bild 2.114. Kennlinien des Proportionalregelventils bei Nullüberdeckung. (nach Bosch)

- kurze hydraulische Verbindungswege zwischen Servoventil und Motor (geringes eingeschlossenes Ölvolumen, deshalb hohe Torsionssteifigkeit des Motors),
- verzögerungsfreies Drehzahl-Signal des Tachogenerators durch direktes Kuppeln an die Motorwelle (wichtig für den Geschwindigkeitsregelkreis).

Im Bild 2.116 sind in normierter Form Leistung, Moment und Durchfluss des idealisierten Systems Servoventil/Hydromotor in Abhängigkeit vom Belastungsdruck Δp aufgetragen.

Unter der Annahme inkompressibler Flüssigkeit lautet die Gleichung für die theoretisch am Motor zur Verfügung stehende Leistung:

$$P = \Delta p \cdot Q = \Delta p \cdot q_0 \cdot \sqrt{1 - \frac{\Delta p}{p_0}} = p_0 \cdot q_0 \cdot \frac{\Delta p}{p_0} \cdot \sqrt{1 - \frac{\Delta p}{p_0}} \qquad (2.38)$$

mit dem Öldurchsatz durch den Motor $q_0 = V_0 n$, dem Pumpendruck p_0 und dem Öldruck vor dem Motor Δp.

Die Leistung erreicht bei $\Delta p/p_0 = 2/3$ ihren Maximalwert, der nur $2/9 \cdot \sqrt{3} \approx 0{,}38$ der installierten hydraulischen Leistung beträgt. Bei diesem Wert werden, entsprechend Bild 2.116, 66 % des maximalen Drehmoments erreicht.

Grundsätzlich gilt die obige Herleitung auch für die Kombination Hydraulikmotor-Proportionalregelventil, da das statische Kennlinienfeld (Bild 2.116) auch für das Proportionalregelventil gültig ist.

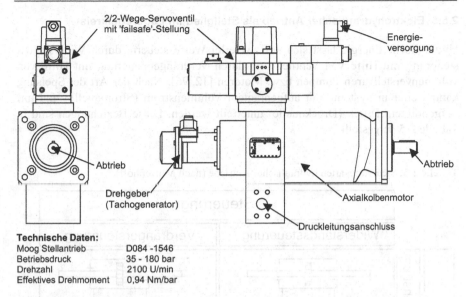

Technische Daten:

Moog Stellantrieb	D084 -1546
Betriebsdruck	35 - 180 bar
Drehzahl	2100 U/min
Effektives Drehmoment	0,94 Nm/bar

Bild 2.115. Hydraulikmotor mit Servoventil und Tachogenerator. (nach Moog)

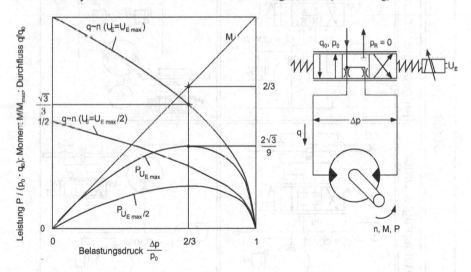

Bild 2.116. Leistung, Moment und Durchfluss am idealisierten System Servoventil/ Hydraulikmotor

2.5.5 Elektrohydraulischer Antrieb als Stellglied im Lageregelkreis

Hydraulische Energie lässt sich auf zweierlei Weise steuern, durch Widerstands-steuerung mit Hilfe von Ventilen und durch Verdrängersteuerung mit Hilfe von volumenverstellbaren Pumpen bzw. Motoren [12, 96]. Nach der Art der Speisung kann weiter in Systeme mit aufgeprägtem Volumenstrom (Stromquelle) und mit aufgeprägtem Druck (Druckquelle) unterteilt werden. Diese Beziehungen sind in Tabelle 2.5 dargestellt.

Tabelle 2.5. Steuerungsarten hydraulischer Antriebe (nach Murrenhoff)

Die Widerstandssteuerung (Tabelle links) ist durch das sehr gute Zeitverhalten, aber auch durch den schlechten Wirkungsgrad aufgrund des hohen Energieverlustes durch Drosselung gekennzeichnet. Dabei ist die hohe Dynamik auf das Bewegen geringer Massen über sehr kurze Wege (z.B. 0,1 kg Masse über einen Weg von ca. 0,1 bis 1 mm) in den Ventilen zurückzuführen. Im Gegensatz dazu weist die Verdrängersteuerung (Tabelle rechts) eine sehr gute Energieausnutzung auf, da die von einem elektrischen Steuersignal angesteuerte Verstellpumpe nur soviel hydraulische Leistung erzeugt, wie der Abtrieb (Verbraucher) anfordert. Nachteilig wirkt sich das langsamere Zeitverhalten aus, da hierbei größere Massen über längere Wege (z.B. 10 bis 100 kg Masse über einen Weg von ca. 10 bis 100 mm) zu bewegen sind. In der Regel findet die Widerstandssteuerung im Leistungsbereich bis 10 kW Anwendung, während die Verdrängersteuerung erst für größere Leistung in Frage kommt.

Die Art der Speisung mit konstanter Strom- oder Druckquelle ist hauptsächlich eine Frage der Betriebsgegebenheit. Für Mehrfachantriebe, die von einer Quelle gespeist werden, eignet sich nur der Einsatz einer konstanten Druckquelle, während der Betrieb mit einer konstanten Stromquelle den geschlossenen Kreislauf ermöglicht.

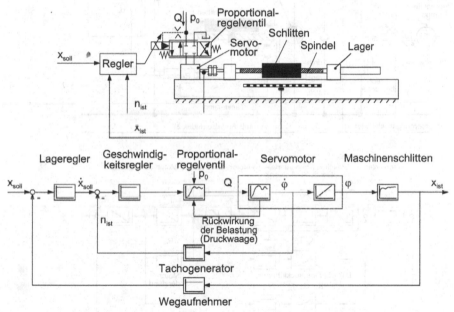

p_0: konstanter Netzdruck, Q: Volumenstrom, φ: Motorumdrehung, $\dot{\varphi}$: Motordrehzahl, n_{ist}: Spindeldrehzahl, x: Schlittenlage

Bild 2.117. Elektrohydraulischer Vorschubantrieb nach dem Prinzip der Widerstandssteuerung. (nach Backé)

Widerstandssteuerung

Bild 2.117 oben zeigt den Aufbau eines elektrohydraulischen Vorschubantriebs nach dem Prinzip der Widerstandssteuerung am konstanten Drucknetz.

Das Proportionalregelventil und der Servomotor bilden den Antrieb, der den Schlitten über eine Gewindespindel bewegt. Die Schlittenposition x_{ist} und die Motordrehzahl n_{ist} werden ermittelt und dem Lageregler bzw. dem Geschwindigkeitsregler wieder zugeführt. Die Regelabweichung steuert über das Ventil den Volumenstrom Q zum Motor und verstellt damit die Drehzahl. Bild 2.117 unten zeigt den entsprechenden Signalflussplan des elektrohydraulischen Lageregelkreises. Dabei stehen φ und $\dot{\varphi}$ für Motordrehwinkel und Motordrehzahl, x und $\dot{x}$ stellen den Schlittenweg und die Vorschubgeschwindigkeit dar.

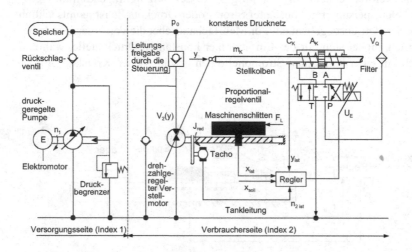

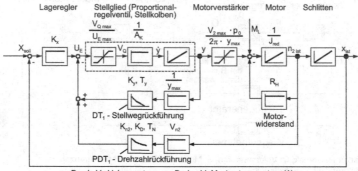

p : Druck, V : Volumenstrom, n : Drehzahl, M_L : Lastmoment, x : Weg,
U_E : Steuerspannung, J_{red} : red. Massenträgheitsmoment, F_L : Lastkraft,
K : Verstärkungsfaktor, T, P, A, B : Ventilanschlüsse, y : Stellweg

Bild 2.118. Elektrohydraulischer Vorschubantrieb nach dem Prinzip der Verdrängersteuerung. (nach Backe)

Verdrängersteuerung

Der Aufbau eines elektrohydraulischen Vorschubantriebs nach dem Verdrängerprinzip am konstanten Drucknetz ist im Bild 2.118 oben gezeigt. Die linke Seite stellt die Versorgungseinheit eines konstanten Drucknetzes dar. Auf der rechten Seite erzeugt der direkt aus dem Netz gespeiste, verstellbare Hydromotor mit Hilfe einer Gewindespindel die translatorische Bewegung des Maschinenschlittens. Die Verstellung des Hydromotors erfolgt über den Stellkolben. Zur Erhöhung der Dynamik berücksichtigt der Regler neben der Positionsabweichung des Schlittens die Schlittengeschwindigkeit (Tachosignal) und die momentane Stellung y des Motorstellers. Der durch das Ventil fließende Ölstrom V_Q verstellt einen doppelseitig wirkenden Zylinderkolben, der das Schluckvolumen des Hydraulikmotors entsprechend der zu steuernden Drehzahl bzw. Sollposition des Schlittens verändert.

Bild 2.118 unten zeigt den vereinfachten Signalflussplan des elektrohydraulischen Vorschubantriebs. Der aus newtonscher Reibung resultierende Widerstand am Motor bildet zusammen mit dem Eigen- und Fremdträgheitsmoment ein proportionales Glied mit Zeitverzögerung erster Ordnung. In der Regel ist dieses Glied sehr schwach gedämpft (Dämpfungsgrad 0,2 bis 0,3). Da das maximale Durchflussvolumen des Proportionalregelventils und das maximale Motormoment des Motors durch $M_{max} = \frac{1}{2\pi} \cdot V_{2,max} \cdot p_0$ begrenzt sind, werden die beiden Blöcke durch ein proportionales Glied mit Begrenzung dargestellt. Der Zylinderweg y entspricht dem Ausgang des Drehzahlreglers und ist proportional der Drehzahl n_2, die durch das Motordrehmoment beeinflusst wird. Die nachgebende Rückführung des Ist-Stellwegs (y_{ist}) wird durch das DT_1-Verhalten (Differenzialglied mit Zeitverzögerung erster Ordnung) erreicht und dient zur Stabilisierung des Stellsystems. Ebenso gilt die Drehzahlrückführung über das PDT_1-Verhalten (Proportional- und Differenzialglied mit Zeitverzögerung erster Ordnung) der Stabilisierung des sehr schwach gedämpften Hydraulikmotors. Die zentrierende Federung am Stellkolben sorgt für eine Mittelstellung der Motorverstellung, sobald der Steuerstrom ausfällt.

Die im Bild dargestellte Schaltung ist besonders zum Positionieren schwerer Massen geeignet, da die Bewegungsenergie der bewegten Massen beim Abbremsen in das Drucknetz zurückgespeist und in hydraulischen Akkumulatoren gespeichert werden kann. Dies geschieht dadurch, dass beim Bremsvorgang der Motor als Pumpe arbeitet, indem er über Null geschwenkt wird und Energie in das Netz zurückspeist.

Der Druckspeicher im Netz dient zur Erhöhung der Systemdynamik und zum Ausgleich von Druckschwankungen. In der Praxis realisierte Beispiele nach der beschriebenen Schaltung erreichen eine Hochlaufzeit von etwa 100 *ms*. Außerdem können beim Abbremsen ca. 80 % der Energie zurückgewonnen werden, die in der Beschleunigungsphase dem Antriebssystem zugeführt wurden [13].

2.5.6 Vergleich von Elektro-, Schritt- und Hydraulikmotoren

Allgemein können Elektro-, Schritt- und Hydraulikmotor (insbesondere in Verbindung mit einer Lageregelung) als technische Alternative betrachtet werden. Für den Einsatz sind im Wesentlichen folgende Kriterien ausschlaggebend:

– erforderliche Leistung,
– Kosten,

– Zuverlässigkeit,
– Wartungsaufwand,
– Umweltfreundlichkeit (Geräusch, Wirkungsgrad).

In Tabelle 2.6 sind die Gleichungen für die statischen Kennlinienfelder von Gleichstrommotoren und Hydromotoren mit Servoventil abgeleitet und gegenübergestellt.

Die Ableitung des Moments nach der Drehzahl wird mit „Drehzahlsteifigkeit"
bezeichnet; diese ist für den Gleichstrommotor konstant und für das System
Servoventil-Hydromotor veränderlich.

System Servoventil-Hydromotor:

$$\frac{dM}{dn} = \frac{2 \cdot M_{max} \cdot n}{\left(\frac{\alpha(i)}{\alpha(i)_{max}}\right)} \tag{2.39}$$

$$\text{Bei } n = 0 \text{ ist } \frac{dM}{dn} = 0 \tag{2.40}$$

Gleichstrommotor:

$$\frac{dM}{dn} = \frac{M_{max}}{n_{max}} \tag{2.41}$$

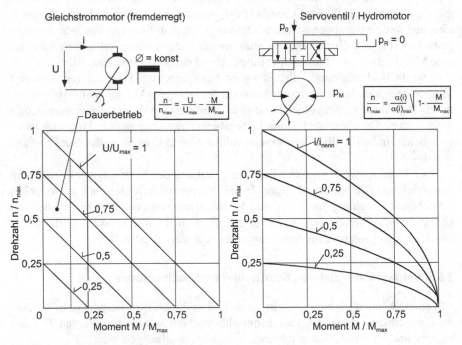

Bild 2.119. Gegenüberstellung Gleichstrommotor-Hydraulikmotor

Tabelle 2.6. Gleichungen für die statischen Kennfelder von fremderregtem Gleichstrommotor und Servoventil-Hydromotor

Gleichstrom-Nebenschlussmotor	Servoventil-Hydromotor
Motorgleichungen	Durchflussgleichung für das Servoventil:
$U = K_1 \Phi n + I_A R_A$	$q_{Ventil} = \alpha_D A(i) \sqrt{\dfrac{2}{\rho}} \cdot \sqrt{\Delta p_{Ventil}}$
$\Rightarrow n = \dfrac{U}{K_1 \Phi} - \dfrac{I_A R_A}{K_1 \Phi}$	$\alpha_D A(i) \sqrt{\dfrac{2}{\rho}} = \alpha_i \; ; \; \alpha_D = f(\Delta p, Re)$
	mit: $\Delta p_{Ventil} = p_0 - p_M = p_0 - \dfrac{M}{V_M} \cdot 2\pi$
$M = K_2 \Phi I_A$	$\Rightarrow M = \dfrac{1}{2\pi} V_M (p_0 - \Delta p_{Ventil})$
$\Rightarrow I_A = \dfrac{M}{K_2 \Phi}$	$\Rightarrow q_{Ventil} = \alpha(i) \sqrt{p_0 - \dfrac{2\pi M}{V_M}}$
	$n = \dfrac{q_{Ventil}}{V_M}$
$\boxed{n = \dfrac{I}{K_1 \Phi} U - \dfrac{R_A}{K_1 K_2 \Phi^2} M}$	$\boxed{n = \dfrac{\alpha(i)}{V_M} \sqrt{p_0 - \dfrac{2\pi M}{V_M}}}$
$\boxed{n = C_1 U - C_2 M}$	
$\Phi_{Motor} = \Phi_{max} = $ konstant	$V_M = $ konstant
Normierung	
$n = n_{max}$, wenn $U = U_{max}$ und $M = 0$	$n = n_{max}$ wenn $\alpha(i) = \alpha(i)_{max}$ und $M = 0$
$n_{max} = C_1 U_{max}$　　$(M=0)$	$n_{max} = \dfrac{\alpha(i)_{max}}{V_M} \sqrt{p_0}$
$M = M_{max}$, wenn $U = U_{max}$ und $n = 0$	$M = M_{max}$ wenn　$p_M = p_0$ und $n = 0$
$M_{max} = \dfrac{C_1}{C_2} U_{max}$　　$(n=0)$	$M_{max} = \dfrac{p_0 V_M}{2\pi}$
$\dfrac{n}{n_{max}} = \dfrac{C_1 U - C_2 M}{C_1 U_{max}}$	$\dfrac{n}{n_{max}} = \dfrac{\dfrac{\alpha(i)}{V_M} \sqrt{p_0 - \dfrac{2\pi M}{V_M}}}{\dfrac{\alpha(i)_{max}}{V_M} \sqrt{p_0}}$
$\Rightarrow \dfrac{n}{n_{max}} = \dfrac{U}{U_{max}} - \dfrac{C_2}{C_1 U_{max}} M$	$\Rightarrow \dfrac{n}{n_{max}} = \dfrac{\alpha(i)}{\alpha(i)_{max}} \sqrt{1 - \dfrac{2\pi M}{V_M p_0}}$
Kennlinienfeld	
$\boxed{\dfrac{n}{n_{max}} = \dfrac{U}{U_{max}} - \dfrac{M}{M_{max}}}$	$\boxed{\dfrac{n}{n_{max}} = \dfrac{\alpha(i)}{\alpha(i)_{max}} \sqrt{1 - \dfrac{M}{M_{max}}}}$

Die Kennlinienfelder eines fremderregten Gleichstrommotors und eines Hydromotors mit Servoventil lassen sich anhand von Bild 2.119 miteinander vergleichen. Bei den Gleichstrommotoren ist bei Vernachlässigung der magnetischen Verluste im Ankerkreis der Abfall der Drehzahl vom Drehmoment linear. Wegen der nichtlinearen Durchflusscharakteristik des Servoventils ergibt sich beim System Servoventil-Hydromotor eine ebenso nichtlineare Kennlinie. Da unabhängig von der Ventilöffnung (durch den Steuerstrom i) bei Stillstand des Motors der volle Druck auf den Motor wirkt, beginnen alle Kurven bei $M/M_{max} = 1$. Bei kleinen Ventilöffnungen verlaufen die Kurven wegen des Drosselwiderstandes flacher.

Vergleich von Drehstrom-, Schritt- und Hydraulikmotoren

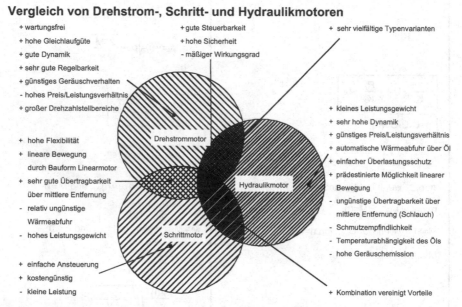

Bild 2.120. Vergleich von Drehstrom-, Schritt- und Hydraulikmotoren

Das Bild 2.120 zeigt einen qualitativen Vergleich zwischen Drehstrom-, Schritt- und Hydraulikmotoren, der einen Überblick über Vor- und Nachteile der einzelnen Systeme gestattet.

Für Vorschubantriebe an Werkzeugmaschinen sind alle beschriebenen Motorarten – Elektromotor, Hydraulikmotor sowie elektrischer Schrittmotor – prinzipiell geeignet. Hersteller von Vorschubantrieben haben in den letzten Jahren den Gleichstrommotor durch den Drehstrom-Synchronmotor ersetzt. Die Auslegung und die Inbetriebnahme von Elektromotoren sind wesentlich unkomplizierter als die von hydraulischen Antrieben. Vorausberechnete Ergebnisse über Zeitverhalten und Trägheitsmomente sind reproduzierbar, während das dynamische Verhalten eines hydraulischen Antriebs stark von den Maschinendaten und Antriebsbedingungen abhängt. Wenn nicht aus Konstruktionsgründen ein besonders kleinbauender Vorschubantrieb (Hydromotor – Servoventil) mit einem relativ hohen Drehmoment verlangt

wird, setzt man oft aus Kostengründen und nicht zuletzt aus Geräuschemissions-
gründen Elektromotoren ein.

3 Dynamisches Verhalten von Vorschubachsen

Bedingt durch eine hohe geforderte Werkstückgenauigkeit müssen die Vorschubantriebe so beschaffen sein, dass die von der Steuerung vorgegebenen Lage- und Geschwindigkeitswerte mit höchster Genauigkeit und möglichst ohne Verzögerung in die Relativbewegung zwischen Werkzeug und Werkstück umgewandelt werden. Diese Forderung gilt besonders für mehrachsige, bahngesteuerte Werkzeugmaschinen, bei denen die einzelnen Achsbewegungen funktional abhängig sind und jede Achse mit einem eigenen Vorschubantrieb ausgestattet ist. Dabei müssen alle Antriebe zusätzlich das gleiche dynamische Übertragungsverhalten aufweisen, da sonst Fehler bei der Erzeugung ebener und räumlicher Konturen auftreten würden.

Die Forderungen an Vorschubantriebe lassen sich folgendermaßen zusammenfassen:

- *Verzerrungsfreie Signalübertragung:* Der Übergang von einer Position in die andere muss ohne Schwingungen ausgeführt werden (Dämpfungsmaß $> 0,7$); mechanische Übertragungselemente sind ohne Umkehrspanne und Spiel mit ausreichender Steifigkeit zu realisieren.
- *Hohe Dynamik:* Auch schnelle Änderungen der Führungsgröße müssen mit geringer Verzögerung vom zu bewegenden Maschinenteil ausgeführt werden.
- *Ausregeln von Störgrößen:* Reib- und Schnittkräfte und deren Schwankungen erfordern eine hohe statische und dynamische Steifigkeit des Antriebs bzw. der gesamten Regelung.
- *Anpassung der einzelnen Achsen:* Bei mehrachsigen Maschinen muss das Übertragungsverhalten aller Vorschubantriebe gleich sein, d.h. die reaktionsschnelleren Antriebe sind den langsameren anzupassen.

In diesem Kapitel werden zunächst die regelungstechnischen Grundlagen vorgestellt. Dies betrifft die linearen zeitkontinuierlichen und zeitdiskreten Übertragungssysteme, im Anschluss daran werden weiterführende Möglichkeiten zur Verbesserung des dynamischen Verhaltens erläutert. Dies sind Feedforward-Verfahren oder die Zustandsregelung.

Im Anschluss daran wird die Regelungstechnik für eine Vorschubachse beleuchtet. Dies betrifft die Darstellung der Lageregelkreise und die Handhabung ihrer wichtigsten Kenngrößen. Des Weiteren wird das Übertragungsverhalten des Lageregelkreises in Verbindung mit dem unterlagerten Geschwindigkeitsregelkreis erläutert.

Neben der Regelung hat auch das Übertragungsverhalten der Mechanik einen wesentlichen Einfluss auf die Bewegung der Vorschubachse. Das lineare und nichtlineare Verhalten der mechanischen und elektrischen Bauelemente wird daher ebenfalls beschrieben.

3.1 Regelungstechnische Grundlagen

Die numerische Steuerung (NC) einer Werkzeugmaschine hat unter anderem die Aufgabe, aufgrund der Informationen über die zu verfahrenden Wege und Geschwindigkeiten zur Werkstückbearbeitung Führungsgrößen an die Vorschubantriebe auszugeben.

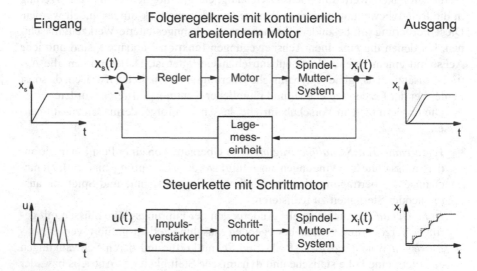

Bild 3.1. Gegenüberstellung Regelkreis und Steuerkette

Die Umsetzung dieser Führungsgrößen (zeitliche Positionsvorgabe x_s) in die entsprechenden Lage- und Geschwindigkeitswerte vollzieht sich entweder mit Hilfe eines stetigen Antriebs innerhalb eines übergeordneten Lageregelkreises, oder mit Hilfe eines Schrittmotors in offener Steuerkette, Bild 3.1. Jede Achse verfügt über einen eigenen, von den anderen Achsen meist unabhängigen Lageregelkreis bzw. eine eigene Steuerkette.

In der Regelungstechnik wird zwischen den Begriffen „Steuerung" und „Regelung" unterschieden, wobei man den Verlauf des Signalflusses zwischen Eingangs- und Ausgangsgröße betrachtet. Im englischen Sprachgebrauch besteht begrifflich keine klare Trennung zwischen Steuerung und Regelung (control, feedback control).

Kennzeichen einer Steuerkette ist der offene Wirkungsablauf, bei dem die Signalübertragung nur in einer Richtung vor sich geht. Für einen Vorschubantrieb mit einer Lagesteuerung bedeutet dies, dass der Lageistwert nicht mit der Führungsgröße, dem Lagesollwert, verglichen wird. Zur Lagesteuerung finden Schrittmotoren als Antriebsmotoren Anwendung, da der Rotor dieses Motortyps bei einem Steuerimpuls eine definierte Winkeldrehung ausführt und die Anzahl der Impulse direkt proportional einem bestimmten Drehwinkel bzw. Vorschubweg ist. Die Winkelgeschwindigkeit ist über die Frequenz der Steuerimpulse steuerbar (Bild 3.1 unten).

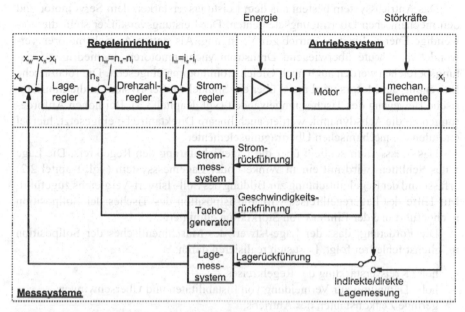

Bild 3.2. Komponenten des Lageregelkreises mit unterlagerter Geschwindigkeits- und Stromrückführung

Beim Einsatz von stetigen Antrieben ist ein Regelkreis, der sogenannte Lageregelkreis, erforderlich (Bild 3.1 oben), der ständig versucht, die Soll/Istabweichung (Lageabweichung) auszuregeln. Eine detailliertere Darstellung eines stetigen Vorschubregelkreises zeigt Bild 3.2. Zur Erhöhung der Antriebsdynamik wird dem Lageregelkreis im Allgemeinen ein Drehzahl- und ein Stromregelkreis unterlagert.

Der Lageregelkreis erlaubt es, die Drehung und die Winkelgeschwindigkeit des stetigen Antriebsmotors nach der Führungsgröße zu regeln. Der Lageregelkreis besteht aus folgenden Komponenten:

- Regeleinrichtung,
- Antriebssystem (Verstärker, Motor und mechanische Übertragungselemente) und dem
- Messsystem.

In der Regeleinrichtung wird der aktuelle Drehwinkel des Motors oder entsprechend die Istlage x_i des Maschinentisches von der Führungsgröße x_s, dem Lagesollwert, subtrahiert. Das Ergebnis ist die Regelabweichung x_w.

$$x_w = x_s - x_i \tag{3.1}$$

Diese Größe wird dem Lageregler zugeführt. Im Regler wird aus der Differenz zwischen Soll- und Istwert zur Optimierung des dynamischen Systemverhaltens eine zeitlich modifizierte Stellgröße für den Antriebsmotor gebildet. Wird die Regelabweichung x_w null, so hat der Antrieb seine Sollposition erreicht.

Das Antriebssystem besteht aus dem Leistungsverstärker, dem Servomotor und den mechanischen Übertragungselementen. Der Leistungsverstärker stellt die notwendige Energie für den Antrieb zur Verfügung. Als stetige Antriebsmotoren verwendet man heute überwiegend Drehstromsynchronmotoren, in niedrigen Leistungsbereichen werden auch noch Gleichstrommotoren eingesetzt. Die rotatorische Bewegung des Motors wird meist über ein Spindel-Mutter-System in die translatorische Bewegung des Tisches umgewandelt (vgl. Kapitel 3.3). Bei hohen Anforderungen an die Achsdynamik werden auch lineare Direktantriebe eingesetzt, hierbei entfallen die mechanischen Übertragungselemente.

Das Messsystem schließt über die Lagerückführung den Regelkreis. Die Lage x des Schlittens wird mit einem Winkel- oder Lagemesssystem (vgl. Kapitel 2.2) erfasst und der Regeleinrichtung zur Bildung des Soll-/Istwert-Vergleichs zugeführt. Mit Hilfe des Lageregelkreises wird die Istposition des Tisches der Sollposition nachgeführt und der Einfluss von Störkräften eliminiert.

Die Forderung, dass der Lage-Istwert des Maschinentisches der Sollposition möglichst fehlerfrei folgt, lässt sich realisieren durch:

– hohe Kreisverstärkung des Regelkreises,
– hohe Dämpfung zur Vermeidung von Instabilitäten und Überschwingen,
– geringe Zeitkonstanten des Antriebs,
– kleine Massenträgheitsmomente der rotierenden Teile,
– hohe mechanische Eigenfrequenz,
– hohe Steifigkeit der im Kraftfluss liegenden mechanischen Elemente,
– geringes Spiel bei den mechanischen Übertragungselementen und
– ein Verhältnis der Eigenfrequenzen des mechanischen Übertragungssystems und des Regelkreises von $\frac{\omega_{0mech}}{\omega_{0Regelkreis}} > 2$.

Die in Bild 3.2 zusätzlich dargestellten unterlagerten Geschwindigkeits- und Stromrückführungen dienen der Verbesserung des dynamischen Verhaltens des Antriebs, d.h. der Kreisverstärkung bei gleichzeitiger Verbesserung des Dämpfungsverhaltens. Hierauf wird in Kapitel 3.2 noch detailliert eingegangen.

Zur Beschreibung des dynamischen Verhaltens der Lageregelung muss außer dem Signalfluss das Übertragungsverhalten des Gesamtsystems und der Einzelsysteme bekannt sein. Eine genaue Analyse des dynamischen Verhaltens der Lageregelkreise erfordert einige regelungstechnische Grundkenntnisse, die im Folgenden in kurzer Form zusammengestellt sind [179].

3.1.1 Lineare zeitkontinuierliche Übertragungssysteme

3.1.1.1 Zeitverhalten von Regelkreisgliedern

Differenzialgleichung:

Das Verhalten von Regelkreisgliedern, d.h. die zeitliche Abhängigkeit der Ausgangsgröße x_a von der Eingangsgröße x_e, lässt sich mit Hilfe einer Differenzialgleichung beschreiben. Dabei spielen nicht nur die Augenblickswerte x_e und x_a eine Rolle, sondern auch noch deren zeitliche Ableitungen $\dot{x}_e$ und $\dot{x}_a, \ddot{x}_e, \ddot{x}_a$ usw.

$$\ldots + a_2 \cdot \ddot{x}_a(t) + a_1 \cdot \dot{x}_a(t) + a_0 \cdot x_a(t)$$
$$= b_0 \cdot x_e(t) + b_1 \cdot \dot{x}_e(t) + b_2 \cdot \ddot{x}_e(t) + \ldots \tag{3.2}$$

In Gleichung 3.2 sind x_e und x_a beliebige physikalische Größen, z.B. Wege, Kräfte, elektrische Spannungen. Die Größen a_0, a_1, a_2, b_0, b_1, b_2 sind systembestimmende konstante Beiwerte. Die Berechnung bzw. Messung dieser Beiwerte muss von Fall zu Fall nach dem gerätetechnischen Aufbau der Regelkreisglieder vorgenommen werden [47, 141, 155].

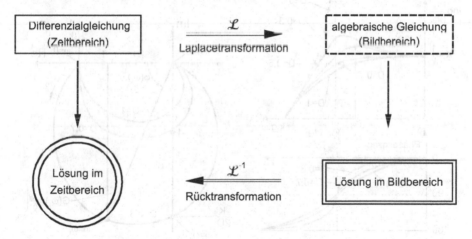

Bild 3.3. Möglichkeiten zur Lösung von Differenzialgleichungen

Übergangsfunktion, Gewichtsfunktion:

Eine Möglichkeit, das Zeitverhalten eines linearen Regelkreisglieds zu untersuchen, ist die Lösung der Differenzialgleichung. Zur Beurteilung und zum Vergleich von Regelkreisgliedern werden spezielle Eingangssignale herangezogen und die entstehenden Ausgangssignale bewertet. Die wichtigsten normierten Eingangssignale sind die Sprungfunktion und die Impulsfunktion. Am häufigsten findet die Sprungfunktion Anwendung; dabei springt das Systemeingangssignal zum Zeitpunkt $t = 0$ von einem Ausgangs- auf einen Zielwert.

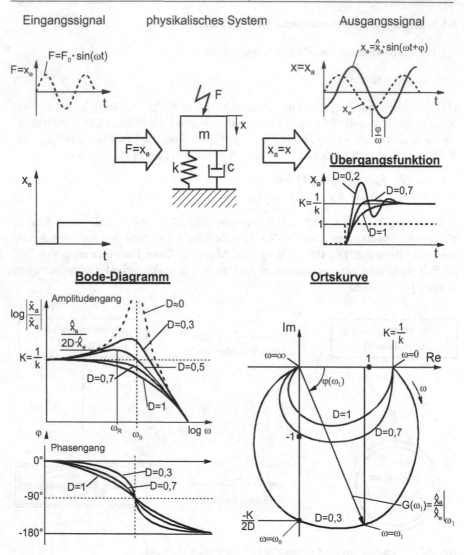

Bild 3.4. Verschiedene Darstellungsformen für einen Einmassenschwinger

Durch Normierung auf die Sprunghöhe Δx_e des Eingangssignals erhält man die Übergangsfunktion $h(t)$:

$$h(t) = \frac{x_a(t)}{\Delta x_e} = \frac{\text{Sprungantwort}(t)}{\text{Höhe des Eingangssprungs}} \tag{3.3}$$

Sprunghöhe, Verstärkungsfaktor, Zeitkonstante, Totzeit, Verzugszeit, Ausgleichszeit, Überschwingmaß, Periodendauer (Ausschwingfrequenz) und Ausschwingdauer (Dämpfung) sind die wichtigsten systembeschreibenden Parameter, die man aus der Differenzialgleichung berechnen bzw. aus der gemessenen Übergangsfunktion entnehmen kann.

In Bild 3.4 ist exemplarisch die Übergangsfunktion für einen Einmassenschwinger für verschiedene Dämpfungen dargestellt.

Laplace-Transformation, Übertragungsfunktion:

Lineare Differenzialgleichungen mit konstanten Koeffizienten für vorgegebene Anfangsbedingungen lassen sich sehr einfach mit Hilfe der Laplace-Transformation lösen. Die Laplace-Transformation ordnet einer Funktion $x(t)$ im Zeitbereich eine andere Funktion $X(s)$ im Bildbereich umkehrbar eindeutig zu, Gleichung 3.4. Der Vorteil der Transformation liegt darin, dass die Operationen, wie Differenziation und Integration der Zeitfunktion, sowie die Aneinanderreihung und Vermaschung von Systemblöcken, durch Lösung einfacher algebraischer Gleichungen im Bildbereich ersetzt werden. Zur Lösung einer Differenzialgleichung wird die Zeitfunktion zunächst mittels Laplace-Transformation in den Bildbereich übertragen, Bild 3.3 [81].

$$X(s) = \mathcal{L}\{x(t)\} \tag{3.4}$$

Definition: s ist eine komplexe Frequenz: $s = \sigma + j\omega$.

In den meisten Fällen lässt sich die Transformation mit Hilfe sogenannter Korrespondenztafeln realisieren. Es entsteht eine algebraische Gleichung, die einfach gelöst werden kann. Für die Rücktransformation sind meist wieder die Korrespondenztafeln ausreichend, eventuell muss zuvor eine Partialbruchzerlegung durchgeführt werden, Gleichung 3.5.

$$x(t) = \mathcal{L}^{-1}\{X(s)\} \tag{3.5}$$

Die Transformation einer Differenzialgleichung in den Bildbereich ergibt eine algebraische Gleichung folgender Form:

$$X_a(s) = \underbrace{G(s) \cdot X_e(s)}_{A} + \underbrace{K_1 \cdot X_{a,t=0}}_{B} \tag{3.6}$$

Der Term A wird vom komplexen Eingangssignal $X_e(s)$ bestimmt; der Term B hängt von den Anfangsbedingungen $X_{a,t=0}$ ab. Werden bei dieser Darstellungsform die Anfangsbedingungen zu Null gesetzt, d.h. $X_{a,t=0} = 0$, so ergibt sich folgende Gleichung:

$$X_a(s) = G(s) \cdot X_e(s) \tag{3.7}$$

Dabei wird das Verhältnis von komplexer Ausgangsgröße zu komplexer Eingangsgröße als Übertragungsfunktion $G(s)$ bezeichnet:

$$G(s) = \frac{X_a(s)}{X_e(s)} \tag{3.8}$$

Die Übertragungsfunktion $G(s)$ ist die Laplacetransformierte der normierten Impulsantwort (Gewichtsfunktion):

$$G(s) = \mathcal{L}\{g(t)\} \tag{3.9}$$

mit

$$g(t) = \frac{d}{dt} \cdot h(t); \qquad h(t) = \text{Übergangsfunktion} \tag{3.10}$$

Die Übertragungsfunktion ist ein wichtiges Hilfsmittel zur Beschreibung der dynamischen Eigenschaften von Übertragungssystemen [89]. In ihrer Struktur ist die Übertragungsfunktion identisch mit der häufiger verwendeten Systembeschreibungsform, dem Frequenzgang.

Frequenzgang:

Die Übertragungsfunktion $G(s)$ beschreibt vollständig die dynamischen Eigenschaften des jeweiligen Übertragungselements. Nachteilig ist jedoch, dass sie als Funktion der komplexen Frequenz s wenig anschaulich und kaum messbar ist. Daher wird die komplexe Frequenz „s" oft durch „$j\omega$" substituiert, was einer Vernachlässigung des Verschiebungswertes σ entspricht.

Der Frequenzgang $G(j\omega)$ indessen ist eine komplexe Funktion von reellen Frequenzwerten. Als Systemeingangsfunktionen werden im Bild- und Zeitbereich leicht darzustellende Signale verwendet, nämlich harmonische Signale mit rein sinusförmigem Verlauf, $x_e = \hat{x}_e \sin(\omega t)$. Besitzt die Eingangsgröße diesen sinusförmigen Verlauf, so hat die Ausgangsgröße nach einem Einschwingvorgang ebenfalls einen Sinusverlauf, $x_a = \hat{x}_a \sin(\omega t + \varphi)$. Nach diesem Einschwingvorgang ist die Frequenz der Ausgangsgröße gleich der Eingangsgröße. Das Amplitudenverhältnis von Eingangs- und Ausgangsschwingung sowie die Phasenverschiebung zwischen den beiden Schwingungen sind im eingeschwungenen Zustand eine Funktion der Frequenz, Bild 3.4 oben.

Der Frequenzgang eines Übertragungssystems ist die Funktion, die das Amplitudenverhältnis von Ausgangs- und Eingangsgröße (Amplitudengang) und die Phasenverschiebung (Phasengang) in Abhängigkeit von der Frequenz beschreibt.

Man ermittelt den Frequenzgang entweder messtechnisch oder bei vorliegender Differenzialgleichung des Systems, indem die sinusförmigen Schwingungen von Eingangs- und Ausgangsgröße sowie deren zeitliche Ableitungen in die entsprechende Differenzialgleichung eingesetzt und das Verhältnis von Ausgangsgröße zu Eingangsgröße gebildet wird:

$$\begin{aligned}
G(j\omega) &= \frac{X_a(j\omega)}{X_e(j\omega)} \\
&= \frac{b_0 + b_1 \cdot j\omega + b_2 \cdot (j\omega)^2 + \ldots}{a_0 + a_1 \cdot j\omega + a_2 \cdot (j\omega)^2 + \ldots} \\
&= \frac{\hat{x}_a(\omega)}{\hat{x}_e(\omega)} e^{j\varphi(\omega)}
\end{aligned} \tag{3.11}$$

Die Differenzialgleichung des in Bild 3.4 dargestellten Einmassenschwingers lautet beispielsweise:

$$m \cdot \ddot{x} + c \cdot \dot{x} + k \cdot x = F \tag{3.12}$$

Daraus ergibt sich nach einigen Umformungen der Frequenzgang

$$G(\omega) = \frac{\hat{x}(\omega)}{\hat{F}(\omega)} e^{j\varphi(\omega)}$$

$$= \frac{1}{m(j\omega)^2 + c(j\omega) + k}$$

$$= \frac{K}{1 + \frac{2D}{\omega_0} j\omega + \frac{1}{\omega_0^2}(j\omega)^2}$$

$$\text{mit } K = \frac{1}{k}, \omega_0 = \sqrt{\frac{k}{m}} \text{ und } D = \frac{c}{2 \cdot m \cdot \omega_0} \tag{3.13}$$

Ortskurve, Bode-Diagramm:

Der Frequenzgang ist eine komplexe Funktion. Man kann diesen Verlauf in der komplexen Ebene darstellen. Die grafische Darstellung des Realteils als Funktion des Imaginärteils des Frequenzgangs bezeichnet man als Ortskurve. Dabei wird die Frequenz von $\omega = 0$ bis $\omega = \infty$ variiert. Sie stellt sich als Parameter auf dem Verlauf der Ortskurve dar.

Das Bode-Diagramm ist die grafische Darstellung des Frequenzgangs in einem rechtwinkligen Koordinatensystem. Es sind zwei Diagramme notwendig, eines zur Darstellung des Amplituden- bzw. des Betragsverlaufs und eines zur Darstellung des Phasenverlaufs. Mit Ausnahme des Phasenverlaufs sind die Koordinaten logarithmisch aufgetragen.

Die Amplitude und Phase sind wie folgt aus der Gleichung 3.11 ermittelbar:

$$\hat{G}(\omega) = |G(j\omega)|$$

$$= \sqrt{(Re\{G(j\omega)\})^2 + (Im\{G(j\omega)\})^2} \tag{3.14}$$

$$\varphi(\omega) = \arctan\left\{\frac{Im\{G(j\omega)\}}{Re\{G(j\omega)\}}\right\} \tag{3.15}$$

Bild 3.4 zeigt verschiedene Darstellungsformen für ein schwingungsfähiges Proportionalsystem mit Verzögerung 2. Ordnung (Einmassenschwinger) bei verschiedenen Dämpfungsgraden D.

3.1.1.2 Grundsysteme von Regelkreisgliedern und ihre Darstellung

In Tabelle 3.1 sind einige Grundsysteme von Regelkreisgliedern gezeigt und durch Differenzialgleichung, Frequenzgang, Übergangsfunktion, Ortskurve und Bode-Diagramm beschrieben:

– Verzögerungsfreies P-Verhalten (Proportional): Die Ausgangsgröße ist der Eingangsgröße stets proportional. Es liegen keine frequenzabhängigen Amplituden- und Phasenveränderungen vor. Der Verstärkungsfaktor K allein beschreibt die Abhängigkeit.

Tabelle 3.1. Grundsysteme von Regelkreisgliedern und ihre Darstellung

Bezeichnung (Beispiel)	Differenzial- gleichung	Frequenzgang $G(j\omega)=$	
P–System (Hebel) $K = \dfrac{b}{a}$	$x_a = K \cdot x_e$	K	
I–System (Beziehung zwischen Geschw. und Weg) 	$x_a = K \cdot \displaystyle\int x_e dt$	$\dfrac{K}{j\omega}$	
D–System (Umkehrung des I–Systems)	$x_a = K \cdot \dot{x}_e$	$K \cdot j\omega$	
PT_1–System $K = 1/k$ $T = \dfrac{c}{k}$	$x_e = c\dot{x}_a + kx_a$ $T \cdot \dot{x}_a + x_a$ $= K \cdot x_e$	$\dfrac{K}{1 + T(j\omega)}$	
PT_2–System, gut gedämpft (Einmassenschwinger) $D = \dfrac{1}{2}(T_1+T_2)$ $K = 1/k,$ $T_1 \cdot T_2 = \dfrac{m}{k},$ $\omega_0 = \sqrt{\dfrac{1}{T_1 T_2}}$ $T_1 + T_2 = \dfrac{c}{k}$	$x_e = m \cdot \ddot{x}_a + c\dot{x}_a$ $T_1 T_2 \ddot{x}_a +$ $(T_1 + T_2)\dot{x}_a + x_a$ $= K \cdot x_e$	$\dfrac{K}{1 + (T_1 + T_2)j\omega + T_1 T_2 (j\omega)^2}$	
PT_2–System, schwach gedämpft (wie oben) $K = 1/k,$ $\omega_0 = \sqrt{\dfrac{k}{m}},$ $D = \dfrac{c}{2m\omega_0}$	$\ddot{x}_a + 2D\omega_0 \dot{x}_a$ $+ \omega_0^2 x_a = K \omega_0^2 x_e$	$\dfrac{K}{\dfrac{(j\omega)^2}{\omega_0^2} + \dfrac{2D}{\omega_0}(j\omega) + 1}$	

Tabelle 3.1. Fortsetzung

Übergangsfunktion	Ortskurve	Bode–Diagramm
$\frac{x_a}{x_e}$, K	Im, Re, K	$|G|$, $1/K$, ω, $0°$, ω
$\frac{x_a}{x_e}$, arctan K	Im, Re, ω	$|G|$, ω, φ, ω, $-90°$
$\frac{x_a}{x_e}$	Im, ω, Re	$|G|$, φ, $+90°$, ω
$\frac{x_a}{x_e}$, K, $\leftarrow$T$\rightarrow$	Im, K, Re, ω, $\omega_E = \dfrac{1}{T}$	$|G|$, $1/K$, $\omega_E = \dfrac{1}{T}$, ω, φ, $0°$, $-90°$, ω
$\frac{x_a}{x_e}$, K	Im, K, Re, $\left.\dfrac{x_a}{x_e}\right|_{\omega=\omega_0}$, $\left.\dfrac{x_a}{x_e}\right|_{\omega=0}$, ω, $\omega_0^2 = \dfrac{1}{T_1 T_2}$, $\left.\dfrac{x_a}{x_e}\right|_{\omega=\omega_0} = \dfrac{K\sqrt{T_1 T_2}}{T_1+T_2}$	$|G|$, $1/K$, $\dfrac{1}{T_1}$, $\dfrac{1}{T_2}$, ω_0, ω, $0°$, $-90°$, $-180°$, ω
$\frac{x_a}{x_e}$, K	Im, K, Re, $\left.\dfrac{x_a}{x_e}\right|_{\omega=\omega_0}$, $\left.\dfrac{x_a}{x_e}\right|_{\omega=0}$, ω, $\left.\dfrac{x_a}{x_e}\right|_{\omega=\omega_0} = \dfrac{K}{2D}$	$|G|$, $1/K$, $\omega_0 = \dfrac{1}{T}$, ω, $0°$, $-90°$, $-180°$, ω

- Verzögerungsfreies I-Verhalten (Integral): Die Ausgangsgröße entspricht dem zeitlichen Integral der Eingangsgröße.
- Verzögerungsfreies D-Verhalten (Differenzial): Die Ausgangsgröße entspricht dem zeitlichen Differenzialquotienten der Eingangsgröße.
- PT_1-Verhalten (Proportional mit Verzögerung l. Ordnung)
- PT_2-Verhalten (Proportional mit Verzögerung 2. Ordnung), hoch gedämpft (Hintereinanderschaltung von 2 PT_1-Systemen) und
- PT_2-Verhalten, schwach gedämpft.

Die Ausgangsgröße ist der Eingangsgröße des Systems exakt proportional für $\omega = 0$ bzw. $t = \infty$, d.h. im eingeschwungenen Zustand. Mit steigender Frequenz treten zunehmend Zeitverzögerungen auf, d.h. Phasenverschiebungen und Amplitudenveränderungen zwischen Eingangs- und Ausgangsgröße.

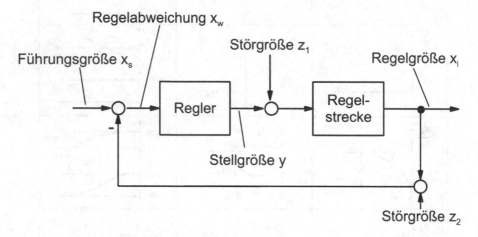

Bild 3.5. Strukturbild eines Regelkreises

3.1.1.3 Aufbau eines Regelkreises

Die Aufgabe eines Regelkreises besteht darin, eine bestimmte physikalische Größe innerhalb einer Anlage entweder konstant zu halten oder nach einem vorgeschriebenen Programm zu ändern, und dabei den Einfluss einwirkender Störgrößen zu kompensieren. Ein Regelkreis hat allgemein den im Bild 3.5 gezeigten Aufbau, wobei die folgenden regelungstechnischen Fachbegriffe üblich sind [47, 141, 151]:

Regelstrecke:
Die zu regelnde Anlage, in der eine oder mehrere Größen (Regelgrößen) gegen äußere Einflüsse möglichst konstant gehalten werden oder vorgegebenen Sollwerten möglichst fehlerfrei folgen sollen.

Regler:
Apparatur zur Bildung der Differenz zwischen Soll- und Istwert, d.h. der Regelab-
weichung und Betätigung des Stellglieds nach einem vorgegebenen dynamischen
Eigenverhalten (z.B. P-, I-, PI-Verhalten).

Regelkreis:
Verkettung von Regelstrecke mit Regler.

Regelgröße:
Diejenige Veränderliche, die für den bestimmungsgemäßen Betrieb der Regelstrecke konstant gehalten oder gezielt verändert werden soll.

Istwert:
Momentanwert der Regelgröße.

Regelabweichung:
Sollwert minus Istwert der Regelgröße.

Führungsgröße:
Vorgegebener, zeitlich konstanter oder variabler Sollwert der Regelgröße.

Stellgröße:
Veränderliche zur Beeinflussung des Energiestroms der Strecke und damit der
Regelgröße. Die Stellgröße ist der Reglerausgang.

Stellglied:
In der Regelstrecke eingebautes Teil zur Steuerung des Energiestroms (z.B. Ventil),
auf das die Stellgröße wirkt.

Störgröße:
Jede Einflussgröße, welche die vorgegebene Regelgröße zu ändern versucht (z.B.
Belastung).

3.1.1.4 Wirkungsplan (Blockschaltbild)

Der Ablauf eines Regelungsvorgangs wird durch das Zeitverhalten der einzelnen
Regelkreisglieder und durch die Art ihrer Zusammenschaltung (Struktur der Regel-
anlage) bestimmt.

Der Wirkungsplan, Bild 3.6, zeigt in schematischer Form die Verknüpfung
der einzelnen Kreiselemente. Zur Kennzeichnung des Zeitverhaltens der einzelnen Elemente werden die zugehörigen Gleichungen oder die einzelnen Übergangs-
funktionen mit in die jeweiligen Blöcke eingezeichnet. Die Signallinien können
sich innerhalb eines Regelkreises verzweigen oder zusammentreffen. So entstehen
Verzweigungs- und Additionsstellen im Wirkungsplan.

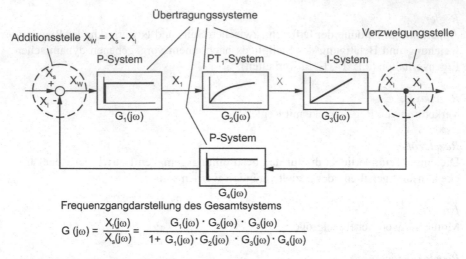

Bild 3.6. Darstellung eines Regelkreises im Wirkungsplan mit zugehörigem Frequenzgang

Bei Verzweigungsstellen wird die Wirkungslinie im Wirkungsplan geteilt und läuft von dort gleichzeitig zu verschiedenen Regelkreisgliedern weiter. Jeder Pfad erhält dasselbe Signal.

In Additionsstellen treffen verschiedene Signale zusammen und überlagern sich dort vorzeichengerecht bzw. phasengerecht. Die abgehende Größe ergibt sich aus Subtraktion bzw. Addition der ankommenden Größen. Bei den Additionsstellen sind immer die Vorzeichen für die eingehenden Größen anzugeben.

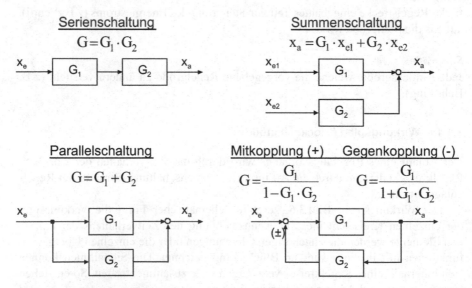

Bild 3.7. Verknüpfungsmöglichkeiten von Regelkreisgliedern

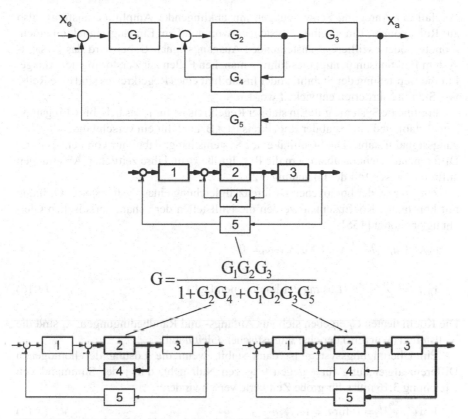

Bild 3.8. Frequenzgangberechnung kaskadierter Regelkreise

In einem Regelkreis sind mehrere Einzelübertragungssysteme miteinander verbunden, wobei jedes einzelne in seinem Zeitverhalten durch seinen Frequenzgang beschrieben wird. Zum Ermitteln des Gesamtfrequenzgangs sind einige Rechenregeln behilflich, Bild 3.6 bis Bild 3.8. Der Vorteil der Frequenzgangdarstellung liegt darin, dass die in Regelkreisen vorkommenden Serienschaltungen und Gegenkopplungen durch einfache Additionen und Multiplikationen der komplexen Einzelfrequenzgänge berechnet werden können.

Bei der Berechnung des Frequenzgangs kaskadierter Regelkreise nach Bild 3.8 oben hilft das dort angegebene Verfahren. Der Gesamtfrequenzgang solcher Strukturen berechnet sich aus dem Frequenzgang des Vorwärtszweigs, geteilt durch die Summe der Frequenzgänge der einzelnen aufgeschnittenen Regelkreise plus Eins.

3.1.1.5 Stabilität von Regelkreisen

Die Feststellung, ob ein Regelkreis stabil ist oder nicht, ist eine der wichtigsten Aufgaben bei der mathematischen Untersuchung von Regelkreisen. Stabilität im regelungstechnischen Sinn bedeutet, dass ein von außen „angestoßenes" System nach

Wegfall der Anregung Schwingungen mit abklingender Amplitude ausführt, also zur Ruhe kommt. Ein instabiles System antwortet auf ein Eingangssignal mit einem monoton oder oszillierend ansteigenden Ausgangssignal. Dabei wird das Gesamtsystem funktionsuntüchtig; dies führt in manchen Fällen zur Zerstörung der Anlage. Für die Beurteilung der Stabilität oder Instabilität eines Regelkreises sind eine Reihe von Stabilitätskriterien entwickelt worden.

Für lineare Systeme gilt: Ein stabiler Regelkreis ist für jedes beliebige Eingangssignal stabil und ein instabiler Regelkreis ist z.B. auch für ein verschwindendes Eingangssignal instabil. Die Stabilität eines Systems hängt dabei nur von dem Teil der Differenzialgleichung ab, in dem die Regelgröße x_a und ihre zeitlichen Ableitungen auftreten, linker Teil der Gleichung 3.2.

Zur Lösung der homogenen Differenzialgleichung eines Systems n-ter Ordnung mit konstanten Koeffizienten werden die Nullstellen der „charakteristischen Gleichung" benötigt [155]:

$$a_n \lambda^n + a_{n-1} \lambda^{n-1} + ... + a_1 \lambda + a_0 = 0$$

$$x_h(t) = \sum_{i=1}^{n} C_i e^{\lambda_i t} \text{ (Lösung der homogenen Dgl.)} \tag{3.16}$$

Die Koeffizienten C_i ergeben sich aus Anfangs- und Randbedingungen; λ_i sind die Nullstellen (Wurzeln) der charakteristischen Gleichung.

Ein Übertragungssystem ist dann stabil, wenn die Lösung der homogenen Differenzialgleichung für t gegen ∞ gegen Null geht, d.h. jeder Summand von Gleichung 3.16 muss für große Zeitwerte verschwinden:

$$\lim_{t \to \infty} C_i \cdot e^{\lambda_i \cdot t} = 0 \text{ für } i = 1, \dots, n \tag{3.17}$$

Damit lautet die Stabilitätsbedingung:

$$Re\{\lambda_i\} < 0 \text{ für } i = 1, \dots, n \tag{3.18}$$

„Ein Regelkreis ist dann stabil, wenn sämtliche Nullstellen der zu seiner Differenzialgleichung gehörenden charakteristischen Gleichung negative Realteile aufweisen. Da die Pole der Übertragungsfunktion des geschlossenen Regelkreises und die Nullstellen der charakteristischen Gleichung identisch sind, gilt obige Aussage auch bezüglich der Realteile der Pole der Übertragungsfunktion."

Algebraische Stabilitätskriterien sind nur anwendbar, wenn die Differenzialgleichung oder ein analytischer Ausdruck für den Frequenzgang oder die Übertragungsfunktion des geschlossenen Regelkreises bekannt sind. Vielfach sind solche Ausdrücke aber nicht vorhanden. Eine wesentliche Vereinfachung bietet das Stabilitätskriterium von Nyquist.

Dieses Stabilitätskriterium geht vom Frequenzgang $G_0(j\omega)$ des offenen Regelkreises aus. Dazu wird der Regelkreis im Rückkoppelzweig aufgetrennt, Bild 3.9, sodass eine Reihenschaltung von Regler und Strecke entsteht [47]. Der Frequenzgang $G_0(j\omega)$ des offenen Kreises ergibt sich dann durch Multiplikation der Einzelfrequenzgänge.

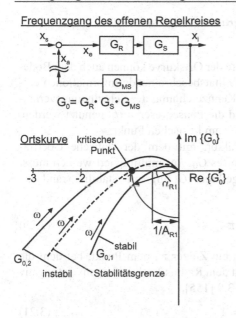

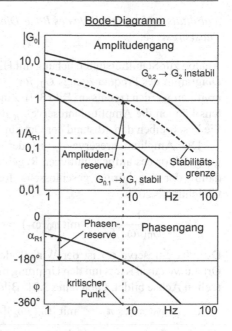

Bild 3.9. Stabilitätskriterium nach Nyquist

Stabilitätsprüfung mit Hilfe der Ortskurve:

Zur Stabilitätsprüfung wird der Frequenzgang $G_0(j\omega)$ des aufgeschnittenen Regelkreises als Ortskurve dargestellt. Es wird geprüft, an welcher Stelle die Ortskurve die reelle Achse schneidet. Die Lage des Schnittpunkts ist das Kriterium für Stabilität oder Instabilität des Systems. Für alle Punkte auf der negativen reellen Achse haben Eingangs- und Ausgangsschwingungen gleiche Phasenlage. Ist für diesen Fall die Amplitude der Ausgangsschwingung kleiner als die der Eingangsschwingung, so ist der Regelkreis stabil. Geht die Ortskurve $G_0(j\omega)$ durch den kritischen Punkt P_k $(Re\{G_0(j\omega)\} = -1; Im\{G_0(j\omega)\} = 0)$, d.h. haben Eingangs- und Ausgangsschwingung des aufgetrennten Regelkreises gleiche Amplituden, so befindet sich das System am Stabilitätsrand. Liegt der Schnittpunkt der Ortskurve mit der reellen Achse links vom kritischen Punkt P_k, so ist der Regelkreis instabil, Bild 3.9.

Die vereinfachte Stabilitätsbedingung nach Nyquist gilt, wenn der aufgeschnittene Regelkreis $G_0(j\omega)$ stabil ist oder integrierendes Verhalten aufweist. Die Bedingung lautet [155]:

$$\begin{aligned}
\text{Stabilität:} &\quad Re\{G_0(j\omega)\} > -1 \\
\text{Stabilitätsgrenze:} &\quad Re\{G_0(j\omega)\} = -1 \text{ bei } Im\{G_0(j\omega)\} = 0 \qquad (3.19) \\
\text{Instabilität:} &\quad Re\{G_0(j\omega)\} < -1
\end{aligned}$$

Stabilitätsprüfung mit Hilfe des Bode-Diagramms, Amplituden- und Phasenreserve:

Analog zur Stabilitätsuntersuchung mit Hilfe der Ortskurve können auch dem Bode-Diagramm des Frequenzgangs $G_0(j\omega)$ stabilitätsbeschreibende Informationen entnommen werden (rechts im Bild 3.9). Zur Kennzeichnung des Schwingungsverhaltens können die Amplitudenreserve A_R und die Phasenreserve α_R genutzt werden. Sie beschreiben den Abstand der Ortskurve vom kritischen Punkt.

Die Amplitudenreserve A_R ist der Faktor, mit dem der statische Übertragungsfaktor des aufgeschnittenen Regelkreises $G_0(j\omega)$ multipliziert werden muss, damit der zugehörige geschlossene Regelkreis $G(j\omega)$ am Stabilitätsrand ist, Gleichung 3.20.

$$A_R = \frac{1}{|G_0(j\omega_\pi)|} \qquad \text{mit } \varphi_0(\omega_\pi) = -\pi \qquad\qquad (3.20)$$

Die Phasenreserve α_R ist der Winkel, den ein Zeiger zu dem Punkt, bei dem die Ortskurve einen Kreis um den Ursprung mit dem Radius 1 schneidet, mit der negativ reellen Achse bildet, Gleichung 3.21, Bild 3.9 [155].

$$\alpha_R = \varphi_0(\omega_d) + \pi \qquad \text{mit } |G_0(j\omega_d)| = 1 \qquad\qquad (3.21)$$

Für einen Regelkreis am Stabilitätsrand gilt $A_R = 1$ und $\alpha_R = 0$. Stabile Regelkreise haben eine Amplitudenreserve $A_R > 1$ und eine positive Phasenreserve α_R. Dieses Kriterium ist für den geschlossenen Regelkreis G_1 mit seiner Ortskurve des aufgeschnittenen Regelkreises $G_{0,1}$ in Bild 3.9 erfüllt.

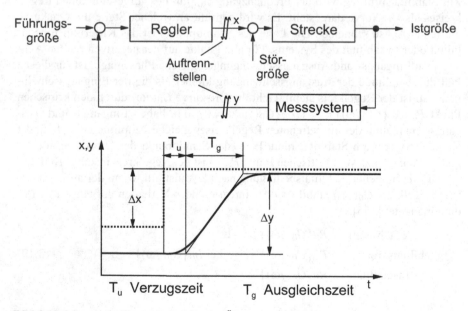

Bild 3.10. Messmethode zur Aufnahme der Übergangsfunktion

3.1.1.6 Einstellregeln für analog arbeitende Regler

Zur Optimierung des dynamischen Verhaltens des Regelkreises versucht man, die dynamischen Eigenschaften des Reglers entsprechend auszulegen.
Tabelle 3.2 zeigt eine Zusammenstellung der am häufigsten verwendeten Reglertypen und deren beschreibende Kenngrößen.

Tabelle 3.2. Zusammenstellung häufig verwendeter Reglerstrukturen und deren Kenngrößen

Regler typ	Differentialgleichung	Frequenzgang	Übergangsfunktion
P	$x_a(t) = K_R \cdot x_e(t)$	$\frac{X_a(j\omega)}{X_e(j\omega)} = K_R$	
I	$x_a(t) = K_I \int x_e(t)dt$	$\frac{X_a(j\omega)}{X_e(j\omega)} = K_R \cdot \frac{1}{j\omega}$	
PI	$x_a(t) = K_R\left[x_e(t) + \frac{1}{T_n}\int x_e(t)dt\right]$	$\frac{X_a(j\omega)}{X_e(j\omega)} = K_R \cdot \left[1 + \frac{1}{T_n \cdot (j\omega)}\right]$	
PID	$x_a(t) = K_R \cdot \left[x_e(t) + \frac{1}{T_n}\int x_e(t)dt + T_v \cdot \frac{dx_e(t)}{dt}\right]$	$\frac{X_a(j\omega)}{X_e(j\omega)} = K_R \cdot \left[1 + \frac{1}{T_n \cdot (j\omega)} + T_v \cdot (j\omega)\right]$	

P	Proportional	K_I	integraler Verstärkungsfaktor
I	Integral	K_R	proportionaler Verstärkungsfaktor
D	Differenzial	T_n	Nachstellzeit
		T_v	Vorhaltzeit

Die Aufgabe beim Aufbau von Regelkreisen besteht hauptsächlich darin, den gesamten Regelkreis so zu dimensionieren, dass das Gesamtsystem betriebsfähig ist, d.h. ausreichend schnell, ohne zu großes Überschwingen oder sogar Instabilität. Die Abstimmung des Reglers kann zum Einen mit den im Kapitel 3.1.1.5 beschriebenen analytischen Verfahren vorgenommen werden. Eine andere Vorgehensweise besteht darin, aus zu messenden Kennwerten der Strecke der zu regelnden Anlage die optimalen Einstellparameter für den Regler zu ermitteln.

Ein Verfahren geht von der gemessenen oder berechneten Übergangsfunktion der Regelstrecke aus. Das Prinzip des Messvorgangs ist im Bild 3.10 dargestellt. In den Messvorgang sind auch die Stellglieder und Messwertgeber mit einbezogen.

Der Sprung wird an der Auftrennstelle hinter dem Reglerausgang angelegt und die Sprungantwort der Regelstrecke vor Eintritt in den Regler aufgezeichnet.

Tabelle 3.3. Einstellwerte für Reglereinstellung nach Sprungantwort der Regelstrecke für $T_g/T_u \geq 3$. (nach Chien, Hrones, Reswick)

Regler		Aperiodischer Regelverlauf	Regelverlauf mit 20% Überschwingen
P	K_R	$\frac{0,3}{K_S} \cdot \frac{T_g}{T_u}$	$\frac{0,7}{K_S} \cdot \frac{T_g}{T_u}$
PI	K_R	$\frac{0,35}{K_S} \cdot \frac{T_g}{T_u}$	$\frac{0,6}{K_S} \cdot \frac{T_g}{T_u}$
	T_n	$1,2 \cdot T_g$	$1 \cdot T_g$
PID	K_R	$\frac{0,6}{K_S} \cdot \frac{T_g}{T_u}$	$\frac{0,95}{K_S} \cdot \frac{T_g}{T_u}$
	T_n	$1 \cdot T_g$	$1,35 \cdot T_g$
	T_v	$0,5 \cdot T_u$	$0,47 \cdot T_u$

Reglerkenngrößen
K_R: Verstärkungsfaktor
T_n: Nachstellzeit
T_v: Vorhaltzeit

Kenngrößen aus der Sprungantwort
K_S: Verstärkungsfaktor der Regelstrecke
T_g: Ausgleichszeit
T_u: Verzugszeit

Wie Bild 3.10 zeigt, werden durch die Konstruktion der Wendetangente die Ersatzgrößen Verzugszeit T_u und Ausgleichszeit T_g gewonnen, die zusammen mit dem Übertragungsfaktor der Strecke

$$K_s = \frac{\Delta y}{\Delta x} \tag{3.22}$$

das dynamische und statische Verhalten der Regelstrecke ausreichend genau beschreiben. Für die Zeitverhältnisse $T_g/T_u > 3$ können die Einstellparameter für Regler mit Hilfe von Tabelle 3.3 berechnet werden [155].

Ein anderer Weg zur Ermittlung der Reglerparameter basiert auf praktischen Untersuchungen an einem geschlossenen Regelkreis. Unabhängig vom Typ des zu realisierenden Reglers wird das zu regelnde System zunächst in einem Regelkreis mit P-Regler betrieben. Ausgehend vom stabilen Betrieb wird der Verstärkungsfaktor K_R des P-Reglers so weit vergrößert, bis der Regelkreis gerade beginnt, Dauerschwingungen auszuführen. Der dabei erreichte Verstärkungsfaktor K_{Rkrit} und die

Tabelle 3.4. Einstellwerte für Reglereinstellung nach einem Schwingversuch am Stabilitätsrand

Regler	K_R	T_n	T_v
P	$0,5 \cdot K_{Rkrit}$	–	–
PI	$0,45 \cdot K_{Rkrit}$	$0,85 \cdot T_{krit}$	–
PID	$0,6 \cdot K_{Rkrit}$	$0,5 \cdot T_{krit}$	$0,12 \cdot T_{krit}$

Reglerkenngrößen
K_R: Verstärkungsfaktor
T_n: Nachstellzeit
T_v: Vorhaltzeit

Kenngrößen aus Schwingversuch
K_{Rkrit}: Verstärkungsfaktor am
       Stabilitätsrand
T_{krit}:   Periodendauer der sich einstellenden
       Schwingung

Periodendauer T_{krit} der sich ergebenden Dauerschwingung bilden die Grundlagen
zur Berechnung der Reglerparameter. Für verschiedene Reglertypen können die
Einstellwerte nach dem Schwingversuch aus Tabelle 3.4 entnommen werden [155].

3.1.2 Lineare zeitdiskrete Übertragungssysteme

Lageregler, Drehzahlregler und seit einigen Jahren auch Stromregler werden in modernen Steuerungen und Antriebsverstärkern über Software auf Mikroprozessoren
oder Mikrocontrollern realisiert. Durch die sequenzielle Abarbeitung der entsprechenden Programmteile arbeiten diese Regler nicht kontinuierlich, sondern in einem
festgelegten Zeittakt. Systeme dieser Art werden als zeitdiskrete Systeme bezeichnet.

3.1.2.1 Darstellung zeitdiskreter Systeme

Da die Mehrzahl der zu regelnden Systeme (Regelstrecken) zeitkontinuierlich arbeitet, ist es zweckmäßig, für zeitdiskret arbeitende Übertragungssysteme eine Er-
satzdarstellung zu definieren, bei der Eingangs- und Ausgangsgrößen ebenfalls wie
zeitkontinuierliche Signale zu behandeln sind, Bild 3.11.

Im Unterschied zu analog arbeitenden Systemen, auf die das zeitkontinuierliche
Eingangssignal kontinuierlich einwirkt, wird bei zeitdiskreten Systemen das Eingangssignal $f_e(t)$ in diskreten, äquidistanten Intervallen T_0 abgefragt. Diese Dis-

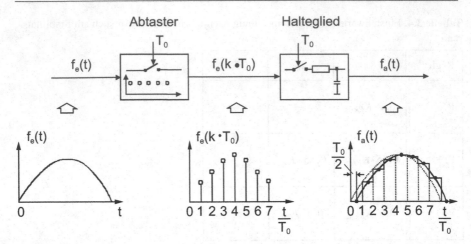

Bild 3.11. Der Abtast-/Haltevorgang

kretisierung wird als „Abtastung" bezeichnet. So entsteht eine Folge von Signalwerten $f_e(k \cdot T_0)$. Benötigt das nachgeschaltete Übertragungssystem wieder zeitkontinuierliche Signale, erfolgt eine Rückumsetzung mittels eines Halteglieds. Das Halteglied erzeugt aus einem Eingangsimpuls $f_e(k \cdot T_0)$ eine betragsgleiche Ausgangsgröße $f_a(t)$ und hält diese bis zum Eintreffen des nächsten Eingangsimpulses $f_e((k+1) \cdot T_0)$ konstant. Es entsteht ein treppenförmiger Verlauf der Ausgangsgröße, deren äquivalenter kontinuierlicher Verlauf um näherungsweise $T_0/2$ im Vergleich zur Eingangsfunktion zeitlich versetzt ist.

Man unterscheidet bei der regelungstechnischen Behandlung zeitdiskreter Systeme im Hinblick auf eine Analyse des dynamischen Übertragungsverhaltens sowie bei Stabilitätsbetrachtungen zweckmäßigerweise zwei Fälle:

Ist die Ausgleichszeit der Regelstrecke T_g (Bild 3.10) mehr als zehnfach so groß wie die Abtastzeit T_0 ($T_g \geq 10T_0$), so hat der Abtastprozess keinen wesentlichen Einfluss auf die Gesamtdynamik des Systems. Diese sogenannten quasikontinuierlichen Abtastsysteme können folglich wie kontinuierliche Systeme mit den entsprechenden Regeln aus Kapitel 3.1.1 behandelt werden. Lediglich bei der Funktion von Abtaster und Halteglied ist ein zwischengeschaltetes Totzeitglied mit der Totzeit $T_t = T_0/2$ zu berücksichtigen.

Liegen andere Verhältnisse von Abtastzeit T_0 und Ausgleichszeit T_g vor (d.h. $T_g < 10\, T_0$), so bestimmt der Abtastvorgang wesentlich die Dynamik des Gesamtsystems. Dieser Einfluss ist daher nicht zu vernachlässigen. In diesem Fall sind andere mathematische Hilfsmittel heranzuziehen, insbesondere die z-Transformation, auf die im folgenden Abschnitt näher eingegangen wird.

$$T_0 \leq T_g/10 \qquad \text{quasikontinuierlich,} \tag{3.23}$$

$$T_0 > T_g/10 \qquad \text{zeitdiskret.} \tag{3.24}$$

3.1.2.2 z-Transformation

Zur Analyse des dynamischen Verhaltens zeitdiskreter Systeme mit $(T_g < 10T_0)$ wendet man die z-Transformation an [155]. Sie ermöglicht analog zur Laplace-Transformation eine vereinfachte mathematische Beschreibung diskret arbeitender Systeme.

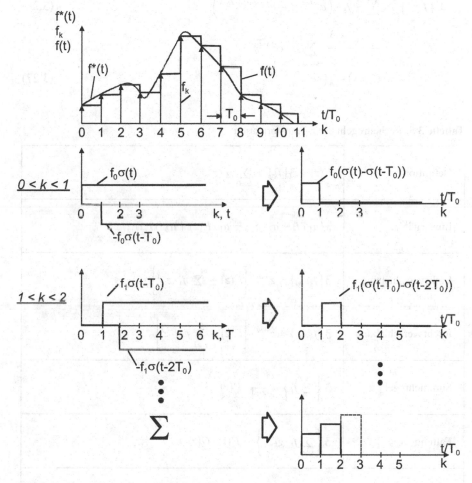

Bild 3.12. Darstellung der z-Transformation

Die z-Transformation lässt sich mit Hilfe der Darstellung im Bild 3.12 definieren. Eine stetige, zeitkontinuierliche Funktion $f^*(t)$ wird durch den Abtaster in Impulswerte digitalisiert und in Verbindung mit dem Halteglied in einen treppenförmigen Verlauf $f(t)$ umgeformt. Die Beschreibung des stufenförmigen Verlaufs wird durch eine Addition und Subtraktion von Sprungfunktionen $\sigma(t)$ ermöglicht, deren Höhe durch die Funktionswerte f_k bestimmt ist (s. unterer Teil von Bild 3.12).

Somit folgt für $f(t)$:

$$f(t) = \sum_{k=0}^{\infty} f_k \cdot (\sigma(t - k \cdot T_0) - \sigma(t - (k+1) \cdot T_0)) \tag{3.25}$$

In den Laplace-Bereich transformiert ergibt sich:

$$\mathcal{L}\{f(t)\} = \sum_{k=0}^{\infty} \frac{1}{s} f_k \cdot \left(e^{-k \cdot T_0 \cdot s} - e^{-(k+1) \cdot T_0 \cdot s}\right) \tag{3.26}$$

$$= \frac{1 - e^{-T_0 \cdot s}}{s} \cdot \sum_{k=0}^{\infty} f_k \cdot e^{-k \cdot T_0 \cdot s}$$

$$= G_H(s) \cdot F_k(s) \tag{3.27}$$

Tabelle 3.5. Rechenregeln der z-Transformation

Definition	$F(z) = \mathfrak{Z}\{f_k\} = \sum\limits_{k=0}^{\infty} f_k \cdot z^{-k}$
Linearität	$\mathfrak{Z}\{a_1 \cdot f_k + a_2 \cdot g_k\} = a_1 \cdot F(z) + a_2 \cdot G(z)$
Linksverschiebung	$\mathfrak{Z}\{f_{k+m}\} = z^{+m} \cdot \left[F(z) - \sum\limits_{i=0}^{m-1} f_i \cdot z^{-i}\right]$
Rechtsverschiebung	$\mathfrak{Z}\{f_{k-m}\} = z^{-m} \cdot \left[F(z) + \sum\limits_{i=1}^{m} f_{-i} \cdot z^{i}\right]$
Summenregel	$\mathfrak{Z}\left\{\sum\limits_{i=0}^{k} f_i\right\} = \frac{z}{z-1} \cdot F(z)$
Faltung	$\mathfrak{Z}\left\{\sum\limits_{i=0}^{k} f_i \cdot g_{k-i}\right\} = F(z) \cdot G(z)$
Anfangswert	$f_0 = \lim\limits_{z \to \infty} F(z)$
Endwert	$\lim\limits_{k \to \infty} f_k = \lim\limits_{z \to 1} ((z-1) \cdot F(z))$

Der erste Teil von Gleichung 3.27 $G_H(s)$ stellt den Frequenzgang der Halte-funktion dar, der zweite Teil $F_k(s)$ gibt die Wertefolge der abgetasteten Funktion im Laplace-Bereich wieder.

Ersetzt man im folgenden Ausdruck

$$F_k(s) = \sum_{k=0}^{\infty} f_k \cdot e^{-k \cdot T_0 \cdot s} \tag{3.28}$$

$e^{T_0 \cdot s}$ durch z, so erhält man die z-Transformierte der Impulsfolge f_k

$$F(z) = 3\{f_k\} = \sum_{k=0}^{\infty} f_k \cdot z^{-k} \tag{3.29}$$

Diese setzt sich aus den Funktionswerten f_k sowie einem Faktor z^{-k} zusammen. Der Ausdruck z^{-k} entspricht einer Verschiebung um k Abtastschritte, also um die Zeit $k \cdot T_0$. Daher kann z^{-1} als Operator interpretiert werden, der eine Verschiebung um einen Abtastschritt bewirkt.

Eine Zusammenstellung der Rechenoperationen mit diskreten Funktionen im Zeitbereich und den zugehörigen Operationen im z-Bereich zeigt Tabelle 3.5.

3.1.2.3 Lineare Differenzengleichungen

Analog zur Beschreibung kontinuierlicher Systeme durch eine Differenzialglei-chung (Gleichung 3.2) lässt sich das Verhalten eines zeitkontinuierlichen Systems zum Zeitpunkt k durch eine Differenzengleichung mit der Eingangsfolge u_k und der Ausgangsfolge y_k beschreiben.

$$a_m y_{k-m} + a_{m-1} y_{k-m+1} + \ldots + a_1 y_{k-1} + a_0 y_k$$
$$= b_n u_{k-n} + b_{n-1} u_{k-n+1} + \ldots + b_1 u_{k-1} + b_0 u_k \tag{3.30}$$

Dabei muss auch im zeitdiskreten Fall die Stabilität des Systems gesichert sein. Die Stabilitätsbedingung für zeitdiskrete Systeme lautet: „Ein diskretes Übertra-gungssystem ist dann stabil, wenn sämtliche Wurzeln der charakteristischen Glei-chung, d.h. die Nullstellen des Nenners, innerhalb des Einheitskreises der z-Ebene liegen."

Tabelle 3.6 stellt am Beispiel eines kontinuierlichen und eines zeitdiskreten In-tegrators die verschiedenen Beschreibungsformen dar.

Löst man die Differenzengleichung eines zeitdiskreten Systems nach der Größe y_k auf, so erhält man direkt die Berechnungsvorschrift, die z.B. als Programm für eine Softwarerealisierung implementiert werden kann.

Für den zeitdiskreten PID-Regler mit der Eingangsfunktion x_k und der Aus-gangsfolge y_k ergibt sich damit die folgende Differenzengleichung:

$$y_k = y_{k-1} + K_R \left(x_k \left(1 + \frac{T_v}{T_0} + \frac{T_0}{T_n} \right) - x_{k-1} \left(1 + 2\frac{T_v}{T_0} \right) + x_{k-2}\frac{T_v}{T_0} \right) \tag{3.31}$$

Für den Fall kleiner Abtastzeiten $T_0 < T_g/10$ lassen sich die Reglerparameter aus den Kriterien für K_R, T_n, T_v analoger PID-Regler berechnen. Damit können die Berechnungsmethoden für zeitkontinuierliche Regelkreise angewandt werden (Kapitel 3.1.1.6).

Der Rechner als Regler nutzt Gleichung 3.31, um die Stellgröße nach dem PID-Algorithmus zu berechnen. Dabei wird nicht nur die aktuelle Regelabweichung während des Abtastzeitpunktes x_k berücksichtigt, sondern auch die Werte der Stellgröße y_{k-1} vor einem und die Regelabweichungen x_{k-1} und x_{k-2} vor einem bzw. zwei Abtastzeitpunkten.

Tabelle 3.6. Darstellung eines kontinuierlichen und eines zeitdiskreten Integrators

zeitkontinuierlich	zeitdiskret
$$y(t) = \frac{1}{T_N} \cdot \int_0^t x(t)dt$$ T_N: Nachstellzeit	$$y_k = \frac{T_0}{T_N} \cdot \sum_{i=0}^{k} x_i = y_{k-1} + \frac{T_0}{T_N} \cdot x_k$$ T_N: Nachstellzeit T_0: Abtastzeit
Differenzialgleichung: $\dot{y} = \frac{1}{T_N} \cdot x$ Laplace–Transformierte: $s \cdot Y(s) = \frac{1}{T_N} \cdot X(s)$	Differenzengleichung: $\frac{y_k - y_{k-1}}{T_0} = \frac{1}{T_N} \cdot x_k$ z–Transformierte: $\frac{Y(z) - Y(z) \cdot z^{-1}}{T_0} = \frac{1}{T_N} \cdot X(z)$ $Y(z) \cdot \left(1 - z^{-1}\right) = \frac{T_0}{T_N} \cdot X(z)$
Übertragungsfunktion $$G(s) = \frac{Y(s)}{X(s)} = \frac{1}{T_N} \cdot \frac{1}{s}$$	z–Übertragungsfunktion $$G(z) = \frac{Y(z)}{X(z)} = \frac{T_0}{T_N} \cdot \frac{1}{1 - z^{-1}} = \frac{T_0}{T_N} \cdot \frac{z}{z-1}$$

Mit einer solchen Vorgehensweise ist man in der Lage, das Verhalten zeitkontinuierlicher PID-Regler im Rechner nachzubilden.

3.1.2.4 Einstellregeln für zeitdiskret arbeitende Regler

In Analogie zu den im Kapitel 3.1.1.6 behandelten Einstellregeln für kontinuierliche Regler gibt es entsprechende Regeln auch für zeitdiskrete Regler. Die notwendigen Einstellparameter K_R, K_I und K_D werden aus Kenngrößen der Übergangsfunktion der Regelstrecke abgeleitet, Tabelle 3.7. Dazu wird in einem Versuch die Sprungantwort der Regelstrecke aufgezeichnet, Bild 3.10, und daraus der Übertragungsfaktor K_S, die Verzugszeit T_u und die Ausgleichszeit T_g bestimmt.

Man kann die einzustellenden Parameter für den diskreten Regler auch einem Schwingversuch entnehmen. Dazu werden der kritische Reglerübertragungsfaktor K_{krit} und die zugehörige Periodendauer T_{krit} bestimmt, bei der der Kreis gerade instabil wird, Tabelle 3.8.

Tabelle 3.7. Einstellregeln für zeitdiskrete Regler nach der Sprungantwort der Regelstrecke (für $T_u/T_g > 0,25$; nach Takahashi)

Regler	K_R	K_I	K_D
P	$\frac{1}{K_S} \cdot \frac{T_g}{T_u+T_0}$	-	-
PI	$\frac{0,9}{K_S} \cdot \frac{T_g}{T_u+0,5 \cdot T_0} - 0,5 \cdot K_I$	$\frac{0,27}{K_S} \cdot \frac{T_0 \cdot T_g}{(T_u+0,5 \cdot T_0)^2}$	-
PID	$\frac{1,2}{K_S} \cdot \frac{T_g}{T_u+T_0} - 0,5 \cdot K_I$	$\frac{0,6}{K_S} \cdot \frac{T_0 \cdot T_g}{(T_u+0,5 \cdot T_0)^2}$	$\frac{0,5}{K_S} \cdot \frac{T_g}{T_0}$

Reglerkenngrößen

K_R: Verstärkungsfaktor
T_n: Nachstellzeit
T_v: Vorhaltzeit
T_0: Abtastzeit

Kenngrößen aus Schwingversuch

K_S: Verstärkungsfaktor
T_g: Ausgleichszeit
T_u: Verzugszeit

3.1.2.5 z-Übertragungsfunktion

In Analogie zur Umwandlung der Differenzialgleichung eines Übertragungssystems mit Hilfe der Laplace-Transformation in den Frequenzbereich $G(s)$ lässt sich die Differenzengleichung eines Systems mit Hilfe der z-Transformation in die Übertragungsfunktion $G(z)$ umwandeln. Die Übertragungsfunktion $G(z)$ ist wie folgt definiert:

$$G(z) = \frac{X_a(z)}{X_e(z)} = \frac{b_0 + b_1 z^{-1} + b_2 z^{-2} + \ldots + b_m z^{-m}}{a_0 + a_1 z^{-1} + a_2 z^{-2} + \ldots + a_n z^{-n}} \qquad (3.32)$$

mit $\quad X_a(z)$ als Ausgangsgröße des Systems,
$\quad\quad X_e(z)$ als Eingangsgröße des Systems,
$\quad\quad a_i, b_i$ als Systemparameter.

Tabelle 3.8. Einstellregeln für zeitdiskrete Regler nach einem Schwingversuch am Stabilitätsrand (für $T_u/T_g > 0,25$; nach Takahashi)

Regler	K_R	K_I	K_D
P	$0,5 \cdot K_{krit}$	-	-
PI	$0,45 \cdot K_{krit} - 0,5 \cdot K_I$	$0,54 \cdot \frac{K_{krit}}{T_{krit}}$	-
PID	$0,6 \cdot K_{krit} - 0,5 \cdot K_I$	$1,2 \cdot \frac{K_{krit}}{T_{krit}}$	$0,075 \cdot K_{krit} \frac{T_{krit}}{T_0}$

Reglerkenngrößen

K_R: Verstärkungsfaktor
T_n: Nachstellzeit
T_v: Vorhaltzeit
T_0: Abtastzeit

Kenngrößen aus Schwingversuch

K_{krit}: Verstärkungsfaktor am
Stabilitätsrand
T_{krit}: Periodendauer der sich
einstellenden Schwingung

Die Parameter a_i und b_i dieser Übertragungsfunktion lassen sich z.B. aus einem vorliegenden Ein- und Ausgangsgrößenverlauf ermitteln. Stellt man mit den jeweils zusammengehörenden Ein- und Ausgangsgrößen ein Gleichungssystem mit $m+n+2$ Differenzengleichungen nach Gleichung 3.30 für verschiedene Abtastzeitpunkte auf, so erhält man ein lineares Gleichungssystem, aus dem sich die $m+n+2$ unbekannten Parameter a_i und b_i berechnen lassen. Voraussetzung ist, dass die Gleichungen nicht linear abhängig sind, wie dies z.B. bei konstantem Ein- und Ausgangssignal der Fall wäre.

Stammen die Werte des Ausgangssignals aus einer Messung, so ist eine direkte Aufstellung und Lösung des Gleichungssystems i. d. R. nicht zu empfehlen, da die unvermeidlichen Messungenauigkeiten das Ergebnis stark verfälschen. Parameteridentifikationsverfahren z.B. aus [69] liefern hier bessere Ergebnisse. Diese ermitteln die gesuchten Parameter aus einer wesentlich größeren Anzahl von Messwerten und vermindern so den Einfluss von Messungenauigkeiten und Störgrößen. So minimiert z.B. das Least-Square-Verfahren das Quadrat des Fehlers zwischen dem mittels geschätzter Parameter berechneten Ausgangswert und dem tatsächlich gemessenen Ausgangswert.

Zusammenschaltungen diskreter Übertragungssysteme lassen sich unter Verwendung von z-Übertragungsfunktionen G(z) mit denselben Regeln wie bei kontinuierlichen Systemen berechnen, vgl. Bild 3.7. In der Praxis besteht ein zeitdiskreter Regelkreis aus einem zeitdiskreten Regler und einer kontinuierlichen Regelstrecke, Bild 3.13. Das Messsystem und seine Auswerteelektronik stellt die Schnittstelle zwischen der kontinuierlichen Regelstrecke und dem diskreten Regler dar.

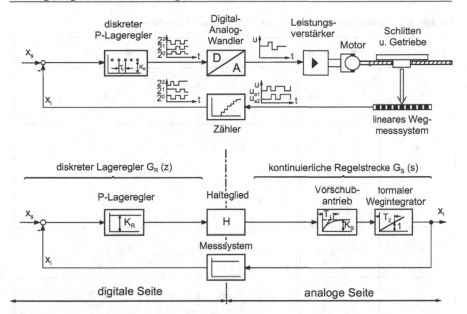

Bild 3.13. Gerätebild und Wirkungsplan eines Lageregelkreises mit zeitdiskretem Regelsystem

Die im physikalischen System vorliegende analoge Größe x_i wird vom Messsystem erfasst und durch die Auswerteelektronik in einen digital weiterverarbeitbaren Wert umgewandelt. Dieser Wert ist entsprechend der Messsystemauflösung quantisiert. Der zeitliche Abtastvorgang ergibt sich durch das periodische Auslesen dieser Weginformation im zyklisch ablaufenden Regelungsprogramm. Die Eingangsgröße (Stellgröße des Reglers) im kontinuierlichen Systemteil hat, bedingt durch Abtaster und Halteglied, einen stufenförmigen Verlauf.

Für die z-Übertragungsfunktion eines Abtastsystems, bestehend aus Abtaster, Halteglied und kontinuierlicher Regelstrecke, ergibt sich die z-Übertragungsfunktion

$$G_z(z) = \frac{z-1}{z} \mathfrak{Z} \left\{ \frac{G_s(s)}{s} \right\} = \frac{z-1}{z} \mathfrak{Z}\{H_s(s)\} \tag{3.33}$$

wobei $H_s(s)$ die laplacetransformierte Übergangsfunktion der Strecke darstellt. In den meisten Fällen ist analog zur Laplace-Transformation die z-Transformation mit Hilfe sogenannter Korrespondenztabellen leicht durchführbar, Tabelle 3.9.

3.1.3 Feedforward-Controller zur Schleppfehlerkorrektur

Die zunehmende Bedeutung der Bahnsteuerung in den letzten Jahrzehnten führte dazu, dass ständig neue Verfahren zur Kompensation des Schleppfehlers (bzw. in Achsverbünden: der Bahnfehler) entwickelt wurden. Eine Studie über solche Verfahren [220] zeigt, dass es sich meistens um ein Verfahren nach dem Prinzip des

Tabelle 3.9. z-Transformation und zugehörige Laplace-Transformation

$f(t)$ $\circ\!\!\!-\!\!\!\bullet$ $F(s)$		$f(k)$ $\circ\!\!\!-\!\!\!\bullet$ $F(z)$	
1 (step)	$\frac{1}{s}$	1	$\frac{z}{z-1}$
t	$\frac{1}{s^2}$	$k \cdot T_0$	$\frac{T_0 \cdot z}{(z-1)^2}$
t^2	$\frac{2}{s^3}$	$k^2 \cdot T_0^2$	$\frac{T_0^2 \cdot z \cdot (z+1)}{(z-1)^3}$
e^{-at}	$\frac{1}{s+a}$	e^{-akT_0}	$\frac{z}{z-e^{-aT_0}}$
$t \cdot e^{-at}$	$\frac{1}{(s+a)^2}$	$k \cdot T_0 \cdot e^{-akT_0}$	$\frac{T_0 \cdot z \cdot e^{-aT_0}}{(z-e^{-aT_0})^2}$
$\sin(\omega t)$	$\frac{\omega}{s^2+\omega^2}$	$\sin(\omega k T_0)$	$\frac{z \cdot \sin(\omega \cdot T_0)}{z^2 - 2z\cos(\omega \cdot T_0)+1}$
$\cos(\omega t)$	$\frac{s}{s^2+\omega^2}$	$\cos(\omega k T_0)$	$\frac{z \cdot (z-\cos(\omega_0))}{z^2 - 2z\cos(\omega T_0)+1}$
$e^{-at}\sin(\omega t)$	$\frac{\omega}{(s+a)^2+\omega^2}$	$e^{-akT_0}\sin(\omega k T_0)$	$\frac{z \cdot e^{-aT_0}\sin(\omega T_0)}{z^2 - 2ze^{-aT_0}\cos(\omega T_0)+e^{-2aT_0}}$
$e^{-at}\cos(\omega t)$	$\frac{s+a}{(s+a)^2+\omega^2}$	$e^{-akT_0}\cos(\omega k T_0)$	$\frac{z^2 - ze^{-aT_0}\cos(\omega T_0)}{z^2 - 2ze^{-aT_0}\cos(\omega T_0)+e^{-2aT_0}}$

Feedforward-Controllers handelt. Der Unterschied zwischen dem Feedback- (hier sind alle bisher bekannten Verfahren wie P-Regler und andere Zustandsregler (s. Kapitel 3.1.4) eingeschlossen) und dem Feedforward-Controller besteht darin, dass anstelle der Soll-Ist-Abweichung die Solleingangsgröße mit einem im Vorwärts- zweig liegenden zweiten Regler verarbeitet wird. Der eigentliche Regler (Feedback- Controller) bleibt erhalten. Dieser zweite Regler hat die Aufgabe, das Verzöge- rungsverhalten der Strecke bzw. des ganzen Lageregelkreises durch eine invertierte Modellsteuergröße zu kompensieren. Dies setzt einerseits die genaue Kenntnis des Systems voraus, andererseits muss aber auch die Möglichkeit einer digitalen Signalverarbeitung vorhanden sein, da in einer analogen Schaltung die Umkehrung eines Systemmodells kaum realisierbar ist.

Man kann die Modellbildung des geschlossenen Regelkreises entweder anhand der bekannten Maschinendaten oder auch durch experimentelle Messungen an der Maschine gewinnen. Die Signalverarbeitung geschieht in diesem Fall durch den Steuerungsrechner.

Tabelle 3.10 zeigt zwei grundsätzliche Schaltungen zur Korrektur des Bahnfehlers nach dem Prinzip des Feedforward-Controllers. Auf der linken Seite ist der Regelkreis durch ein Aufschaltelement erweitert, welches das dynamische Verhalten der Strecke exakt kompensieren soll. Dies ist genau dann der Fall, wenn das Übertragungsverhalten der Aufschaltung gleich dem Kehrwert des Übertragungsverhaltens der Strecke ($G_A(z) = G_S^{-1}(z)$) ist. In ähnlicher Weise zielt der Ansatz auf der rechten Seite auf die Kompensation der Trägheit des Lageregelkreises ab, wenn $G_v(z) = 1 + G_R^{-1}(z) \cdot G_S^{-1}(z)$ ist. Ohne Berücksichtigung der Stellgrößenbegrenzung ist theoretisch eine hundertprozentige Kompensation in beiden Fällen möglich. In der Praxis wird jedoch die Verbesserung des Bahnverhaltens durch den Genauigkeitsgrad der Modellbildung bestimmt. Da keine absolut genaue Modellbildung möglich ist, kann auch nur eine Verbesserung der Bahnfehlerkorrektur erreicht werden, die so gut wie das Modell ist. Weiter treten Probleme wie Instabilität bei Invertierung des Systemmodells auf, die nur mit Hilfe spezieller mathematischer Verfahren gelöst werden können.

Wie die Tabelle 3.10 zeigt, ist eine Verbesserung des Folgeverhaltens bzw. Führungsverhaltens durch den Feedforward-Controller möglich. Das Störverhalten hingegen wird durch diese Maßnahme nicht verändert.

Es reicht in der Regel aus, den digitalen Lageregelkreis (Bild 3.13) in Form einer z-Übertragungsfunktion 2. Ordnung modellmässig zu beschreiben:

$$G(z) = \frac{Y(z^{-1})}{U(z^{-1})} = \frac{b_0 + b_1 z^{-1} + \dots}{a_0 + a_1 z^{-1} + a_2 z^{-1}} \tag{3.34}$$

Für die Stabilität des invertierten Modells ist die Lage der Nullstellen von G(z) entscheidend. Liegen diese innerhalb des Einheitskreises, so ist die sog. Inversstabilität gegeben. Man kann somit nach Tabelle 3.10 rechts einen Feedforward-Controller entwerfen.

Aufgrund zahlreicher Versuchsergebnisse empfiehlt sich die Anwendung eines zusätzlichen Tiefpassfilters, das zu der Vorsteuerung hinzugeschaltet wird, da der Lageregelkreis den hochfrequenten Ausgangssignalen aus der Vorsteuerung zur Kompensation der Systemträgheit aufgrund seiner begrenzten Bandbreite nur bis zu einer gewissen Frequenz folgen kann.

Ein komplettes, in der Praxis realisierbares Konzept mit der Bezeichnung Inverses Kompensationsfilter (IKF) ist im Bild 3.14 für das vorliegende Beispiel gezeigt [220]. Das Totzeitverhalten z^{-1} von $G(z)$ wird durch eine Vorausschau in einem Schritt früher $x_{s,k+1}$ kompensiert. Die Vorschrift zum Reglerentwurf nach Tabelle 3.10 rechts beinhaltet die Struktur des IKF's, das aus zwei Zweigen besteht. Physikalisch liefert der Zweig $x_{s,k}$ die Information der Solltrajektorie, wohingegen

Tabelle 3.10. Grundschaltungen zur Bahnfehlerkorrektur nach dem Prinzip des Feedforward-Controllers.

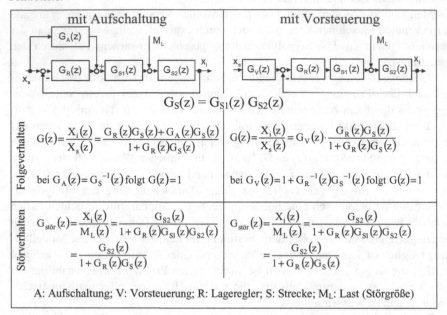

mit Aufschaltung	mit Vorsteuerung

$$G_S(z) = G_{S1}(z)\, G_{S2}(z)$$

Folgeverhalten

$$G(z)=\frac{X_i(z)}{X_s(z)}=\frac{G_R(z)G_S(z)+G_A(z)G_S(z)}{1+G_R(z)G_S(z)}$$

bei $G_A(z)=G_S^{-1}(z)$ folgt $G(z)=1$

$$G(z)=\frac{X_i(z)}{X_s(z)}=G_V(z)\cdot\frac{G_R(z)G_S(z)}{1+G_R(z)G_S(z)}$$

bei $G_V(z)=1+G_R^{-1}(z)G_S^{-1}(z)$ folgt $G(z)=1$

Störverhalten

$$G_{stör}(z)=\frac{X_i(z)}{M_L(z)}=\frac{G_{S2}(z)}{1+G_R(z)G_{S1}(z)G_{S2}(z)}$$
$$=\frac{G_{S2}(z)}{1+G_R(z)G_S(z)}$$

$$G_{stör}(z)=\frac{X_i(z)}{M_L(z)}=\frac{G_{S2}(z)}{1+G_R(z)G_{S1}(z)G_{S2}(z)}$$
$$=\frac{G_{S2}(z)}{1+G_R(z)G_S(z)}$$

A: Aufschaltung; V: Vorsteuerung; R: Lageregler; S: Strecke; M_L: Last (Störgröße)

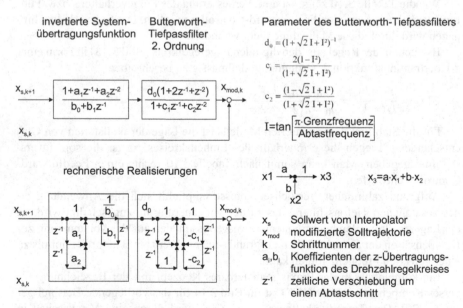

invertierte System-übertragungsfunktion

Butterworth-Tiefpassfilter 2. Ordnung

Parameter des Butterworth-Tiefpassfilters

$$d_0 = (1+\sqrt{2}\,I+I^2)^{-1}$$

$$c_1 = \frac{2(1-I^2)}{(1+\sqrt{2}\,I+I^2)}$$

$$c_2 = \frac{(1-\sqrt{2}\,I+I^2)}{(1+\sqrt{2}\,I+I^2)}$$

$$I=\tan\left[\frac{\pi\cdot\text{Grenzfrequenz}}{\text{Abtastfrequenz}}\right]$$

rechnerische Realisierungen

$x1 \xrightarrow{a} 1 \to x3 \qquad x_3=a\cdot x_1+b\cdot x_2$

x_s Sollwert vom Interpolator
x_{mod} modifizierte Solltrajektorie
k Schrittnummer
a_i, b_i Koeffizienten der z-Übertragungs-funktion des Drehzahlregelkreises
z^{-1} zeitliche Verschiebung um einen Abtastschritt

Bild 3.14. Realisierung eines inversen Kompensationsfilters (IKF) zur Bahnfehlerkorrektur

der obere Zweig das Aufmaß zu der Solltrajektorie berechnet. Dieses Aufmaß entspricht normalerweise dem Schleppabstand, der sich bei einer Bahnsteuerung ergeben wird.

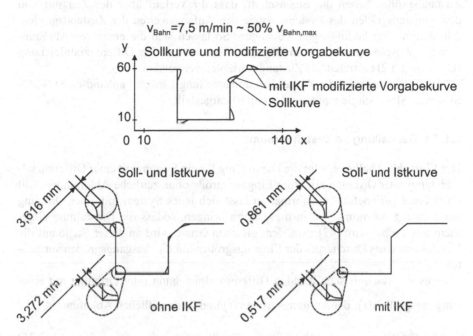

Bild 3.15. Ergebnisse der Bahnfehlerkorrektur durch das Inverse Kompensationsfilter (IKF).

Bild 3.15 zeigt einige Ergebnisse der Bahnfehlerkorrektur durch das IKF, die an einer realen NC-Maschine ermittelt worden sind. Die theoretischen Ergebnisse zeigen eine Verringerung des Bahnfehlers um ca. 95 %. Dieses Fehlermaß würde bei dem P-Regler mit einer K_V-Einstellung von ca. 20 $m/(min \cdot mm) = 320 \ s^{-1}$ erreicht, was jedoch in der Praxis aus Stabilitätsgründen nicht realisierbar ist. Immerhin konnten die Fehler an den Ecken um den Faktor 4 bis 6 reduziert werden.

3.1.4 Zustandsregelung

Ein Übertragungssystem oder auch der gesamte Regelkreis lässt sich durch ein System von gewöhnlichen Gleichungen und Differenzialgleichungen, meist höherer Ordnung, im Zeitbereich beschreiben, die sich zu einer einzigen, das gesamte Systemverhalten beschreibenden Differenzialgleichung zusammenfassen lassen. Neben der Darstellung dieser Differenzialgleichung in Form einer Übertragungsfunktion (Gleichung 3.11) wird zu regelungstechnischen Untersuchungen auch die sog. Zustandsraumdarstellung eingesetzt. Bei dieser wird der Zusammenhang zwischen den Ausgangsgrößen des Systems und den inneren, die Systemdynamik ebenfalls beeinflussenden Zustandsgrößen deutlich gemacht.

Dazu werden die Differenzialgleichungen in ein System gekoppelter Differenzialgleichungen erster Ordnung und gewöhnlicher Gleichungen umgewandelt. Dies geschieht durch Einführen von Zwischengrößen, den Zustandsgrößen [47]. Zustandsgrößen haben die Eigenschaft, dass ihr Verlauf über der Zeit nur von den Eingangsgrößen des Systems sowie den Anfangswerten der Zustandsgrößen, d.h. den Anfangsbedingungen, abhängen. So lassen sich die einzelnen Ableitungen der Ausgangsgröße, die in der systembeschreibenden Differenzialgleichung (Gleichung 3.2) auftreten, als Zustandsvariablen verwenden.

Im Folgenden wird die Zustandsraumdarstellung zunächst anhand eines SISO-Systems (SISO: single input-single output) dargestellt.

3.1.4.1 Darstellung im Zustandsraum

Der Einfachheit halber erfolgt die Darstellung für ein System mit einer Differenzialgleichung n-ter Ordnung mit einer Eingangsgröße ohne zeitliche Ableitungen. Mit Hilfe einer geeigneten Transformation lässt sich jedes System mit einer Ordnung des Eingangspolynoms $\leq n$ in diese Form bringen, sodass die Darstellung allgemein anwendbar wird [47]. Aus dem gleichen Grund wird an dieser Stelle auf die Darstellung eines Durchgriffs der Eingangsgrößen auf die Ausgangsgrößen verzichtet.

Aus der systembeschreibenden Differenzialgleichung n-ter Ordnung mit einer Eingangsgröße $u(t)$, der Ausgangsgröße $y(t)$ und ihrer zeitlichen Ableitung $\overset{(n)}{y}(t)$

$$a_n \cdot \overset{(n)}{y}(t) + a_{n-1} \cdot \overset{(n-1)}{y}(t) + \ldots + a_1 \cdot \dot{y}(t) + a_0 y(t) = b_0 \cdot u(t) \tag{3.35}$$

wird durch Einführen der Zwischengrößen $x_1(t), x_2(t), \ldots, x_n(t)$

$$x_1(t) = y(t)$$
$$x_2(t) = \dot{y}(t)$$
$$x_3(t) = \ddot{y}(t)$$
$$\vdots$$
$$x_n(t) = \overset{(n-1)}{y}(t)$$
$$\dot{x}_n(t) = \overset{(n)}{y}(t) \tag{3.36}$$

ein System von $n - 1$ Differenzialgleichungen erster Ordnung

$$\dot{x}_1(t) = x_2(t)$$
$$\dot{x}_2(t) = x_3(t)$$
$$\vdots$$
$$\dot{x}_{n-1}(t) = x_n(t) \tag{3.37}$$

und einer Differenzialgleichung erster Ordnung der Form

$$\dot{x}_n(t) = -\frac{a_0}{a_n}x_1(t) - \frac{a_1}{a_n}x_2(t) - \ldots - \frac{a_{n-1}}{a_n}x_n(t) + \frac{b_0}{a_n}u(t) \tag{3.38}$$

ermittelt.

Das systembeschreibende Gleichungssystem setzt sich nunmehr aus Differenzialgleichungen (Gleichung 3.37 und Gleichung 3.38) zusammen, die die Ableitungen der Zwischengrößen $x_i(t)$ und die Eingangsgröße $u(t)$ enthalten. Die Ausgangsgröße $y(t)$ tritt in den Differenzialgleichungen nicht auf, sie wird durch eine Zwischengröße ausgedrückt:

$$y(t) = x_1(t) \tag{3.39}$$

Fasst man die Zustandsgrößen $x_1 \ldots x_n$ in einem Vektor $\mathbf{x}$ zusammen, so lassen sich die Gleichung 3.37 bis Gleichung 3.39 in Vektorschreibweise darstellen (Regelungsnormalform):

$$\begin{bmatrix} \dot{x}_1(t) \\ \dot{x}_2(t) \\ \vdots \\ \dot{x}_n(t) \end{bmatrix} = \begin{bmatrix} 0 & 1 & 0 & 0 & \cdots & 0 \\ 0 & 0 & 1 & 0 & & 0 \\ & & \vdots & & \ddots & \vdots \\ -\frac{a_0}{a_n} & -\frac{a_1}{a_n} & -\frac{a_2}{a_n} & -\frac{a_3}{a_n} & \cdots & -\frac{a_{n-1}}{a_n} \end{bmatrix} \cdot \begin{bmatrix} x_1(t) \\ x_2(t) \\ \vdots \\ x_n(t) \end{bmatrix} + \begin{bmatrix} 0 \\ 0 \\ \vdots \\ \frac{b_0}{a_n} \end{bmatrix} \cdot u(t)$$

$$\tag{3.40}$$

$$y(t) = [1\, 0\, 0\, \cdots\, 0] \cdot \begin{bmatrix} x_1(t) \\ x_2(t) \\ \vdots \\ x_n(t) \end{bmatrix} = x_1(t) \tag{3.41}$$

oder in zusammengefasster Matrizenschreibweise:

$$\dot{\mathbf{x}}(t) = \mathbf{A} \cdot \mathbf{x}(t) + \mathbf{b} \cdot u(t)$$
$$y(t) = \mathbf{c} \cdot \mathbf{x}(t) \tag{3.42}$$

Die Vektordifferenzialgleichung Gleichung 3.40 wird als Zustandsdifferenzialgleichung bezeichnet, Gleichung 3.41 als Ausgangsgleichung; beide Gleichungen zusammen, Gleichung 3.42, als Zustandsgleichungen. Die Komponenten des Zustandsvektors $x_i(t)$ bestimmen für jeden Zeitpunkt t das System im n-dimensionalen Raum, dem sogenannten Zustandsraum. Zur Darstellung eines Mehrgrößensystems im Zustandsraum werden die Ableitungen der n Zustandsgrößen $\dot{x}_i(t)$ als Funktion der n Zustandsgrößen $x_i(t)$ und der p Eingangsgrößen $u_i(t)$ dargestellt:

$$\dot{x}_1(t) = f_1(x_1(t), \ldots, x_n(t); u_1(t), \ldots, u_p(t))$$
$$\vdots$$
$$\dot{x}_n(t) = f_n(x_1(t), \ldots, x_n(t); u_1(t), \ldots, u_p(t)) \tag{3.43}$$

Die q Ausgangsgrößen $y_i(t)$ bilden ein Gleichungssystem gewöhnlicher Gleichungen als Funktion der Zustandsgrößen:

$$y_1(t) = g_1(x_1(t), \ldots, x_n(t))$$

$$\vdots$$

$$y_q(t) = g_q(x_1(t), \ldots, x_n(t)) \tag{3.44}$$

Für die Zustandsdarstellung in Matrizenschreibweise ergibt sich:

$$\dot{\mathbf{x}}(t) = \mathbf{A} \cdot \mathbf{x}(t) + \mathbf{B} \cdot \mathbf{u}(t)$$

$$\mathbf{y}(t) = \mathbf{C} \cdot \mathbf{x}(t) \tag{3.45}$$

mit $\dot{\mathbf{x}}(t)$ als $n \times 1$ Ableitungsvektor der Zustandsgrößen,
         $\mathbf{x}(t)$ als $n \times 1$ Vektor der Zustandsgrößen,
         $\mathbf{u}(t)$ als $p \times 1$ Vektor der Eingangsgrößen,
         $\mathbf{y}(t)$ als $q \times 1$ Vektor der Ausgangsgrößen,
         $\mathbf{A}$ als $n \times n$ Systemmatrix,
         $\mathbf{B}$ als $n \times p$ Eingangsmatrix,
         $\mathbf{C}$ als $q \times n$ Ausgangsmatrix.

Bild 3.16 zeigt die Blockschaltbilddarstellung von Gleichung 3.45. Die dort zusätzlich gezeigte Matrix $\mathbf{D}$ (bei SISO-Systemen der Skalar d) stellt einen direkten Durchgriff der Eingangsgrößen auf die Ausgangsgrößen dar. Ein solches Systemverhalten tritt bei realen Systemen nur in Ausnahmefällen auf. Daher wird die Matrix $\mathbf{D}$ im Weiteren nicht berücksichtigt.

Als Beispiel soll im Folgenden die Zustandsraumdarstellung eines Einmassenschwingers mit der Dämpfung D und der Eigenkreisfrequenz ω_0 ermittelt werden.

Ausgehend von der Differenzialgleichung zweiter Ordnung des Systems

$$\ddot{y} + 2D\omega_0\dot{y} + \omega_0^2 y = \omega_0^2 u \tag{3.46}$$

erhält man mit Einführung der Zustandsgrößen

$$x_1 = y$$

$$x_2 = \dot{y} \tag{3.47}$$

die zwei gekoppelten Differenzialgleichungen erster Ordnung

$$\dot{x}_1 = x_2$$

$$\dot{x}_2 = -\omega_0^2 x_1 - 2D\omega_0 x_2 + \omega_0^2 u \tag{3.48}$$

oder in Matrizenschreibweise:

$$\dot{\mathbf{x}} = \underbrace{\begin{bmatrix} 0 & 1 \\ -\omega_0^2 & -2D\omega_0 \end{bmatrix}}_{\mathbf{A}} \cdot \mathbf{x} + \underbrace{\begin{bmatrix} 0 \\ \omega_0^2 \end{bmatrix}}_{\mathbf{b}} \cdot \mathbf{u} \tag{3.49}$$

$$y = \underbrace{\begin{bmatrix} 1 \\ 0 \end{bmatrix}}_{\mathbf{c}} \cdot \mathbf{x}$$

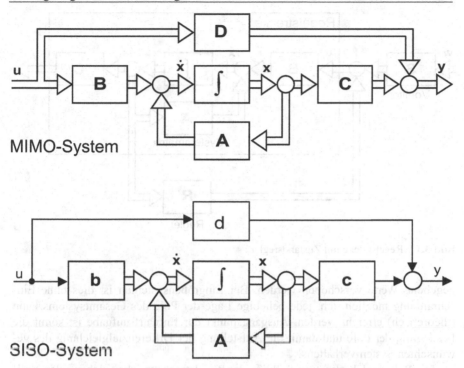

Bild 3.16. Zustandsraumdarstellung eines Mehrgrößensystems und eines Eingrößensystems

3.1.4.2 Entwurf des Zustandsreglers

Ein Zustandsregler ist ein Regler, der neben den Ausgangsgrößen des zu regelnden Systems auch die Zustandsgrößen über eine Reglermatrix **R** auf den Systemeingang zurückführt. Die Struktur des Regelkreises mit Regler zeigt Bild 3.17. Neben der Reglermatrix **R** wird noch eine Vorfiltermatrix **S** eingesetzt, welche ebenfalls das Verhalten des Gesamtsystems bestimmt.

Zur Dimensionierung der Reglermatrix **R** wurden eine Vielzahl verschiedener Verfahren entwickelt, die sich durch den Entwurfsansatz, die Anzahl der zurückgeführten Zustandsgrößen und das Entwurfsziel unterscheiden. Drei Verfahren für Eingrößensysteme (SISO-Systeme), die auf einer Rückführung aller Zustandsgrößen basieren, seien hier kurz vorgestellt. Bei SISO- und SIMO-Systemen reduziert sich die Reglermatrix auf einen (liegenden) Vektor **r**.

Für eine ausführliche Darstellung dieses Themenbereiches sei auf die weiterführende regelungstechnische Literatur verwiesen [32, 47, 81, 89, 141, 151, 155, 179].

Entwurf durch Polvorgabe:

Bei einer Reglerauslegung durch Polvorgabe wird der Reglervektor **r** so bestimmt, dass die Pole der Übertragungsfunktion der Regelstrecke durch den Regler auf vor-

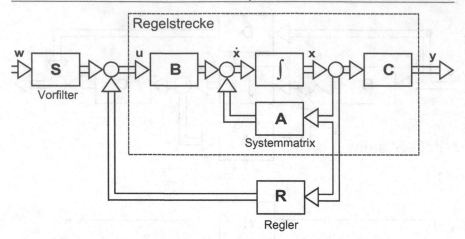

Bild 3.17. Regelstrecke mit Zustandsregler

gegebene Werte verschoben werden. Bei Eingrößensystemen ist dies ohne Einschränkung möglich, d.h. jede beliebige Lage der Pole des Gesamtsystems kann (theoretisch) erreicht werden. Ausgangspunkt der Entwurfsaufgabe ist somit die Festlegung der Pole und damit die Aufstellung der Differenzialgleichung des gewünschten Systemverhaltens.

Die Pole der Übertragungsfunktion der Regelstrecke ergeben sich aus den Nullstellen des Nennerpolynoms

$$a_n \cdot \overset{(n)}{y_a}(t) + a_{n-1} \cdot \overset{(n-1)}{y_a}(t) + \ldots + a_1 \cdot \dot{y}_a(t) + a_0 \cdot y_a(t) \tag{3.50}$$

Soll das Nennerpolynom der Übertragungsfunktion von Regelstrecke und Regler die Form

$$p_n \cdot \overset{(n)}{y_a}(t) + p_{n-1} \cdot \overset{(n-1)}{y_a}(t) + \ldots + p_1 \cdot \dot{y}_a(t) + p_0 \cdot y_a(t) \tag{3.51}$$

haben, so gilt für den Reglervektor **r** nach [7]:

$$\mathbf{r}_R = [(p_0 - a_0) \quad (p_1 - a_1) \quad \ldots \quad (p_{n-1} - a_{n-1})] \tag{3.52}$$

Ein Problem dieses Verfahrens liegt darin, dass zwar immer ein Reglervektor für ein vorgegebenes Systemverhalten berechnet werden kann, aber das Entwurfsverfahren keine Möglichkeiten bietet, z.B. Stellgrößenbegrenzungen zu berücksichtigen, wie sie in realen Systemen immer vorhanden sind.

Am Beispiel des Einmassenschwingers mit der Zustandsraumdarstellung nach Gleichung 3.46 soll eine weitere Eigenschaft dieses Entwurfsverfahrens aufgezeigt werden. Wählt man für das Gesamtsystem die Lage der Pole so, dass das resultierende System die Dämpfung 1 sowie die Eigenkreisfrequenz ω_1 besitzt, so lautet die Differenzialgleichung für das Gesamtsystem:

$$\ddot{y} + 2\omega_1 \dot{y} + \omega_1^2 y = \omega_1^2 u \tag{3.53}$$

Für den Regler folgt damit aus Gleichung 3.52 und Gleichung 3.46:

$$\mathbf{r}_R = [(\omega_1^2 - \omega_0^2) \quad (2(\omega_1 - D\omega_0))] \tag{3.54}$$

Ausgeschrieben lautet das Regelgesetz:

$$u_r = (\omega_1^2 - \omega_0^2)y + 2(\omega_1 - D\omega_0)\dot{y} \tag{3.55}$$

Dieses Regelgesetz beschreibt einen PD-Regler (Proportional-Differenzierend), da sich die Reglerausgangsgröße aus der gewichteten Reglereingangsgröße sowie der gewichteten Ableitung der Reglereingangsgröße ergibt. Stationäre Genauigkeit kann mit einem solchen Reglertyp nicht immer erreicht werden. Dazu wäre ein Vorfilter oder sogar ein integrierender Regleranteil erforderlich. Dieses Reglerverhalten entspricht jedoch dem vorgegeben Ansatz, da die Lage der Pole keine Aussage über das statische Verhalten des Systems enthält.

Entwurf durch Optimierung eines quadratischen Gütemaßes:

Wenn nicht direkt ein bestimmtes dynamisches Verhalten des Gesamtsystems, sondern z.B. die Minimierung der Regelabweichung Ziel der Entwurfsaufgabe ist, lässt sich die Reglermatrix **R** durch Lösung eines Optimierungsproblems ermitteln. Anstelle der Systemdynamik muss hierbei eine geeignete Kostenfunktion vorgegeben werden, die durch das Optimierungsverfahren minimiert wird. Typische Kostenfunktionen bewerten z.B. das Quadrat der Regelabweichung sowie das Quadrat der Eingangsgröße u, um auch die benötigte Stellenergie zu minimieren. Die Lösung dieses Optimierungsproblems führt auf eine quadratische Vektorgleichung, die sog. Riccati-Gleichung, aus der sich die Reglermatrix ermitteln lässt [7].

Entwurf auf endliche Einstellzeit:

Ist der Regler als Abtastsystem (d.h. zeitdiskret) aufgebaut, so lässt sich zeigen, dass es immer möglich ist, die Regelstrecke aus jedem Anfangszustand in endlich vielen Abtastschritten in jeden beliebigen Endzustand zu bringen. Die Entwurfsaufgabe dieses sogenannten Dead-Beat-Entwurfs besteht darin, zunächst eine optimale Eingangsfolge u_k zu bestimmen, die diese Anforderung erfüllt. Zu dieser Folge wird anschließend ein Regler entworfen, der die gewünschte Folge aus den Zustandsgrößen erzeugt. Theoretisch lässt sich ein System n-ter Ordnung in n Abtastschritten auf einen neuen Endzustand bringen. Natürlich können auch hier physikalische Begrenzungen des Systems durch den Regler nicht überwunden werden. Wird die optimale Stellgrößenfolge allerdings auf mehr als n Schritte ausgedehnt, so entstehen im Entwurf zusätzliche Freiheitsgrade, durch die zusätzliche Randbedingungen, z.B. die Berücksichtigung einer Stellgrößenbegrenzung, erfüllt werden können. Nachteil des Dead-Beat-Entwurfs ist die Parameterempfindlichkeit des Reglers. Weicht das tatsächliche Verhalten der Regelstrecke nur geringfügig von dem zum Entwurf verwendeten Modell ab, so sinkt die Regelungsqualität zumeist deutlich. Dies ist der Grund dafür, dass man die Zustandsregelung bei Werkzeugmaschinen-Vorschubantrieben selten antrifft. Variation der Position von Schlitten, Ständer usw. sowie die veränderten Massen durch wechselnde Vorrichtungs- und Werkstückgewichte verändern das Streckenverhalten merklich.

3.1.4.3 Zustandsbeobachter

Man ist bemüht, die Zustandsgrößen $x_i(t)$ so zu wählen, dass sie mit tatsächlich physikalisch auftretenden Messgrößen identisch sind. Damit vereinfacht sich der Entwurf eines Zustandsreglers erheblich.

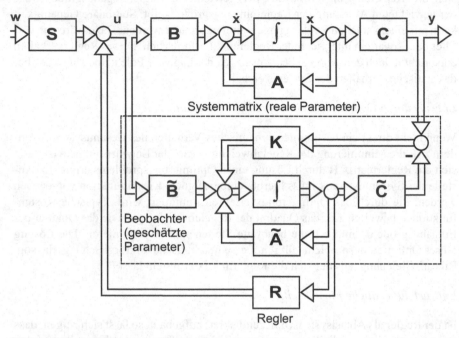

Bild 3.18. Zustandsregelung mit Beobachter

Sind eine oder mehrere Zustandsgrößen jedoch nicht messbar oder stark verrauscht, kann ein Beobachter dazu eingesetzt werden, die Zustandsgrößen aus den Messgrößen zu rekonstruieren. Ein Beobachter ist ein Modell der Regelstrecke, welches, wie im Bild 3.18 gezeigt, der eigentlichen Regelstrecke parallel geschaltet wird. Aus diesem Modell lassen sich alle benötigten Zustandsgrößen ermitteln. Da die Zustandsgrößen nicht nur von den Eingangsgrößen, sondern auch von den (im Beobachter unbekannten) Anfangsbedingungen abhängen, stimmen zunächst Beobachterzustand und Streckenzustand nicht überein. Durch eine Rückführung der Differenz aus den Ausgangsgrößen der Regelstrecke und den Modellausgangsgrößen über eine Matrix **K** lässt sich jedoch erreichen, dass sich die Zustandsgrößen des Beobachters mit der Zeit immer weiter an die Zustandsgrößen der Regelstrecke annähern. Voraussetzung ist die sogenannte Beobachtbarkeit der Zustandsgrößen. Ein Prozess wird beobachtbar genannt, wenn bei bekannter Eingangsgröße $u(t)$ ein beliebiger Systemzustand $x_i(t)$ in endlicher Zeit aus Messungen der Ausgangsgröße $y(t)$ bestimmbar ist.

3.2 Regelung von Vorschubantrieben

3.2.1 Vorschubantrieb als Regelkreis

Aufbau und Wirkungsweise der Lageregelung

Im Bild 3.19 ist der gerätetechnische Aufbau einer einzelnen Vorschubachse schematisch dargestellt. Der Motor treibt über eine Kupplung und einen Zahnriemen eine Gewindespindel an. Die Kugelrollmutter wandelt die rotatorische Bewegung der Kugelrollspindel in eine translatorische des Maschinenschlittens um.

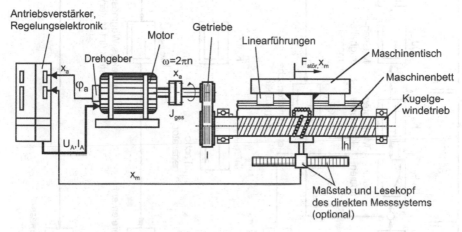

Bild 3.19. Schematischer Aufbau einer Vorschubachse

Die Winkellage des Motors wird über einen Drehgeber erfasst. Mit Hilfe der Getriebeübersetzung (z.B. Übersetzungsverhältnis i des Zahnriemens, Steigung h der Spindel) kann aus diesem Signal indirekt auch die Lage des Maschinenschlittens errechnet werden. Bei heutigen digitalen Antriebsverstärkern wird aus dem Lagesignal auch die Drehgeschwindigkeit des Motors abgeleitet, auf einen zusätzlichen Tachogenerator kann daher verzichtet werden.

Optional kann die Lage des Maschinentisches auch über ein direktes lineares Längenmesssystem ermittelt werden, s. Kapitel 2.2. Dies steigert die Genauigkeit der Bewegung, da Einflüsse wie Reibung, Spiel, Verformung und geometrische Fehler im Antriebsstrang vom Messsystem erfasst werden können. Zur besseren Unterscheidung wird das direkt gemessene Lagesignal als x_m bezeichnet, das aus dem Drehgeber des Antriebs berechnete Signal als x_a. Bei heute üblichen Vorschubsystemen in Werkzeugmaschinen kann für die Lageregelung entweder das direkte oder das indirekte Messsystem verwendet werden.

Bild 3.20 zeigt die Regelungsstruktur, wie sie heute in den meisten Vorschubachsen in Werkzeugmaschinen zum Einsatz kommt. In dieser Darstellung werden die Wirkzusammenhänge im Antrieb dargestellt. Der mechanische Aufbau rückt

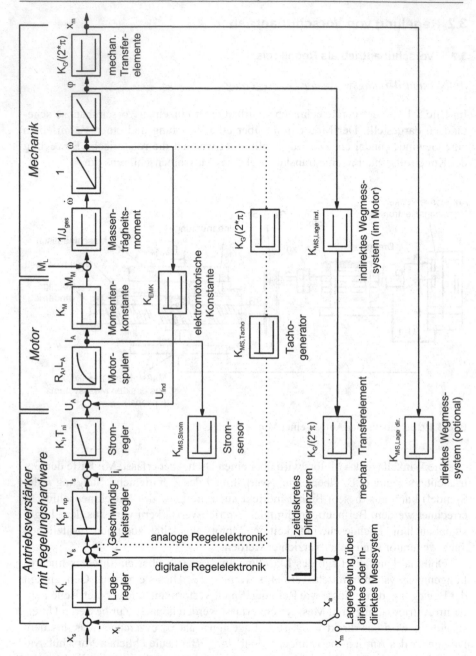

Bild 3.20. Wirkungsplan eines Lageregelkreises mit unterlagertem Geschwindigkeits- und Stromregelkreis

hierbei in den Hintergrund. Die Geräte und elektrischen Antriebskomponenten finden sich in der Regelungsstruktur wieder.

Bei der Betrachtung der Regelkreise steht nicht das dynamische Verhalten der Mechanik im Vordergrund, sondern das der Regelung. Daher wird die Mechanik hier vereinfacht als ideal steif angenommen. Dazu muss lediglich das auf die Motorwelle reduzierte Massenträgheitsmoment J_{ges} berücksichtigt werden. Außerdem findet sich das Übersetzungsverhältnis der mechanischen Transferelemente (Spindelsteigung h und Übersetzung i) in der Konstanten K_G wieder.

Die Führungsgröße x_s des Lageregelkreises wird zunächst mit der aktuellen Lage des Maschinenschlittens x_i verglichen. Die Differenz dieser beiden Signale wird vom proportionalen Lageregler verstärkt. Die Stellgröße des Lagereglers wird an den unterlagerten Geschwindigkeitsregelkreis weitergegeben, dem wiederum ein Stromregelkreis unterlagert ist. Durch die Geschwindigkeitsrückführung und den Stromregler wird die Dynamik des Antriebs erheblich gesteigert und ein Überschwingen durch einen verbesserten Dämpfungsgrad vermieden.

Der Geschwindigkeitsregler im dargestellten Beispiel hat einen PI-Charakter, um kleinste Regelabweichungen ohne bleibenden Fehler ausregeln zu können. Der dem Geschwindigkeitsregler nachgeschaltete Stromregler ermöglicht eine Beschleunigungssteuerung des Motors. Dadurch wird ein Überschwingen beim Beschleunigen und Abbremsen vermieden. Aus der Differenz zwischen dem Sollwert des Geschwindigkeitsreglers v_s und dem Drehzahlistwert v_i wird - verknüpft mit der aktuellen Motorbelastung (Stromregelung) - die Stellgröße für den Motor gebildet. Der Leistungsverstärker wandelt die so gebildete Stellgröße in eine entsprechende Motorspannung U_A (vgl. Bild 3.19) um, die an den Wicklungen des Motors anliegt.

Entsprechend den elektrischen Kenngrößen der Motorwicklung (Widerstand R_A und Induktivität L_A) wird ein Strom aufgebaut. Diesem proportional (Faktor K_M) wird auch das Motormoment gebildet, das zusammen mit dem Lastmoment auf die Massenträgheit J_{ges} (vgl. Bild 3.19) der gesamten Vorschubachse wirkt. Nach dem Newtonschen Gesetz stellt sich eine Drehbeschleunigung $\dot{\omega}$ ein, die über eine formale Integration und entsprechende Umrechnung die Drehzahl n des Motors beeinflusst. Eine weitere formale Integration ergibt die Winkellage der Motorwelle φ_a. Eine Multiplikation mit der Getriebeübersetzung führt zur Lage x_m (vgl. Bild 3.19) des Maschinenschlittens. Zur Rückführung der Schlittenposition sind in Bild 3.20 die beiden Möglichkeiten zur direkten und indirekten Wegerfassung eingetragen. Die Ist-Geschwindigkeit für den unterlagerten Geschwindigkeitskreis wird bei heutigen Maschinen durch Differentiation des gemessenen Wegsignals ermittelt. Bei älteren Maschinen mit analoger Antriebstechnik wird das Drehzahlsignal nicht aus der Lage errechnet, sondern mit einem Tachogenerator gemessen (gepunkteter Signalweg in Bild 3.20). Neben der Stromrückführung zeigt der Wirkungsplan die EMK-Rückführung des Motors.

Der gesamte Vorschubantrieb ist ein System höherer Ordnung [179]. Die Berechnung von Systemen mit einer Ordnung größer zwei gestaltet sich jedoch schwierig. Daher werden oft Vereinfachungen im Modell der Regelkreise vorgenommen, wenn bestimmte Eigenschaften für die Betrachtungen vernachlässigt werden kön-

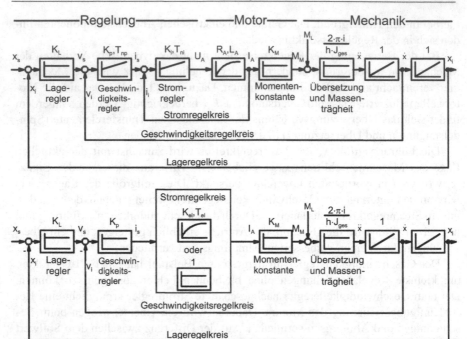

Bild 3.21. Mögliche Vereinfachungen des Lageregelkreises

nen. Bild 3.21 zeigt mögliche Vereinfachungen der Regelkreise aus Bild 3.20 in zwei Stufen [175, 204, 206]. Der Einfachheit halber wird nur die direkte Lagemessung betrachtet.

Die Messsysteme weisen in der Regel keine signifikanten Fehler auf. Daher können sie als P-Glieder mit Verstärkungsfaktor 1 ohne Verzögerung angenommen werden. Bei kleineren Geschwindigkeiten ist die induzierte Gegenspannung gering, daher kann die Rückwirkung über die elektromotorische Konstante oft vernachlässigt werden, Bild 3.21 oben.

Der Stromregelkreis kann damit in der Regel zu einem Verzögerungsglied erster Ordnung (PT_1-Glied) vereinfacht werden. Als Eckfrequenz kann hier bei modernen Antrieben etwa 1 kHz angenommen werden. Meistens ist das dynamische Verhalten des Regelkreises bei so hohen Frequenzen vernachlässigbar. In diesem Fall kann der Stromregelkreis auch als ideal angenommen werden ($G_{SRK} = 1$, entspricht einem P-Glied mit $K = 1$). Für überschlägige Betrachtungen des Regelverhaltens wird oft auch der Integralanteil des Geschwindigkeitsreglers vernachlässigt. Der Geschwindigkeitsregler wird damit (wie der Lageregler) zu einem P-Regler, Bild 3.21 unten.

Betrachtet man den Drehzahlregelkreis in seiner stark vereinfachten Form analytisch, lässt er sich nach den Rechenregeln in Bild 3.7 unter Zuhilfenahme von Tabelle 3.1 leicht zusammenfassen. Wird der Stromregelkreis als PT_1-Glied angenommen, ergibt sich für den Geschwindigkeitsregelkreis ein Verzögerungsglied 2.

Ordnung (PT_2-Glied). Bei einem als ideal angenommenen Stromregelkreis lässt sich der Drehzahlregelkreis zu einem PT_1-Glied zusammenfassen.

Lageregelkreis ohne unterlagertem Geschwindigkeitsregelkreis

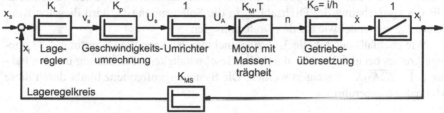

Lageregelkreis mit unterlagertem Geschwindigkeitsregelkreis

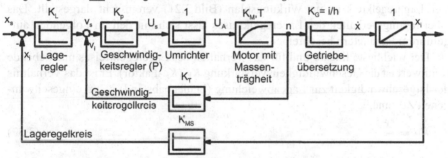

Bild 3.22. Vereinfachter Lageregelkreis ohne und mit unterlagertem Geschwindigkeitsregelkreis

3.2.2 Berechnung von zeitkontinuierlichen Lageregelkreisen

Für die qualitative Behandlung des Lageregelkreises werden oft eine oder mehrere der in Bild 3.21 dargestellten Vereinfachungen benutzt. Die Einzelübertragungssysteme können mit Hilfe von Tabelle 3.1 in Form von Frequenzgängen beschrieben werden. Der Vergleich zwischen Lagesoll- und -istwert sowie der Lageregler sind in modernen NC-Steuerungen digital realisiert und müssen somit genau genommen als zeitdiskrete Regler berechnet werden. Wird jedoch nur der untere Frequenzbereich betrachtet, kann die Lageregelung als quasikontinuierlich angenommen werden. Die Beschreibungen der Regelkreisglieder in Tabelle 3.1 sind somit anwendbar.

Zum Aufstellen des Führungsfrequenzgangs $G(j\omega)$ sei an die Rechenregeln im Bild 3.7 und Bild 3.8 erinnert. Der Frequenzgang eines Regelkreises $G_{ges}(j\omega)$, bestehend aus einem Vorwärtszweig $G_V(j\omega)$ und einem Rückwärtszweig $G_R(j\omega)$, lässt sich mit Hilfe von Gleichung 3.56 aufstellen.

$$G_{ges}(j\omega) = \frac{G_V(j\omega)}{1 + G_V(j\omega) \cdot G_R(j\omega)} \tag{3.56}$$

Um die Funktion der unterlagerten Geschwindigkeitsregelung zu zeigen, ist in Tabelle 3.11 die Berechnung für einen Lageregelkreis ohne und mit Geschwindigkeitsregelung durchgeführt. Bild 3.22 zeigt den stark vereinfachten Lageregelkreis einer Vorschubachse, der den Berechnungen zu Grunde liegt. Das Verhalten des Servostrommotors mit angekoppelter Masse wurde durch ein PT_1-Glied vereinfacht. Für die Umrechnung der Drehzahl n_s in die Sollspannung U_s wird dieselbe Konstante K_p verwendet wie für den Drehzahlregler.

Wie ebenfalls der Tabelle 3.11 zu entnehmen ist, kann die Dämpfung des Lageregelkreises bei gleichem K_V durch die Geschwindigkeitsrückführung um den Faktor $\sqrt{1 + K_p K_M K_T}$ gesteigert werden. Die Systemeigenfrequenz bleibt durch diese Maßnahme unberührt.

3.2.3 Übertragungsverhalten des linearen Lageregelkreises

Der Lageregelkreis ist im Wirkungsplan (Bild 3.21) vereinfacht dargestellt. Das Übertragungsverhalten des Lageregelkreises lässt sich mit den im Folgenden aufgeführten Parametern beschreiben.

Der wichtigste lineare und für das Verhalten des Lageregelkreises maßgebende Kennwert ist die Geschwindigkeitsverstärkung K_V (K_V-Faktor). Er ist das Verhältnis der Istgeschwindigkeit zur Lageabweichung (Schleppabstand) x_w im eingeschwungenen Zustand,

$$K_V = \frac{\dot{x}}{x_w} \tag{3.57}$$

Die Geschwindigkeitsverstärkung K_V hat die Einheit s^{-1}. In der Industrie findet man häufig auch die Einheit $m/(min \cdot mm)$. Der K_V-Faktor kann leicht über den folgenden Zusammenhang zwischen den beiden Einheiten umgerechnet werden:

$$1\left[\frac{m}{min \cdot mm}\right] = \frac{1000}{60}\left[s^{-1}\right] = 16,\overline{6}\left[s^{-1}\right] \tag{3.58}$$

Der K_V-Faktor ist ein Maß für die Abbildungstreue der Maschine beim Verfahren von Kurven in der Ebene oder im Raum. Der durch den Schleppabstand auftretende Werkstückfehler ist proportional zu $\dot{x}/K_V$. Übliche Werte der Geschwindigkeitsverstärkung liegen bei elektromechanischen Antriebssystemen im Bereich

$$K_V = 0,6\ldots 4,8\frac{m}{min \cdot mm}^{-1}(\text{entspr. 10 bis 80 s}^{-1}).$$

Auf hohe Dynamik optimierte Vorschubantriebe mit elektrischen linearen Direktantrieben weisen in Ausnahmefällen K_V Werte von über $10\ m/(min \cdot mm) = 166,\overline{6}\ s^{-1}$ auf.

Die Geschwindigkeitsverstärkung K_V ist der Kreisverstärkung des offenen Lageregelkreises gleichzusetzen. Sie bestimmt die Lageabweichung beim Fahren mit konstanter Geschwindigkeit und ist bei der Auslegung von Lageregelkreisen für mehrere Maschinenachsen von großer Bedeutung.

Neben dem K_V-Faktor bestimmen die Eigenfrequenz ω_0 und die Systemdämpfung D maßgeblich das Verhalten des Lageregelkreises. Der Einfluss von Dämpfung und Eigenfrequenz ist in Bild 3.23 dargestellt.

Tabelle 3.11. Berechnung eines Lageregelkreises ohne und mit Geschwindigkeitsregelung

Lageregelkreis **ohne** Geschwindigkeitsregelung	Lageregelkreis **mit** Geschwindigkeitsregelung

Geschwindigkeitsverstärkung

$$K_v = K_L K_p K_M K_G \qquad\qquad K_{vG} = \frac{K_L K_p K_M K_G}{1 + K_p K_M K_T}$$

Frequenzgang des Geschwindigkeitsregelkreises

$$G_{GS}(j\omega) = \frac{K_p \dfrac{K_M}{1 + T\,j\omega}}{1 + K_p \dfrac{K_M}{1 + T\,j\omega} \cdot K_T}$$

Frequenzgang des Lageregelkreises

$$G(j\omega) = \frac{K_L K_p \dfrac{K_M}{1 + j\omega T} K_G \dfrac{1}{j\omega}}{1 + K_L K_p \dfrac{K_M}{1 + j\omega T} K_G \dfrac{1}{j\omega} K_{MS}}$$

$$= \frac{\dfrac{1}{K_{MS}}}{1 + \dfrac{1}{K_L K_p K_M K_G K_{MS}} j\omega + \ \cdots}$$

$$\cdots + \frac{T}{K_L K_p K_M K_G K_{MS}} (j\omega)^2$$

$$G_G(j\omega) = \frac{K_L G_{GS}(j\omega) K_G \dfrac{1}{j\omega}}{1 + K_L G_{GS}(j\omega) K_G \dfrac{1}{j\omega} \cdot K_{MS}}$$

$$= \frac{\dfrac{1}{K_{MS}}}{1 + \dfrac{1 + K_p K_M K_T}{K_L K_p K_M K_G K_{MS}} j\omega + \ \cdots}$$

$$\cdots + \frac{1}{K_L K_p K_M K_G K_{MS}} (j\omega)^2$$

Vergleich mit Proportionalglied mit Verzögerung 2. Ordnung

$$G_{PT2}(j\omega) = \frac{K}{1 + T_1 j\omega + T_2^2 (j\omega)^2} = \frac{K}{1 + \dfrac{2D}{\omega_0} j\omega + \dfrac{1}{\omega_0^2}(j\omega)^2}$$

$$T_1 = \frac{1}{K_L K_p K_M K_G K_{MS}} \qquad\qquad T_{1G} = \frac{1 + K_p K_M K_T}{K_L K_p K_M K_G K_{MS}}$$

$$T_2 = T_{2G} = \sqrt{\frac{T}{K_L K_p K_M K_G K_{MS}}}$$

Eigenfrequenz $\left(\omega_0 = \dfrac{1}{T_2} \right)$

$$\omega_0 = \omega_{0G} = \sqrt{\frac{K_L K_p K_M K_G K_{MS}}{T}}$$

Dämpfung $\left(D = \dfrac{1}{2} \cdot \dfrac{T_1}{T_2} \right)$

$$D = \frac{1}{2} \frac{1}{\sqrt{K_L K_p K_M K_G K_{MS} \, T}} \qquad\qquad D_G = \frac{1}{2} \frac{1 + K_p K_M K_T}{\sqrt{K_L K_p K_M K_G K_{MS} \, T}}$$

$$= \frac{1}{2} \sqrt{\frac{1}{K_V}} - \frac{1}{M_S T} \qquad\qquad\qquad = \frac{1}{2} \sqrt{\frac{1}{K_V}} - \frac{1}{M_S T} \sqrt{1 + K_p K_M K_T}$$

Die Eigenfrequenz ω_0 (bzw. f_0) ist ein Maß für die Güte der Signalübertragung. Eine hohe Kennkreisfrequenz bedeutet eine geringe Signalverzerrung durch das System. Im Allgemeinen liegt $f_0 = \omega_0/2\pi$ bei 10 bis 30 Hz (Kennkreisfrequenz = Eigenfrequenz).

Der Dämpfungsgrad D beschreibt die Schwingungsfähigkeit eines Systems. Ein hoher Dämpfungsgrad bedeutet geringe Schwingneigung. Um die Zielposition einer Bewegung ohne signifikantes Überschwingen anfahren zu können, sollte die Dämpfung möglichst groß sein (im Bereich $0,8 \leq D \leq 1$) [179].

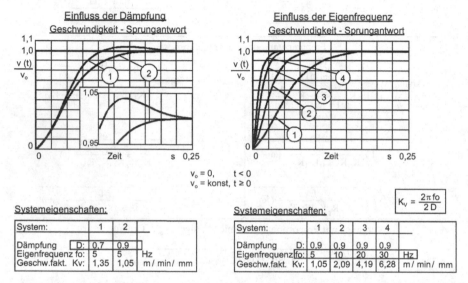

Bild 3.23. Geschwindigkeitsverlauf: Sprungantwort - Einfluss von Dämpfung und Eigenfrequenz

Die Grenzfrequenz f_g eines Lageregelkreises ist die Frequenz, bei der bei sinusförmiger Lagesollwertänderung das Verhältnis der Istamplitude zur Sollamplitude den Wert $1/\sqrt{2}$ erreicht hat.

$$f_g \approx \frac{1}{2\pi} K_V \tag{3.59}$$

Rechnerisch lassen sich die Zusammenhänge über folgende Gleichung herstellen:

$$K_V = \frac{\omega_0}{2D} = \frac{2\pi f_0}{2D} = \frac{\pi f_0}{D} \tag{3.60}$$

Da, wie erwähnt, die Dämpfung zwischen

$$0,8 < D < 1,0 \tag{3.61}$$

liegen sollte, ergibt sich folgende Abhängigkeit:

$$K_V = \frac{\pi}{0,8 \ldots 1,0} \cdot f_0 = (3,14 \ldots 3,93) f_0 \tag{3.62}$$

Bild 3.24 stellt diesen Zusammenhang grafisch dar. Bei der Umrechnung müssen die verschiedenen Einheiten des K_V-Faktors berücksichtigt werden. Um beispielsweise einen K_V-Faktor von 3 $m/(min \cdot mm)$ zu realisieren, müssen je nach gewünschter Dämpfung Eigenfrequenzen von 12,5 Hz bis 16 Hz erreicht werden.

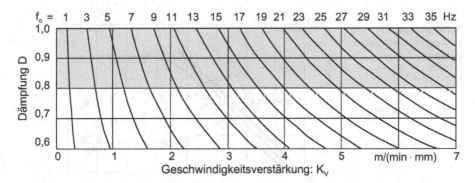

Bild 3.24. Zusammenhang zwischen K_V-Faktor, Eigenfrequenz und Dämpfung

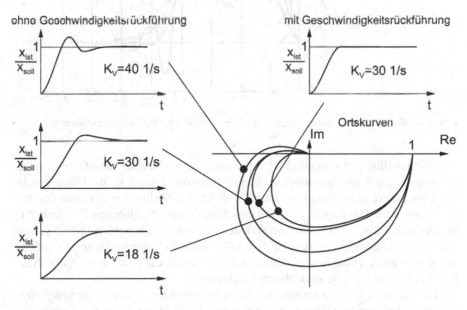

Bild 3.25. Verhalten des Lageregelkreises mit und ohne Geschwindigkeitsrückführung

Eine Erhöhung der Kreisverstärkung bei gleichbleibenden zu beschleunigenden Massen und gleichem Motorantriebsmoment erhöht zwar den K_V-Faktor bzw. die Eigenfrequenz; die Dämpfung wird dabei jedoch reduziert (Tabelle 3.11).

Das Verhalten des Lageregelkreises ohne und mit Geschwindigkeitsregelung kann - wie die Berechnungen in Tabelle 3.11 zeigen - durch ein proportionales Verzögerungsglied 2. Ordnung beschrieben werden. Das Übertragungsverhalten des Lageregelkreises kann jedoch durch eine Geschwindigkeitsrückführung erheblich verbessert werden.

Schleppabstand
im eingeschwungenen
Zustand

$x_{w1} = \dfrac{v}{K_{V1}} = 1,12$ mm

$x_{w2} = \dfrac{v}{K_{V2}} = 0,56$ mm

$x_{w3} = \dfrac{v}{K_{V3}} = 0,045$ mm

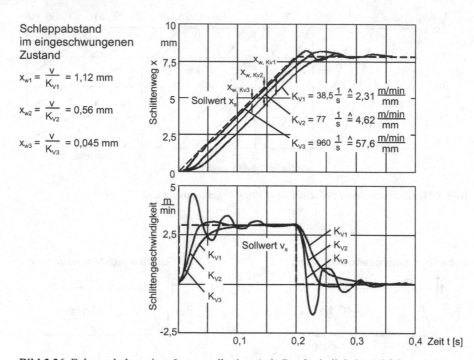

Bild 3.26. Folgeverhalten eines Lageregelkreises (mit Geschwindigkeitsrückführung)

Wie aus Bild 3.25 ersichtlich ist, steigt bei Lageregelkreisen ohne Geschwindigkeitsregelung mit abnehmender Geschwindigkeitsverstärkung K_V die Dämpfung D, d.h. eine höhere Dämpfung kann man nur durch den Verlust der Dynamik des Antriebs erreichen. Bei Regelkreisen mit Geschwindigkeitsrückführung lässt sich über die Verstärkung K_p des Geschwindigkeitsregelkreises die Dämpfung D des Systems dahingehend beeinflussen, dass bei hoher Geschwindigkeitsverstärkung K_V gleichzeitig eine große Dämpfung erzielt wird. Damit erhält der Antrieb ein gutes dynamisches Verhalten, ohne stark überzuschwingen.

Bild 3.25 zeigt hierzu ein Beispiel. Der Lageregelkreis ist bei Verwendung einer Geschwindigkeitsrückführung auch bei einem K_V-Faktor von 30 s^{-1} noch in der Lage, überschwingungsfrei zu positionieren, während dies ohne Geschwindigkeitsrückführung nur bis zu einem K_V-Faktor von 18 s^{-1} möglich ist. Die Anregelzeit des Lageregelkreises mit Geschwindigkeitsrückführung (K_V-Faktor = 30 s^{-1}) wird ohne Geschwindigkeitsrückführung erst mit einem K_V-Faktor von 40 s^{-1} erreicht, allerdings mit unzulässiger Überschwingung.

Im Bild 3.26 ist der Schlittenweg x über der Zeit aufgetragen. Im unteren Teil ist der Verlauf der Schlittengeschwindigkeit $\dot{x}$ wiedergegeben. Parameter ist die Geschwindigkeitsverstärkung K_V. Mit wachsender Verstärkung nimmt die Regelabweichung ab, während die Sollgeschwindigkeit schneller erreicht wird. Bei hohen Verstärkungen tritt aufgrund der abnehmenden Dämpfung beim Anfahren und Anhalten eine starke Schwingung auf. Die Verstärkung beschränkt man deshalb auf einen Wert, bei dem der Schlitten seine Position möglichst schnell - jedoch ohne großes Überschwingen - erreicht. Ein Maß für das Überschwingen ist der Dämpfungsgrad D. Mit diesen sprungförmigen Geschwindigkeitsänderungen läßt sich das dynamische Verhalten von Vorschubantrieben sehr gut testen und bewerten. In der Praxis werden die Geschwindigkeitsänderungen durch eine gezielte Geschwindigkeitsführung der Steuerung realisiert, so dass die Antriebe den Vorgaben gut folgen können und Schwingungsanregungen der Maschinenstruktur durch unerlaubte Ruckbeträge (Ruck = Beschleunigungsänderung $\equiv \dddot{x}$) vermieden werden.

3.2.4 Simulation von Vorschubantrieben

Zum Entwurf und zur Analyse dynamischer Systeme stellen rechnergestützte Simulationssysteme ein gutes Hilfsmittel dar. Basis solcher Simulationssysteme sind Bibliotheken mit Funktionen zur linearen Algebra, numerischen Integration, zum Lösen von Differenzialgleichungen und zur Durchführung von Matrixoperationen. Auf diese Funktionen können alle zur Simulation und Analyse benötigten Berechnungen zurückgeführt werden. Auch können beliebige Nichtlinearitäten und spezielle Kennfunktionen in einem Wirkungsplan eingesetzt werden. Unterschiede gibt es vor allem in der Benutzeroberfläche, mit der der Anwender seine Aufgabenstellung formuliert und löst.

Allgemein verwendbare Simulationsprogramme (z.B. MATLAB/SIMULINK [101]) erfordern eine mathematische Formulierung der Simulationsaufgabe. Ausgehend von einer Beschreibung der Vorschubachse muss zunächst ein regelungstechnisches Blockschaltbild mit einer genauen Formulierung der Einzelblöcke in Form von Koeffizienten des Zählers und des Nenners eingegeben werden.

Die Vielfalt der zur Verfügung stehenden Funktionen ermöglicht die Ausführung aller Untersuchungen auch noch so komplizierter Systeme im Zeit- und Frequenzbereich. Die Ergebnisse lassen sich numerisch oder grafisch darstellen und ausdrucken.

Um den Schritt der mathematischen Beschreibung des Simulationsproblems für regelungstechnische Anwendungen zu vereinfachen, wurden Eingabeeditoren (z.B. Simulink [105], MatrixX [102]) entwickelt, die eine direkte grafische Eingabe des Blockschaltbildes erlauben. Aus verschiedenen Bibliotheken kann der Benutzer die benötigten Regelkreiselemente zusammenstellen und parametrieren. Die Berechnung der Koeffizienten der Übertragungsfunktion erfolgt danach automatisch.

Im Bild 3.27 ist die grafische Modellierung eines Lageregelkreises einer Vorschubachse mit einer simulierten Rampenantwort dargestellt. Um das Modell besser strukturieren zu können, wurde von der Möglichkeit Gebrauch gemacht, selbstdefinierte Elemente zu bilden, die intern aus weiteren Modellelementen zusammenge-

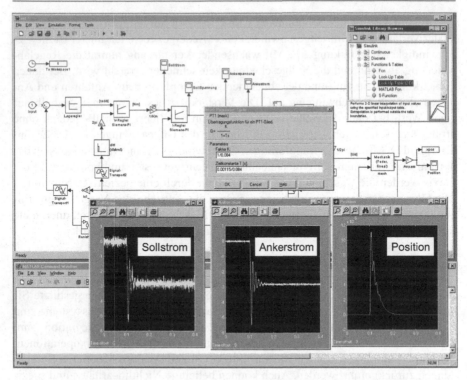

Bild 3.27. Modellierung eines Lageregelkreises im Simulationsprogramm MAT-LAB/SIMULINK

setzt sind. Sowohl der Antrieb als auch die Vorschubmechanik sind hier als schwingungsfähiges System 2. Ordnung modelliert, die über den Drehwinkel der Welle und das Rückwirkmoment der Mechanik auf den Antrieb miteinander gekoppelt sind.

Noch weiter geht die Unterstützung des Benutzers bei speziell für die Simulation antriebstechnischer Probleme entwickelten Systemen [100]. Hier stehen in der Elementbibliothek nicht mehr allgemeine regelungstechnische Blöcke, sondern direkt Modelle antriebstechnischer Komponenten (Führungen, Spindel-Mutter-Systeme, Servoantriebe usw.) zur Verfügung, die vom Benutzer beliebig kombiniert werden können. Dieser kann sich daher auf die Lösung des eigentlichen Simulationsproblems konzentrieren, ohne die unterlagerte interne Struktur der Modelle kennen zu müssen.

3.3 Übertragungsverhalten der Mechanik

Neben dem bisher beschriebenen linearen Übertragungsverhalten, das im Wesentlichen auf die linearen Eigenschaften der einzelnen Übertragungsblöcke der Regelung zurückzuführen ist, beeinflussen auch nichtlineare Übertragungselemente im Antriebsverstärker das Verhalten der Vorschubachsen.

Außerdem wirkt der mechanische Teil der Regelstrecke auf die Regelung zurück. Das Verhalten der mechanischen Übertragungselemente kann in ein lineares und ein nichtlineares Verhalten eingeteilt werden. Meist überwiegt das lineare Verhalten, sodass nichtlineare Anteile bei der Auslegung und Berechnung vernachlässigt werden. Darüber hinaus lässt sich das nichtlineare Verhalten einer Teilstrecke oft nur schwer beschreiben. Hierbei handelt es sich um meist störende Einflüsse, die sich jedoch aus den physikalischen Randbedingungen ergeben und damit nicht ganz vermieden werden können.

Nichtlineare Übertragungselemente finden sich an vielen Stellen der Vorschubachse, Bild 3.28. Hierbei handelt es sich um Leistungsgrenzen des elektrischen Systems und Nichtlinearitäten im Bereich der mechanischen Übertragungselemente. Zu den Nichtlinearitäten zählen: Quantisierung der Messsysteme und der digitalen Regelung, Motorstrombegrenzung, Lose und Unterspannen in den mechanischen Komponenten wie Lagern, Kugelmutter/Spindel, Zahnriemen, Spindelsteigungsfehler, Stribeck'sche Reibung in Führungen und der Kugelrollspindel, Signalrauschen u.a.m. In den folgenden Abschnitten werden die wichtigsten Einflüsse auf die Vorschuberzeugung in den Maschinenachsen näher beschrieben.

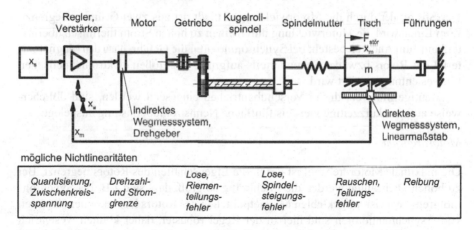

Bild 3.28. Nichtlinearitäten im Lageregelkreis einer Vorschubachse

3.3.1 Physikalische Grenzen des mechanischen und elektrischen Systems

An vielen Stellen im elektrischen und mechanischen System wirken sich physikalische Gegebenheiten begrenzend auf Wirkungsgrößen im Lageregelkreis aus. Diese Grenzen müssen von der Antriebsregelung berücksichtigt werden, um das System nicht zu überlasten. Im Folgenden werden die wichtigsten Grenzwerte genannt und kurz beschrieben.

Zwischenkreisspannung

Die nach Gleichrichtung des Nebenstroms erzeugte Gleichspannung im sogenannten Zwischenkreis bildet für die Umrichter die Energiequelle (vgl. Kapitel 2.4). Die an die Motorwicklungen angelegte Spannung (vgl. U_A in Bild 3.20) ist daher auf den Betrag der Zwischenkreisspannung begrenzt, wobei unter Umständen zusätzlich die Innenwiderstände der Schaltelemente im Umrichter (IGBTs) zu berücksichtigen sind.

Die an die Motorwicklungen angelegte Spannung bestimmt, wie schnell sich in den Spulen ein Strom aufbauen kann. Daher wirkt sich die Zwischenkreisspannung begrenzend auf die Stromanstiegsgeschwindigkeit aus. Diese Größe ist proportional zum realisierbaren Ruck des Motors, d.h. zur Beschleunigungsänderung des Antriebes.

Außerdem muss vom Stromsteller die induzierte Gegenspannung des Motors überwunden werden. Daher nimmt die realisierbare Dynamik mit höheren Drehzahlen immer mehr ab, da die Spannungsreserve aufgebraucht wird.

Motorstrom, Motormoment

Der Strom, der durch die Motorwicklungen fließt, ist aus zwei Gründen begrenzt. Zum Einen wird die Motorwicklung durch einen zu hohen Strom thermisch überlastet, und zum Anderen besteht bei Synchronmotoren die Gefahr, dass das Magnetmaterial des Rotors bzw. des Sekundärteils aufgrund des großen elektromagnetischen Flusses entmagnetisiert wird.

Heutige Motoren, die in Vorschubantrieben eingesetzt werden, sind üblicherweise auf eine kurzzeitige vier- bis fünffache Nennstromüberlastung ausgelegt.

Motordrehzahl

Die maximale Motordrehzahl ist durch die Eigenschaften des Rotors begrenzt. Bei zu hohen Drehzahlen werden die Fliehkräfte so groß, dass sich z.B. bei Synchronmotoren die meist aufgeklebten Magnetplättchen des Rotors lösen können. Rotoren von Asynchronmotoren sind hier in der Regel robuster, daher können wesentlich höhere Drehzahlen erreicht werden.

Bei Linearmotoren besteht keine Beschränkung der maximalen Geschwindigkeit aufgrund von Fliehkräften. Hier begrenzt die induzierte Gegenspannung die erreichbare Geschwindigkeit.

Biegekritische Drehzahl der Kugelrollspindel

Bei langen Kugelrollspindeln ist die Verfahrgeschwindigkeit des Schlittens durch die biegekritische Drehzahl der Kugelrollspindel begrenzt. Auch die Kugelumrückführung in den Muttern stellt eine geschwindigkeitsbegrenzende Größe dar.

Maximale Geschwindigkeit der Führungswagen

Die meist eingesetzten Kompaktführungen in Form von Wälzschienenführungen sind heute in der Regel für Geschwindigkeiten bis zu 300 m/min zugelassen. Begrenzend wirken sich bei großen Verfahrgeschwindigkeiten die hohen Fliehkraftbelastungen an den Wälzkörperumlenkstücken aus.

Grenzgeschwindigkeit des Messsystems

Je nach Teilungsperiode des Messsystems werden bei hohen Geschwindigkeiten sehr hohe Geberfrequenzen erreicht. Diese bewirken zum einen eine Abschwächung der Signalamplitude in der Verstärkungselektronik und zum anderen kann die maximale Messeingangsfrequenz des Antriebsreglers überschritten werden.

3.3.2 Übertragungsverhalten elektromechanischer Antriebssysteme

Die Arbeitsgenauigkeit von Werkzeugmaschinen wird entscheidend mitbestimmt durch das Übertragungsverhalten der Regeldynamik und der mechanischen Komponenten. Jede Achse bildet ein komplexes dynamisches System, welches durch die vorgegebenen Führungsgrößen und die Störgrößen statisch sowie thermisch verformt und dynamisch angeregt wird.

Weitere Abweichungen zwischen der vom Werkzeug realisierten Werkstückgestalt und der durch die Steuerung ausgegebenen Werkstücksollkontur werden durch fehlerhaft gefertigte Einzelkomponenten (z.B. Spindelsteigungsfehler) bzw. eine fehlerhafte Montage verursacht.

Die aus der Mechanik resultierenden Abweichungen lassen sich in Fehler im kinematischen, statischen und dynamischen Übertragungsverhalten unterteilen.

3.3.2.1 Kinematisches Übertragungsverhalten

Kinematische Fehler äußern sich in geometrischen Abweichungen des Vorschubsystems und sind weitgehend unabhängig von Geschwindigkeiten, Beschleunigungen und Kräften. Kinematische Übertragungsfehler der mechanischen Komponenten entstehen durch die fehlerhafte Fertigung oder Montage und infolge von Verschleiß. Folgende geometrische Bauteilfehler haben einen dominierenden Einfluss auf den kinematischen Übertragungsfehler:

– Steigungs-, Taumel- und Exzentrizitätsfehler von Spindeln,
– Verzahnungsfehler,
– Rundheits-, Exzentrizitäts-, Taumel- und Fluchtungsfehler von Lagerungen sowie
– Geradlinigkeits-, Winkel-, Parallelitäts- und Fluchtungsfehler von Führungen.

Die kinematischen Übertragungsfehler, die von geometrischen Bauteilfehlern herrühren, können außer geometrischen Bearbeitungsfehlern auch schwingungsanregende Wechselkräfte hervorrufen, z.B. durch Eingriffsteilungsfehler bei Zahnradgetrieben.

Ein ausreichendes funktionales Spiel zwischen den sich relativ gegeneinander bewegten Komponenten ist vielfach für die Relativverlagerung der mechanischen Übertragungselemente erforderlich. Es geht unter Berücksichtigung eventueller Über- oder Untersetzungen bei wechselnder Belastungsrichtung proportional in den kinematischen Übertragungsfehler ein. Besonders die mechanischen Übertragungselemente, die sich unmittelbar vor der Bearbeitungsstelle befinden (z.B. Getriebestufen oder Spindel-Mutter-Systeme), sollten spielfrei arbeiten, da sich dieses Spiel direkt als Bearbeitungsfehler auswirkt.

Die geometrischen Abweichungen der einzelnen mechanischen Übertragungselemente sind durch Einzelfehlermessungen bestimmbar (z.B. Steigungsfehlermessung an Spindeln). In den meisten Fällen ist es jedoch nicht möglich, aus mehreren zusammenwirkenden Einzelfehlern den kinematischen Gesamtübertragungsfehler zu ermitteln.

Durch eine Übertragungsfehlermessung ist das reale kinematische Gesamtübertragungsverhalten bestimmbar. Die Bauteile, die wegen ihrer geometrischen Einzelfehler ausschlaggebend am resultierenden kinematischen Übertragungsfehler beteiligt sind, können dabei anhand einer Analyse der Fehlerfrequenzen (z.B. Drehfrequenzen von Spindeln, Zahneingriffsfrequenzen) ausfindig gemacht werden. Durch gezielte Nacharbeit der fehlerhaften Bauteile ist es möglich, den kinematischen Übertragungsfehler zu verringern.

3.3.2.2 Statisches Übertragungsverhalten

Statische Übertragungsfehler werden hervorgerufen durch statische Verformungen der Übertragungselemente infolge statischer Reibkräfte, Prozesskräfte und der Gewichtskräfte, die durch Werkstücke, aber auch durch die Maschinenkomponenten selbst, hervorgerufen werden. Die bedeutendste Anregung stellen jedoch die Beschleunigungskräfte durch den Antrieb dar. Es werden heute Beschleunigungen von 10 bis 20 m/s^2 bei Geschwindigkeiten von 100 bis 120 m/min gefordert.

Im Bild 3.29 ist eine messtechnisch durchgeführte Nachgiebigkeitsanalyse der Einzelkomponenten eines Spindel-Mutter-Systems dargestellt. Mit 58% Nachgiebigkeitsanteil ist in diesem Fall die Spindel das schwächste Glied. Wird die statische Steifigkeit der Spindel durch Wahl eines großen Durchmessers vergrößert, verringert sich die statische Verformung beträchtlich und die Resonanzfrequenz erhöht sich. Dies kann ein erwünschter Effekt sein, da der Eigenfrequenzbereich der mechanischen Struktur wenigstens um den Faktor 2 über der Eigenfrequenz des Regelkreises liegen sollte.

Durch die Vergrößerung des Spindeldurchmessers erhöht sich die Steifigkeit mit der zweiten Potenz. Das Massenträgheitsmoment steigt jedoch zugleich mit der vierten Potenz.

- Steifigkeit $\sim d_{Sp}^2$,
- Massenträgheitsmoment $\sim d_{Sp}^4$.

So kann durch die Vergrößerung des Spindeldurchmessers das Beschleunigungsverhalten des Vorschubantriebes sehr negativ beeinträchtigt werden. Dies be-

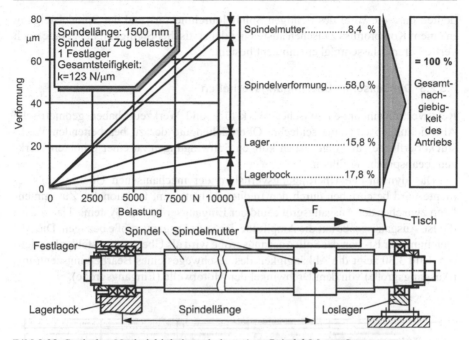

Bild 3.29. Statisches Nachgiebigkeitsverhalten eines Spindel-Mutter-Systems

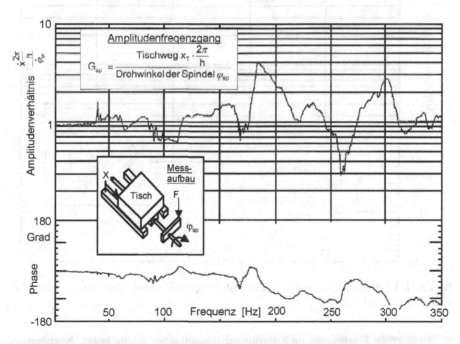

Bild 3.30. Frequenzgang der mechanischen Übertragungselemente eines Vorschubantriebes eines Bearbeitungszentrums

deutet, dass die Wahl des richtigen Spindeldurchmessers und der Spindelsteigung in einem Kompromiss zwischen ausreichender statischer Steifigkeit bei gerade noch vertretbarem Massenträgheitsmoment besteht.

3.3.2.3 Dynamisches Übertragungsverhalten

Relative Schwingungen zwischen Werkstück und Werkzeug haben geometrische Abweichungen und eine schlechte Oberflächengüte der zu bearbeitenden Werkstückoberfläche zur Folge. Auch können Schwingungen zu einer erhöhten Werkzeugbeanspruchung führen.

Das dynamische Übertragungsverhalten der mechanischen Übertragungselemente wird beschrieben durch den frequenzabhängigen, funktionalen Zusammenhang zwischen der Ausgangsgröße und der Eingangsgröße des Systems. Dabei wird die Ist-Ausgangsgröße auf die Amplitude der Soll-Ausgangsgröße bezogen. Die Abweichung der Ist- von der Soll-Ausgangsgröße wird als Übertragungsfehler bezeichnet. Bild 3.30 zeigt die Abhängigkeit des Tischweges eines Bearbeitungszentrums (Ausgangsgröße) von dem Drehwinkel der Motorwelle (Eingangsgröße).

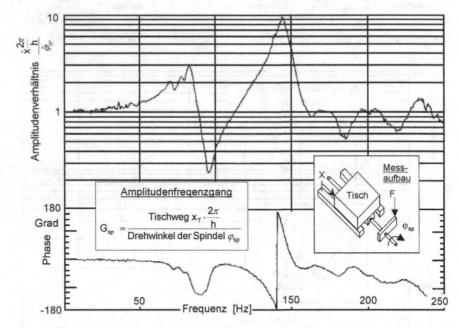

Bild 3.31. Frequenzgang der mechanischen Übertragungselemente eines Vorschubantriebes einer Schleifmaschine

Eine große Tischmasse im Zusammenhang mit einer relativ hohen Nachgiebigkeit der Spindelmutter und der Spindel ist bei den meisten Vorschubantrieben mit Spindel für die unterste mechanische Resonanzstelle verantwortlich. Obwohl das hier untersuchte System bei der Messung der Nachgiebigkeitsfrequenzgänge und der Modalanalyse keine dominierenden Schwachstellen zeigt, findet sich eine Überhöhung des Amplitudenverhältnisses um den Faktor 4 bei 183 *Hz*.

Ebenso verdeutlicht die gleiche Messung an einer Schleifmaschine, dass der Einfluss der mechanischen Übertragungselemente von großer Bedeutung für das dynamische Verhalten der Maschine ist, Bild 3.31.

Das Amplitudenverhältnis zeigt deutliche Überhöhungen bei 82 *Hz* und 145 *Hz* um den Faktor 3 bzw. 9. Mittels einer Modalanalyse konnte bestätigt werden, dass diese Überhöhungen auf das Schieben des Vorschubtisches zurückzuführen sind. Die Modalanalyse wurde bei räumlicher Anregung an der Zerspanstelle durchgeführt und beinhaltet die Untersuchung der gesamten Maschine, sodass hierbei auch andere Maschinenbauteile das dynamische Verhalten beeinflussen, Bild 3.32.

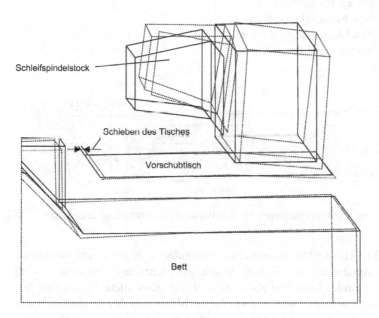

Bild 3.32. Schwingungsform einer Schleifmaschine bei $f_{0,2} = 145$ Hz

Im Bereich der Resonanzfrequenzen des mechanischen Übertragungssystems ist die Amplitude der Schwingung am höchsten. Daher sollten mögliche Anregungsfrequenzen in einem ausreichend großen Frequenzabstand vor den Resonanzfrequenzen liegen. In diesem Zusammenhang gilt die Faustformel für unterkritische Systeme, dass die Frequenz der ersten Resonanzstelle des mechanischen Systems mindestens doppelt so groß sein soll wie die Eigenfrequenz des Lageregelkreises.

Der Kraftfluss für die Umwandlung der Motorbewegung in eine Vorschubbewegung erfasst viele Einzelelemente, die wie Schwingungssysteme Masse-, Feder- und Dämpfungseigenschaften aufweisen. Der gesamte Vorschubantrieb kann damit als System gekoppelter Feder-Masse-Systeme aufgefasst werden (Mehrmassenschwinger). Die Systemeigenschaften bewirken, dass bei einer dynamischen Anregung die Elemente des Vorschubantriebes Schwingungen ausführen können. Von primärer Bedeutung ist hierbei die Kenntnis des dynamischen Folgeverhaltens und des Störgrößenverhaltens.

Das dynamische Übertragungsverhalten wird beschrieben durch eine Differenzialgleichung (DGL) zweiter Ordnung:

$$[M] \cdot \{\ddot{x}\} + [C] \cdot \{\dot{x}\} + [K] \cdot \{x\} = \{f\} \tag{3.63}$$

mit: $[M]$ Massenmatrix (diagonal),
           $[C]$ Dämpfungsmatrix (tridiagonal),
           $[K]$ Steifigkeitsmatrix (tridiagonal),
           $\{x\}$ Verlagerungsvektor,
           $\{\dot{x}\}$ Geschwindigkeitsvektor,
           $\{\ddot{x}\}$ Beschleunigungsvektor und
           $\{f\}$ Vektor der äußeren Kräfte.

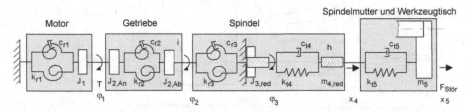

Bild 3.33. Abbildung eines mechanischen Vorschubsystems als Mehrmassenschwinger

In Bild 3.33 ist ein elektromechanisches Vorschubsystem, bestehend aus Motor, Getriebe, Kugelrollspindel und Werkstücktisch, als Mehrmassenschwingermodell abgebildet. Die Spindel kann hier als zwei in Reihe geschaltete Feder-Dämpfer-Elemente betrachtet werden. Dabei müssen für die Masse und das Trägheitsmoment der Spindel die reduzierten, auf die Abtriebsgrößen φ_3 und x_4 bezogenen Werte eingesetzt werden. Für das Vorschubsystem erhält man die folgende Bewegungsgleichung:

$$
\begin{bmatrix}
J_1 + J_2\text{An} & 0 & 0 & 0 & 0 \\
0 & J_2\text{Ab} & 0 & 0 & 0 \\
0 & 0 & J_3 & 0 & 0 \\
0 & 0 & 0 & m_4 & 0 \\
0 & 0 & 0 & 0 & m_5
\end{bmatrix}
\cdot
\begin{bmatrix}
\ddot{\varphi}_1 \\
\ddot{\varphi}_2 \\
\ddot{\varphi}_3 \\
\ddot{x}_4 \\
\ddot{x}_5
\end{bmatrix}
+
$$

$$
\begin{bmatrix}
c_1 + c_2 & -c2 & 0 & 0 & 0 \\
-c2 & i \cdot c_2 + c_3 & -d3 & 0 & 0 \\
0 & -c3 & c_3 + c_4 \cdot \frac{h^2}{4\pi^2} & -c_4 \cdot \frac{h}{2\pi} & 0 \\
0 & 0 & -c_4 \cdot \frac{h}{2\pi} & c_4 + c_5 & -c5 \\
0 & 0 & 0 & -c_5 & c5
\end{bmatrix}
\cdot
\begin{bmatrix}
\dot{\varphi}_1 \\
\dot{\varphi}_2 \\
\dot{\varphi}_3 \\
\dot{x}_4 \\
\dot{x}_5
\end{bmatrix}
+
$$

$$
\begin{bmatrix}
k_1 + k_2 & -k_2 & 0 & 0 & 0 \\
-k_2 3 & i \cdot k_2 + k_3 & -k_3 & 0 & 0 \\
0 & -k_3 & k_3 + k_4 \cdot \frac{h^2}{4\pi^2} & -k_4 \cdot \frac{h}{2\pi} & 0 \\
0 & 0 & -k_4 \cdot \frac{h}{2\pi} & k_4 + k_5 & -k5 \\
0 & 0 & 0 & -k_5 & k_5
\end{bmatrix}
\cdot
\begin{bmatrix}
\varphi_1 \\
\varphi_2 \\
\varphi_3 \\
x_4 \\
x_5
\end{bmatrix}
=
\begin{bmatrix}
T \\
0 \\
0 \\
0 \\
F
\end{bmatrix}
\qquad (3.64)
$$

mit:
- J_i Massenträgheitsmoment,
- m_i Masse,
- $c_{r+t,i}$ Dämpfung: rotatorisch und translatorisch,
- $k_{r+t,i}$ Steifigkeit: rotatorisch und translatorisch,
- T_i Moment und
- F_i Kraft

Die hier angestellten Betrachtungen gelten ohne Berücksichtigung des Vorschub-reglers. Es werden zunächst nur die mechanischen Bauteile betrachtet.

3.3.3 Übertragungsverhalten linearer Direktantriebe

Im Gegensatz zu elektromechanischen Antriebssystemen ist der Motor bei einem linearen Direktantrieb direkt an den Maschinenschlitten angeflanscht - die Tiefpasswirkung der mechanischen Übertragungselemente entfällt somit. Versuche zeigen, dass sich im Geschwindigkeitsregelkreis durchaus Schwingungen mit vielen Hundert Hertz ausbilden können, da die Wirkbandbreite des Geschwindigkeitsregelkreises sehr groß ist [203].

Werden die Reglereinstellungen erhöht, kommt es aus diesen Gründen auch zu einer verstärkten Anregung mechanischer Resonanzstellen. Hierbei stellen jedoch nicht die mechanischen Übertragungselemente in Verbindung mit der Schlittenmasse das schwingungsfähige System dar, vielmehr kann nachgewiesen werden, dass - bei sehr steifer Ausführung des Maschinenschlittens - die Führungswagen als Feder-Dämpferelemente interpretiert werden müssen. Dieses Feder-Masse-System, bestehend aus Führungswagen und Schlittenmasse, wird dann durch den linearen Direktantrieb in Verbindung mit der Regelung zu Schwingungen angeregt.

Bild 3.34 zeigt zwei Störfrequenzgänge einer linearmotorgetriebenen Achse bei geringen und erhöhten Reglereinstellungen im Lage- und Geschwindigkeitsregelkreis. Es ist deutlich zu erkennen, dass bei höheren Reglereinstellungen eine Schwingungsform bei einer Frequenz von 300 *Hz* angeregt wird, die bei niedrigen Einstellungen kaum wahrnehmbar ist.

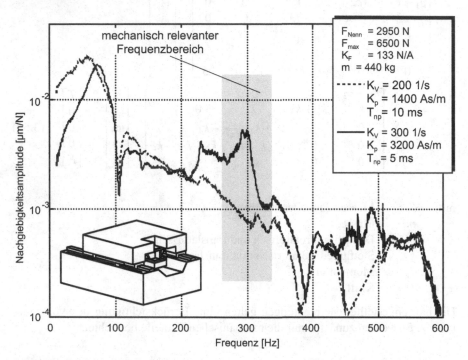

Bild 3.34. Störfrequenzgänge der Linearmotorachse bei unterschiedlichen Reglereinstellungen

Bild 3.35 zeigt die mittels einer Modalanalyse gemessene Schwingungsform. Die Schlittenstruktur verformt sich kaum, sondern die Masse federt in den Führungswagen. Durch die taumelnde Schwingung des Schlittens werden die dynamischen Bewegungen von dem seitlich angebrachten Messsystem erfaßt und dem Regler als Abweichung zugeführt, was zu einer Instabilität führt.

Diese Überlegungen zeigen, dass die Reglereinstellungen im hochdynamischen Geschwindigkeitsregelkreis durch die schwingungsfähige Ankopplung der Schlittenmasse begrenzt werden. Da durch den Geschwindigkeitsregelkreis die Dämpfung im Lageregelkreis stark beeinflusst wird, wirken sich die limitierten Reglereinstellungen im Geschwindigkeitsregler ebenfalls begrenzend auf den K_V-Faktor im Lageregelkreis aus.

Diese Zusammenhänge lassen sich - unter Ausnutzung geeigneter Vereinfachungen in den Regelkreisen - auch analytisch berechnen. So kann beispielsweise eine

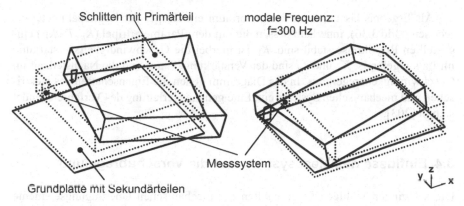

Bild 3.35. Gemessene Schwingungsform der mechanischen Eigenfrequenz

Stabilitätsbetrachtung der Regelkreise mit schwingungsfähiger Mechanik nach Nyquist durchgeführt werden.

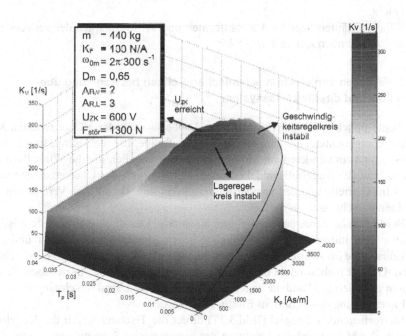

Bild 3.36. Einstellbereich der Reglerfaktoren hinsichtlich der Systemstabilität und physikalischer Begrenzungen

Als Ergebnis lässt sich im Parameterraum ein Körper der Reglerparameter er-rechnen (Bild 3.36), innerhalb dessen die mit dem Parametertripel (K_p, T_p, K_V) ein-gestellten Regelkreise stabil sind. K_V ist hierbei die Geschwindigkeitsverstärkung im Lageregelkreis, K_p und T_p sind der Verstärkungsfaktor und die Nachstellzeit im Geschwindigkeitsregelkreis. In das Diagramm gehen die Eigenschaften des elektri-schen und mechanischen Systems ein. Eine genaue Herleitung des Verfahrens findet sich in [203].

3.4 Einflüsse des Messsystems auf die Vorschubregelung

Die schwingungsfähigen Eigenschaften der mechanischen Übertragungselemente wirken sich auf das dynamische Verhalten des gesamten Lageregelkreises aus. Die im Folgenden beschriebenen Analysen zeigen, dass die Art und Lage des Wegmess-systems entscheidenden Einfluss auf das Gesamtsystemverhalten hat. Die mechani-schen Strukturschwingungen nehmen dabei unterschiedlichen Einfluss auf den La-geregelkreis. Wichtig ist hierbei die Frage, ob die mechanischen Schwingungen vom Wegmesssystem erfaßt werden und damit vom Regelkreis wahrgenommen werden oder nicht.

Nähere Erläuterungen zu den Bauformen und Wirkprinzipien der verwendeten Messsysteme finden sich in Kapitel 2.2.

3.4.1 Verhalten von elektromechanischen Achsen bei Regelung über indirektes und direktes Messsystem

Die heute üblichen Wegmesssysteme zur Lageerfassung der NC-gesteuerten Ma-schinenkomponenten sind zum einen Linearmaßstäbe, die die Tischposition direkt erfassen, und zum anderen am Motor montierte Drehgeber, die die Winkellage des Motors bzw. der Kugelrollspindel erfassen. Mit Kenntnis des Übersetzungsverhält-nisses im Getriebe und der Spindelsteigung kann indirekt auf den Verfahrweg des Schlittens geschlossen werden.

Beide Messsysteme haben Vor- und Nachteile. Das direkte Messsystem ist ge-genüber dem indirekten unempfindlicher gegen Spindelsteigungsfehler und eine Umkehrspanne im Antrieb. Es ist jedoch regelungstechnisch schwieriger zu beherr-schen. Dies ist insbesondere dann von Bedeutung, wenn hohe Antriebsbeschleuni-gungen gefordert sind und die angeregten mechanischen Strukturschwingungen auf die Lagemessung des Schlittens Einfluss nehmen.

Im vorliegenden Beispiel (Bild 3.37) bildet die Tischmasse mit der Kugelroll-spindel, der Mutter und der Lagerung das mechanische Schwingungssystem. Wie die Messergebnisse des Übertragungsverhaltens zeigen, tritt bei dem Antrieb mit direktem Messsystem eine beträchtliche Resonanzspitze auf, die zu großen Werk-stückmaßabweichungen führen kann bzw. eine Stabilisierung des Antriebsregelkrei-ses unmöglich macht. Die angeregten mechanischen Schwingungen gehen direkt in das Messergebnis der Lageerfassung ein.

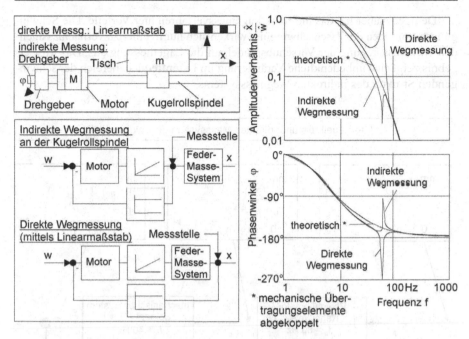

Bild 3.37. Auswirkung der Übertragungselemente auf den Lageregelkreis des Vorschubantriebes bei unterschiedlichen Lageerfassungen

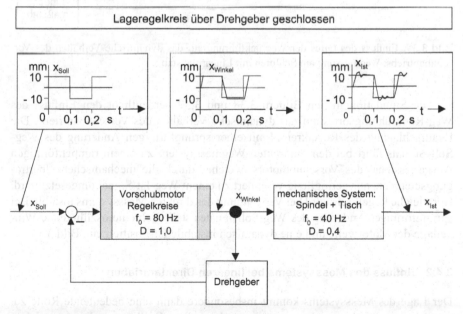

Bild 3.38. Einfluss des Ortes der Wegrückführung auf das dynamische Verhalten des Vorschubantriebs; Wegmessung an der Spindel mit Drehgeber

Demgegenüber hat das indirekte Lagemessverfahren hier Vorteile. Die Schwingungsamplituden der Tischschwingung wirken sich nur in einer zu vernachlässigenden Torsionsanregung der Vorschubspindel auf die Lagemessung aus. Das Messergebnis zeigt eine unbedenkliche Veränderung im Eigenfrequenzbereich der schwingenden Struktur des indirekten Wegmesssystems.

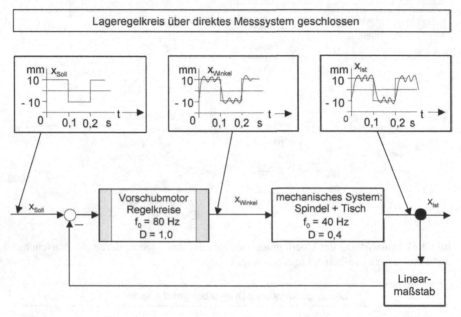

Bild 3.39. Einfluss des Ortes der Wegrückführung auf das dynamische Verhalten des Vorschubantriebs; Wegmessung am Schlitten mit Linearmaßstab

Die Simulation in den Bildern 3.38 und 3.39 verdeutlicht den Einfluss des Weg-Rückführungsortes auf das dynamische Verhalten des Vorschubantriebs. Die Beaufschlagung des Regelkreises mit einer sprungförmigen Änderung des Weg-Soll-Signals führt bei dem indirekten Wegmesssystem zu einem rampenförmigen Ausgangssignal des Vorschubmotors, welches durch die mechanischen Übertragungselemente nur geringfügig verändert zu einem Weg-Ist-Signal umgesetzt wird. Der gleiche Regelkreis wird bei Verwendung des direkten Messsystems instabil. Bei sprungförmiger Änderung des Weg-Sollsignales stellt sich eine oszillierende Winkellage der Motorwelle und eine dynamisch instabile Ist-Position ein, Bild 3.39.

3.4.2 Einfluss des Messsystems bei linearen Direktantrieben

Der Lage des Messsystems kommt insbesondere dann eine bedeutende Rolle zu, wenn lineare Direktantriebe geregelt werden sollen. Bei linearen Direktantrieben kommen ausschließlich direkt messende Maßstäbe zur Anwendung (vgl. Bild 3.20).

Zwei Effekte sind zu beobachten, wenn die Verstärkungsfaktoren im Lagere-gelkreis, aber insbesondere auch im Geschwindigkeitsregelkreis, zur Erzeugung eines besseren Übertragungsverhaltens erhöht werden: Der Antrieb erzeugt ein hörba-res Rauschen durch schnelle Flußänderungen im Motor, und bei weiterer Erhöhung kann sich eine hochfrequente Eigenschwingung des Maschinenschlittens ausbilden.

Die Erklärung für das Rauschen des Antriebs liegt darin, dass das Signalrau-schen im Messsystem durch die Regler verstärkt wird, insbesondere durch den breit-bandigen Geschwindigkeitsregelkreis. Hinzu kommt, dass das Lagesignal für die Erzeugung des Geschwindigkeitssignals zeitdiskret abgeleitet wird. Das Signalrau-schen wird - je nach Zeittakt der Ableitung - stark erhöht.

Eine mögliche Eigenschwingung wird in Kapitel 3.3 bereits beschrieben. Es sind jedoch nicht nur die Frequenz und die Dämpfung der mechanischen Eigen-schwingung von Interesse. Vielmehr beeinflusst auch die Position, Orientierung und Anbringung des Messsystems die Ausprägung und Eigenschwingungsform des Sys-tems. Der Grund hierfür liegt darin, dass die Eigenschwingungsform der Mechanik unter Umständen erst durch die Regelung zu kritischen Amplituden angeregt wird. Die Schwingungen werden durch das Messsystem von der Regelung erfasst und verstärkt.

Da die Kräfte des Motors nicht nur in Vorschubrichtung, sondern - wenn auch in geringerem Maße - auch in Normalenrichtung und in Querrichtung wirken, können auch diese Schwingungsformen hinsichtlich der Regelung kritisch sein, wenn sie vom Messsystem erfasst werden. Daher kann sich beispielsweise die Anbringung des Messsystems in einem Knoten der mechanischen Eigenschwingung als sinnvoll erweisen. In jedem Fall sollte das Messsystem ausreichend steif an die mechani-schen Gestell- und Schlittenelemente angeflanscht werden, um ein schwingungsfä-higes Verhalten des Messsystems selbst zu vermeiden.

Der Anbringungsort des Messsystems hat somit großen Einfluss auf die ein-stellbaren Reglerfaktoren und damit auf die Dynamik, die mit der Vorschubachse er-reichbar ist. Dies betrifft sowohl das Führungs- als auch das Störverhalten. Bild 3.40 zeigt das Versuchsergebnis eines Draht-Abschneidversuchs, siehe Band 5. Darge-stellt ist die Position des Maschinenschlittens nach einer sprungförmigen Entlastung mit einer Störkraft von 8600 N. Bei beiden Versuchen waren die Reglereinstellun-gen an der Stabilitätsgrenze des Systems eingestellt. Es zeigt sich, dass allein durch Wahl eines anderen Ortes für das Messsystem die Reglereinstellung, und damit die dynamische Störsteifigkeit der Vorschubachse, mehr als vervierfacht werden konn-te [203].

3.4.3 Verbesserung der Vorschubregelung durch Verwendung eines Ferraris-Sensors

Bei linearen Direktantrieben wird das direkte Positionsmesssystem auch als Feed-back für den Geschwindigkeitsregelkreis verwendet. Das Messrauschen des Lage-sensors bzw. des für die Geschwindigkeitsermittlung differenzierten Wegsignals, wirkt sich hierbei aufgrund der notwendigen zeitdiskreten Differenzierung störend

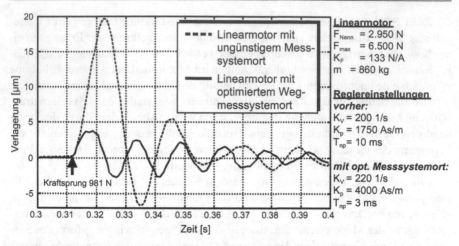

Bild 3.40. Messergebnisse der dynamischen Störsteifigkeit, Abschneidversuch

auf die berechnete Istgeschwindigkeit und damit auf die Regelgüte des Gesamtsystems aus. An dieser Stelle kann die Verwendung eines zusätzlichen Messsystems sinnvoll sein, das die Beschleunigung des Vorschubschlittens direkt messtechnisch erfassen kann. Hierbei bieten sich insbesondere Relativbeschleunigungssensoren an, die ihr Signal direkt zwischen Vorschubschlitten und Umgebung erzeugen, deren Signal somit mit dem des entsprechenden Positionsmesssystems vergleichbar ist.

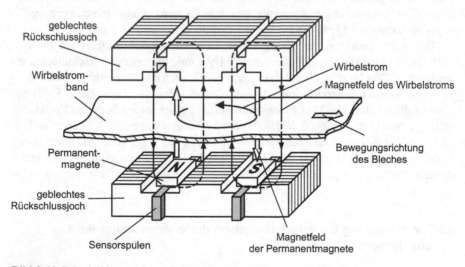

Bild 3.41. Prinzipieller Aufbau eines Ferraris-Sensors (nach: Hübner)

Der Aufbau eines Relativbeschleunigungssensors nach dem Ferraris-Prinzip wird im Folgenden für den linearen Fall näher beschrieben. Das genannte Prinzip lässt sich jedoch ohne weiteres auf den rotatorischen Fall übertragen. In diesem Fall muss das Wirbelstromband des Sensors durch eine Wirbelstromscheibe ersetzt werden. Die Bezeichnung „Ferraris-Sensor" geht auf einen Versuch von Ferraris im Jahr 1885 zurück.

Der Sensor besteht aus zwei Teilen: einem Wirbelstromband, das in der Regel als schmales Aluminiumblech ausgeführt ist, und einem geschlitzten Abtastkopf, der die Sensorik enthält. Dieser umgreift das Wirbelstromband U-förmig, so dass dieses bei einer Bewegung des Schlittens durch den Sensor hin- und hergezogen wird, Bild 3.41. Hierbei ist nicht relevant, ob das Blech oder der Abtastkopf bewegt wird, da die Relativbewegung zwischen den Bauteilen erfasst wird.

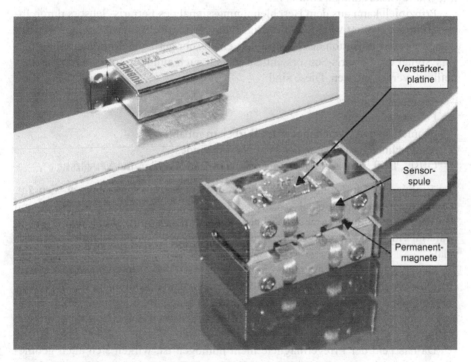

Bild 3.42. Linearer Ferraris-Sensor mit integrierter Verstärkerplatine.

Der Abtastkopf besteht aus zwei geblechten Eisenjochen, die Permanentmagnete enthalten und, die ein konstantes magnetisches Feld erzeugen, das das Wirbelstromband durchdringt. Dieses Feld induziert bei einer Relativbewegung zwischen Blech und Magnetfeld eine Spannung im Blech, durch die sich Wirbelströme aufbauen (bewegter Leiter in einem Magnetfeld). Diese Wirbelströme erzeugen ihrerseits wiederum ein Magnetfeld, dessen Stärke proportional zur Relativgeschwindigkeit zwischen Sensorkopf und -blech ist.

Neben den Permanentmagneten enthält der Abtastkopf Sensorspulen, die so angeordnet sind, dass sie vom Magnetfeld der Wirbelströme durchflossen werden. Ändert sich das durch die Wirbelströme erzeugte Magnetfeld, so wird in diesen Spulen eine Spannung induziert, die gemessen werden kann.

Eine Änderung des Magnetfeldes der Wirbelströme wird im Wesentlichen durch eine Änderung der Relativgeschwindigkeit zwischen Sensorblech und Abtastkopf verursacht - also dann, wenn eine Relativbeschleunigung zwischen diesen Bauteilen auftritt. Die in den Spulen des Abtastkopfes induzierte Spannung ist somit proportional zur Relativbeschleunigung zwischen Blech und Sensorkopf. Je nach Ausführung der Sensoren ist diese Spannung unterschiedlich hoch, daher muss sie entsprechend dem gewünschten Einsatzfall unter Umständen vor einer Weiterverarbeitung verstärkt werden. Die Hersteller der Sensoren bieten eine im Sensorkopf integrierte Elektronik an, Bild 3.42.

Prinzipiell kann aus dem Beschleunigungssignal des Ferraris-Sensors durch Integration ein qualitativ sehr hochwertiges Geschwindigkeitssignal erzeugt werden, das durch die Integration des Messsignals einen sehr geringen Rauschanteil besitzt. Das Signal des Ferraris-Sensors enthält jedoch auch einige Störungen, die herausgefiltert werden müssen. Diese sind:

– Temperatureinfluss
– Feldverdrängung
– geometrische Abweichungen des Wirbelstrombandes
– Materialinhomogenitäten des Wirbelstrombandes
– Offset, Drift, Linearität und Rauschen der A/D-Wandler und Verstärker

Der Einfluss der Temperatur ist insbesondere bei rotatorischen Sensoren ausgeprägt, da sich die Wirbelstromscheibe aufgrund der hohen Relativgeschwindigkeiten und den damit verbundenen großen Wirbelströmen stark erwärmt. Durch den erhöhten Materialwiderstand kommt es daher zu einer verringerten Sensitivität des Sensorsignals.

Bei sehr hohen Geschwindigkeiten kommt der Feldverdrängungseffekt hinzu. Er reduziert ebenfalls die Sensitivität des Sensors, da das sekundäre, durch die Geschwindigkeit erzeugte Magnetfeld das primäre Magnetfeld aufhebt. Auch dieser Effekt spielt bei der Verwendung von linearen Sensoren nur eine untergeordnete Rolle.

Da das Feld der Erregermagnete nicht homogen ist, wirken sich auch geometrische Abweichungen des Wirbelstrombandes als Störung auf das Messsignal aus. Diese sind in aller Regel positionsabhängig (z.B. eine Verformung im Blech) und lassen sich daher kompensieren. Auch wirkt sich die Verfahrgeschwindigkeit auf die Amplitude dieser Störung aus.

Einen ähnlichen Einfluss wie geometrische Abweichungen haben Materialinhomogenitäten. Diese werden bei Verwendung des Werkstoffs Aluminium für die Wirbelstrombänder jedoch weitgehend vermieden.

Auch die Verstärkungs- und Auswertungselektronik wirkt sich auf das Signal der Sensoren aus. Die derzeit verfügbaren A/D-Wandler haben in aller Regel eine kleine Drift sowie einen geringen Offset. Teilweise treten auch nur Fehler in der Linearität des Signals auf. Diese Fehler gewinnen an Bedeutung, wenn das Signal zur Rekonstruktion der Geschwindigkeit integriert werden soll, da sich mit der Zeit auch kleine Fehler zu großen aufaddieren.

Um das Signal in der Vorschubregelung nutzen zu können, müssen diese Störeinflüsse zunächst kompensiert werden. Dies geschieht teilweise bereits direkt in der Verstärkerelektronik (z.B. Kompensation des Temperatureinflusses). Zusätzlich muss das Signal jedoch meist durch eine geeignete Beobachterstruktur gefiltert werden. Diese verwendet als Referenz die Position, die von einem parallelen Lagemesssystem erfasst wird.

Durch die Verwendung des Ferraris-Sensors in der Vorschubregelung lässt sich das Rauschen und die damit verbundene Anregung des Systems signifikant verringern [64]. Folglich lassen sich bei den meisten Systemen höhere Reglereinstellungen setzen. Hieraus ergibt sich eine erhöhte dynamische Steifigkeit und ein verbessertes Regelverhalten des Antriebs.

Alternativ zur Verbesserung der Regeleigenschaften läßt sich der Ferraris-Sensor auch zur „Veredelung" eines preiswerten Längenmesssystems verwenden. So reicht beispielsweise bei Messsystemen nach dem Reluktanzprinzip, die in die Führung eingelassen sind, die Auflösung für eine Differenzierung zur Rückkopplung in die Geschwindigkeitsregelung nicht aus. In diesem Fall kann die notwendige Signalqualität mit Hilfe eines Ferraris-Sensors erzeugt werden. Die Genauigkeit des Messsystems kann durch diese Maßnahme jedoch nicht verbessert werden.

Prinzipiell läßt sich der Ferraris-Sensor auch für die Verbesserung der Regelung von rotatorischen Antrieben einsetzen. Im Vergleich zu linearen Antrieben treten hier jedoch deutlich höhere Blechdurchzugsgeschwindigkeiten auf. Dies wirkt sich negativ auf die Temperaturentwicklung (die Scheibe heizt sich durch die Drehung auf) und die Empfindlichkeit aus (das große Sekundärfeld schwächt das Erregerfeld). Demzufolge sind die Sensoren in ihrer maximalen Drehzahl beschränkt, und es muss ein Kompromiss zwischen der Empfindlichkeit und der zulässigen Drehzahl gefunden werden.

3.4.4 Kleinste verfahrbare Schrittweite

Bei Präzisionsmaschinen ist häufig von Interesse, wie genau die Vorschubantriebe auch kleinste Zustellungen umsetzen können. Dies stellt hohe Ansprüche an die Messsysteme und die Regelung des Systems. Im Folgenden wird zunächst das Verhalten einer Vorschubachse im sogenannten Step-Response-Test erläutert und im Anschluss die Ursache für die Abweichungen erklärt.

Zur Untersuchung dieser Eigenschaften werden von der NC-Steuerung treppenförmige Sollwertänderungen vorgegeben, die von den Vorschubantrieben nachgefahren werden sollen. Die resultierenden Bewegungen werden z.B. mittels eines Laserinterferometers erfasst und über der Zeit dargestellt, Bild 3.43.

Bei den Untersuchungen muss dem Antrieb ausreichend Zeit gegeben werden, die einzelnen Positionen zu erreichen. Aus den Messschrieben können das Weg-Zeit-Verhalten bei kleinsten Stellsignalen, die verbleibenden Wegfehler sowie das Umkehrverhalten ersehen werden. Gerade im Mikrometer- und Submikrometerbereich verhalten sich die meisten konventionellen Antriebe völlig anders als im Millimeterbereich.

Die kleinste Schrittweite ist dann erreicht, wenn die verbleibende Wegabweichung genauso groß oder sogar größer als der vorgegebene Sollwert ist. Bei konventionellen Vorschubantrieben sind die Istwerte oft von Rauschen überlagert, sodass hier eine Glättung der Kurve vorgenommen werden muss, wie in Bild 3.43 unten dargestellt ist.

Der Grund für das verrauschte Istsignal liegt darin, dass die Istposition der Achse von den Messsystemen nur mit einem gewissen Grundrauschen aufgenommen werden kann. Die Regelkreise werten dieses Rauschen als fehlerhafte Position aus und versuchen, diesen Fehler auszuregeln. Hierdurch werden Stellgrößen aufgebaut, die zu einer kleinen Bewegung des Motors führen. Eine geregelte Achse bewegt sich also immer geringfügig um ihren Sollwert hin und her.

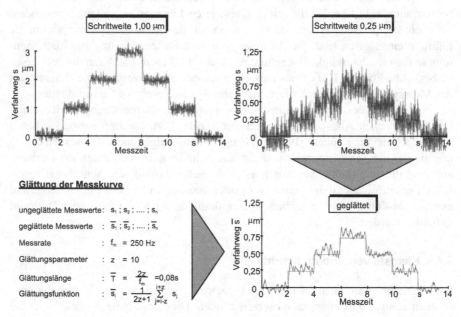

Bild 3.43. Bestimmung der kleinsten verfahrbaren Schrittweite von Vorschubantrieben

Diese unerwünschten Bewegungen werden um so stärker, je höher die Reglerfaktoren eingestellt sind. Andererseits können die Regelkreise jedoch auch nicht beliebig schwach eingestellt werden, da sonst die Grenzfrequenz des Vorschubsystems zu gering wird und damit keine dynamischen Bewegungen mehr möglich sind. Hier muss also je nach Anwendungsfall ein Kompromiss gefunden werden.

3.5 Statische und dynamische Steifigkeit von Vorschubachsen

Neben den Eigenschaften der Maschinenstruktur gewinnen auch die Steuerung und Regelung der Vorschubantriebe einen immer größeren Einfluss auf das Verhalten der Werkzeugmaschinen.

Aufgrund der mit jeder neuen Generation wachsenden Rechenleistung von Mikroprozessoren werden die Antriebsregler immer leistungsfähiger. Dadurch können höhere Abtastraten der Regelkreise realisiert werden. Die Bandbreite der Regelkreise erhöht sich, und die Regelung kann auch bei hohen Frequenzen noch Einfluss auf das dynamische Verhalten der Maschine nehmen. Außerdem können komplizierte Kompensationsfunktionen in die Regler integriert werden, die beispielsweise bestimmte Frequenzen aus den Maschinenschwingungen herausfiltern und die Regelung auf diese Weise unempfindlich machen.

Die Anforderungen hinsichtlich der Bearbeitungsgeschwindigkeit sind stark gestiegen. Daher haben heutige Kugelrollspindeln eine wesentlich größere Spindelsteigung, um hohe Vorschubgeschwindigkeiten zu erzielen. Auf der anderen Seite wirken Prozesskräfte aufgrund der geringeren Selbsthemmung der Systeme stärker rückwirkend auf die Regelung ein. Bei linearen Direktantrieben fehlen die mechanischen Übertragungselemente im Kraftfluss völlig. Daher wirken alle Störkräfte aus Prozess und Reibung (in den Führungen) direkt auf die Regelung. Um das Verhalten von Werkzeugmaschinen zu beschreiben, muss daher die Regelung in die Betrachtungen einbezogen werden.

Die Konturtreue der Vorschubbewegungen von Werkzeugmaschinen, d.h. das Maß der Istbahnabweichung eines Vorschubschlittens vom vorgegebenen Weg, wird durch eine Reihe von Einflussgrößen und Systemeigenschaften bestimmt.

Man muss bei der Bewertung von Vorschubbewegungsabweichungen zwischen mechanischen Strukturverformungen, bedingt durch innere Beschleunigungskräfte bzw. äußere Kräfte (Prozesskräfte), und regelungstechnischen Führungsgrößenabweichungen wie Schlepp-, Geschwindigkeits- und Beschleunigungsfehlern unterscheiden.

Die Führungsgrößenabweichungen lassen sich durch regelungstechnische Maßnahmen sowie durch eine sinnvolle Geschwindigkeitsführung (begrenzter Ruck bzw. stetige Ruckveränderung) unter Berücksichtigung der maximal möglichen Beschleunigung und Geschwindigkeit des Antriebes fast beliebig reduzieren.

Die mechanischen Strukturverformungen im Antriebsstrang werden durch Beschleunigungskräfte sowie durch äußere Prozesskraftkomponenten in Vorschubrichtung verursacht. Beide Krafteinflüsse wirken sich in gleicher Weise auf die statischen und dynamischen Schlittenverlagerungen aus.

Durch den zunehmenden Einsatz von elektrischen Lineardirektantrieben stellt sich zwangsläufig die Frage nach einer Definition der statischen und dynamischen Steifigkeit dieser Antriebsarten, denn diesen fehlen die kraftaufnehmenden mechanischen Getriebekomponenten, die bei rotatorischen Antrieben die Grundlage der Berechnungen darstellen.

Im Folgenden wird eine Definition der statischen und dynamischen Steifigkeit bzw. Nachgiebigkeit von Vorschubantrieben erläutert. Hierbei wird zwischen elektromechanisch und mit Linearmotor angetriebenen Systemen unterschieden.

Unter der "Steifigkeit" einer mechanischen Struktur versteht man den Quotienten ($k_{xx} = F_x/x$) aus Belastung (z.B. einer Kraft F_x) über der hierdurch verursachten Verformung (x, in Richtung von F_x) an einem definierten Punkt der Maschinenstruktur, meist dem Arbeitspunkt der Maschine. Der reziproke Wert der Steifigkeit wird als Nachgiebigkeit ($d_{xx} = x/F_x = 1/k_{xx}$) bezeichnet, die häufiger bei dynamischen Betrachtungen in Form von Resonanzkurven und komplexen Ortskurven (Gleichung 3.65) Anwendung findet.

$$d_{xx}(jf) = \frac{X(jf)}{F(jf)} = \frac{\hat{x}(f)}{\hat{F}(f)} \cdot e^{-j\varphi(f)} \tag{3.65}$$

3.5.1 Statische Steifigkeit

Unter statischer Steifigkeit versteht man den Verformungswiderstand, den eine Struktur zum Erreichen einer Verformung im eingeschwungenen Zustand entgegenbringt. Wird ein System sprungförmig mit der statischen Last $F_{stör}$ belastet und es stellt sich die Verlagerung x ein, errechnet sich die statische Steifigkeit nach Gleichung 3.66. Das eingeschwungene Systemverhalten ($t \rightarrow \infty$) findet sich im Frequenzbereich bei der Frequenz $\omega = 2\pi f = 0 \ s^{-1}$ wieder. Demzufolge kann die statische Steifigkeit im Amplitudengang bei der Frequenz 0 abgelesen werden.

$$k_{xx,stat} = \frac{F_{stör}}{x(t \rightarrow \infty)} = \frac{F(jf = 0)}{X(jf = 0)} \tag{3.66}$$

3.5.1.1 Statische Steifigkeit elektromechanischer Antriebe (Gewindespindelantrieb)

Bei einer Vorschubachse mit elektromechanischem Antriebsstrang beeinflussen alle mechanischen Bauelemente, die im Kraftfluss liegen, den Steifigkeitsbetrag, wobei zwischen Reihen- und Parallelschaltung der Einzelelemente unterschieden wird, Bild 3.44.

Da an dieser Stelle nur der Einfluss des Antriebsstrangs und nicht der Führungen betrachtet werden soll, wird die Prozesskraft in Vorschubrichtung wirkend angenommen. Aufgrund der mangelnden Selbsthemmung des Kugelgewindetriebs sind diese Antriebe nicht rückwirkungsfrei, d.h. der Motor hat aufgrund der Störkraft $F_{stör}$ ein Rückmoment aufzubringen, wenn die Reibungskräfte vernachlässigt werden (Gleichung 3.67). Es gehen neben der Prozesskraft die Spindelsteigung h und die Getriebeübersetzung i ein.

$$M_{d,Rück} = F_{stör} \cdot \frac{h}{2\pi i} \tag{3.67}$$

Bei der Verwendung von indirekten Messsystemen ist auch der integrierende Anteil des Regelsystems (zumeist im Drehzahlregler vorhanden) nicht in der Lage,

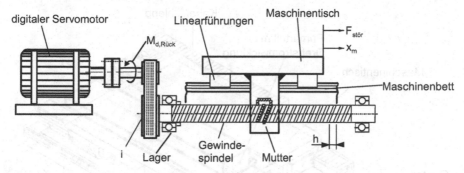

Bild 3.44. Konventionelle Antriebsachse

die elastische Verformung zu erkennen und auszugleichen. Der Motor hält mit Hilfe des Reglers lediglich die vorgegebene Winkellage der Motorwelle bzw. der Kugelgewindespindel ein, wobei er das hierzu notwendige Rückmoment aufbringt. Die Gesamtsteifigkeit bzw. -nachgiebigkeit wird somit hauptsächlich durch die Elemente Kugelrollspindel, Mutter und Spindellagerung bestimmt.

Die statische Antriebs-Gesamtnachgiebigkeit ergibt sich bei der üblichen Reihenschaltung der Einzelnachgiebigkeiten nach Gleichung 3.68. Die statische Antriebs-Gesamtsteifigkeit ist somit der Reziprokwert der Nachgiebigkeit, Gleichung 3.69.

$$d_{ges} = d_{Mutter} + d_{Spindel} + d_{Lager}$$
$$= 1/k_{Mutter} + 1/k_{Spindel} + 1/k_{Lager} \tag{3.68}$$

$$k_{ges} = \frac{k_{Mutter} \cdot k_{Spindel} \cdot k_{Lager}}{k_{Mutter} \cdot k_{Spindel} + k_{Mutter} \cdot k_{Lager} + k_{Spindel} \cdot k_{Lager}} \tag{3.69}$$

Während der konstanten Beschleunigungs- bzw. Verzögerungsphase des Schlittens wird dasselbe mechanische System durch Beschleunigungs- bzw. Verzögerungskräfte gestaucht bzw. gestreckt. Diese Verformungen können bei indirekten Messsystemen ebenfalls nicht ausgeregelt werden und bilden sich daher in der oben beschriebenen Weise vollständig auf der Werkstückoberfläche ab.

Bei der Verwendung eines linearen, direkten Wegmesssystems wird die statische elastische Verformung durch den Regler mit integrierendem Anteil komplett ausgeregelt, sodass die nach aussen wirksame statische Steifigkeit des Antriebs trotz innerer elastischer Strukturverformungen den Wert ∞ annimmt.

3.5.1.2 Statische Steifigkeit beim elektrischen Lineardirektantrieb

Der Unterschied zwischen elektrischen Lineardirektantrieben und Kugelrollspindelantrieben besteht darin, dass hier die mechanischen Antriebskomponenten im Kraftfluss völlig fehlen und auch nur direkte Wegmesssysteme zur Anwendung kommen können, Bild 3.45.

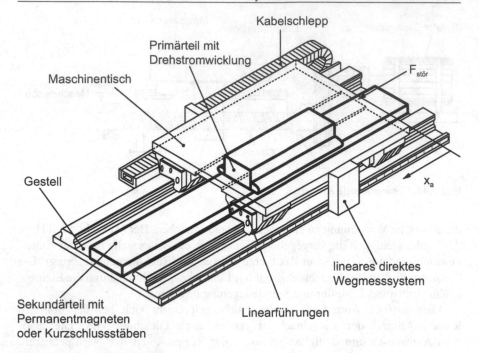

Bild 3.45. Linearer Direktantrieb

Die statische Steifigkeit wird also allein durch die Krafterzeugung in Verbindung mit der Regelung des Motors bestimmt. Der Integralanteil des Reglers sorgt dafür, dass der Schlitten unter statischer äußerer Belastung exakt die vorgegebene Sollposition einnimmt. Seine statische Steifigkeit ist - wie auch bei den elektromechanischen Antrieben mit direktem Wegmesssystem - unendlich, solange die äußeren Kräfte die Maximalkraft des Motors nicht überschreiten.

3.5.2 Dynamische Steifigkeit

Unter dynamischer Steifigkeit versteht man den elastischen Verformungswiderstand einer Struktur gegenüber einer äußeren dynamischen Kraft [195]. In der Praxis wird der reziproke Wert, die dynamische Nachgiebigkeit, angewendet. Aufgrund der Frequenzabhängigkeit dieser Größe kann nicht ein einziger Kennwert verwendet werden, vielmehr bestimmt eine Funktion (Kurvenverlauf) das dynamische Verhalten über der Frequenz. Der Nachgiebigkeitsfrequenzgang bzw. die Nachgiebigkeitsortskurve sind bei linearem Systemverhalten aussagefähige Darstellungsformen für diese Kenngröße.

Wie bei der Betrachtung der statischen Antriebseigenschaften von elektrischen Lineardirektantrieben wird auch die dynamische Nachgiebigkeit bezogen auf die Prozessstörkraft oder Beschleunigungsvorgänge allein durch die regelungstechnischen Eigenschaften des Antriebssystems bestimmt. Äußere Kräfte wirken direkt auf den Motor und werden nicht mehr durch eine Kugelrollspindel oder ein Getriebe untersetzt. Lediglich die Tischmasse (einschließlich der Motormasse) wirkt sich mit zunehmender Anregungsfrequenz der Störkraft auf die Schwingungsamplituden reduzierend aus.

Eine angreifende Störkraft muss daher von der Kraft des Antriebs kompensiert werden. Diese Antriebskraft wird über die Regelung als Reaktion auf eine gemessene Abweichung von den Sollgrößen aufgebaut.

Infolge dieses Sachverhaltes kann die dynamische Störsteifigkeit im Zeitbereich als der Quotient aus angreifender Störkraft $F_{Stör}$ und der daraus resultierenden maximalen Lageabweichung $\hat{x}_a$ des Maschinenschlittens definiert werden, Gleichung 3.70.

$$k_{dyn} = \frac{F_{stör}}{\hat{x}_a(t)} \tag{3.70}$$

Bild 3.46 zeigt die Reaktionen von zwei verschiedenen Antriebssystemen auf einen Kraftsprung. Dargestellt sind die Verläufe der Verlagerung eines Kugelgewindetriebs (KGT) mit einer tragenden Kugelrollspindellänge von 200 und 1100 mm sowie eines linearen Direktantriebs. Die Regler wurden am Stabilitätsrand des jeweiligen Systems eingestellt.

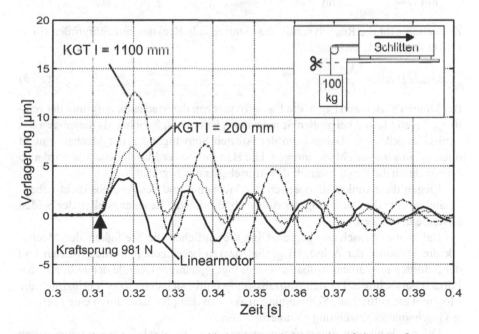

Bild 3.46. Vergleich der Reaktion verschiedener Vorschubsysteme auf einen Kraftsprung

Es ist ersichtlich, dass die Steifigkeit des Kugelgewindetriebs abhängig von der tragenden Länge der Kugelrollspindel ist. Der lineare Direktantrieb hingegen hat im gesamten Verfahrbereich dieselbe dynamische Störsteifigkeit.

3.5.2.1 Dynamische Steifigkeit elektromechanischer Vorschubachsen (Gewindespindeltanrieb)

Bei konventionellen Antrieben sind - wie auch schon bezüglich der statischen Belastung dargelegt - mehrere Einflüsse zu berücksichtigen. Dies ist auf der einen Seite das rein mechanische Schwingungssystem, bestehend aus Tisch- und Werkstückmasse, den als Federn wirkenden Elementen Mutter, Spindel und Lager, sowie der Dämpfung, die vornehmlich durch die Reibungskräfte der Führungen bestimmt wird. Der Antrieb wird hierbei nicht betrachtet, d.h. als ideal steif angenommen, Gleichung 3.71.

$$G_{Mechanik}(j\omega) = \frac{x_m(j\omega)}{F_x(j\omega)} = \frac{\frac{1}{k_{ges}}}{1 + \frac{2D}{\omega_0}j\omega + \frac{1}{\omega_0^2}(j\omega)^2} \qquad (3.71)$$

$$\text{mit } D = \frac{c}{2m\omega_0} \quad \text{und} \quad \omega_0 = \sqrt{\frac{k_{ges}}{m}}. \qquad (3.72)$$

Zusätzlich geht die Regeldynamik des Antriebs als Reaktion auf Störgrößen (hier: Prozesslast) ein, Gleichung 3.73.

$$G_{Antrieb}(j\omega) = \frac{X_a(j\omega)}{F_x(j\omega)} \cdot e^{-j\omega t} \qquad (3.73)$$

Bei kleinen Maschinen liegen die Eigenfrequenzen der Mechanik aufgrund der relativ geringen Massen bei großen Spindelsteifigkeiten i. d. R. höher als diejenigen des Antriebsregelkreises. Daher kann der Antrieb Schwingungen der Mechanik nicht oder nur in geringem Maße anregen. Die Bandbreite der Maschinenachse wird also primär durch die Regeldynamik des Antriebsstrangs begrenzt.

Liegen die Kennkreisfrequenzen der Mechanik und des Antriebs dicht nebeneinander, sinkt die Dämpfung der Achse ab, da sich die Resonanzstellen der beiden Systeme überlagern.

Bei großen Maschinen begrenzt im Wesentlichen die Steifigkeit der Mechanik die Dynamik der Achse, da große Massen beschleunigt werden müssen und der Schlitten mit seinem Aufbau ein schwingungsfähiges Gebilde darstellt, z.B. bei Portalfräsmaschinen. Für den Antriebsstrang ergibt sich dann jedoch prinzipiell die Möglichkeit, auftretende Schwingungen aktiv zu dämpfen bzw. durch eine geeignete Geschwindigkeitsführung zu unterdrücken.

Die mechanischen Eigenschwingungen sowie die durch Störungen angeregten Schwingungen werden bei Verwendung von indirekten Messsystemen kaum erfasst. Sie können daher auch mit hochdynamischen Reglern nicht kompensiert werden. Bei direkten Messsystemen sind die Einflüsse beider Systeme gekoppelt. Daher sind Eigenschwingungen bei schwach gedämpften und nachgiebigen mechanischen Komponenten nur mit hohem regelungstechnischem Aufwand auszugleichen. Zur aktiven Dämpfung von mechanischen Schwingungen müssen hierzu komplexe Regelungsstrukturen wie die Zustandsregelung mit Beobachterstrukturen eingesetzt werden.

3.5.2.2 Elektrischer Lineardirektantrieb

Der Regelkreis des linearen Direktantriebs entspricht dem eines rotatorischen Servoantriebs, bestehend aus einer Kaskadenregelung mit Strom-, Drehzahl- und Lageregelung, Bild 3.47. Die Geschwindigkeit des Antriebs wird aus dem Signal des direkten Wegmesssystems abgeleitet.

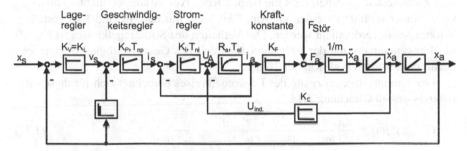

Bild 3.47. Regelkreise eines linearen Direktantriebs

Im Gegensatz zum elektromechanischen Antrieb beeinträchtigen nicht mehr die Resonanzstellen der mechanischen Übertragungselemente die Regelkreise (speziell Geschwindigkeits- und Lageregelkreis), sondern es wirken sich hauptsächlich die Eigenschaften des elektrischen Systems wie Abtast- und Totzeiten innerhalb des Regelkreises und die Stromanstiegszeit des Motors sowie das Verhalten des Führungssystems begrenzend aus [193], vgl. auch Kapitel 3.3.3.

Einflüsse des Lage- und Geschwindigkeitsregelkreises

Wie das Blockschaltbild in Bild 3.47 zeigt, wird das Störverhalten des Lineardirektantriebs bei idealem Verhalten des Stromregelkreises über die Reglerparameter des Geschwindigkeitsreglers, Verstärkung K_p und Nachstellzeit T_{np}, und die Verstärkung des Lagereglers K_L bestimmt. Der Verstärkungsfaktor des Lagereglers ist beim linearen Direktantrieb aufgrund der im Vergleich zu elektromechanischen Antrieben fehlenden Übersetzung der Geschwindigkeitsverstärkung K_V gleichzusetzen. Sie ist die wichtigste lineare und für das Verhalten des Lageregelkreises maßgebliche Kenngröße und gibt das Verhältnis von Istgeschwindigkeit zu Lageabweichung im eingeschwungenen Zustand an (vgl. Kapitel 3.2.3).

Während die Laststeifigkeit des linearen Direktantriebs im höherfrequenten Bereich primär über die Verstärkungen der beiden Regler festgelegt wird, wirkt sich

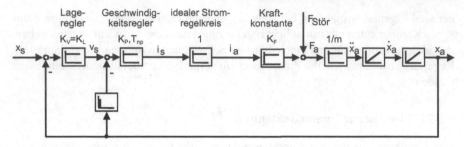

Bild 3.48. Vereinfachtes Blockschaltbild der Regelkreise, mit P-Geschwindigkeitsregler

der integrierende Anteil des Geschwindigkeitsreglers auf die stationäre Genauigkeit aus. Zu beachten ist dabei, dass die beiden Reglerverstärkungen nicht unabhängig voneinander verändert werden können. Dies kann mit dem in Bild 3.48 gestellten Wirkungsplan verdeutlicht werden. Das Verhalten des Stromregelkreises ist hier als ideal angenommen und der integrierende Anteil des Geschwindigkeitsreglers vernachlässigt worden (vgl. Kapitel 3.2.1).

Der Führungsfrequenzgang des Lageregelkreises berechnet sich für diesen Regelkreis gemäß Gleichung 3.74.

$$G_{x,Regel}(j\omega) = \frac{x_a(j\omega)}{x_s(j\omega)} = \frac{1}{1 + \frac{1}{K_V}(j\omega) + \frac{m}{K_V K_p K_F}(j\omega)^2} \tag{3.74}$$

Dieser Führungsfrequenzgang beschreibt das Verhalten eines Systems mit Verzögerungsverhalten zweiter Ordnung. Durch Koeffizientenvergleich ergeben sich die Eigenfrequenz $\omega_{0,Regel}$ und die Dämpfung D_{Regel} des lagegeregelten Antriebs zu:

$$\omega_{0,Regel} = \sqrt{\frac{K_V K_p K_F}{m}} \quad \text{und} \quad D_{Regel} = \frac{1}{2}\sqrt{\frac{K_p K_F}{K_V m}}. \tag{3.75}$$

Aus Gleichung 3.75 wird deutlich, dass eine Erhöhung der Eigenkreisfrequenz $\omega_{0,Regel}$ des Antriebs durch die Geschwindigkeitsverstärkung K_V sinnvollerweise nur durch ein gleichzeitiges Anpassen der Verstärkung des Geschwindigkeitsreglers K_p erfolgen kann. Eine alleinige Erhöhung von K_V zieht eine Verringerung des Dämpfungsgrades D_{Regel} mit sich, was theoretisch durch Erhöhen von K_p ausgeglichen werden kann. Dieser Zusammenhang findet sich auch in der Abhängigkeit der Reglerparameter voneinander wieder, der in Bild 3.36 dargestellt ist.

Berechnung der dynamischen Steifigkeit von linearen Direktantrieben

Neben den Möglichkeiten der messtechnischen Ermittlung der dynamischen Steifigkeit sollen im Folgenden zwei Wege beschrieben werden, die eine rechnerische Abschätzung der Steifigkeit mit Hilfe der Reglerparameter und der Masse zulassen.

Zunächst soll eine Faustformel hergeleitet werden, die auf der Vernachlässigung des integrierenden Anteils des Geschwindigkeitsreglers und der Idealisierung des

Stromregelkreises beruht. Hierdurch ergibt sich ein Systemverhalten zweiter Ordnung ($G_{stör,P}$), dessen Endabweichung ein Maß für die Steifigkeit des Originalsystems darstellt.

Als zweite Möglichkeit wird eine verbesserte Methode beschrieben, bei der der Integralanteil des Schwingungsreglers und die Masse des Schlittens berücksichtigt werden. Der Stromregelkreis wird auch hier als ideal angenommen. Es ergibt sich zunächst ein System dritter Ordnung ($G_{stör,PI}$), das zu einem Ersatzsystem zweiter Ordnung vereinfacht wird ($G_{stör,PI,ers}$). Mit Hilfe dessen maximaler Schwingungsamplitude wird die Steifigkeit des Originalsystems bestimmt.

Grobe Abschätzung der dynamischen Steifigkeit

Die maximale Auslenkung eines Linearantriebs als Reaktion auf eine Störkraft entspricht näherungsweise dem stationären Fehler, der sich bei Einsatz eines einfachen P-Reglers im Geschwindigkeitsregelkreis einstellt, da der Integralanteil bei hohen Anregungsfrequenzen nicht wirksam ist. Dieser Fehler lässt sich vereinfacht mit Hilfe des Führungsfrequenzgangs des in Bild 3.48 dargestellten Lageregelkreises bestimmen, Gleichung 3.76.

$$G_{stör,P}(j\omega) = \frac{X_a(j\omega)}{F_{stör}(j\omega)} = \frac{\frac{1}{K_V K_p K_F}}{1 + \frac{1}{K_V}(j\omega) + \frac{m}{K_V K_p K_F}(j\omega)^2} \tag{3.76}$$

Gemäß dem Endwertsatz der Laplace-Transformation lässt sich die bleibende statische Auslenkung des P-geregelten Systems, die der maximalen Auslenkung in diesem Fall gemäß Gleichung 3.70 entspricht, wie folgt berechnen, Gleichung 3.77.

$$x_{a,max} = \lim_{j\omega \to 0} G_{stör}(j\omega) \cdot F_{stör} = \frac{1}{K_V K_p K_F} F_{stör} \tag{3.77}$$

Somit ergibt sich die statische Ersatzsteifigkeit nach Gleichung 3.78.

$$k_{stat} = \frac{F_{stör}}{x_{a,max}} = K_V K_p K_F. \tag{3.78}$$

Zur Beurteilung des dynamischen Verhaltens ist die Gleichung des Frequenzgangs Gleichung 3.76 mit den ableitbaren Kennwerten $\omega_{0,Regel}$ und D_{Regel}, Gleichung 3.75 umfassend aussagefähig. Will man jedoch das Verhalten auf einen repräsentativen Kennwert beschränken, so bietet sich die maximale Überschwingamplitude der Übergangsfunktion, d.h. der Antwortfunktion auf einen Kraftsprung an.

Nach Bild 3.49 beträgt die maximale Amplitude zum Zeitpunkt $t = \tau/2$:

$$\frac{x_{max}}{F_{stör}} = K \left[1 + \frac{e^{-\frac{D\pi}{\sqrt{1-D^2}}}}{\sqrt{1-D^2}} \right] \tag{3.79}$$

$$\text{mit } D = \frac{1}{2}\sqrt{\frac{K_p K_F}{K_V m}} \text{ und } K = \frac{1}{K_V K_p K_F} \tag{3.80}$$

Der repräsentative Steifigkeitswert ist dann der Reziprokwert von Gleichung 3.79.

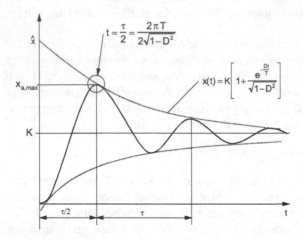

Bild 3.49. Bestimmung der maximalen Überschwingamplitude der Übergangsfunktion

$$k_{dyn} = \frac{F_{stör}}{x_{max}} = K_V K_p K_F \frac{1}{\left[1 + \dfrac{e^{-\frac{D\pi}{\sqrt{1-D^2}}}}{\sqrt{1-D^2}}\right]} \tag{3.81}$$

Mit Hilfe der hier hergeleiteten Formel kann eine grobe Abschätzung der Störsteifigkeit vorgenommen werden. Hierbei werden der Integralanteil des Geschwindigkeitsreglers vernachlässigt und das Übertragungsverhalten des Stromreglers als ideal angenommen. Insbesondere die Vernachlässigung des Integralanteils des Geschwindigkeitsreglers führt jedoch zu einem Fehler, da er im Bereich der betrachteten Frequenzen (30 − 80 *Hz*) noch einen Einfluss hat.

Verbesserte Abschätzung der dynamischen Steifigkeit

Eine genauere Bestimmung der dynamischen Störsteifigkeit lässt sich vornehmen, wenn der Geschwindigkeitsregelkreis mit PI-Regler in die Betrachtungen mit einbezogen wird. Der Stromregelkreis wird weiterhin als ideal betrachtet. Es ergibt sich das folgende Modell, Bild 3.50. Der Störfrequenzgang dieses Systems ergibt sich nach Gleichung 3.82.

$$G_{stör,PI}(j\omega) = \frac{X_a(j\omega)}{F_{stör}(j\omega)}$$

$$= \frac{\frac{T_{np}}{K_V K_p K_F}(j\omega)}{\frac{mT_{np}}{K_V K_p K_F}(j\omega)^3 + \frac{T_{np}}{K_V}(j\omega)^2 + (\frac{1}{K_V} + T_{np})(j\omega) + 1}$$

$$\tag{3.82}$$

Die Eigenschaften dieses Frequenzgangs entziehen sich einer direkten Berechnung, da es sich bei ihm um ein integrales Glied mit Verzögerungsglied dritter Ordnung handelt. Ziel ist daher, ein Ersatzsystem zweiter Ordnung zu finden, dessen dynamische Steifigkeit der des Systems dritter Ordnung nahe kommt. Ein solches System ist durch seine Dämpfung und Eigenfrequenz gekennzeichnet.

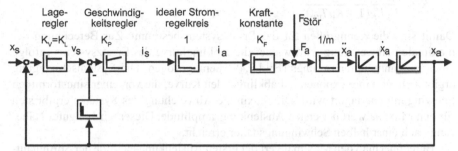

Bild 3.50. Vereinfachtes Blockschaltbild der Regelkreise, mit PI-Geschwindigkeitsregler

Um das Ersatzsystem zu bestimmen, wird der Störfrequenzgang zunächst umgeformt. Es ergibt sich im Wesentlichen die Form eines PT$_2$-Gliedes, erweitert um einen Term im Nenner, Gleichung 3.83.

$$G_{stör,PI}(j\omega) = \frac{\frac{1}{K_V K_p K_F}}{\frac{m}{K_V K_p K_F}(j\omega)^2 + \frac{1}{K_V} j\omega + 1 + \frac{1}{K_V T_{np}} + \frac{1}{T_{np} j\omega}} \tag{3.83}$$

Im Folgenden wird davon ausgegangen, dass der letzte Nennerterm für die weiteren Betrachtungen vernachlässigt werden kann, da er im relevanten Frequenzbereich bereits gegenüber den anderen Termen klein wird. Es bleibt jedoch festzuhalten, dass diese Abschätzung bei kleinen Frequenzen einen Fehler erzeugt. Da Linearantriebe i. d. R. so ausgelegt werden, dass sich Eigenfrequenzen von mehr als 50 *Hz* ergeben, kann dieser Fehler in der Praxis vernachlässigt werden.

Der Störfrequenzgang des Ersatzsystems hat die Form eines PT$_2$-Gliedes, Gleichung 3.84.

$$G_{stör,PI,ers}(j\omega) = \frac{\frac{T_{np}}{K_p K_F(1+T_{np}K_V)}}{\frac{T_{np} \cdot m}{K_p K_F(1+T_{np}K_V)}(j\omega)^2 + \frac{T_{np}}{(1+T_{np}K_V)}(j\omega) + 1} \tag{3.84}$$

Dessen Eigenfrequenz, Dämpfung und Verstärkung können leicht durch einen Koeffizientenvergleich mit einem PT$_2$-Glied ermittelt werden, Gleichung 3.85.

$$\omega_0 = \sqrt{\frac{K_p K_F (1 + K_V T_{np})}{m T_{np}}}$$

$$D = \frac{1}{2} \sqrt{\frac{K_p K_F T_{np}}{m(1 + K_V T_{np})}} \tag{3.85}$$

$$K = \frac{T_p}{K_p K_F (1 + K_V T_{np})}$$

Damit sind die Kenngrößen für das Ersatzsystem bestimmt. Zur Berechnung der maximalen Abweichung wird wieder die Abklingkurve des Ersatzsystems infolge eines Eingangseinheitssprungs (Bild 3.49) herangezogen. Die Systemschwingung ergibt sich aus einer exponentiell abklingenden Kurve, die von einer sinusförmigen Schwingung überlagert wird. Die maximale Abweichung des Systems ergibt sich für den Maximalwert der ersten Auslenkungsamplitude. Dieser wird in guter Näherung nach einer halben Schwingungsdauer erreicht.

Berechnet man den Maximalwert der ersten Auslenkungsperiode der Sprungantwort unter Zuhilfenahme der Einhüllenden, ergibt sich ein relativ guter repräsentativer Wert für die dynamische Auslenkung des Systems, bezogen auf die Störkraft. Dieser Wert entspricht der dynamischen Nachgiebigkeit des Systems, aus dessen Kehrwert die dynamische Steifigkeit k_{dyn} berechnet werden kann.

Die genauere Abschätzung der dynamischen Steifigkeit bei linearen Direktantrieben lautet:

$$k_{dyn} = \frac{F_{stör}}{\hat{x}_a} = \frac{K_p K_F (1 + K_V T_p)}{T_p \left(1 + \dfrac{e^{-D \frac{\pi}{\sqrt{1-D^2}}}}{\sqrt{1-D^2}} \right)} \quad \text{mit } D = \frac{1}{2} \sqrt{\frac{K_p K_F T_{np}}{m(1 + K_V T_{np})}}.$$

$$\tag{3.86}$$

Die errechneten Werte für die dynamische Steifigkeit sind, verglichen mit der einfachen Abschätzung nach Gleichung 3.78, über einen wesentlich größeren Einstellbereich der Reglerparameter und der bewegten Massen genauer.

4 Vorschubantriebe zur Bahnerzeugung

4.1 Aufbau von Bahnsteuerungen

Eine moderne Steuerung entspricht in ihrem Hardwareaufbau einem Mikrocomputer, wobei ein oder mehrere Prozessoren zur Verwendung kommen können. Die verschiedenen internen Funktionsbereiche wie Satzaufbereitung, Interpolation und Lageregelung, aber auch Anzeige- und Benutzerschnittstelle, sind als Softwaremodule realisiert, die unter einem angepassten Betriebssystem auf dem Rechner ablaufen.

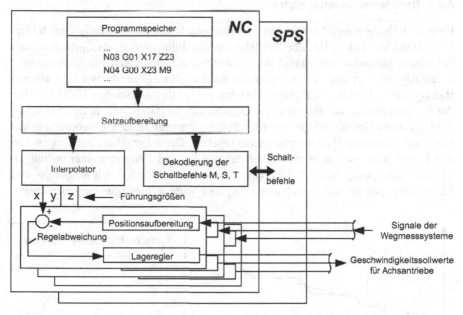

Bild 4.1. Interne Struktur einer NC-Steuerung

Bild 4.1 zeigt in einer vereinfachten Form die wesentlichen Module einer NC-Steuerung. Die NC-Sätze, die in textueller Form im Programmspeicher abgelegt sind, werden sequenziell zunächst in der Satzaufbereitung vorverarbeitet. Hier werden u.a. Geometrie- und Steuerinformationen getrennt und an die entsprechenden

Funktionsmodule weitergeleitet. Aus den Geometriedaten berechnet der Interpolator unter Berücksichtigung der Interpolationsart (z.B. Geradeninterpolation, Kreisinterpolation, Splineinterpolation) und der vorgegebenen Bahngeschwindigkeit in einem festen Zeittakt die Sollpositionen. Diese sind die Führungsgrößen für die Lageregler der einzelnen Achsen, die daraus und aus den gemessenen Istpositionen die Sollgeschwindigkeiten für die Vorschubantriebe bilden, Bild 4.1. Eine detaillierte Beschreibung über Funktion und Aufbau moderner NC- und RC-Steuerungen befindet sich in Band 4 dieser Buchreihe.

4.2 Bahnfehler an Werkzeugmaschinen

Die Arbeitsgenauigkeit von Werkzeugmaschinen wird durch geometrische und kinematische Fehler beeinflusst. Beim Verfahren der Maschinenachsen stehen kinematische Abweichungen im Vordergrund. Mögliche Fehlerquellen bei der Bahnerzeugung sind der Interpolator, die Lageregelkreise und die mechanischen Komponenten der Vorschubantriebe.

4.2.1 Bahnfehler im Interpolator

Eine fehlerhafte Konturberechnung im Interpolator hat zwangsläufig eine fehlerhafte Bahn zur Folge. Bei der Realisierung des Interpolators als Softwaremodul auf einem Microcomputer hängt die geometrische Genauigkeit nur vom verwendeten Algorithmus und von der internen Rechengenauigkeit ab. Bei sehr kleinen Bahngeschwindigkeiten, z.B. beim Verfahren einer flachen Schräge (Bild 4.2), hat die Ausgabefeinheit des Interpolators Einfluss auf die Bahnkurve. In der Achse mit der langsamen Geschwindigkeit werden Sollwertsprünge in der Größenordnung des kleinsten messbaren Weginkrements ausgegeben. Diese Einzelschritte können von den Lageregelkreisen nicht mehr geglättet werden und führen zu einer unstetigen Vorschubbewegung, Bild 4.2. Überlagert wird dieser Effekt durch Reibungs- und Elastizitätseinflüsse, sodass sich eine komplexe Vorschubbewegung ergeben kann.

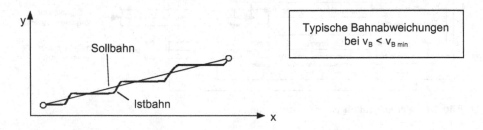

Bild 4.2. Typische Bahnabweichungen bei sehr kleiner Bahngeschwindigkeit

Ein Vergleich der geometrischen Fehler, die durch den Interpolator hervorgerufen werden, mit den Fehlern, die von dem nachgeschalteten Lageregelkreis verursacht werden, zeigt, dass Interpolationsfehler bei zulässigen Bahngeschwindigkeiten meist in der Größenordnung eines einzelnen Messinkrements liegen und damit einen vernachlässigbaren Anteil am Gesamtfehler bilden.

4.2.2 Typische Bahnfehler der Lageregelung

Bild 4.1 zeigt den Aufbau einer 3-achsigen Bahnsteuerung für eine Werkzeugmaschine. Die Eingabedaten für die Wege und Geschwindigkeiten gelangen über die NC-Datensatzeingabe zum Interpolator und werden als Führungsgrößen an die Lageregelkreise weitergeleitet. Bei der Signalübertragung von der NC-Dateneingabe zum Werkzeug treten Übertragungsfehler auf, die hauptsächlich von der Interpolationsart (s. Band 4 Kapitel 7.1.1) und dem Verhalten der Lageregelkreise abhängen. Die so entstehenden Bahnabweichungen haben ihre Ursache in:

- unterschiedlichen Geschwindigkeitsverstärkungen in den einzelnen Lageregelkreisen,
- ungleichem dynamischem Verhalten der Antriebseinheiten,
- nichtlinearen Signalübertragungen (Umkehrspanne) und
- dynamischem Schwingverhalten der mechanischen Struktur.

Der daraus resultierende Werkstückfehler ergibt sich durch Superposition der Folgefehler in den einzelnen Achsen. Je größer die Geschwindigkeit und deren zeitliche Änderung ist, desto größer ist der resultierende Folgefehler. Im Folgenden werden anhand einer Bahn mit unterschiedlichen Geometrieelementen die typischen Abweichungen dargestellt und im Anschluss daran näher erläutert.

Bild 4.3 gibt einen Überblick über die entstehenden Bahnabweichungen bei unterschiedlichen Geometrieverhältnissen, wenn die Bahn bei konstanter Geschwindigkeit und ohne Halt an den Übergängen bzw. ohne Kompensationsmaßnahmen abgefahren wird. Die Ecken werden verrundet, und Kreise ändern ihren Durchmesser. Sie werden bei ausreichender Dämpfung ($D > 0,7$) mit zunehmender Geschwindigkeit kleiner. Mit welchen Abweichungen zu rechnen ist, zeigt Bild 4.4. Im rechten Bildteil ist zu erkennen, dass sowohl die Beschleunigungs- als auch die Geschwindigkeitsverläufe weit von den Sollvorgaben abweichen. Der Vorschubantrieb ist stark überfordert.

4.2.3 Auswirkungen der mechanischen Übertragungselemente

Nichtlinearitäten im Lageregelkreis, die durch die mechanischen Übertragungselemente verursacht werden, können die Bahn des Werkzeugs ebenfalls stark beeinflussen. Hierbei ist insbesondere der Nulldurchgang der Geschwindigkeit in einer Achse von Bedeutung. An diesen Stellen kehrt sich die Bewegungs- und Kraftrichtung des Vorschubantriebs um. Dadurch werden die Federn im Antriebsstrang (z.B. die Kugelrollspindel) zunächst entspannt und wieder in der anderen Richtung belastet. Dabei muss vom Motor eventuell vorhandene Lose zusätzlich durchfahren werden.

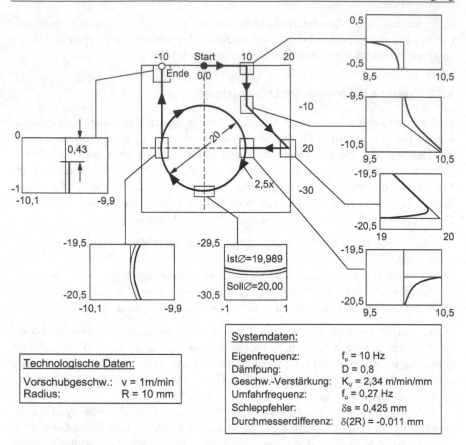

Bild 4.3. Bahnabweichungen bei unterschiedlichen Geometrieelementen

Die Folge ist, dass die Achse im Nulldurchgang der Geschwindigkeit für einen gewissen Zeitraum stehen bleibt, genau so lange, bis sich in der neuen Vorschubrichtung wieder genügend Kraft aufgebaut hat, um die Achse zu bewegen. Hierbei muss zunächst auch der etwas höhere Haftreibungsanteil überwunden werden.

Maschinen mit kartesischen Achsen weisen daher beim Verfahren eines Kreises Quadrantenübergangsfehler auf, Bild 4.5 links. Ein solcher Verlauf kann beispielsweise mit einem Kreuzgittermessgerät aufgenommen werden, s. Band 5, Kapitel 3.2.

Bei Maschinen mit paralleler Kinematik stehen die Achsen nicht notwendigerweise senkrecht aufeinander. Daher tritt der Nulldurchgang der Geschwindigkeit der Achsen auch nicht unbedingt am Quadrantenübergang auf. Beim Hexapod beispielsweise, der das Werkzeug mit sechs Antriebsachsen bewegt, sieht die Messung anders aus, Bild 4.5 rechts [150].

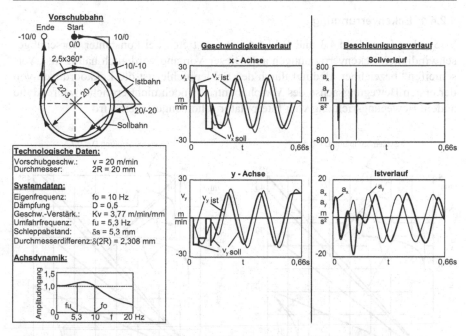

Bild 4.4. Bahnabweichungen, Geschwindigkeits- und Beschleunigungsverläufe

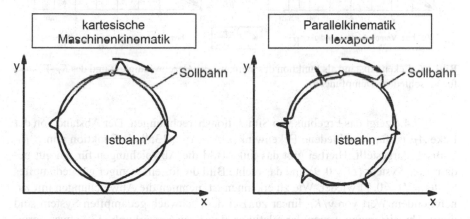

Bild 4.5. Kreisformfehler aufgrund von Nichtlinearitäten im Lageregelkreis

4.2.4 Bestimmung der dynamischen Bahnabweichungen

Auf die Arbeitsgenauigkeit einer Werkzeugmaschine wirken, wie bereits beschrieben, unterschiedliche Faktoren wie geometrische Maschinenfehler, Werkzeugfehler, Temperaturveränderungen usw. Den wichtigsten Einfluss bei der Bahnerzeugung hat das Proportionalverhalten der Lageregler und die damit verbundene Abweichung von der Sollkontur, Bild 4.4.

4.2.4.1 Eckenverrundung

Wie anhand von Bild 4.3 und Bild 4.4 gezeigt, treten bei konstanter Vorschubgeschwindigkeit Eckenverrundungen auf. Dieser Vorgang wird auch häufig als „Verschleifen" bezeichnet. Bedingt durch den Schleppfehler ist die Eckkoordinate von
der ersten Bewegungsachse des Vorschubantriebs noch nicht erreicht, während die
andere Bewegungsrichtung vom Interpolator schon angesteuert wird.

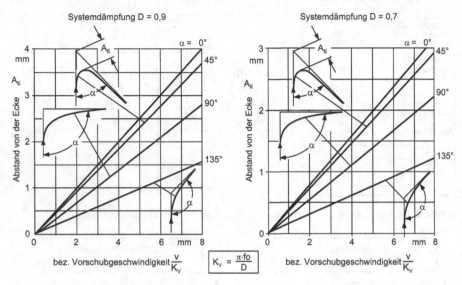

Bild 4.6. Ecken-Abstand als Funktion des Winkels, der Geschwindigkeit und des K_V-Faktors
für verschiedene Dämpfungen

Bild 4.6 zeigt das Ergebnis von Simulationsberechnungen. Der Abstand von der
Ecke A_E ist für verschiedene Eckenwinkel $0^\circ < \alpha < 135^\circ$ als Funktion von v/K_V
grafisch dargestellt. Hierbei gibt das linke Bild die Abweichungen für ein gut gedämpftes System $(D = 0,9)$ und das rechte Bild die für ein weniger gut gedämpftes
System $(D = 0,7)$ wieder. Wie zu erkennen ist, nehmen die Abweichungen mit zunehmendem Wert von v/K_V linear zu. Bei dem schwach gedämpften System sind
diese Abweichungen wegen der relativ großen Kreisverstärkung (K_V) etwas geringer. Jedoch kann es hierbei zu einem leichten Überschwingen kommen.

4.2.4.2 Kreisform- und Durchmesserabweichung

Bild 4.3 und Bild 4.4 vermitteln eine Vorstellung von den möglichen Kreisform-
und Durchmesserabweichungen, wenn die Bahn ohne Halt mit konstanter Sollgeschwindigkeit durchfahren wird.

Insbesondere beim Einfahren in die Kreisbahn und bei deren Verlassen treten große Kreisformabweichungen auf. Im Falle gleicher K_V-Faktoren und Dämp-
fungswerte für beide Vorschubachsen wird im eingeschwungenen Zustand ein reiner

Kreis erzeugt, dessen Durchmesser jedoch mit zunehmender Geschwindigkeit von dem Solldurchmesser abweicht.

Der Verlauf des entstehenden Durchmessers bzw. Radius über der Frequenz ist hierbei ein genaues Abbild der Amplitudenfrequenzgänge der Vorschubantriebsregelkreise. Die Kreisumfahrfrequenz f_u ist folgendermaßen definiert:

$$f_u = \frac{v}{2\pi R} \tag{4.1}$$

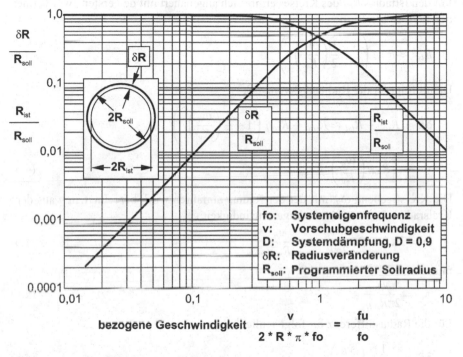

Bild 4.7. Kreisbahnabweichung als Funktion der Vorschubgeschwindigkeit, der Systemeigenfrequenz und des Radius

Bild 4.7 stellt den Amplitudengang R_{ist}/R_{soll} für ein System mit $D = 0,9$ dar, wobei die Umfahrfrequenz f_u auf die Systemeigenfrequenz f_0 bezogen wurde. Im gleichen Bild ist auch der auf R_{soll} bezogene Radiusfehler $\delta R/R_{soll}$ grafisch dargestellt. Bei schwach gedämpften Systemen $D < 0,7$ treten Resonanzspitzen auf, die zu Amplitudenvergrößerungen, also zu Radiusvergrößerungen, führen, sobald sich die Umfahrfrequenz der Eigenfrequenz nähert. Bild 4.4 gibt hierzu ein anschauliches Beispiel.

Eine grobe Abschätzung mit Hilfe einer einfachen Formel ist dadurch möglich, dass das Vorschubsystem auf ein proportionales Verzögerungsglied 1. Ordnung reduziert wird:

$$G_v(j\omega) = \frac{R_{ist}(j\omega)}{R_{soll}(j\omega)} = \frac{1}{1 + \frac{1}{K_v} j\omega_u} \tag{4.2}$$

mit K_V als der Geschwindigkeitsverstärkung. Daraus folgt für den Amplitudengang $|G_v(j\omega)|$ angenähert

$$|G_v(j\omega)| = \frac{|R_{ist}(j\omega)|}{|R_{soll}(j\omega)|} = \frac{1}{\sqrt{1 + \left(\frac{\omega_u}{K_v}\right)^2}} \tag{4.3}$$

Für den Istradius R_{ist} des Kreises ergibt sich angenähert mit den ersten zwei Termen der Taylorschen Reihe:

$$R_{ist} \approx R_{soll}\left(1 - \frac{1}{2}\left(\frac{\omega_u}{K_v}\right)^2\right) \tag{4.4}$$

Damit folgt für die Radiusdifferenz δR:

$$\delta R = R_{soll} - R_{ist} \approx R_{soll} - R_{soll}\left(1 - \frac{1}{2}\left(\frac{\omega_u}{K_v}\right)^2\right)$$

$$= \frac{1}{2}R_{soll}\left(\frac{\omega_u}{K_v}\right)^2 \tag{4.5}$$

Die Kreisfrequenz ω_u, mit der der Radius umfahren wird, berechnet sich aus dem Kreisradius R_{soll} und der Bahngeschwindigkeit v_B

$$\omega = 2\pi f_u = 2\pi \frac{v_B}{2\pi R_{soll}} = \frac{v_B}{R_{soll}} \tag{4.6}$$

mit

$$f_u = \frac{v_B}{2\pi R_{soll}} \tag{4.7}$$

Für die Radiusdifferenz δR folgt schließlich:

$$\delta R = \frac{1}{2R_{soll}}\left(\frac{v_B}{K_V}\right)^2 \tag{4.8}$$

Große Bahnabweichungen beim Verfahren eines Kreises treten besonders bei kleinen Kreisradien und hohen Bahngeschwindigkeiten auf. Bei einer Geschwindigkeit $v_B = 5\ m/min$, einem K_V-Faktor von $K_V = 1\ m/min/mm$ und einem Sollradius von $R_{soll} = 10\ mm$ ergibt sich z.B. eine Radiusdifferenz von $1,25\ mm$.

Messung der Kreisform

Für Maschinen mit linearen Achsen hat sich der Kreisformtest bewährt. Dieser erlaubt eine einfach durchzuführende, aussagekräftige Beurteilung der geometrischen und antriebstechnischen Genauigkeit. Eine genauere Beschreibung des Kreisformtests findet sich in Band 5, Kapitel 3.2 dieser Buchreihe.

Das Ergebnis eines Kreisformtests mit einem Kreuzgitter-Messsystem, gemessen an einer Konsolfräsmaschine, zeigt Bild 4.8. Die Messungen zeigen an den

Konsolfräsmaschine
Kreisdurchmesser: 60 mm   12.0 μm/Skt.

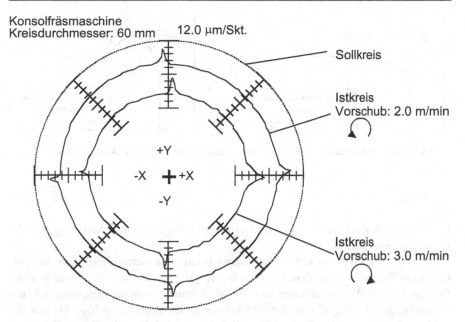

Bild 4.8. Kreisförmige Verfahrbewegung bei Variation des Vorschubs

Umkehrpunkten der Verfahrrichtung deutliche Abweichungsspitzen, die durch Haft-reibung in der Achsmechanik hervorgerufen werden (Quadrantenabweichung). Ne-ben der Drehrichtungsabhängigkeit dieser Bahnabweichungen sind die mit der Vor-schubgeschwindigkeit zunehmenden Radiusabweichungen zu erkennen.

Diese Abweichungen hängen mit der Regelung der Achse zusammen, de-ren begrenzter K_V-Faktor einen Schleppfehler in beiden Achsen hervorruft (Gleichung 4.9).

4.2.5 Einfluss des K_V-Faktors auf die Bahnabweichungen

Die dynamische Bahnabweichung hängt eng mit dem eingestellten Verstärkungs-faktor jedes Lageregelkreises zusammen. Die Zusammenhänge, die in Kapitel 4.2.2 für eine Achse hergeleitet und beschrieben sind, gelten natürlich auch im Achsver-bund mit mehreren Achsen. Bild 4.9 zeigt den Bahnverlauf beim Umfahren einer rechtwinkligen Ecke ohne Halt für eine geringe und eine hohe Geschwindigkeits-verstärkung K_V.

Die Geschwindigkeitsfehler (Schleppabstand) berechnen sich aus dem Übertra-gungsverhalten des gesamten Lageregelkreises, d.h. der Kreisverstärkung K_V bzw. Geschwindigkeitsverstärkung:

$$\Delta x \approx \frac{\dot{x}}{K_{vx}} \tag{4.9}$$

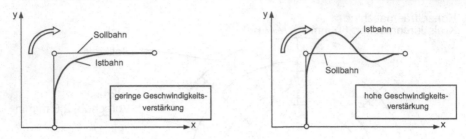

Bild 4.9. Bahnabweichungen beim Umfahren einer rechtwinkligen Ecke ohne Halt

$$\Delta y \approx \frac{\dot{y}}{K_{vy}} \tag{4.10}$$

Im stationären Zustand (t → ∞ bei konstanten Achsgeschwindigkeiten) gelten die Gleichungen exakt.

Im Bild 4.10 werden drei verschiedene Bearbeitungsarten bezüglich des auftretenden Bearbeitungsfehlers miteinander verglichen. Bei der Bearbeitung einer Schräge tritt ein Werkstückfehler nicht in Erscheinung, wenn die Geschwindigkeitsverstärkungen der Regelkreise für alle Achsen gleich sind ($K_{vx} = K_{vy}$). Da sich die Schleppabstände wie die Teilgeschwindigkeiten verhalten und während der Bearbeitung konstant sind,

$$\frac{\dot{x}}{\dot{y}} = \frac{\Delta x}{\Delta y} \tag{4.11}$$

folgt der Istwert dem Sollwert zeitlich verzögert auf der Sollkontur nach.

Eine Kreiskontur wird durch Überlagerung einer sinus- und einer kosinusförmigen Bewegung erzeugt, wenn der Maschinentisch in zwei um 90° versetzten Achsen verfahrbar ist. Die im Bild 4.10 gezeigte Abweichung ergibt sich durch die Anfahr- und Haltevorgänge in den Bewegungsabläufen der x- und y-Achse sowie durch die unterschiedlichen Schleppabstände, die durch die wechselnden Teilgeschwindigkeiten entstehen.

Auch beim Umfahren z.B. einer 90°-Ecke mit vorgegebener, konstanter Geschwindigkeit tritt ein Bearbeitungsfehler auf. Der Fehler ist um so größer, je größer die Bahngeschwindigkeit und je schlechter das Zeitverhalten der Antriebssysteme sind.

Außer den systembedingten Bearbeitungsfehlern, die sich durch optimierte Einstellung der Parameter des Lageregelkreises zwar verkleinern, aber nie ganz beseitigen lassen, kommen Fehler, die auf unterschiedliche Antriebsdynamik oder falsch eingestellte Lageregelkreise zurückzuführen sind, hinzu (Bild 4.11). Bei unterschiedlichen K_V-Faktoren in der x- und y-Achse wird bei der Bearbeitung einer Schräge der Zielpunkt exakt angefahren, doch treten während der Bearbeitung Konturfehler auf, deren Größe vom Unterschied der K_V-Faktoren abhängt. Entsprechendes gilt für die Kreisbearbeitung. Die Kreiskontur wird in der Achse mit dem kleineren K_V-Faktor abgeflacht, d.h. es entsteht eine Ellipse. Treten durch unterschiedliche K_V-Faktoren Phasenverschiebungen auf, so wird die Ellipse in der Ebene gedreht.

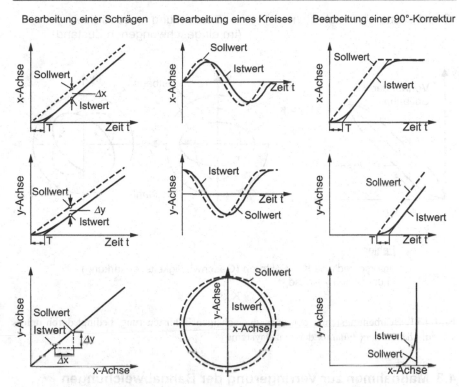

Bild 4.10. Systembedingte Bearbeitungsfehler bei einer zweiachsigen Bahnsteuerung (zwei gleiche Systeme 1. Ordnung)

Eine unterschiedliche Antriebsdynamik lässt sich sehr leicht feststellen, wenn man parallel zu einem unter 45° ausgerichteten Lineal verfährt und gleichzeitig den Abstand zum beweglichen Maschinenteil mit einer Messuhr erfasst. Beginnend vom Stillstand der Maschine bis zum erneuten Stillstand nach dem Verfahren unter 45° darf sich der Abstand zum Lineal nicht geändert haben.

Neben den dynamischen Fehlern, die sich infolge des Übertragungsverhaltens des Regelkreises ergeben, treten nichtlineare Signalübertragungsfehler auf. Diese entstehen bei indirekten Messsystemen (s. Kapitel 3.2.1) durch die Umkehrspanne (Hysterese), die durch Spiel, Reibung und durch die Nachgiebigkeit der mechanischen Übertragungselemente bei Belastung verursacht wird. Daraus resultiert ein Bahnfehler in der Größe der Umkehrspanne. Eine Konturverfälschung kann durch den Lageregelkreis eliminiert werden, wenn man den Messort des Wegmesssystems so wählt, dass sich die Umkehrspanne erfassen lässt (direktes Messsystem).

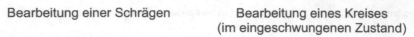

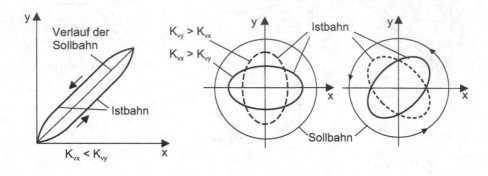

Fehler

unterschiedliche K_V - Faktoren (Geschwindigkeitsverstärkung)
in der x- und y-Achse

$$K_{VX} \neq K_{VY}$$

Bild 4.11. Bearbeitungsfehler bei einer zweiachsigen Bahnsteuerung, bedingt durch unterschiedliche Antriebsdynamik der Einzelsysteme

4.3 Maßnahmen zur Verringerung der Bahnabweichungen

Gängige Steuerungen vermeiden heute die im vorangegangenen Abschnitt beschriebenen Bahnabweichungen durch gezielte regelungstechnische Maßnahmen oder Geschwindigkeitsanpassungen (Geschwindigkeitsführung).

Da große Radiusabweichungen natürlich für die Einhaltung einer üblichen Fertigungstoleranz nicht tragbar sind, werden von den Steuerungsherstellern verschiedene, teilweise aufwändige Verfahren zur Verbesserung dieses Verhaltens eingesetzt. Zu den einfacheren Verfahren zählt die Erhöhung des K_V-Faktors für Kreisbahnen. Theoretisch ergibt sich die minimale Radiusabweichung bei etwa dem 1,4-fachen des maximalen K_V-Faktors, der für überschwingfreies Positionieren an Ecken einzustellen ist.

Eine weitere Möglichkeit liegt in der Begrenzung der Bahnbeschleunigung durch die Steuerung. Dazu wird z.B. über Gleichung 4.8 für eine vorgegebene, maximal erlaubte Radiusdifferenz die für den Radius zugehörige Bahngeschwindigkeit ermittelt, mit der dann der Kreis, unabhängig von der tatsächlich programmierten Bahngeschwindigkeit, verfahren wird.

Ein Nachteil beider Verfahren liegt darin, dass sie nur für Kreisbahnen, die auch als solche programmiert wurden, funktionieren. Ist die zu verfahrende Kreisbahn aus kurzen Geradenstücken zusammengesetzt, wird diese von der Steuerung nicht erkannt und demnach auch nicht korrigiert. Solche Konturen, die sich aus kurzen

Geradenstücken zusammensetzen, werden z.B. von den meisten CAP-Systemen aus CAD-Daten erzeugt.

Eine andere, aufwändigere Gruppe von Verfahren verringert dynamische Abweichungen, zu denen auch die Radiusdifferenz zählt, durch regelungstechnische Maßnahmen. Hier ist vor allem die Geschwindigkeits- und Beschleunigungsaufschaltung zu nennen, die unter verschiedenen Bezeichnungen von mehreren Steuerungsherstellern angeboten wird [33, 87].

Weiterhin kommen auch dynamische Kompensationsfilter und höherwertige Lageregelungsstrukturen (Zustandsregler) zum Einsatz [55, 177, 213]. Eine ausführliche Darstellung dieser Verfahren befindet sich in den Kapiteln 3.1.3 und 3.1.4.

Auch der Eckenfehler kann durch Einsatz dynamischer Korrekturmaßnahmen verringert werden. Ein absolut fehlerfreies Umfahren einer Ecke mit konstanter Bahngeschwindigkeit ist jedoch unmöglich. Auch bei Verwendung optimaler Lageregelstrukturen und einer optimierten Vorschubmechanik muss immer ein Kompromiss zwischen Bahngeschwindigkeit und Eckenfehler gefunden werden. Eine Führungsgrößenbeeinflussung, wie sie bereits zu Anfang des Kapitels beschrieben wurde, kann den Eckenfehler stark verringern. Steht die Forderung nach einer fehlerfreien Kontur im Vordergrund, so kann diese nicht mit konstanter Geschwindigkeitsvorgabe gefertigt werden. In diesem Fall muss entweder die Bahngeschwindigkeit an der Ecke bis zum Stillstand verringert werden, oder es werden die Vorgaben für die Geradenrichtungen derart verändert, dass die von der Maschine gefahrene Kontur der Vorgabe entspricht.

Heutige Steuerungen besitzen eine „Look ahead"-Funktion, d.h. die einzelnen NC-Sätze des Werkstückprogramms werden im Voraus auf die zu erwartenden Beschleunigungen und Geschwindigkeiten für die einzelnen Maschinenachsen hin untersucht. An den Stellen im NC-Programm, wo die maximal möglichen Beschleunigungen und Geschwindigkeiten der einzelnen Achsen überschritten werden, werden diese auf erlaubte Größen zurückgenommen.

Bei den hohen Beschleunigungen moderner Maschinen spielt der Ruck, d.h. die zeitliche Ableitung der Beschleunigung, eine große Rolle. Der Ruck regt die mechanischen Strukturen zu Schwingungen an, so dass je nach Schwingempfindlichkeit der Struktur ein bestimmter Ruckbetrag nicht überschritten werden darf. Somit ergibt sich eine erlaubte maximale Beschleunigungsänderung, aus der sich das Geschwindigkeitsprofil (Geschwindigkeitsführung) ableitet. Im Band 4 dieser Buchreihe wird im Zusammenhang mit der Beschreibung der NC-Steuerung auf diese Thematik näher eingegangen.

5 Auslegung von Vorschubantrieben

5.1 Auswahl des Motors und der mechanischen Komponenten

Eine zentrale Aufgabe bei der Auslegung von Vorschubantrieben ist die Wahl bzw. die Dimensionierung des Antriebmotors hinsichtlich der geforderten Kenndaten. Die Bestimmung des Motors geht mit der Festlegung der Übersetzung der mechanischen Getriebekomponenten, wie Zahnrad- bzw. Zahnriemengetriebe, Kugelgewindespindel und Zahnstange-Ritzeltriebe, einher. Durch diese Komponenten wird die Anpassung von Motormoment und -drehzahl an die Anforderungen hinsichtlich Vorschubkraft, -geschwindigkeit und -beschleunigung in weiten Bereichen ermöglicht.

Seit einigen Jahren finden auch elektrische Lineardirektantriebe Anwendung, die keine mechanischen Übertragungselemente haben.

5.1.1 Bestimmung der Anforderungen und Wahl des Antriebsprinzips

Vorschubantriebe haben die Aufgabe, die Relativbewegung zwischen Werkstück und Werkzeug zu erzeugen und dabei die erforderlichen Vorschubkräfte, -geschwindigkeiten und -beschleunigungen aufzubringen. Die Auslegung des Vorschubantriebes erfolgt unter folgenden Gesichtspunkten:

- Erreichen der vorgegebenen Positionier- und Bahngenauigkeit sowie
- Realisieren der geforderten Bahngeschwindigkeit und -beschleunigungen.

Hieraus lassen sich die folgenden Forderungen ableiten:

- Spielfreiheit,
- geringe statische und dynamische Nachgiebigkeit bei zugleich ausreichender Dämpfung,
- hohe erste Resonanzfrequenz der mechanischen Übertragungselemente,
- möglichst lineares Übertragungsverhalten der Konstruktionselemente des Vorschubantriebes,
- hohe geometrische und kinematische Genauigkeit der Komponenten und des montierten Antriebstrangs,
- gleichmäßiger Lauf auch bei niedrigen Geschwindigkeiten (geringe Drehmomentwelligkeit des Motors bei kleinen Drehzahlen, kein Stick-Slip-Effekt der Führungen),

- großer Vorschubgeschwindigkeitsbereich (1 zu 10000) wegen der stark unterschiedlichen Achsgeschwindigkeiten beim Verfahren entlang einer Bahn,
- hohes Beschleunigungsvermögen durch ausreichendes Motormoment, hohe Kurzzeit-Überlastbarkeit, geringe Reibung und geringe Massen und Trägheitsmomente der zu beschleunigenden Teile,
- niedrige Massen des gesamten Vorschubsystems bei aufeinander aufbauenden Achsen (Kreuzschlitten) und
- gutes Führungs- und Störverhalten des Lageregelkreises.

Moderne Antriebsmotoren und Regelkreise sind aufgrund ihrer guten dynamischen Eigenschaften in der Lage, die Resonanzfrequenzen der Mechanik anzuregen. Dies führt dazu, dass z. T. die dynamischen Eigenschaften der Motoren nicht voll genutzt werden können (Ruckbegrenzung). Darüber hinaus ist bei der Auslegung von hochdynamischen Vorschubachsen darauf zu achten, dass ein ausreichender Frequenzabstand zwischen möglichen Anregungsfrequenzen des Lageregelkreises zu den mechanischen Resonanzfrequenzen besteht. In diesem Zusammenhang gilt die grobe Faustformel, dass die Frequenz der ersten Resonanzstelle des mechanischen Systems mindestens doppelt so groß sein soll, wie die Eigenfrequenz des Lageregelkreises.

Elektrische Lineardirektantriebe wirken direkt auf die zu bewegenden Maschinenkomponenten wie z.B. Ständer. Sie benötigen daher keine mechanischen Übertragungselemente. Der Kraftfluss vom Motor zur abtriebsseitigen Mechanik geschieht auf kürzestem Wege. So lassen sich höhere Bearbeitungsgeschwindigkeiten bei sehr guter statischer und dynamischer Laststeifigkeit erreichen.

Aufgrund des iterativen Charakters des Entwicklungsprozesses liegen anfangs zumeist keine sicheren Daten über die zu bewegenden Massen und die statischen bzw. dynamischen Nachgiebigkeiten der Gesamtmaschine bzw. ihrer Einzelkomponenten vor. Grundlage der Dimensionierung des Motors und der mechanischen Komponenten bilden daher die Angaben des Pflichtenheftes. Daten wie Prozesskräfte, die zu realisierenden Beschleunigungen, die Eilganggeschwindigkeit, die Bearbeitungsgeschwindigkeit, der Verfahrweg, die zu bewegenden Massen und natürlich die Kosten bilden den Auslegungsrahmen.

Falls nicht im Pflichtenheft festgelegt, gilt es, das Antriebsprinzip des Vorschubantriebs zu wählen. Dabei ist zwischen den verschiedenen Möglichkeiten zur Wandlung der Rotations- in eine Translationsbewegung (Spindel-Mutter-, Ritzel-Zahnstange- oder rotatorischer Antrieb mit / ohne Getriebe) oder einem Lineardirektantrieb zu wählen. Welche Bauform für eine gegebene Vorschubaufgabe optimal ist, lässt sich häufig erst durch die annähernd vollständige Auslegung der Komponenten und anschließender Nachrechnung endgültig bestimmen. Wesentliche Kriterien für die Wahl des günstigsten Antriebsprinzips sind Positioniergenauigkeit, Verfahrweg, -geschwindigkeit und -beschleunigung, geforderte statische und dynamische Steifigkeit, Fertigungs- und Montageaufwand sowie die Kosten.

5.1.2 Wahl und Auslegung der mechanischen Komponenten

Für die Dimensionierung des Motors sind die zu bewegenden und beschleunigenden Massen und Trägheitsmomente zu bestimmen. Neben den Gestellkomponenten wie z.B. Ständer und Support sind auch Kupplungen zum Ausgleich von Wellenversatz, Führungsbahnabdeckungen und Energieführungsketten zu berücksichtigen.

Für die Auslegung der mechanischen Übertragungselemente eines Vorschubantriebs sind die zulässigen Übertragungsfehler maßgebend. Welcher der Übertragungsfehler – der kinematische, der statische oder der dynamische – den größten Einfluss auf ein zu erzielendes Bearbeitungsergebnis hat, hängt vom Aufbau des Vorschubsystems, der Art des Einsatzes und von der Belastung ab.

Die im Antriebsstrang liegenden mechanischen Komponenten sind so zu wählen und auszulegen, dass unter Berücksichtigung der maximalen Schnitt- und Beschleunigungskräfte und des maximalen Werkstückgewichts die Verformungen und die Eigenfrequenzen der Mechanik innerhalb vorgegebener Grenzen liegen.

Bei Gewindespindeltrieben beinhaltet dies insbesondere die Bestimmung des Spindeldurchmessers hinsichtlich Steifigkeit, Knickung und kritischer Biegeeigenfrequenz. In Kapitel 3.3.2 ist der entgegengerichtete Einfluss des Spindeldurchmessers auf die Steifigkeit und die Resonanzfrequenz der Spindel erläutert. Eine Vergrößerung des Spindeldurchmessers erhöht die Steifigkeit mit der zweiten Potenz. Das Massenträgheitsmoment steigt jedoch zugleich mit der vierten Potenz.

So kann durch die Vergrößerung des Spindeldurchmessers das Beschleunigungsverhalten des Vorschubantriebes sehr negativ beeinträchtigt werden. Dies bedeutet, dass die Wahl des richtigen Spindeldurchmessers und deren Steigung in einem Kompromiss zwischen ausreichender statischer Steifigkeit bei gerade noch vertretbarem Massenträgheitsmoment besteht.

Bei der Systemauslegung ist darauf zu achten, dass mögliche Anregungsfrequenzen in einem ausreichenden Frequenzabstand von den Resonanzfrequenzen liegen. Für die rechnerische Auslegung genügt hierfür in vielen Fällen die Ermittlung der untersten bzw. ersten Resonanzstelle mit Hilfe des Ersatzsystems 2. Ordnung. Folgende Situationen sind zu überprüfen:

1. Die Eigenfrequenz des Vorschubsystems bestehend aus zu den bewegenden Komponenten als Masse und Getriebeelementen als Feder sollte wenigstens doppelt so hoch sein, wie die Eigenfrequenz des Regelkreises. Andernfalls kommt es bei Verwendung von direkten Messsystemen zu Instabilitäten.
2. Die Biegeeigenfrequenz der Vorschubspindel sollte mindestens das doppelte der maximalen Drehfrequenz der Spindel, d.h. bei maximaler Vorschubgeschwindigkeit, betragen.

Ist der Frequenzabstand zu gering, so muss man durch Variation der Massenträgheiten und der Federsteifigkeiten die Eigenfrequenzen der mechanischen Übertragungselemente verschieben. Zur gezielten Auslegung des dynamischen Übertragungsverhaltens der mechanischen Bauelemente ist der Einsatz von Rechnerprogrammen sinnvoll.

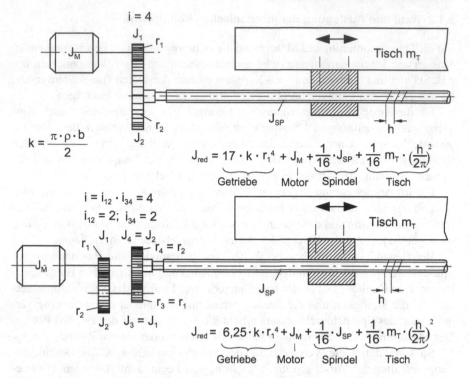

Bild 5.1. Massenträgheitsmomente zweier Spindelantriebe mit einstufigen und zweistufigen Vorschubgetrieben

Durch eine optimierte konstruktive Ausführung der Einzelkomponenten des Vorschubantriebs kann ein insgesamt niedrigeres Massenträgheitsmoment erzielt werden. Dies sei beispielhaft an einem Zahnradgetriebe erläutert.

Bild 5.1 zeigt zwei Vorschubantriebe, die bis auf das Übersetzungsgetriebe identisch sind. Das auf die Motorwelle reduzierte Massenträgheitsmoment berechnet sich für das einstufige Getriebe gemäß Gleichung 5.1 und für das zweistufige Getriebe gemäß Gleichung 5.2.

Einstufiges Getriebe:

$$J_{Rad,red} = J_{Rad1} \cdot \left(1 + \frac{i^4}{i^2}\right) = 17 J_{Rad1} \tag{5.1}$$

Zweistufiges Getriebe:

$$J_{Rad,red} = J_{Rad1} \cdot \left(1 + \frac{i_{12}^4}{i_{12}^2} + \frac{1}{i_{12}^2} + \frac{i_{12}^4}{\left(i_{12} \cdot i_{34}\right)^2}\right) = 6,25 J_{Rad1} \tag{5.2}$$

Damit besitzt das einstufige Getriebe bei gleichem Gesamtübersetzungsverhältnis und gleichen Radbreiten ein 2,7fach größeres, auf die Motorwelle reduziertes Massenträgheitsmoment gegenüber dem zweistufigen Getriebe. Dies resultiert aus dem großen Trägheitsmoment des großen Abtriebrades des einstufigen Getriebes.

Trotz des geringeren Massenträgheitsmoments des zweistufigen Getriebes wird man hier das einstufige bevorzugen, da es außer der kleineren Nachgiebigkeit und dem kleineren Spiel den Vorteil der geringeren Fertigungskosten hat. Die Auswahl der Lösung wird somit letztlich auch durch eine Wirtschaftlichkeitsbetrachtung beeinflusst.

5.1.3 Auswahl und Auslegung des Antriebsmotors

Die Auslegung des Vorschubmotors muss im Zusammenhang mit der Bestimmung der Übersetzung der mechanischen Komponenten (Vorschubgetriebe, Spindelsteigung, Ritzeldurchmesser) gesehen werden. Diese erlauben eine Anpassung von Motormoment und -drehzahl an die Anforderungen hinsichtlich Vorschubkraft, -geschwindigkeit und -beschleunigung. Bei Lineardirektantrieben ist diese Anpassbarkeit nicht gegeben. Hier bestimmen die Daten des Lastenhefts: Vorschubkraft über der Vorschubgeschwindigkeit sowie Motormasse direkt die Motorwahl aus dem Herstellerkatalog.

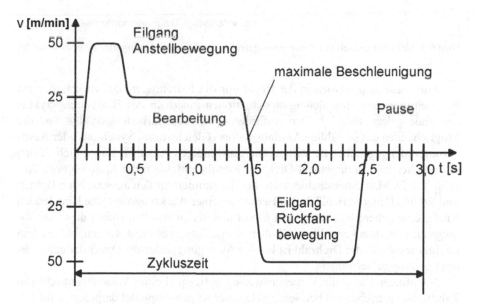

Bild 5.2. Bearbeitungszyklus eines Bohrvorgangs mit trapezförmigem Geschwindigkeitsverlauf

Die Wahl des Vorschubmotors stellt sich somit als ein Auslegungsproblem mit den Parametern Getriebeübersetzung (i) und Spindelsteigung (h) auf der einen Seite und den Motorkenndaten auf der anderen Seite dar. Aufgrund der wechselseitigen Beeinflussung der Parameter wird eine schrittweise Vorgehensweise bestehend aus

Wahl einer Motor-Getriebe-Konfiguration mit anschließender Berechnung der statischen und dynamischen Eigenschaften angewendet. Soll eine anforderungsoptimale Auslegung erfolgen, sind meist mehrere Iterationen aus Wahl veränderter Komponenten und Nachrechnung notwendig.

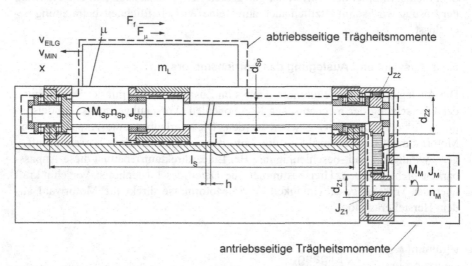

Bild 5.3. Vorschubantrieb mit Zahnriemengetriebe und beidseitig gelagerter Kugelrollspindel

Zur Auslegung werden in der Regel nur die Extremwerte der vorkommenden Bearbeitungs- und Beschleunigungssituationen innerhalb des Bearbeitungszyklus zugrunde gelegt, Bild 5.2. Den Anforderungen des Bearbeitungszyklus sind die Möglichkeiten des gewählten Antriebsmotors (Gleichstrom-, Synchron- oder Asynchronmotor) gegenüber zu stellen. Die notwendigen Angaben finden sich in den entsprechenden Drehmoment-Drehzahl-Kennlinienfeldern der Motoren (vgl. Abschn. 2.1.2). Man unterscheidet zwischen Kennlinien für den aussetzenden Betrieb und für den Dauerbetrieb. Für den Betrieb an einer Werkzeugmaschine kann jedoch häufig eine höhere Belastung dem Motor abverlangt werden, sofern diese nur solange ansteht, dass keine kritisch hohen Temperaturen erreicht werden. Neben dem Drehmoment und der Drehzahl ist bei der Auslegung daher die Dauer der geforderten Leistung zu betrachten.

Nachfolgend wird die Vorgehensweise am Beispiel eines Vorschubantriebs mit Zahnriemengetriebe und beidseitig gelagerter Kugelrollspindel dargelegt, Bild 5.3.

5.1.3.1 Statische Auslegung

Die Auslegung des Vorschubmotors und der mechanischen Komponenten erfolgt zunächst rein statisch. Aus den Anforderungen wird eine geeignete Kombination der Entwurfsparameter Motormoment, Motornenndrehzahl, Spindelsteigung und Getriebeübersetzung bestimmt.

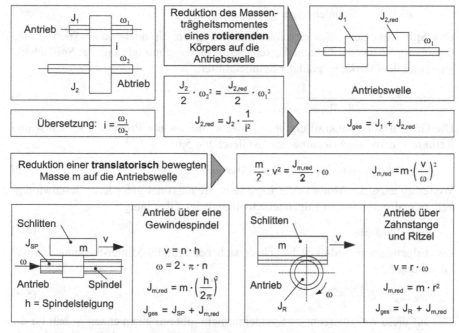

Bild 5.4. Reduktion von Massenträgheitsmomenten auf die Antriebswelle eines Vorschubantriebs

Es muss zum einen sichergestellt werden, dass die maximale Motordrehzahl ausreicht, die maximal geforderte Verfahrgeschwindigkeit, in der Regel die Eilganggeschwindigkeit, zu erreichen. Zum anderen muss der Motor in der Lage sein, die bei den verschiedenen Bearbeitungssituationen auftretenden Lastmomente auch bei den hierbei geforderten Motordrehzahlen und über den geforderten Zeitraum aufzubringen, Gleichung 5.3.

$$M_M \geq M_L \tag{5.3}$$

Das an der Motorwelle vorliegende Lastmoment lässt sich hierzu gemäß Gleichung 5.4 berechnen.

$$M_L = \frac{1}{\eta_{Ges}} \cdot \frac{1}{i} M_{Sp} \tag{5.4}$$

mit:

M_M: Motornennmoment

M_L: Lastmoment an Motorwelle

M_{Sp}:   Moment an der Spindel

η_{Ges}:   Gesamtwirkungsgrad der mechanischen Komponenten ohne Spindelmutter

i: Übersetzungsverhältnis des Vorschubgetriebes

h: Spindelsteigung

Das Spindelmoment M_{SP} errechnet sich bei einem Spindel-Mutter-Trieb gemäß Gleichung 5.5 aus der Gesamt-Vorschubkraft in Vorschubrichtung, der Spindelsteigung und dem Wirkungsgrad der Spindelmutter:

$$M_{Sp} = F_{Ges} \cdot \frac{h}{2\pi} \cdot \frac{1}{\eta_{Spindelmutter}} \tag{5.5}$$

Die Gesamt-Vorschubkraft ergibt sich wiederum aus der Prozess-, Gewichts- und Reibkraft in Vorschubrichtung gemäß Gleichung 5.6:

$$F_{Ges} = F_{Vorschub,Prozess} + F_{Gewicht} + F_{Reibung} \tag{5.6}$$

Weiterhin muss der Motor in der Lage sein, die maximal geforderte Geschwindigkeit zu realisieren (meist Eilganggeschwindigkeit), Gleichung 5.7.

$$n_{max} \geq n_{Eilgang} \tag{5.7}$$

Die Eilganggeschwindigkeit berechnet sich bei Spindel-Mutter-Systemen gemäß Gleichung 5.8.

$$n_{Eilgang} = i \cdot \frac{v_{Eilgang}}{h} \tag{5.8}$$

Das auf diese Weise errechnete Spindelmoment gibt nur einen ersten Anhalt für die Auswahl des Motors. In der Regel ist ein großer Momentenaufschlag erforderlich, um die gewünschten Beschleunigungen zu realisieren, die durchaus Werte von 1 bis $3g$ bei modernen Werkzeugmaschinen annehmen können. Für die Motorgrößenbestimmung wirkt sich jedoch günstig aus, dass das Beschleunigungsmoment nur kurzzeitig zur Verfügung stehen muss, wie das folgende Kapitel zeigt.

5.1.3.2 Dynamische Auslegung

Bei modernen Maschinen stellen in der Regel die Beschleunigungsvorgänge die höchsten Anforderungen an das Motormoment. Das Maß für die Beschleunigungsfähigkeit eines Vorschubantriebs ist die Hochlaufzeitkonstante des zunächst ungeregelten Vorschubsystems. Sie berechnet sich gemäß Gleichung 5.9:

$$T = \frac{J_{Ges,red.} \cdot 2\pi \cdot n_{max}}{M_{Beschl.,max}} \tag{5.9}$$

Zur Berechnung müssen zum einen die einzelnen Trägheitsmomente bekannt sein und auf die Motorwelle bezogen werden ($J_{Ges,red}$) und zum anderen das zur Beschleunigung verfügbare Motormoment ($M_{Beschl.,max}$) berechnet werden.

Die prinzipielle Vorgehensweise zur Umrechnung der Massenträgheitsmomente von rotierenden oder translatorisch bewegten Massen zeigt Bild 5.4. Die Umrechnungen basieren auf dem Energieerhaltungssatz.

Als Beschleunigungsmoment $M_{Beschl.}$ steht das maximale Motormoment abzüglich des Lastmoments zur Verfügung. Aufgrund der Drehzahlabhängigkeit des Motormoments und ggf. des Lastmoments ist das resultierende Beschleunigungsmoment ebenfalls eine Funktion der Drehzahl, Gleichung 5.10.

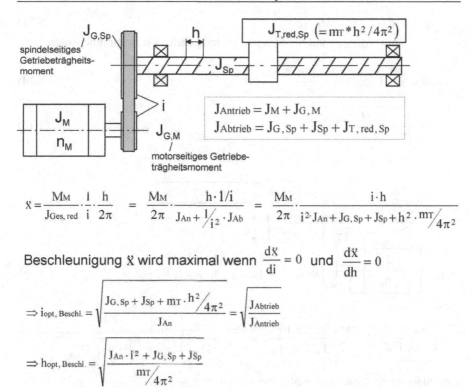

$$\ddot{x} = \frac{M_M}{J_{Ges,\,red}} \cdot \frac{1}{i} \cdot \frac{h}{2\pi} = \frac{M_M}{2\pi} \cdot \frac{h \cdot 1/i}{J_{An} + \dfrac{1}{i^2} \cdot J_{Ab}} = \frac{M_M}{2\pi} \cdot \frac{i \cdot h}{i^2 \cdot J_{An} + J_{G,\,Sp} + J_{Sp} + h^2 \cdot \dfrac{m_T}{4\pi^2}}$$

Beschleunigung $\ddot{x}$ wird maximal wenn $\dfrac{d\ddot{x}}{di} = 0$ **und** $\dfrac{d\ddot{x}}{dh} = 0$

$$\Rightarrow i_{opt,\,Beschl.} = \sqrt{\frac{J_{G,\,Sp} + J_{Sp} + m_T \cdot \dfrac{h^2}{4\pi^2}}{J_{An}}} = \sqrt{\frac{J_{Abtrieb}}{J_{Antrieb}}}$$

$$\Rightarrow h_{opt,\,Beschl.} = \sqrt{\frac{J_{An} \cdot i^2 + J_{G,\,Sp} + J_{Sp}}{\dfrac{m_T}{4\pi^2}}}$$

Bild 5.5. Bestimmung der beschleunigungsoptimalen Getriebeübersetzung bzw. Spindelsteigung bei Spindel-Mutter-Systemen

$$M_{Beschl.}(n) = M_M(n) - M_L(n) \tag{5.10}$$

Zum Beschleunigen können elektrische Stellmotoren in der Regel kurzzeitig mit dem 3- bis 10- fachen Nennmoment überlastet ($M_{M,max}$) werden. Das Überlastmoment kann relativ konstant während einer kurzzeitigen Beschleunigungsphase zur Verfügung gestellt werden. Aus dem Momentengleichgewicht unter Berücksichtigung des Wirkungsgrades und der Reibung in den Führungen gemäß Gleichung 5.11 folgt das zur Beschleunigung verfügbare Motormoment, Gleichung 5.12.

$$M_{M,max} = \frac{1}{\eta_{Ges}} \cdot (M_{Beschl.} + M_{Reibung}) \tag{5.11}$$

$$M_{Beschl.} = \eta_{Ges} \cdot M_{M,max} - M_{Reibung} \tag{5.12}$$

mit $M_{Beschl.}$: Motormoment, das zur Beschleunigung zur Verfügung steht

Die maximal mögliche Beschleunigung (Gleichung 5.15) berechnet sich unter Verwendung der Bewegungs-DGL (Gleichung 5.13) und dem Zusammenhang zwischen translatorischer Beschleunigung des Schlittens und Winkelbeschleunigung bei Gewindespindeln gemäß Gleichung 5.14.

$$J_{Ges,red} \cdot \ddot{\varphi}_M = M_{Beschl.} \tag{5.13}$$

mit $J_{Ges,red}$: auf die Motorwelle reduziertes Gesamtträgheitsmoment

$$\text{mit } \ddot{\varphi}_M = i \cdot \ddot{\varphi}_{Sp} = i \cdot \frac{\ddot{x} \cdot 2\pi}{h} \tag{5.14}$$

$$\ddot{x} = \frac{h}{2\pi} \cdot \frac{1}{i} \cdot \frac{M_{Beschl.}}{J_{Ges,red}} \tag{5.15}$$

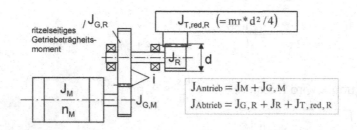

$$\ddot{x} = \frac{M_M}{J_{Ges\,red}} \cdot \frac{1}{i} \cdot \frac{d}{2} = \frac{M_M}{2} \cdot \frac{d \cdot 1/i}{J_{An} + \frac{1}{i^2} \cdot J_{Ab}} = \frac{M_M}{2} \cdot \frac{i \cdot d}{i^2 \cdot J_{An} + J_{G,R} + J_R + d^2 \cdot m_T/4}$$

Beschleunigung $\ddot{x}$ wird maximal wenn $\dfrac{d\ddot{x}}{di} = 0$ und $\dfrac{d\ddot{x}}{dd} = 0$

$$\Rightarrow i_{opt,\,Beschl.} = \sqrt{\frac{J_{G,R} + J_R + m_T \cdot d^2/4}{J_{An}}} = \sqrt{\frac{J_{Abtrieb}}{J_{Antrieb}}}$$

$$\Rightarrow d_{opt,\,Beschl.} = \sqrt{\frac{J_{An} \cdot i^2 + J_{G,R} + J_R}{m_T/4}}$$

Bild 5.6. Bestimmung der beschleunigungsoptimalen Getriebeübersetzung bzw. Ritzeldurchmesser bei Zahnstange-Ritzel-Systemen

5.1.3.3 Optimales Übersetzungsverhältnis

Um die maximale Beschleunigung einer linear zu bewegenden Masse zu erhalten, muss das Antriebssystem ausgehend vom Motor über ein evtl. vorhandenes Zwischengetriebe bis hin zur Gewindespindel möglichst optimal ausgelegt werden. Mögliche Variationsparameter sind neben dem Einsatz verschiedener Motoren (M_{Mmax}) das Übersetzungsverhältnis des Vorschubgetriebes (i) und die Spindelsteigung (h) bzw. der Ritzeldurchmesser (d).

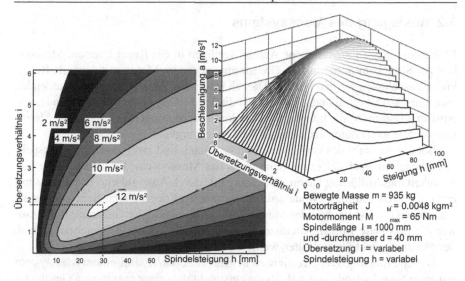

Bild 5.7. Variation der Übersetzungsverhältnisse bei Gewindetrieben zur Findung der maximalen Vorschubbeschleunigung

Bei gegebenen Motor gibt es zur Maximierung der Beschleunigung des Schlittens genau eine definierte Getriebeübersetzung-Spindelsteigung- bzw. Getriebeübersetzung-Ritzeldurchmesser-Kombination, Bild 5.5 und Bild 5.6. Die optimalen Parameterwerte für i, h und d ergeben sich dabei als Lösungen der notwendigen Bedingung einer Extremwertaufgabe, Gleichung 5.16.

$$\frac{d\ddot{x}}{di} = 0, \frac{d\ddot{x}}{dh} = 0 \text{ bzw. } \frac{d\ddot{x}}{dd} = 0 \qquad (5.16)$$

In Bild 5.7 ist der funktionale Zusammenhang von erreichbarer Beschleunigung und den Parametern Spindelsteigung und Getriebeübersetzung für ein Spindel-Mutter-System dargestellt. Die maximale Beschleunigung von ca. $1,2$ g wird in diesem Beispiel bei einer bewegten Masse von 935 kg mit 30 mm Steigung sowie einer Getriebeübersetzung von $i_{Getriebe} = 1,8$ erreicht.

5.2 Auslegung des Messsystems

Elektromechanisch angetriebene Achsen verfügen in der Regel über ein Messsystem zur Stromkommutierung bei Drehstrommotoren im Motor, mit dem alle Regelkreise geschlossen werden können. Da sich jedoch die genauigkeitsbeeinflussenden mechanischen Übertragungselemente mit diesem Messsystem nicht erfassen lassen, wird in Maschinen mit höheren Genauigkeitsanforderungen das indirekte Motormesssystem meist durch ein direktes Messsystem ergänzt.

Bei der Auswahl des verwendeten Messsystems sind zwei gegenläufige Aspekte zu beachten. Auf der einen Seite muss das Messsystem die erforderliche Genauigkeit und Auflösung haben. Dies kann z.B. durch Auswahl eines Maßstabs mit einer geringen Teilungsperiode erreicht werden. Auf der anderen Seite dürfen die maximale Geschwindigkeit des Messsystems (Absenkung der Geberamplitude) sowie die maximale Eingangsfrequenz des Antriebsreglers bei Eilgangbewegungen der Maschine nicht überschritten werden.

Übliche Eingangsgrenzfrequenzen liegen bei 250 kHz. Bei einem Messsystem mit einer Signalperiode von z.B. 20 μm entspricht dies einer maximalen Geschwindigkeit von 5 $m/s = 300\ m/min$. Wird jedoch ein Messsystem mit einer Teilungsperiode von 4 μm verwendet, liegt die zulässige Maximalgeschwindigkeit bei nur 1 m/s, also bei 60 m/min. Dieser Wert wird in HSC-Maschinen weit überschritten [41, 140, 166]. Daraus folgt, dass bei HSC-Maschinen entweder Messsysteme mit einer geringeren Teilungsperiode oder eine Auswertungseinheit mit einer höheren Grenzfrequenz eingesetzt werden müssen.

Eine ausführliche Beschreibung von Messsystemen und deren Auslegung findet sich in Kapitel 2.2.

5.3 Inbetriebnahme der Regelung

Die Inbetriebnahme eines Servoantriebs und die optimale Einstellung aller Regelkreise erfordert mehrere Schritte. Abhängig von Motortyp und Fabrikat wird der Anwender dabei durch Inbetriebnahmehilfen für Antriebsverstärker und Steuerung unterstützt. Die Inbetriebnahmeprozedur für einen Antrieb, bei dem alle Inbetriebnahmeschritte vom Anwender selbst ausgeführt werden müssen, erfordert in der Regel die im Folgenden beschriebenen Schritte. Dabei wird vorausgesetzt, dass die elektrische Installation vollständig ausgeführt und überprüft wurde.

5.3.1 Manuelle Inbetriebnahme

Bei der manuellen Inbetriebnahme einer Vorschubachse wird in der Regel in folgenden Arbeitsschritten vorgegangen:

-   Einstellung des Stromreglers nach Herstellerangabe,
-   bei analogen Systemen: Driftabgleich der Drehzahl,
-   Einstellung des Drehzahlreglers,

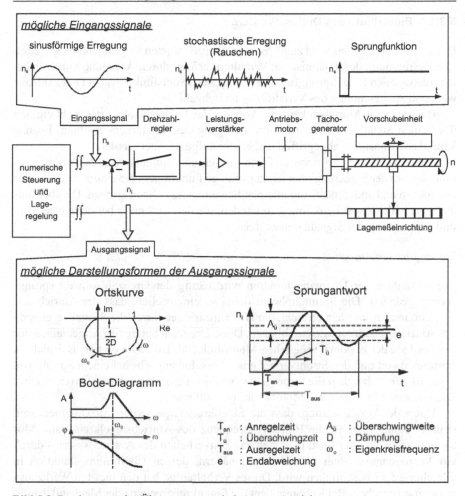

Bild 5.8. Bestimmung des Übertragungsverhaltens von Antrieben

– Anschluss der Sollwertvorgabe von der Steuerung,
– Überprüfung des richtigen Regelsinns,
– Einstellung und Optimierung des Lagereglers und
– Einstellung der Beschleunigungs- und Bremsrampen.

Im Folgenden wird die Einstellung des Drehzahl- und des Lagereglers exemplarisch beschrieben. Das erläuterte Vorgehen kann prinzipiell auch auf Achsen mit Lineardirektantrieb angewendet werden.

Das allgemeine Blockschaltbild eines Lageregelkreises mit unterlagerter Drehzahlregelung ist in Bild 5.8 dargestellt. Das dynamische Verhalten einer Maschinenachse wird in erster Linie vom Antriebssystem bestimmt. Daher ist es zweckmäßig, vor der Einstellung der Lageregelung zunächst den Drehzahl- bzw. Geschwindigkeitsregelkreis zu optimieren [60].

5.3.1.1 Einstellung des Drehzahlreglers

Der Drehzahlregelkreis wird zunächst vom übergeordneten Lageregelkreis getrennt. Die Bestimmung des dynamischen Verhaltens erfolgt durch Anregung mit definierten Testsignalen (z.B. Sprungfunktion, Rauschen, Sinusfunktion) als Drehzahlsollwert und Aufzeichnung des Verlaufs der Istdrehzahl.

Bei analogen Antrieben kann die Vorgabe des Drehzahlsollwertes recht einfach über einen Signalgenerator am Sollwerteingang des Verstärkers erfolgen. Ebenso kann das Tachosignal abgegriffen und extern aufgezeichnet werden.

Moderne digitale Antriebe verfügen im Verbund mit entsprechenden Softwaremodulen auf der Steuerung über leistungsfähige Funktionen, die einerseits Sollwerte generieren und andererseits die internen Istwerte aufzeichnen können. Darüber hinaus sind in der Regel Funktionen vorhanden, die den Techniker bei der Korrelation und Auswertung der Signale unterstützen.

Sprungförmige Anregung

Zur Aufnahme der Übergangsfunktion wird häufig der Drehzahlsollwert sprungförmig geändert. Die Sprunghöhe ist dabei so einzustellen, dass der Antrieb seinen Maximalstrom nicht erreicht, um Nichtlinearitäten durch die Strombegrenzung des Antriebsverstärkers auszuschließen. Diese Drehzahl beträgt im Allgemeinen nur 5% bis 15% der maximal möglichen Motordrehzahl. Bild 5.9 zeigt als Beispiel die Sprungantwort und den Stromverlauf eines Vorschubantriebs bei einem Sprung von 0 auf 80 min^{-1}, bei dem die Stromgrenze von 40 A gerade noch nicht erreicht wird. Die maximale Drehzahl des Motors beträgt 2000 min^{-1}.

Unter der Voraussetzung, dass die Eigenkreisfrequenz der Vorschubmechanik deutlich höher liegt als die Eigenkreisfrequenz des Antriebsregelkreises mit Motor und angekoppelter Last, lässt sich das Zeitverhalten des Antriebssystems durch ein Verzögerungssystem 2. Ordnung annähern, dessen Übertragungsfunktion in Gleichung 5.17 beschrieben wird. Dieses Verhalten ist bei den meisten Werkzeugmaschinen gegeben. Bei Robotern liegt die Eigenkreisfrequenz der Mechanik häufig in der gleichen Größenordnung oder sogar niedriger als die der Antriebe, sodass dort die folgenden Gleichungen nicht anwendbar sind.

$$G_A(j\omega) = \frac{1}{1 + \frac{2D_A}{\omega_{0A}} j\omega + \frac{1}{\omega_{0A}^2}(j\omega)^2} \qquad (5.17)$$

Aus der Sprungantwort lassen sich folgende Kenngrößen zeichnerisch ermitteln (s. Bild 5.8):

T_{an}	Anregelzeit,
$T_{\ddot{u}}$	Überschwingzeit,
T_{aus}	Ausregelzeit,
e	Endabweichung,
$A_{\ddot{u}}$	Überschwingweite.

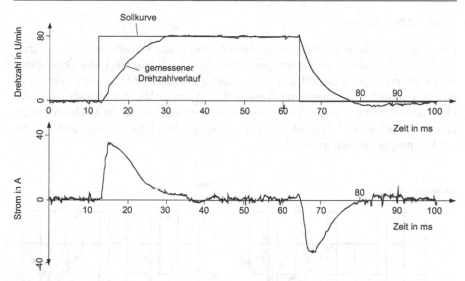

Bild 5.9. Drehzahlsprung von 0 auf 80 min^{-1} und zugehöriger Stromverlauf

Damit besteht die Möglichkeit, die Kenngrößen Dämpfung D_A und Eigenfrequenz ω_{0A} für das System 2. Ordnung zu berechnen. Es gilt:

$$D_A = \cfrac{1}{\sqrt{1 + \left(\cfrac{\pi}{\ln a_{\ddot{u}}}\right)^2}} \tag{5.18}$$

$$\omega_{0A} = \frac{\pi}{T_{\ddot{u}} \cdot \sqrt{1 - D_A^2}} \tag{5.19}$$

mit $a_{\ddot{u}}$: auf statischen Endwert bezogene Überschwingweite $A_{\ddot{u}}$

Außerdem kann anhand der aufgezeichneten Sprungantwort und der Gleichung 5.18 und Gleichung 5.19 auch die richtige Einstellung des Drehzahlreglers überprüft werden. Der Antrieb sollte sich in etwa wie ein Verzögerungsglied 2. Ordnung mit einer Dämpfung von 0,5 und einer möglichst hohen Eigenkreisfrequenz verhalten [57]. Sind die Zeitkonstanten T_{mech} und T_{el} des Motors mit angekoppelter Last bekannt, so lassen sich die Einstellparameter des PI-Drehzahlreglers rechnerisch ermitteln. Bewährt hat sich eine Einstellung nach dem symmetrischen Optimum, mit dem sich der Verstärkungsfaktor des Drehzahlreglers K_p und die Nachstellzeit T_p gemäß Gleichung 5.20 und Gleichung 5.21 ergeben [180].

$$K_p = \frac{T_{mech}}{8 \cdot T_{el}} \tag{5.20}$$

mit $T_{mech} = \dfrac{J_{ges} \cdot \omega_{max,Motor}}{M_{St,A}}$

$M_{St,A}$: Stillstandsdrehmoment des Motors

$$T_p = 4 \cdot T_{el} \tag{5.21}$$

Frequenzgangmessung

Eine andere Methode zur Bestimmung des dynamischen Verhaltens von Regelkreisen ist die Aufnahme der Übertragungsfunktion (Frequenzgang) und Darstellung als Ortskurve oder im Bode-Diagramm. Hierbei wird das Verhalten des Antriebs in einem bestimmten Frequenzbereich ermittelt und dargestellt. Zur Messung wird der Drehzahlsollwert mit einem Anregungssignal beaufschlagt und der Drehzahlistwert gemessen. Mit einer Fourieranalyse wird dann aus dem Drehzahlsoll- und -istwert die Übertragungsfunktion berechnet.

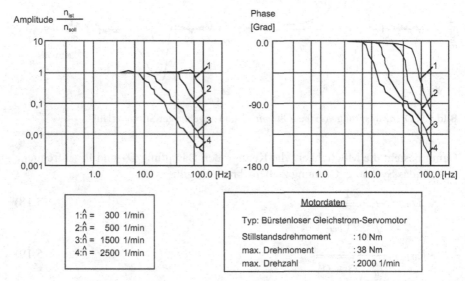

Bild 5.10. Frequenzgänge eines Vorschubantriebs bei verschiedenen Anregungsamplituden n_{ist}/n_{soll}

Das Anregungssignal für den Drehzahlsollwert hat einen großen Einfluss auf die Genauigkeit der Messung. Grundsätzlich können stochastische und deterministische Signale verwendet werden, wobei auf jeden Fall das gesamte Frequenzspektrum, das vom Fourieranalysator ausgewertet werden soll, auch im Anregungssignal enthalten sein muss. Gute Ergebnisse liefert ein Sinussignal, dessen Frequenz sich während der Messung zeitlinear zwischen einem minimalen und einem maximalen Wert ändert.

Auch bei dieser Messung ist die Anregung (Amplitude) so zu begrenzen, dass die Stromgrenze des Antriebs nicht erreicht wird. Die Annahme eines linearen Übergangsverhaltens zur Berechnung von Dämpfung und Eigenkreisfrequenz verliert sonst ihre Gültigkeit.

Den Einfluss der Strombegrenzung auf den Frequenzgang eines Vorschubantriebs zeigt Bild 5.10. Dieser Antrieb erreicht mit sinusförmiger Anregung bei ca. 70 *Hz* die Strombegrenzung für eine Amplitude *v* der Drehzahlschwingung von

$300\ min^{-1}$. Der nichtlineare Einfluss der Strombegrenzung zeigt sich in der Abnahme der Eigenkreisfrequenzen bei höheren Anregungsamplituden. Diese Abnahme liegt darin begründet, dass die zu erzeugende Maximalbeschleunigung linear mit der Schwingungsamplitude zunimmt. Die Beschleunigung ist wiederum in erster Näherung proportional zum Motorstrom, sodass die Strombegrenzung bei großen Schwingungsamplituden schon bei kleineren Frequenzen erreicht wird.

Als Anregungssignal wurde bei dieser Messung ein gesweepter Sinus in Frequenzbereichen zwischen 2 Hz und 100 Hz verwendet. Das Verhalten des Antriebs bei Frequenzen unterhalb von 2 Hz war somit aus den Messdaten nicht zu ermitteln, sodass auch die im Bode-Diagramm dargestellten Amplituden- und Phasenverläufe bei Frequenzen kleiner als 2 Hz nicht das reale Antriebsverhalten wiedergeben.

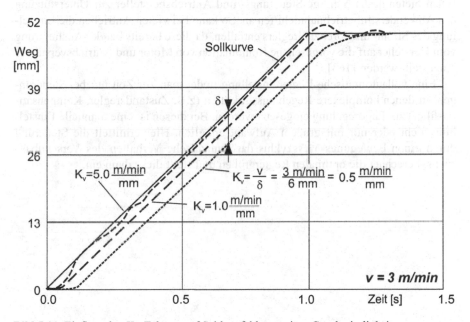

Bild 5.11. Einfluss des K_V-Faktors auf Schleppfehler an einer Geschwindigkeitsrampe

5.3.1.2 Einstellung des Lagereglers

Um die Dynamik der Vorschubantriebe zu steigern und das Bahnverhalten zu verbessern, ist der K_V-Faktor möglichst hoch einzustellen. Ein zu hoch eingestellter K_V-Faktor führt jedoch zu Instabilitäten und Überschwingen beim Positionieren. Als Kompromiss lässt sich ein Wert ermitteln, bei dem beim Einfahren in eine Position mit normaler Bearbeitungsgeschwindigkeit gerade noch kein Überschwingen auftritt, Bild 5.11. Gängige Werte für den K_V-Faktor liegen im Bereich:

$$K_V = 0,5\dots3,5\frac{m/min}{mm}\ \text{(elektromechanisches System)} \tag{5.22}$$

$$K_V = 15 \dots 25 \frac{m/min}{mm} \text{ (Lineardirektantrieb)} \tag{5.23}$$

Die höheren K_V-Faktoren bei linearen Direktantrieben hängen mit dem Wegfall der nachgiebigen mechanischen Übertragungselemente zusammen. Bei den elektromechanischen Antrieben erfordern diese Elemente eine niedrige Abstimmung der Regelkreise.

5.3.2 Automatische Inbetriebnahme

Analysiert man die genannten Arbeitsschritte, so wird deutlich, dass die Inbetriebnahme eines Servoantriebs auch vollautomatisch durchgeführt werden kann. Inzwischen bieten deshalb einige Steuerungs- und Antriebshersteller zur Unterstützung des Anwenders Inbetriebnahmehilfen an. So kann bei vielen Antrieben die Einstellung des Strom- und Drehzahlreglers entfallen, da diese bereits bei der Auslieferung vom Hersteller auf die vorgesehene Kombination von Motor und Antriebsverstärker eingestellt werden [163].

Eine vollautomatische Reglereinstellung findet man zur Zeit nur bei Steuerungen, in denen komplexere Regelungsstrukturen (z.B. Zustandsregler, Kompensationsfilter) zur Lageregelung eingesetzt werden. Bei diesen ist eine manuelle Einstellung nicht oder nur mit großem Aufwand möglich. Hier ermittelt die Steuerung durch einen Bewegungs-Messzyklus das dynamische Verhalten des Vorschubantriebs, berechnet die optimalen Reglergrößen und stellt diese dann ein.

6 Prozessüberwachung, Prozessregelung, Diagnose und Instandhaltungsmaßnahmen

6.1 Einführung

Neben der Bearbeitungsgeschwindigkeit und -genauigkeit ist der Nutzungsgrad eines Fertigungssystems von besonderer wirtschaftlicher Bedeutung. Produktionsmaschinen werden häufig bis an ihre Grenzen belastet, um eine maximale Produktivität zu erreichen. Daher ist eine Überwachung des Maschinenzustandes und der Prozessstabilität um Hinblick auf eine ausschussfreie Werkstückproduktion unumgänglich. Zur Sicherstellung eines hohen Nutzungsgrades werden daher qualitätssichernde Maßnahmen in zeitlich vorgegebenen Abläufen durchgeführt (s. Kapitel 6.1.1 und Kapitel 6.1.2).

Von den Einflüssen auf die Funktion der Fertigungsmittel des Prozessverlaufs (s. Kapitel 6.1.3) hängt es ab, ob eine kontinuierliche Überwachung erforderlich ist.

In Kapitel 6.1.4 sind die Bestimmungsgrößen bei Überwachungsaufgaben und die Struktur von Überwachungssystemen beschrieben.

Einige Prozesse erlauben eine Prozessregelung, die das Ziel verfolgt, die Prozessführung dem sich verändernden Verhalten von Maschine, Werkzeug, Werkstück und Material automatisch anzupassen (s. Kapitel 6.1.5).

6.1.1 Hintergrund, Begriffe und Ziele

Die heutige Fertigungstechnik ist durch hohe Bearbeitungsgeschwindigkeit und -genauigkeit geprägt. Dies führt zu hohem Verschleiß bzw. zu hoher Belastung von Werkzeug und Maschine und verlangt vielfältige Maßnahmen der Prozessüberwachung und -regelung, Diagnose und Instandhaltung, um Störungen und Ausfälle möglichst zu vermeiden.

Um das Ziel einer hohen Produktivität zu erreichen, müssen die Maschinenstillstandszeiten minimiert und eine hohe Prozesssicherheit während der beaufsichtigten und unbeaufsichtigten Bearbeitung erreicht werden. Die tatsächliche Nutzungszeit T_N eines Fertigungssystems, also die Zeit, in der die Anlage produziert, wird durch verschiedene Ausfallzeiten beeinflusst (Bild 6.1), die in der VDI-Richtlinie 3423 [185] definiert sind. Hier ist zum einen die organisatorische Ausfallzeit T_O als die Summe aller Ausfallzeiten, die auf mangelnde Organisation, wie etwa das Fehlen von Material, zurückzuführen ist, zu nennen. Zum anderen beschreibt die technische Ausfallzeit T_A die Zeit aller Ausfälle, die durch technische Störungen

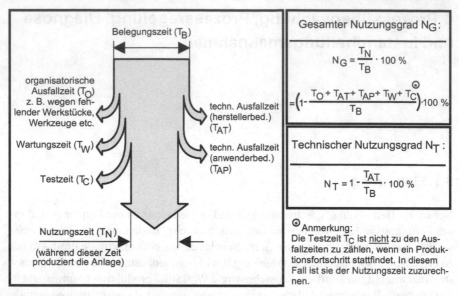

Bild 6.1. Bestimmung der Nutzungszeit sowie Definition des gesamten und technischen Nutzungsgrads. (nach VDI 3423)

der betrachteten Anlage verursacht werden. Hier wird weiterhin unterschieden, ob die Ausfälle hersteller- (T_{AT}) oder anwenderbedingt (T_{AP}) aufgetreten sind. Zusätzliche Ausfallzeiten sind die Wartungszeit T_W sowie Testzeit T_C, diese aber nur dann, wenn die Anlage nicht produzieren kann. Die Testzeit ist zur Nutzungszeit zu rechnen, wenn ein Produktionsfortschritt stattfindet. Die Gesamtheit dieser Ausfallzeiten reduziert die Belegungszeit T_B auf die tatsächliche Nutzungszeit T_N. Unabhängig vom Schichtmodell und der Anlagenkomplexität lassen sich so Vergleichskriterien wie der gesamte Nutzungsgrad und der technische Nutzungsgrad definieren, aus denen Rückschlüsse auf Schwachstellen und Abhilfemaßnahmen gezogen werden können.

Die zu überwachenden Objekte können sich zum einen auf den Prozess und zum anderen auf die Maschine beziehen. Aus diesem Grund müssen sowohl der Prozess, d.h. Werkzeug und Werkstück, als auch alle kritischen Maschinenkomponenten beobachtet werden.

Die Überwachung des Prozesses hat das Ziel, eine möglichst hohe Prozesssicherheit zu gewährleisten. Die Prozesssicherheit beinhaltet, dass die vorgegebene Produktqualität eingehalten und Prozessstörungen (z.B. Werkzeugbruch) verhindert bzw. erkannt werden sowie Maßnahmen zur Prozessfortführung eingeleitet werden.

Ziel der Maschinenüberwachung ist es, den aktuellen Zustand einzelner hochbelasteter und gefährdeter Komponenten der Maschine zu überwachen und fehlerhafte Funktionen zu erkennen. Eine genauere Abgrenzung dieser beiden Überwachungsarten erfolgt in Kapitel 6.1.4.3.

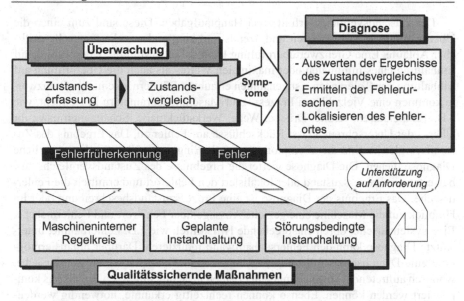

Bild 6.2. Aufgaben und Maßnahmen im Umfeld der Fertigung aus Sicht der Qualitätssicherung

Um die Prozesssicherheit und Maschinenverfügbarkeit zu garantieren bzw. weiter zu steigern, werden daher neben organisatorischen Maßnahmen, wie Personalqualifizierung, rechtzeitiger Betriebsmittelbereitstellung, optimiertem Maschinenbelegungsplan oder regelmäßiger Wartung, in zunehmendem Maße automatisierte Überwachungs- und Diagnosesysteme eingesetzt. Diese Einrichtungen müssen

– den Prozessablauf und die Produktqualität auf Abweichungen oder Fehler (Störungen) überwachen,
– gegebenenfalls bei Abweichungen den Prozess regeln oder
– auf Anforderung die Störungen diagnostizieren (d. h. Fehlerart, -ort und -ursachen bestimmen) und
– dem Benutzer nach Möglichkeit Funktionen zur Unterstützung bei der Fehlerbehandlung bereitstellen.

Im Rahmen der Qualitätssicherung wird für die beiden Teilaufgaben Zustandserfassung und Zustandsvergleich (Bild 6.2) der Begriff „Überwachung" (engl. „monitoring") verwendet.

Die Zustandserfassung der Anlage oder des Prozesses beinhaltet die Aufnahme von Prozess- und Maschinenkennwerten, die den gegenwärtig vorliegenden Zustand des Fertigungsmittels wiedergeben. Der Zustandsvergleich ist der Vergleich dieses Istzustands mit einem vorgegebenen Sollzustand. Dieser Sollzustand wird je nach betrachtetem Parameter von Prozess oder Maschine gezielt vorgegeben, wobei die Findung dieser Vorgaben oft sehr schwierig und erst durch Lernprozesse am laufenden Prozess gefunden werden können.

Der Zustandsvergleich erfüllt zwei Hauptaufgaben. Diese sind zum einen die Überprüfung von Grenzwerten und Trends und zum anderen die Kontrolle zeitlicher Abläufe. Eine Grenzwertüberprüfung kann dabei sowohl die Überprüfung auf Einhaltung eines minimalen oder maximalen Wertes als auch die Überprüfung auf Einhaltung von Toleranzen – sogenannten erlaubten Bändern – sein. Als Grenzwerte kommen eine Vielzahl von Prozess- und Maschinenparametern in Betracht, wie z.B. Temperaturen, Kräfte, Drücke, Wege, Werkstückmaße, Schaltzeiten usw.; ihr Über- oder Unterschreiten lässt Rückschlüsse auf Fehler zu. Das Ergebnis des Zustandsvergleichs sind die „Symptome", die als Eingangsgrößen für die eigentliche Diagnose dienen. Die Diagnose wertet die Ergebnisse des Zustandsvergleichs aus, bewertet den Prozesszustand oder lokalisiert den Fehlerort und ermittelt die Fehlerursache. Das Ergebnis der Diagnose ist eine Prozesszustandsbeschreibung oder im Hinblick auf die Maschine eine gezielte Aussage über Fehlerort und Fehlerursache. Eine systematische, durch entsprechende Hilfsmittel, wie z.B. Fehlerbäume, unterstützte Diagnose kann den Fehlersuchaufwand reduzieren. Darüber hinaus ermöglicht eine Diagnose das frühzeitige Erkennen eines Fehlers sowie dessen Ursache, wodurch auftretende Abweichungen über einen maschineninternen Regelkreis kompensiert werden können. Ebenso können rechtzeitig erkannte, notwendig werdende Reparaturen (d. h. störungsbedingte Instandhaltung oder Instandsetzung) gezielt angegangen, sowie Ersatzteilbestellungen und andere organisatorische Maßnahmen frühzeitig eingeleitet werden. Die als Fehlerfolge auftretenden Ausfallzeiten und die damit verbundenen Kosten können so gesenkt werden. Trendauswertungen ermöglichen es darüber hinaus, Fehler schon in ihrer Entwicklung zu erkennen und zu beseitigen.

Diese qualitätssichernden Aufgaben, in [91] als Qualitätsregelung und Fehlerbehandlung in der Qualitätssicherung bezeichnet, können direkt oder indirekt ausgeführt werden. Das heißt, Maschinen- und Überwachungsparameter werden einerseits zeitlich und örtlich direkt oder indirekt über die Auswirkung auf messbare Größen ausgewertet [106]. Letzteres ist beispielsweise bei der Verschleißüberwachung mit Hilfe von Kraftsignalen der Fall. Zum qualitativ sicheren Betrieb, der sich an der in [91, 145] beschriebenen „Total Quality Management"-Philosophie (TQM) orientiert, sind zusätzlich geplante Wartungs- und Inspektionsmaßnahmen vorzusehen, die z.B. während Pausenzeiten (Schichtwechsel, Urlaub) ausgeführt werden können. Die Zuverlässigkeit von Maschinen und Fertigungsprozess wird nicht nur von den qualitätssichernden Aufgaben und Maßnahmen selbst, sondern auch entscheidend von deren zeitlichen Prüfkriterien wie Häufigkeit und Ausführungszeitpunkt beeinflusst. In Abhängigkeit von der Bedeutung, der Art und Wahrscheinlichkeit des Eintreffens eines Ereignisses, sowie von der Dynamik der möglichen Veränderung wird das Maß der zeitlichen Beobachtung der einzelnen Parameter festgelegt. Eine beispielhafte Einordnung ist im Bild 6.3 dargestellt.

So gibt es qualitätssichernde Beobachtungen und regelungstechnische Eingriffe, die kontinuierlich, z.B. während der gesamten Betriebszeit der Maschine oder während einer Bearbeitung, durchgeführt werden müssen. Hierzu zählen z.B. der Werkzeugverschleiß, die Einhaltung vorgegebener enger Toleranzen usw., die wäh-

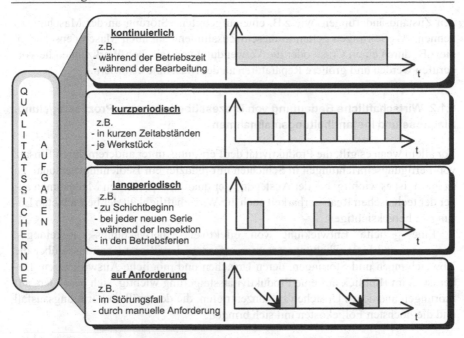

Bild 6.3. Zeitliche Einordnung qualitätssichernder Aufgaben und Maßnahmen

rend der Bearbeitung ständig überwacht werden müssen. Auch die Temperatur gefährdeter, schnelllaufender Arbeitsspindelsysteme muss beispielsweise während der gesamten Betriebszeit der Maschine ununterbrochen überwacht werden.

Andererseits gibt es Parameter, die periodisch überwacht werden müssen. Ein einfaches Beispiel dafür ist die Zentralschmierung. In Zeitabständen von einigen Minuten kommt bei Bedarf ein Schmierimpuls. Während dieses Schmierimpulses müssen die Höhe des dabei auftretenden Drucks und der Schmiermitteldurchsatz überwacht werden. Andere Überwachungsaufgaben, z.B. Messaufgaben, werden nur einmal je Werkstück durchgeführt. Die Überwachung des Spannweges erfolgt z.B. nur einmal beim Spannen eines jeden Werkstücks. Neben diesen kurzperiodischen gibt es auch langperiodische qualitätssichernde Aufgaben, die nur einmal je Schicht oder vor Beginn einer neuen Werkstückserie notwendig sind. Zu langperiodischen Diagnoseaufgaben in größeren Zeitabständen zählen alle diejenigen, die auf langsame Zustandsveränderungen abzielen. Hierzu zählen z.B. der Verschleiß der Führungsbahnen bzw. der Kugelrollspindeln und die Veränderung der Lagervorspannungen. Diese Systemveränderungen sind ebenfalls qualitätsbestimmend, kommen aber meist erst über einen längeren Zeitraum zum Tragen. Maßnahmen zur Behebung dieser Fehler bzw. Abweichungen können häufig gezielt während einer geplanten Inspektion oder in den Betriebsferien durchgeführt werden. Dazu gehören auch die Überprüfung von geometrischen, kinematischen und dynamischen Maschineneigenschaften, die sich nur sehr langsam ändern und deren Erfassung einen erheblichen Messaufwand erfordert. Als Letztes sind noch die sporadisch anfallenden Zustandsänderungen, wie z.B. eine aufgetretene Störung an der Maschine zu nennen. Als Störungen gelten in diesem Zusammenhang auch Maschinenschäden, die z.B. durch einen Crash oder die Verwendung von falschen Werkzeugen hervorgerufen werden und größere Reparaturen an der Maschine erfordern.

6.1.2 Wirtschaftliche Bedeutung von Prozessüberwachung, Prozessregelung, Diagnose und Instandhaltungsmaßnahmen

Vor allem wenn es gilt, die Produktivität der Fertigung, unter anderem durch Einsatz von Fertigungseinrichtungen in Schichten mit reduziertem Bedienungspersonal, zu steigern, ist es wichtig, bei der Auslegung der qualitätssteigernden Maßnahmen außer der technischen Realisierbarkeit auch die Wirtschaftlichkeit der betrachteten Lösung zu berücksichtigen.

Eine gezielte Entwicklung von effektiven Überwachungs-, Regelungs-, Diagnose- und Instandhaltungssystemen erfordert detaillierte Kenntnisse über die Abweichungen und Störungen, deren Ursachen und mögliche Auswirkungen. Dabei ist es im Hinblick auf eine Produktivitätssteigerung wichtig, sich besonders auf Störungen und deren Ursachen zu konzentrieren, die den größten Fertigungsausfall und die höchsten Folgekosten mit sich bringen.

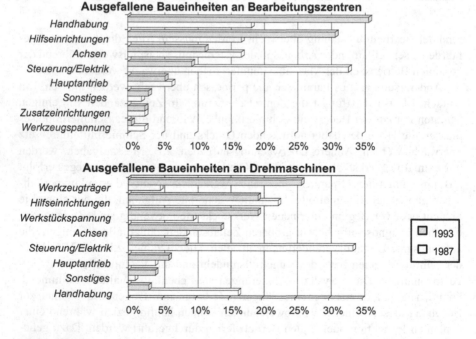

Bild 6.4. Ausgefallene Baueinheiten an Drehmaschinen und Bearbeitungszentren. (Quelle: Milberg)

In einer Untersuchung über die Verfügbarkeit von Werkzeugmaschinen, an der elf verschiedene Industrieanwender beteiligt waren, wird deutlich, dass sich die Fehlerorte an Drehmaschinen und Bearbeitungszentren von 1987 bis 1993 verlagert haben [90]. Wie Bild 6.4 zeigt, ist ein deutlicher Rückgang der ausgefallenen Baueinheiten sowohl bei Drehmaschinen als auch bei Bearbeitungszentren im Bereich Steuerung/Elektrik festzustellen. Bei Drehmaschinen sind die Ausfälle im Bereich Handhabung ebenfalls stark zurückgegangen. Dies lässt auf Verbesserungen bei Stangen- und Portalladesystemen schließen. Bei Bearbeitungszentren ist im Bereich der Handhabung jedoch eine deutliche Zunahme zu verzeichnen. Dies ist mit hoher Wahrscheinlichkeit darauf zurückzuführen, dass die meisten Maschinen, die 1987 an der Untersuchung beteiligt waren, im Gegensatz zu 1993 noch ohne Palettenwechseleinrichtung ausgeführt waren. So verfügten 1987 lediglich zwei Maschinen über einen Palettenwechsler; unter den 1993 untersuchten Maschinen waren dagegen lediglich zwei, die keinen besaßen. Die Zunahme im Bereich „Hilfseinrichtungen" kann z. T. mit zusätzlichen Einrichtungen an neueren Bearbeitungszentren erklärt werden.

Hier sind z.B. Systeme mit innerer Kühlmittelzufuhr oder Werkzeugbruch-Überwachungseinrichtungen zu nennen. Die größte Zunahme an Ausfällen bei Drehmaschinen ist im Bereich „Werkzeugträger" zu vermerken. Der Hauptgrund hierfür liegt darin, dass 1987 noch sehr viele Universal-Drehmaschinen untersucht wurden, die keinen Werkzeugwechsler besaßen. Diese wurden 1993 nicht mehr berücksichtigt.

Der zunehmende Anteil an Störungen in den mechanischen Bereichen macht deutlich, dass sich die qualitätssichernden Maßnahmen hier konzentrieren müssen. Dies wird vor allem vor dem Hintergrund von Zusatzschichten mit reduziertem Personaleinsatz und der damit verbundenen Bedeutung von Werkzeug- und Werkstückver- und -entsorgungssystemen deutlich. Die negativen Auswirkungen der Fehler an diesen Maschineneinrichtungen werden dabei mit zunehmendem Automatisierungsgrad noch wesentlich zunehmen.

6.1.3 Einflussgrößen auf die Funktion der Fertigungsmittel und die Qualität der Produkte

Alle Lösungen der Maschinenfunktion- und Prozessüberwachung setzen neben optimierten konstruktiven oder organisatorischen Lösungen eine weitgehende Kenntnis der störenden Einflussgrößen auf die Funktion des Fertigungsmittels sowie auf die qualitätsbestimmenden Prozessgrößen voraus. Einen Überblick über mögliche Einflussgrößen gibt Bild 6.5.

Funktionsstörungen des Fertigungsmittels, d.h. der Maschinen einschließlich Spannvorrichtungen usw., und ein Qualitätsmangel am gefertigten Werkstück haben ihren Ursprung in Fehlern, die an verschiedenen am Fertigungsprozess beteiligten Komponenten auftreten können. Dazu gehören auf der einen Seite die elektrischen Komponenten, wie die Steuerung, Antriebe inkl. Regelung und die Messsysteme. Zu den hier möglichen Fehlern zählen Bauteilausfälle, Lesefehler oder auf der Antriebsseite Änderungen der Reglereinstellungen, welche zu einer Verschlechterung der Antriebsdynamik führen können. Bei den Messsystemen kann der Fehler in einer Verschmutzung oder Dejustage der Maßstäbe liegen. Hinzu kommen die Fehler an den mechanischen Komponenten des Fertigungsmittels. Fehler an den Übertragungselementen machen sich beispielsweise durch eine ungenaue Ausrichtung des Spindelkastens nach einer Kollision oder durch ein zu großes Umkehrspiel in einer Bearbeitungsachse bemerkbar [15].

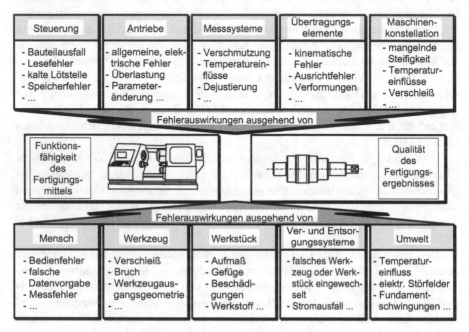

Bild 6.5. Einflussgrößen auf die Funktion der Fertigungsmittel und die Qualität der Produkte

Eine wesentliche Fehlerursache ist der Mensch selber, der aufgrund von Unachtsamkeiten möglicherweise falsche Schnittdaten in die Steuerung eingibt oder durch einen allgemeinen Bedienungsfehler eine Kollision verursacht. Die dabei auftretenden Schäden und die damit verbundenen Maschinen-Stillstandszeiten und Kosten sind oft erheblich, sodass automatische Überwachungseinrichtungen eingesetzt werden, die Werkzeug- und Werkstückposition erkennen und Kollisionen vermeiden helfen (s. Kapitel 6.4.6). Geeignete Prozessüberwachungseinrichtungen ermöglichen es darüber hinaus auch, Fehlereinflüsse zu verringern oder zu vermeiden, die beispielsweise durch Werkzeugverschleiß oder -bruch sowie durch zu hohe Aufmaße und fehlerhafte Werkstoffzusammensetzungen des Werkstücks verursacht werden (s. Kapitel 6.4). Auch Werkstück- und Werkzeugwechselsysteme sind erfahrungsgemäß fehleranfällige Maschinenbaugruppen und erfordern unbedingt Überwachungsmaßnahmen.

6.1.4 Strategien und Struktur von Überwachungssystemen

Die Komplexität von Prozessen und Maschinen führt zu einer Vielzahl von Überwachungsaufgaben und Problemstellungen. Viele Anwendungen sind deshalb für spezielle Technologien oder Aufgaben entwickelt (s. Kapitel 6.4).

In Kapitel 6.1.4.1 wird gezeigt, welche Punkte beim Entwickeln einer Strategie für eine konkrete Problemstellung berücksichtigt werden müssen.

Darauf aufbauend wird in Kapitel 6.1.4.2 eine Strukturierung von Überwachungssystemen vorgestellt, wie sie insbesondere im Bereich der Prozessüberwachung, aber auch für die Überwachung mechanischer Komponenten an der Maschine verwendet werden kann.

Im dritten Kapitel wird auf die funktionalen Gemeinsamkeiten und Unterschiede zwischen Prozess- und Maschinenüberwachung eingegangen.

6.1.4.1 Strategien für Überwachungssysteme

Für die technisch-organisatorische Realisierung jeder Überwachungsaufgabe stehen häufig mehrere alternative Überwachungsstrategien zur Auswahl. Welche dieser Strategien dabei jeweils am günstigsten ist, hängt unter anderem vom gewünschten Automatisierungsgrad des Gesamtsystems, von der Zuverlässigkeit der Messwerterfassung sowie von den zu überprüfenden Qualitätsmerkmalen des Werkstückspektrums ab. Werden diese und weitere Randbedingungen berücksichtigt, so ist es möglich, eine geeignete Überwachungsstrategie zu ermitteln, die durch eine Reihe unterschiedlichster Bestimmungsgrößen definiert wird. Diese Bestimmungsgrößen müssen dabei folgende Frage beantworten: „Was muss wann und kann wo, wie und womit überwacht werden?" (Bild 6.6).

Abhängig von der Störungsart, der zu überwachenden Messgröße und der Erfassungsart stehen zeitorientierte Größen, wie Häufigkeit, Dauer und Zeitpunkt der Überwachung, im Vordergrund. Die Wirtschaftlichkeit der Überwachungsstrategie wird hingegen überwiegend von der Wirksamkeit des Überwachungssystems und vom Automatisierungsgrad geprägt. In den meisten Fällen ist die zu beobachtende Zielgröße (z.B. Werkzeugverschleiß) nicht direkt erfassbar, sondern sie muss vielmehr aus anderen Messsignalen (z.B. Kraft), die von der Zielgröße beeinflusst werden, indirekt abgeleitet werde. So wird über die festgelegte Messgröße der Sensor mit seiner erforderlichen Auflösung und der Sensorenart bestimmt. Neben dem reinen Signal-/Merkmalverlauf können auch klassifizierende Meldungen dargestellt werden, die ein Störungsereignis beschreiben. Hierzu sind jedoch Schlussfolgerungsstrategien notwendig (s. Kapitel 6.3.4).

Für jeden Anwendungsfall kommen je nach Ausprägung der Randbedingungen unterschiedliche Strategien in Betracht. Eine beispielhafte Lösung des Problems der Werkzeugbrucherkennung, welche unter der Zielsetzung unbeaufsichtigt ablaufender Fertigungsprozesse als eine zentrale Aufgabe anzusehen ist, wird im Bild 6.6 für alle Auswahlkriterien dargestellt. Sie wird im Wesentlichen charakterisiert durch:

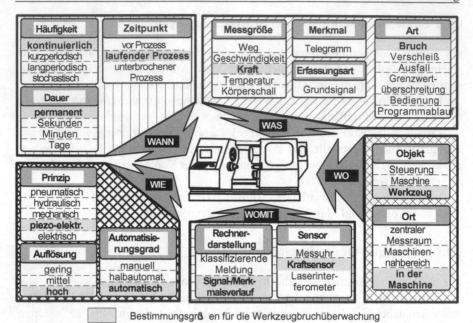

Bestimmungsgrößen für die Werkzeugbruchüberwachung

Bild 6.6. Bestimmungsgrößen zur Ableitung einer Überwachungsstrategie. (hier Werkzeugbruch)

- eine permanente indirekte Überwachung während der laufenden Bearbeitung,
- eine kontinuierliche Messwertaufnahme (Kraft) mit Piezoaufnehmer hoher Auflösung
- eine damit verbundene, vernachlässigbar kurze Erfassungsdauer je Messwert [162] sowie
- eine sichere Korrelation von Messgröße und Verschleißwert.

Andere Systeme, die z.B. auf Taster zurückgreifen, können den Zustand des Werkzeugs (Bruch: ja/nein) nur während der Prozesspausen erfassen und benötigen teilweise einige Sekunden zur Messdatenerfassung und -verarbeitung [77].

Allgemeine, technische Voraussetzungen für Überwachungsstrategien werden anhand der einsetzbaren Sensoren, der Signalverarbeitung und der Mustererkennung in den Kapiteln 6.2 und 6.3 beschrieben. Daran anschließend erfolgt im Kapitel 6.4 die Erläuterung verschiedener Verfahren zur Prozessüberwachung und -regelung bei ausgewählten Fertigungsverfahren sowie der Kollisionsüberwachung im Kapitel 6.4.6.

6.1.4.2 Die Struktur von Überwachungssystemen

Zunächst wird ein Überwachungssystem entsprechend seiner funktionalen Aufgaben gegliedert (Bild 6.7).

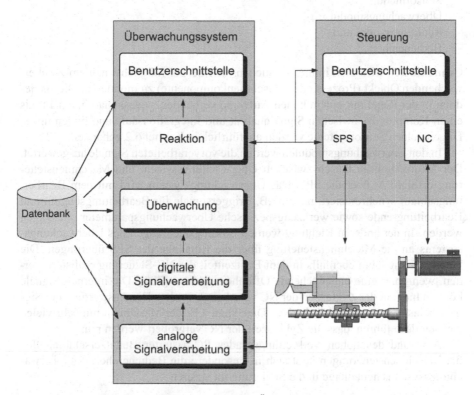

Bild 6.7. Informationsfluss und Komponenten von Überwachungssystemen, hier Drehprozess

Der Bearbeitungsprozess bzw. das Maschinenverhalten spiegelt sich in physikalischen Größen wieder, die mittels Sensoren (s. Kapitel 6.2) erfasst und als Signale analog und nach Wandlung digital weiterverarbeitet (s. Kapitel 6.3) werden.

Aufbauend auf diesen digitalen Signalen können die Informationen klassifiziert und bewertet werden, um das Verhalten des Prozesses bzw. der Maschine zu beurteilen (Kapitel 6.3.4). Entsprechend dieser Klassifikation kann anschließend eine geeignete Reaktion eingeleitet werden.

Für die einzelnen Schritte dieser Signalverarbeitungskette gibt es entsprechend der Maschinen- und Prozessspezifika verschiedene Vorgehensweisen und Verfahren, die in den folgenden Kapiteln genauer vorgestellt werden. Die konkrete Auswahl der geeigneten Verfahren hängt jedoch direkt mit der spezifischen Anwendung zusammen. Für den Bereich der Prozessüberwachung werden verschiedene Ansätze in Kapitel 6.4 vorgestellt. Weitere Verfahren für die Maschinenüberwachung sind in Kapitel 6.6 dargestellt.

Bild 6.7 zeigt auch die einzelnen Module, die für den Aufbau eines Überwachungssystems erforderlich sind. Danach lässt sich ein Überwachungssystem in vier Module unterteilen:

- Sensormodul,
- Überwachungsmodul,
- Reaktionsmodul und
- Bedieneinheit.

Grundsätzlich wird man immer versuchen, den Sensor möglichst nah am zu überwachenden Objekt (Prozess oder Maschinenkomponente) zu montieren. Dies ist jedoch in der Regel mit einem hohen Aufwand verbunden, sodass man in der Praxis einen Kompromiss zwischen Signalqualität und Integrationsaufwand finden muss. Die einzelnen Sensorsysteme werden ausführlich in Kapitel 6.2 behandelt.

In den Überwachungsmodulen werden die vorverarbeiteten Signale ausgewertet. Der Informationsaustausch zwischen Überwachungssystem und Maschinensteuerung erfolgt i.A. über die SPS. Das Überwachungssystem wird mit dem Bearbeitungsablauf synchronisiert, indem z.B. Triggersignale für Bearbeitungsbeginn und Bearbeitungsende sowie werkzeugspezifische Überwachungsparameter übertragen werden. In der anderen Richtung werden Störungsmeldungen des Überwachungssystems an die Maschinensteuerung über die Eingänge der SPS übertragen. Die Überwachung kann ebenfalls in dem Echtzeitteil der NC-Steuerung realisiert werden, wenn hier eine entsprechende Offenheit vorliegt [202]. Die internen Signale können hier mit der Zykluszeit der NC verarbeitet werden. Die Auswertung der Signale belastet in diesem Fall die NC. Dies kann z.B. bei Maschinen mit sehr vielen Achsen dazu führen, dass die Zykluszeit der NC vergrößert werden muss.

Aufgrund des hohen Verbreitungsgrades PC-basierter Benutzerschnittstellen bei Maschinensteuerungen lässt sich insbesondere die Bedieneinheit des Überwachungssystems heutzutage in die Steuerung integrieren.

6.1.4.3 Zusammenhang und Abgrenzung zwischen Prozessüberwachung und Maschinendiagnose

Ziel der Überwachung ist es im Allgemeinen, das Verhalten des Objektes zu beurteilen, das überwacht werden soll.

Die Prozessüberwachung fokussiert dabei auf den Bearbeitungsprozess. Das kann sowohl geometrische Aspekte als auch technologische Aspekte betreffen. Herausragendes Anwendungsbeispiel ist hierbei die Werkzeugüberwachung, die Schäden am Werkzeug zu erkennen hat, um Folgeschäden im weiteren Prozessverlauf zu vermeiden.

Die Maschinenüberwachung hat den Schutz der Maschine und ihrer einzelnen Komponenten zum Ziel. Dadurch werden die durch die Maschine ermöglichte Fertigungsqualität sowie die Verfügbarkeit der Maschine gesichert. Wesentliches Anwendungsbeispiel ist hier die Überwachung von Schäden an Hauptspindeln und an den Vorschubachsen (vgl. Kapitel 6.6.2).

Grundsätzlich ähneln sich Werkzeuge und Strategien in beiden Anwendungsfeldern in vielen Bereichen. So können für beide Bereiche häufig dieselben Sensoren eingesetzt werden. Auch ähneln sich die Ansätze und Problemstellungen für die Signalverarbeitung und die Überwachungsstrategien. Aus diesem Grund werden die grundsätzlichen Prinzipien von Maschinen- und Prozessüberwachung bzw. -diagnose in den nachfolgenden Kapiteln gemeinsam behandelt (Kapitel 6.2 und 6.3).

Jedoch bestehen in den spezifischen Anforderungen an Sensorik, Elektronik und Algorithmik quantitative Unterschiede.

So ist beispielsweise für die Sensorik von entscheidender Bedeutung, an welcher Stelle der Sensor zur Erfassung der signifikanten Größen platziert wird. Man wird immer versuchen, die Sensorik nahe am zu überwachenden Objekt, also dem Prozess oder der Maschinenkomponente, zu applizieren, da die Komponenten, die zwischen dem Überwachungsobjekt und der Sensorik liegen, immer eine störende Übertragungsstrecke darstellen.

Prinzipiell ist es möglich, die Eigenschaften der Übertragungsstrecke mit einer gewissen Genauigkeit zu identifizieren und entsprechende Korrekturen am erfassten Signal durchzuführen. Somit kann bei der Prozessüberwachung im Rahmen der Genauigkeit dieser Signalkorrektur vom Sensorsignal auf die interessierende Prozessgröße geschlossen werden. Jedoch stellt diese Übertragungsstrecke auch eine physikalische Begrenzung der Signalqualität dar, sodass nicht jedes Ereignis überwacht werden kann. Kritische Anwendungsfälle sind beispielsweise die Bruchüberwachung kleiner Bohrer, da hier das Prozesssignal im Verhältnis zur Signaldämpfung durch die Übertragungsstrecke zu gering sein kann. In Tabelle 6.1 sind Gemeinsamkeiten und Abgrenzung zwischen Prozess und Maschinenüberwachung zusammengefasst.

Tabelle 6.1. Gemeinsamkeiten und Abgrenzung zwischen Prozess- und Maschinenüberwachung

Unterscheidungs-kriterium	Prozessüberwachung	Maschinenüberwachung
Sensorprinzip	in weiten Bereichen ähnliche Prinzipien einsetzbar	
Sensorkenngrößen	Abtastrate, Signal-Rauschabstand etc. unterschiedlich	
Überwachungs-strategie	Strategien können gleich sein, meist sind sie jedoch anwendungsspezifisch	
Übertragungs-verhalten der Maschinenstruktur	stört die Signalgüte bei der Überwachung, Kompensation möglich	Überwachungsobjekt
Systemanregung	erfolgt „automatisch" durch den Prozess	gezielte Systemanregung kann zur geeigneten Signalgenerierung genutzt werden
Bearbeitungsprozess	Überwachungsobjekt	stört die Überwachung

6.1.5 Prinzipien der Prozessregelung

Die Prozessregelung hat das Ziel, die Prozessführung zu optimieren. Bei der statistischen Prozessregelung werden in periodischen Abständen Werkstücke vermessen und mit den Ergebnissen systematische Fehler durch Verschleiß und thermische Drift der Maschine ausgeglichen (s. Kapitel 6.5). Die meisten Bearbeitungsprozesse unterliegen jedoch stochastischen Störeinflüssen wie Materialabweichungen und Werkzeugqualitätsschwankungen. Man kann daher nicht genau voraussagen, wie der Prozess verläuft, ob die Werkzeuge und die Maschine nicht überlastet werden oder ob sich der Werkzeugverschleiß wie vorausberechnet einstellt. Um die Maschinen und Werkzeuge nicht zu überlasten, werden Maschineneinstellungen gewählt, die auf der „sicheren Seite" liegen, sodass auch im ungünstigen Fall ein ordnungsgemäßer Prozessablauf gewährleistet bleibt. Bei dieser auf Sicherheit gegen Maschinen- und Werkzeugüberlastung basierenden Vorgehensweise wird normalerweise die Leistungsfähigkeit von Maschine (minimale Haupt- bzw. Nebenzeiten) und Werkzeug (maximale Zerspanleistung) nicht voll ausgenutzt. Die Bearbeitung verläuft daher nicht im wünschenswerten Produktivitätsbereich bzw. im wirtschaftlichen Optimum.

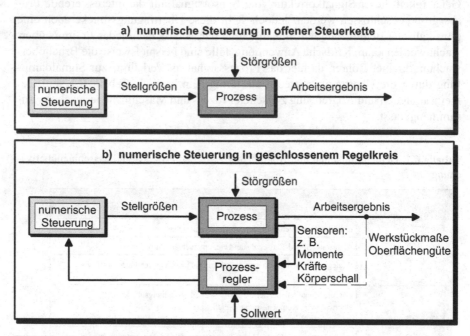

Bild 6.8. Gegenüberstellung: Konventionelle Steuerung und Steuerung mit geschlossenem Regelkreis

Eine Verbesserung kann mit einem maschineninternen Regelkreis erreicht werden (s. Kapitel 6.4). Bei Bearbeitungszentren wird ein entsprechender Regelkreis dazu genutzt, die temperaturbedingte, relative Verlagerung zwischen Spindel und Werkstück, ausgehend von der Maschinenbelastung (Drehzahl, Drehmoment) oder von der Lagertemperatur der Frässpindel und dem Isothermenfeld, auszugleichen. Ebenfalls zu nennen sind in diesem Zusammenhang alle Regelungen, die im Rahmen von Adaptive-Control-Systemen (AC) entwickelt wurden. Durch eine Erfassung von Störgrößen und Rückführung der Prozessgrößen, d. h. durch Schließen der offenen Steuerkette aus Bild 6.8a mit einem Prozessregler zu einem geschlossenem Regelkreis gemäß Bild 6.8b, können die Qualität und die Sicherheit der Bearbeitung verbessert werden. Dazu werden die für den Prozessverlauf relevanten Kenngrößen erfasst, mit vorgegebenen Sollwerten verglichen und entsprechend der Regelabweichung die notwendigen Stellgrößen zur Konstanthaltung der Regelgrößen berechnet.

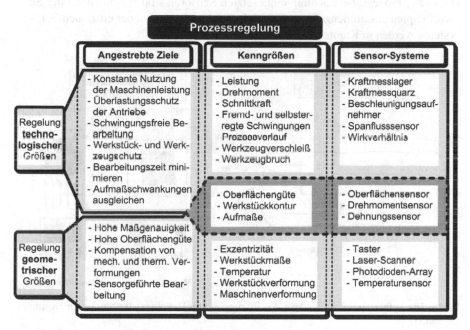

Bild 6.9. Zusätzliche Möglichkeiten bei der Prozessregelung

Unter dem Stichwort Adaptive Control [72, 108, 109] sind in den frühen 70er Jahren des letzten Jahrhunderts viele Systeme entwickelt worden, die verschiedene Ziele der Prozessführung und Optimierung verfolgten. Man unterscheidet hier zwischen technologischen und geometrischen AC-Systemen. Bei ersteren werden die technologischen Prozessparameter derart angepasst, dass z.B. die Maschinenleistung voll genutzt wird oder das Maß des Werkzeugverschleißes in vorgegebenen Toleranzen bleibt. Bei geometrischen AC-Systemen sind die Werkstückabmessungen oder Maschinenverformungen die Regelgrößen.

Ein weiteres Unterscheidungsmerkmal ist die Art der Regelgrößenvorgabe. Man spricht von Adaptive Control Constraint (ACC), wenn sich die Sollwerte an festen Grenzen, wie beispielsweise der Leistungs- oder Stabilitätsgrenze, orientieren. Unter Adaptive Control Optimization (ACO) versteht man Prozessregler, die zur Minimierung von Fertigungszeiten oder Fertigungskosten dienen.

In Bild 6.9 sind die Ziele mit den entsprechenden Kenngrößen und erforderlichen Sensoren zusammengefasst, die mit Hilfe der Prozessregelung angestrebt werden.

6.2 Sensoren

Die in der Prozessüberwachung eingesetzten Sensoren sind entsprechend der Sensorprinzipien zusammengefasst. Beispiele für Anwendungen der einzelnen Sensorsysteme werden in Kapitel 6.4 beschrieben.

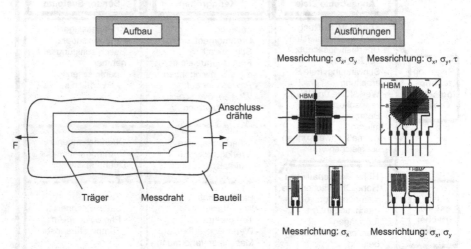

Bild 6.10. Aufbau und verschiedene Ausführungen von Dehnmessstreifen. (nach Hottinger Baldwin)

6.2.1 Dehnungsmessung

Dehnmessstreifen (DMS) dienen zur Messung von Materialdehnungen an Maschinenteilen. Die Dehnung metallischer Körper im elastischen Bereich erfolgt nach dem Hook'schen Gesetz proportional zur Belastungskraft. Aufgrund dieses Zusammenhangs lassen sich DMS zur Kraftmessung einsetzen. Das physikalische Funktionsprinzip der DMS beruht auf der Querschnittsänderung eines Widerstandsdrahtes oder einer Widerstandsbahn infolge einer Längendehnung. Mit der Querschnittsänderung geht eine Änderung des elektrischen Widerstandes einher, die für kleine

Längendehnungen linear ist. Für den Zusammenhang zwischen der relativen Widerstandsänderung $\Delta R = R$ und der Dehnung $\varepsilon = \Delta l / l$ gilt:

$$\frac{\Delta R}{R} = \kappa \cdot \frac{\Delta l}{l} = \kappa \cdot \varepsilon \tag{6.1}$$

Dabei wird κ als Empfindlichkeit des DMS bezeichnet. Für das als Werkstoff für Widerstandsdrähte wichtige Konstantan ist $\kappa \approx 2,0$. Dehnmessstreifen, bei denen ein Halbleiter als Widerstandsmaterial verwendet wird, haben eine wesentlich höhere Empfindlichkeit ($\kappa \approx 100$ bis 175), bringen aber Messverfälschungen durch Temperatureffekte im Halbleitermaterial mit sich.

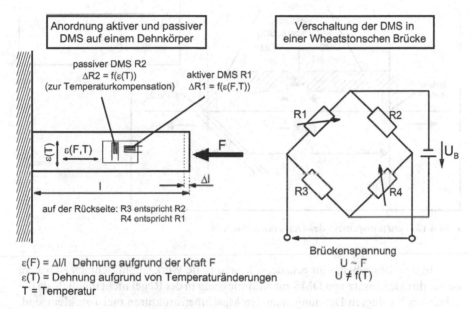

$\varepsilon(F) = \Delta l/l$ Dehnung aufgrund der Kraft F
$\varepsilon(T)$ = Dehnung aufgrund von Temperaturänderungen
T = Temperatur

Bild 6.11. Temperaturkompensation durch passive DMS

Verschiedene Ausführungsformen von Dehnmessstreifen zeigt das Bild 6.10. Besondere Bedeutung haben Folien-DMS erlangt. Sie bestehen aus dünnen, isolierenden Trägerfolien, auf die eine feine Schicht eines Widerstandsmaterials aufgebracht ist. Die Bahnen werden ähnlich wie gedruckte Schaltungen mit ätztechnischen Verfahren hergestellt. Damit sind der Formgebung der Bahnen weite Gestaltungsmöglichkeiten gegeben. Häufig werden mehrere DMS-Windungen in verschiedenen Richtungen auf einen Träger aufgebracht, so dass man die Normalspannungen in verschiedenen Richtungen wie auch die Schubspannungen erfassen kann, Bild 6.10 rechts.

In der Anwendung bieten Dehnmessstreifen den großen Vorteil einer relativ einfachen Kompensation von Messfehlern infolge von Temperatureinflüssen. Hierzu gehören sowohl die durch thermische Kräfte verursachte Dehnung des Körpers, auf den die DMS geklebt sind, als auch die Änderung des spezifischen Widerstands des Widerstandsmaterials. In Bild 6.11 wird durch einen aktiven DMS die relative Längenänderung des Körpers infolge der einwirkenden Kraft F sowie die Dehnung aufgrund einer Temperaturänderung erfasst. Der auf den Körper aufgeklebte passive DMS detektiert dagegen nur die Temperaturdehnung. Durch die Verschaltung beider Sensoren in einer Wheatstoneschen Brücke wird der temperaturbedingte Signalanteil kompensiert.

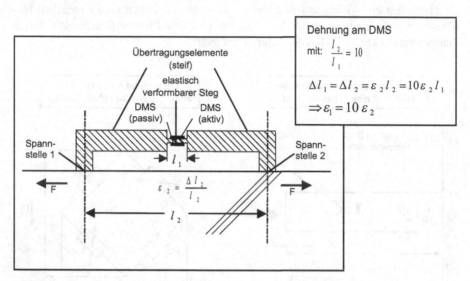

Bild 6.12. Funktionsprinzip des Dehntransformators

Mit dem Bestreben, sehr genaue, d. h. sehr steife Werkzeugmaschinen zu bauen, ist der direkte Einsatz von DMS zur Kraftmessung in der Regel nicht möglich, da die schnittkraftbedingten Dehnungen an den Maschinenstrukturen meist zu klein sind. Die Widerstandsschwankungen der auf die Maschinenstruktur aufgeklebten DMS sind so klein, dass kein ausreichend großes elektrisches Signal gewonnen werden kann, welches sich von dem immer vorhandenen Störrauschen abhebt. In diesem Fall kann die Empfindlichkeit mit Hilfe eines Dehntransformators erhöht werden. Bild 6.12 zeigt den prinzipiellen Aufbau eines solchen Dehntransformators, mit dem eine kraftbedingte Dehnung auf der Oberfläche eines steifen Maschinenteils gemessen werden soll. Da die relative Längenänderung ε_2 auf der Oberfläche sehr gering ist, wird durch den großen Befestigungsabstand l_2 des Dehntransformators eine größere absolute Dehnbewegung auf der Oberfläche des Strukturteils erfasst. Durch die konstruktive Gestaltung des Sensors wird dieser Dehnungsbetrag auf die dünne Stegstelle mit der Länge l_1 zwischen den starren, nicht verformenden Übertragungselementen konzentriert, wo die DMS appliziert sind. Bei entsprechender Dimensionierung des Transformators kann eine Steigerung der Empfindlichkeit auf das 20- bis 30-fache erreicht werden.

Wenn die Montage dieses größeren Sensors aus räumlichen Gründen nicht möglich ist, muss die Messung der Kräfte nach einem anderen physikalischen Prinzip mit höherer Empfindlichkeit erfolgen. Heute finden hier im Allgemeinen piezoelektrische Kraftsensoren Anwendung.

Ein weiterer Sensor, mit dem sich Verformungen der Maschinenstruktur messen lassen, ist ein induktiver Abstandssensor. Dieser wird z.B. zum Messen der Verformung des Revolvers einer Drehmaschine eingesetzt (Kapitel 6.4.1.1).

In der Forschung werden auch das Prinzip des Oberflächenwellenresonators und der magnetostriktive Effekt zur Dehnungsmessung eingesetzt. Der Oberflächenwellenresonator (OFWR) [221] misst die Veränderung der Resonanzfrequenz zwischen zwei Resonatoren aufgrund der Bauteildehnung. Die dabei eingesetzten Resonatoren bestehen aus einem Schwingquarz, der als frequenzbestimmendes Bauelement in einer Oszillatorschaltung angeregt wird.

Magnetostriktive Stoffe verändern ihre magnetische Permeabilität, wenn sie gedehnt werden. Zur Werkzeugüberwachung wird ein Werkzeughalter mit einer magnetostriktiven Folie überzogen. Das Schnittmoment führt zu einer Torsion des Werkzeughalters und damit zu einer Veränderung des Magnetfeldes der Folie. Dieses Magnetfeld wird durch Spulen im Spindelgehäuse gemessen. Durch diesen zweigeteilten Aufbau des Sensors ist keine zusätzliche, berührungslose Signal- oder Energieübertragung notwendig [5].

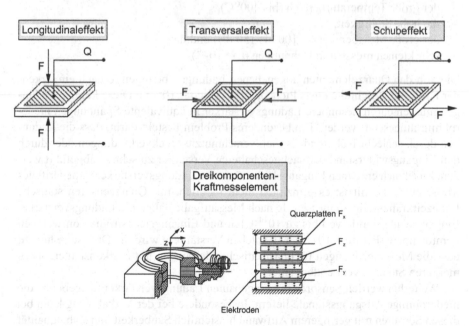

Bild 6.13. Piezoelektrische Effekte und deren Ausnutzung in einer Mehrkomponenten-Kraftmesszelle. (nach Kistler)

6.2.2 Piezoelektrische Kraftmesselemente

Die physikalische Wirkungsweise piezoelektrischer Kraftmesselemente beruht auf der direkten Nutzung des piezoelektrischen Effekts. Der atomare Aufbau bestimmter Stoffe bewirkt unter einer mechanischen Belastung eine Ladungsverschiebung, die nach außen hin messbar ist. Piezoelektrische Elemente können aus Keramiken (z.B. Bleizirkonat, Bleititanat) in fast jede beliebige Form gepresst oder aus Einkristallen herausgeschnitten werden. Einer der wichtigsten piezoelektrischen Werkstoffe für den Aufbau von Kraftmesszellen ist Quarz (SiO_2), das als Einkristall künstlich gezüchtet wird. Die Elementarzelle eines Quarzkristalls im unbelasteten Fall ist elektrisch neutral. Seine Atome sind so angeordnet, dass sich die durch sie erzeugten elektrischen Felder nach außen hin aufheben. Unter einer mechanischen Belastung verschieben sich die Kristallatome gegeneinander, sodass an der Oberfläche der Quarzscheibe eine Ladung influenziert wird. Die Ladungsmenge ist proportional der anliegenden Kraft. Die technisch wichtigsten Piezoeffekte sind der Longitudinal-, der Transversal- und der Schubeffekt, Bild 6.13. Mit Hilfe von Quarzscheiben, die unterschiedliche Empfindlichkeitsrichtungen aufweisen, lassen sich sehr einfach Mehrkomponenten-Kraftmesselemente aufbauen.

Die wesentlichen Vorteile piezoelektrischer Kraftmesszellen auf Quarzbasis sind:

– der große Temperaturbereich (bis 400°C),
– die hohe Steifigkeit,
– der große Messbereich ($\sim$ 100 bis 150 dB) und die
– sehr kleinen messbaren Dehnungen ($\varepsilon \geq 10^{-9}$).

Die von den Quarzelementen abgegebenen Ladungen betragen je nach einwirkender Kraft nur Bruchteile eines Picocoulombs (Pico = 10^{-12}). Diese kleinen Ladungen müssen durch besondere Ladungsverstärker in äquivalente Spannungen niederohmig umgesetzt werden. Ein besonderes Problem besteht darin, dass die Ladungen durch schlecht isolierende Kabel, verschmutzte Steckverbindungen oder durch den Eingangswiderstand der nachgeschalteten Verstärker zu schnell abgeführt werden. Zusätzlich erzeugen Eingangsleckströme des Ladungsverstärkers eine Drift des Messsignals. Damit ist es prinzipiell nicht möglich, mit Quarzsensoren statische Langzeitkraftanteile zu messen. Je nach Messaufgabe haben die Ladungsverstärker Eingangswiderstände von bis zu 10^{14} Ohm und Eingangsleckströme von wenigen Femtoampere (Femto = 10^{-15}). Mit solchen Verstärkern wird die Drift so reduziert, dass die Messanordnungen für quasistatische Messungen mit Zeitkonstanten bis zu mehreren Stunden verwendbar sind.

Weiterhin werden Sensoren mit eingebauten Ladungsverstärkern angeboten, die niederohmige Ausgangssignale liefern. Insbesondere bei der Verkabelung kann bei diesen Sensoren mit geringerem Aufwand hinsichtlich Sauberkeit und Kabelqualität gearbeitet werden.

Das Bild 6.14 zeigt den konstruktiven Aufbau eines Dehnungsaufnehmers auf der Basis eines Quarzsensors. Dank der hohen Empfindlichkeit lassen sich hiermit bei kleinem Bauvolumen sehr geringe Dehnungen an der durch Kräfte elastisch

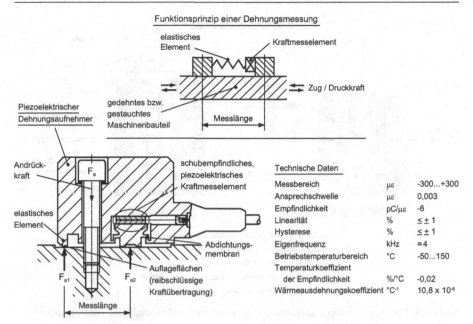

Bild 6.14. Funktionsprinzip und mechanischer Aufbau eines Dehnungsaufnehmers auf Quarzbasis. (nach Kistler)

verformten Maschinenstruktur erfassen. Wie bei den DMS-Sensoren wird eine Zuordnung von Kraftsignal und Dehnungsmaß durch eine Kalibrierung vorgenommen.

Das Funktionsprinzip eines nach dem Schubeffekt wirkenden Dehnungsaufnehmers geht aus Bild 6.14 hervor [94]. Der Sensor besteht aus dem Grundkörper, der auf der Oberfläche der Struktur angeschraubt wird. Die Schraubenkraft presst die Kraftmesszelle mit der Vorspannung F_B fest gegen die Struktur. Prozesskräfte erzeugen an der Bauteiloberfläche Dehnungen, welche über den Reibschluss auf das Sensorsystem übertragen werden. Die Dehnung der Strukturoberfläche über die Messlänge wird durch den massiven Grundkörper in eine Schubverformung des Piezokraftelements gewandelt. Diese Verformungen werden von der piezoelektrischen Kraftmesszelle erfasst und in elektrische Messsignale gewandelt. Der Dehnungsaufnehmer wird an einem durch Schnittkräfte repräsentativ belasteten Bauteil der Werkzeugmaschine angebracht. Diese Stelle zu finden, ist nicht immer einfach. Die Auflageflächen müssen zur Montage ausreichend eben bearbeitet sein.

Eine andere Ausführungsform des Quarzsensors ist der Querkraftmessdübel, Bild 6.15. Dieser Dübel kann nachträglich in eine entsprechende Bohrung im Maschinengestell eingebaut werden. Er misst nur Kräfte in einer Ebene senkrecht zur Bohrungsachse. Die Kraftmesszelle wird durch konische Elemente vorgespannt, sodass sowohl Zug- als auch Druckkräfte gemessen werden können.

Längskraftmessdübel erfassen die durch Kräfte hervorgerufenen Dehnungen der Maschinenstruktur, die in axialer Richtung wirken. Zur Erhöhung der Empfindlich-

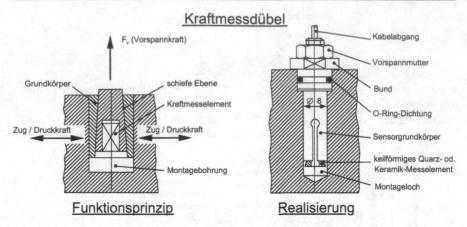

- Messung der Dehnung parallel zur Oberfläche
- einfache Montage, einfache Nachrüstung
- Eigenfrequenz je nach Bauart bis ca. 100 kHz
- kaum konstruktive Maschinenänderungen erforderlich
- aufwändige Bestimmung geeigneter Messstellen

Bild 6.15. Funktionsprinzip und Realisierung eines Querkraftmessdübels. (nach Brankamp)

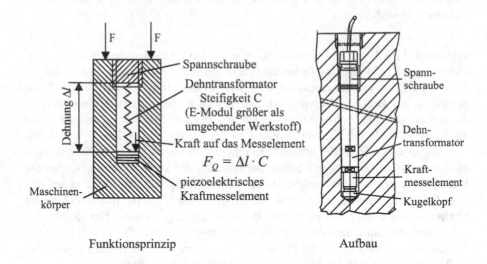

Bild 6.16. Längskraftmessdübel mit Dehntransformatorstab. (nach Kistler)

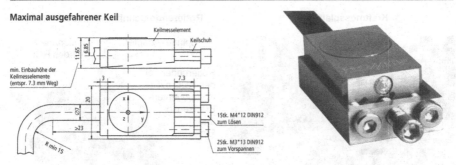

Bild 6.17. Keilmesselement. (nach Prometec)

keit kann hier ähnlich wie bei DMS ein Dehntransformator in Form eines Stabes eingesetzt werden, Bild 6.16. Die Messempfindlichkeit ist um so größer, je steifer und länger der Stab ist. Daher empfiehlt es sich, hierfür Hartmetall- oder Keramikstäbe mit sehr hohem E-Modul zu verwenden. Wegen der unterschiedlichen Wärmeausdehnungskoeffizienten von Stahl bzw. Guss gegenüber Hartmetall oder Keramik wird die Temperaturdrift der Messanordnung ebenfalls sehr groß. Bei Verwendung von Keramik- oder Hartmetallstäben für den Dehntransformator wird das Kraftmesselement, anders als im Bild 6.16 dargestellt, zweckmäßigerweise unmittelbar unter der Spannschraube angeordnet, damit die Bohrung in dem Dehntransformatorstab für die Kabeldurchführung entfallen kann.

Keilmesselemente sind zur Montage in rechtwinkligen Taschen geeignet. Eine Einsatzmöglichkeit ist die Herstellung von Zwischenplatten, die mit Nuten versehen werden. Nach Montage der Zwischenplatte können die Messelemente in diese Nuten eingeschoben und durch Anziehen der Vorspannschrauben festgespannt werden, Bild 6.17. In Kapitel 6.4.1 ist eine typische Einsatzmöglichkeit von Keilmesselementen gezeigt. Keilmesselemente sind als 1D- und 3D-Quarz-Messelemente erhältlich.

Die hochwertigste Lösung in Bezug auf die Signalerfassung stellen die im Folgenden beschriebene Kraftmessplattform und der „Rotierende Schnittkraftmesser" dar, Bild 6.18. Da diese Systeme überlastgefährdet sind und die Werkzeug- und Werkstückhandhabung behindern, werden sie in der Regel nur zur Kalibrierung und in der Forschung und Entwicklung eingesetzt.

Im Gegensatz zu den in die Maschinen integrierten Sensoren kommt es bei diesen Systemen nicht zu Drift durch thermoelastische Verformungen. Die Systeme sind kalibriert und können deshalb gut zur Einmessung maschinenintegrierter Sensorik verwendet werden. Aufgrund der hohen Genauigkeitsanforderungen sind diese Systeme jedoch erheblich teurer als z.B. einfache Sensorsysteme im Spindelstock.

Die Kraftmessplattform wird auf den Maschinentisch montiert. Durch Befestigung des Werkstücks auf der Kraftmessplattform geht der gesamte Kraftfluss durch die Kraftmessplattform. Das gemessene Signal wird jedoch im oberen Frequenzbereich durch die Masse des Werkstücks gedämpft, da die Prozesskräfte erst über das

Kraftmessplattform   **Rotierende Schnittkraftmesser (RCD)**

Bild 6.18. Kraftmessplattform und RCD. (Quelle: Kistler)

Werkstück bis zum Sensor übertragen werden müssen. Durch die integrierten piezo-elektrischen Kraftmesselemente lässt sich der dreidimensionale Schnittkraftvektor und das Drehmoment um die Rotationsachse messen.

Neben der Montage der Sensorik direkt hinter dem Werkstück besteht auch die Möglichkeit, sie direkt hinter dem Werkzeug zu platzieren. Für Bearbeitungszentren ist zu diesem Zweck beispielsweise der „Rotierende Schnittkraftmesser" (RCD) entwickelt worden. Um die Signale vom rotierenden Werkzeug und Energie zur rotierenden Auswerteelektronik zu transportieren, ist eine berührungslose Daten- und Energieübertragung notwendig. Der stationäre Teil der Daten- und Energieübertragung wird am Spindelgehäuse montiert. Der rotierende Teil des RCD besteht aus einem 4-Komponenten-Kraftsensor, der Auswerteelektronik und der Daten- und Energieübertragung. Dieser Teil des RCD kann einfach in den Spindel-Adapter eingesetzt werden. Im Gegensatz zur Kraftmessplattform wird beim RCD die Werkstückhandhabung nicht behindert. Aufgrund der Größe des Systems ist die Verwendung eines automatischen Werkzeugwechslers jedoch in der Regel nicht möglich.

6.2.3 Körperschall- und Beschleunigungssensoren

Zur Prozessüberwachung und Maschinendiagnose werden neben den klassischen Verfahren der Kraft- und Drehmomentmessung auch Körperschall- und Beschleunigungssensoren eingesetzt. Diese Sensoren erfassen Körperschallschwingungen, die vom Bearbeitungsprozess oder von defekten Maschinenelementen (Wälzlager, Zahnräder) angeregt werden und sich durch die Maschinenstruktur fortpflanzen. Untersuchungen haben ergeben, dass sich diese Schwingungen sowohl in der Amplitude als auch in der Frequenz mit dem aktuellen Prozessverlauf verändern [161].

Neben neueren, preiswerteren Entwicklungen auf Halbleiterbasis behalten piezoelektrische Beschleunigungsaufnehmer wegen ihrer Linearität in großen Frequenzbereichen ihre Bedeutung. Der prinzipielle Aufbau ist im Bild 6.19 zu erkennen. Der Beschleunigungsaufnehmer führt die Messung der Beschleunigung a in Längsachse des Sensors auf die Messung der $F = m \cdot a$ zurück, wobei die seismische Masse m als bekannte Konstante anzusehen ist [94].

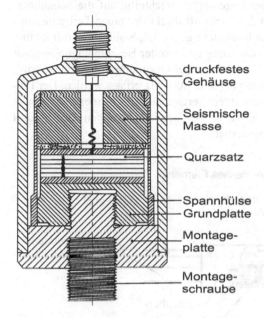

druckfestes Gehäuse

Seismische Masse

Quarzsatz

Spannhülse
Grundplatte

Montage-platte

Montage-schraube

Bild 6.19. Aufbau eines piezoelektrischen Beschleunigungsaufnehmers. (Quelle: Limann)

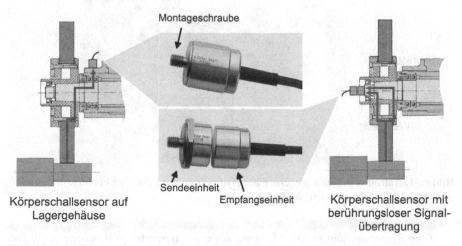

Montageschraube

Sendeeinheit

Empfangseinheit

Körperschallsensor auf Lagergehäuse

Körperschallsensor mit berührungsloser Signalübertragung

Bild 6.20. Ausführungsformen von Körperschallsensoren. (nach Dittel)

Beschleunigungsaufnehmer haben im Allgemeinen den Vorteil, dass sie relativ leicht nachträglich an vorhandene Maschinenstrukturen angebracht werden können. Hierzu brauchen keine konstruktiven oder mechanischen Änderungen vorgenommen zu werden. Man ist allerdings bestrebt, die Sensoren möglichst in unmittelbarer Nähe zum Prozess anzuordnen, da sich insbesondere Fügestellen in der Maschinenstruktur, z.B. Schlittenführungen oder Lagerungen, nachteilig auf die Schallübertragung auswirken. Die Sensoren sind deshalb oft direkt der rauen Fertigungsumgebung ausgesetzt. Sie müssen deshalb resistent gegen Öl, Kühlschmiermittel und Späneflug sein. Im Bild 6.20 links ist ein völlig gekapselter Beschleunigungssensor abgebildet, der als sehr preiswerter Klopfsensor bei Ottomotoren eingesetzt wird. Mit ihm können Körperschallfrequenzen bis über 800 kHz erfasst werden. Der Frequenzgang des Sensors ist im hochfrequenten Bereich stark nichtlinear. Da aber in der Regel bei der Prozessüberwachung nur vergleichende Messungen durchgeführt werden, sind diese Abweichungen tolerierbar.

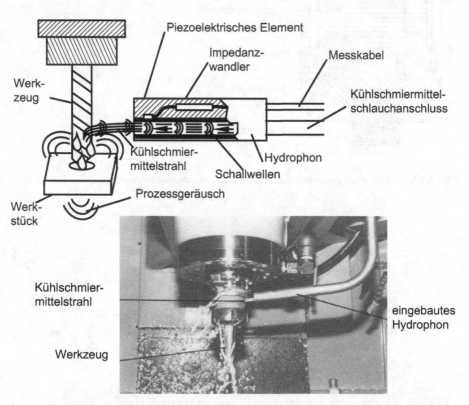

Bild 6.21. Aufbau und Wirkungsweise eines Hydrophons zur Erfassung hochfrequenter Körperschallschwingungen. (nach Nordmann)

Eine Sensorausführung zur Montage auf ein rotierendes Wellenende zeigt das Bild 6.20 rechts. Hier wird das von dem piezoelektrischen Sensor gewandelte elektrische Signal über eine induktive Kopplung berührungslos auf eine ca. 2 mm entfernte Empfangseinheit übertragen. Der Sensor wurde speziell zum Einsatz in Schleifmaschinen entwickelt [116]. Er erfasst den Körperschall im hochfrequenten Bereich, der häufig auch als Acoustic Emission (AE) bezeichnet wird. Diese Signale geben Aufschluss über den Zustand der Schleifscheiben und den Prozess.

Der durch den Bearbeitungsprozess angeregte, hochfrequente Körperschall lässt sich auch über einen auf das Bearbeitungswerkzeug gerichteten Kühlschmiermittelstrahl zum Sensor übertragen [139]. Dieses sogenannte Hydrophon funktioniert auch bei rotierenden Werkzeugen, solange der Flüssigkeitsstrahl nicht unterbrochen wird, Bild 6.21.

Der Kontakt zwischen dem Kühlschmiermittelstrahl und dem rotierenden Werkzeug reißt aufgrund von Verwirbelungen an der Kontaktzone ab, wenn die Umfangsgeschwindigkeit der Fläche, auf die der Freistrahl auftrifft, über 1000 m/min liegt. Für solche Anwendungen müssen Sensoren eingesetzt werden, die direkt auf dem rotierenden Bauteil montiert sind (vgl. Bild 6.20), oder die mit Hilfe eines elektromagnetischen Feldes die Bauteilschwingungen berührungslos abtasten [118].

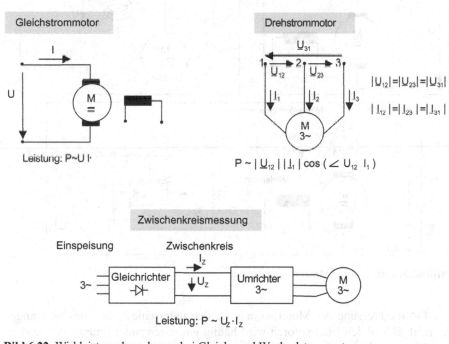

Bild 6.22. Wirkleistungsberechnung bei Gleich- und Wechselstrommotoren

6.2.4 Strom- und Leistungsmessung

Jede Bewegung, sei es die der Schlitten oder die der Hauptspindel für den Schrittmotor, erfordert eine Leistung, die letztlich von einem Antrieb aufgebracht werden muss. Demzufolge müssen sich Änderungen im Fertigungsprozess auch als Änderungen in der vom Motor aufgenommenen elektrischen Leistung widerspiegeln. Aussagekräftig ist nur die vom Motor aufgenommene Wirkleistung. Sie ist bei Gleichstrommotoren proportional dem Produkt aus Ankerstrom und Ankerspannung. Bei Drehstrommotoren muss zusätzlich noch die Phasenverschiebung zwischen Strom und Spannung berücksichtigt werden. Falls am Zwischenkreis der Antriebe nur eine Achse angeschlossen ist oder man die Leistung mehrerer Achsen nur überlagert überwachen will, gibt es auch die Möglichkeit die Leistung durch Messung von Strom und Spannung im Zwischenkreis des Antriebsverstärkers zu bestimmen, Bild 6.22.

Bei den Motoren ist der Betrag des Stroms proportional der Kraft, sodass auch direkt auf die Vorschubkraft bzw. das Drehmoment geschlossen werden kann.

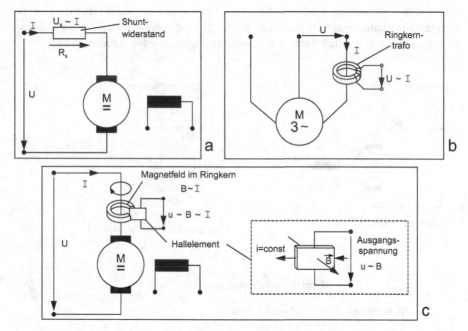

Bild 6.23. Verfahren zur Motorstrommessung

Für die Messung des Motorstromes werden unterschiedliche Prinzipien angewendet. Bei Gleichstrommotoren wird häufig ein sogenannter Shuntwiderstand in die Motorzuleitung eingefügt. Der Motorstrom erzeugt an dem Widerstand einen proportionalen Spannungsabfall, Bild 6.23a. Diese Messanordnung kann sowohl bei Gleichstrom- als auch bei Wechselstrommotoren eingesetzt werden. Nachteil des Shunts ist die Verlustleistung, die an dem Widerstand abfällt. Zudem ist die abgegriffene Spannung nicht potenzialfrei, was für die weitere Verarbeitung in der nachfolgenden elektrischen Schaltung zusätzlichen Aufwand bedeutet.

Ausschließlich für Wechselstrommessungen ist das Transformatorprinzip geeignet. Die Zuleitung des Motors wird durch einen Ringkern geführt, in dem das tangential um den Leiter verlaufende, magnetische Wechselfeld gebündelt wird, Bild 6.23b. Nach dem Induktionsgesetz erzeugt dieses Feld eine Spannung in der Spule, die um den Kern gewickelt ist. Diese Spannung ist proportional zum Strom durch den entsprechenden Leiter. Bei diesem Messverfahren wird keine zusätzliche Verlustleistung erzeugt. Die an der Sekundärspule abgegriffene Spannung ist potenzialfrei.

Mit Hilfe eines Hallelementes kann das Magnetfeld um einen Leiter der Motorspeiseleitung direkt gemessen werden. Ein Hallelement besteht aus einem Halbleiterchip, der in einer Richtung von einem konstanten Strom durchflossen wird. Durchsetzt ein Magnetfeld das Element, so werden die fließenden Ladungen durch die Lorentz-Kraft von ihrer Bahn abgelenkt. Dadurch baut sich senkrecht zur Strom- und Magnetfeldrichtung eine Spannung auf, die proportional der Stärke der magnetischen Induktion ist.

Zur Motorstrommessung wird das Magnetfeld der Speiseleitung wiederum in einem Ringkern gebündelt. Der Kern wird an einer Stelle aufgeschnitten und in diesen Luftspalt das Hallelement eingefügt, Bild 6.23c. Da mit Hallelementen auch die Stärke statischer Magnetfelder gemessen werden kann, lassen sich mit dieser Anordnung auch Gleichströme messen. Dieses Verfahren wird heute am häufigsten zur Strommessung eingesetzt.

Den heute in der Praxis verwendeten digital ansteuerbaren Verstärkern der Drehstrommotoren ist der Motorstrom direkt entnehmbar und in der Steuerung verfügbar. Zusätzliche Sensoren entfallen völlig, Bild 6.23.

Problematisch ist jedoch bei allen Systemen, dass dynamische Vorgänge im Fertigungsprozess nicht oder nur stark gedämpft in der Motorleistung bzw. in der Strommessung feststellbar sind. Die zwischen den Prozessort und den Antriebsmotor geschalteten mechanischen Elemente, z.B. Getriebe, Spindel oder Schlitten ebenso wie der Motor selbst, weisen Leistungsverluste auf und wirken wegen ihrer trägen Massen bei dynamischen Signalen wie ein Tiefpass mit niedriger Grenzfrequenz. Wegen dieser Einflüsse sind geringe prozessabhängige Kraft- und Momentenschwankungen (z.B. beim Schlichten) über die Motorstrommessung nur schwer zu detektieren.

6.2.5 Steuerungsinterne Informationen

Steuerungsintern stehen die Moment- bzw. die Stromwerte bei Drehstromvorschubmotoren und meistens auch bei Spindelantrieben zur Verfügung, da diese mit einem unterlagerten Drehmomentregelkreis geregelt werden (Kapitel 3). Hat man Zugang zu den internen Werten, beispielsweise durch den Einsatz offener Steuerungen (Kapitel 6.2.6, Band 4), können die zu deren Erfassung erforderlichen Sensoren entfallen. Dies hat insbesondere dann Vorteile, wenn alle Achsen eines Systems überwacht werden sollen, da hierbei der Mehrfachaufwand für die Sensorik entfällt. Um aus den Stromsignalen einerseits die Maschinenzustände (z.B. Belastungen, Schnittkräfte) zu erfassen, ist meist eine hochfrequente Signalaufnahme erforderlich, die

nicht bei allen Steuerungen vorhanden ist. Zum anderen muss es dem Maschinenanwender möglich sein, seine eigenen Diagnosealgorithmen in der Steuerung zu
implementieren, was eine Mindestoffenheit der Steuerung voraussetzt.

MMC

Signale des Bearbeitungsprozesses

■ Bewegungssignale, z.B. Lage, Drehzahl, Geschwindigkeit

■ Leistungsindikatoren, z.B. Wirkleistung , Antriebsauslastung

■ sonstige Reglergrößen, z.B. Reglerdifferenz, Schleppabstand

NC - Kern

Signale aus dem NC - Programmablauf

■ Hilfsfunktionen und M-Befehle

■ Informationen zum aktuellen Werkzeug

■ die aktuelle NC Betriebsart (Handbetrieb, Halbautomatik-,
  Automatikbetrieb)

**digitale
Antriebe**

■ Ereignisse im Programmablauf bzw. bei der Bedienung,
  z.B. NC Start, Stopp, Reset

■ Lage, Geschwindigkeits- und Beschleunigungssollwerte

Bild 6.24. Steuerungsinterne Informationen

Neben diesen Antriebssignalen stehen in der Steuerung auch noch weitere Informationen des Bearbeitungsprozesses und Signale aus dem NC-Programmablauf
zur Verfügung (Bild 6.24).

In der Steuerung sind alle Informationen zum Synchronisieren der Überwachung mit dem Bearbeitungsablauf, wie Triggersignale für Bearbeitungsbeginn und
Bearbeitungsende und Werkzeug- und Schneideninformationen vorhanden, ohne
dass NC- oder PLC-Programme verändert werden müssen. Weiter stehen Lage,
Geschwindigkeits- und Beschleunigungssoll- und -istwerte zur Verfügung, die dazu genutzt werden können, die Einflüsse der mechanischen Übertragungsstrecke zu
kompensieren (Kapitel 6.3).

Nachfolgend werden kurz zwei Systeme vorgestellt, die auf Basis der Sinumerik
840D Steuerung der Firma Siemens entwickelt wurden. Bei dieser Steuerung wurden sowohl anwenderspezifische Erweiterungen im echtzeitfähigen Teil der Steuerung (NC-Kern, NCK) als auch im Bedienbereich der Steuerung integriert.

In Zusammenarbeit zwischen den Firmen Artis und Siemens wurde ein System entwickelt, das es ermöglicht, die Strom- und Drehmomentwerte extern auszu-
werten [53], Bild 6.25 links. Bei diesem System werden die Strom- und Drehmomentwerte über die PLC bzw. den PLC-Bus dem externen Überwachungssystem zur
Verfügung gestellt. Die Auflösung der Signale ist durch die in der NC verfügbaren
Genauigkeit gegeben. Der Bustakt (ca. 12 ms), und damit die Frequenz der Signale,
richten sich nach der möglichen zusätzlichen Belastung der PLC.

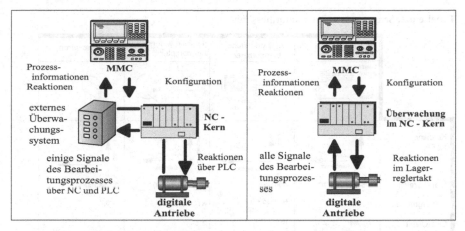

Bild 6.25. Zugriffsmöglichkeiten auf steuerungsinternen Informationen

Ein vollständig steuerungsintegriertes Überwachungssystem wurde am Laboratorium für Werkzeugmaschinen und Betriebslehre der RWTH Aachen (WZL) in Zusammenarbeit mit den Firmen Siemens und dem Werkzeugmaschinenhersteller Chiron entwickelt. Bei diesem System sind alle Funktionen des Überwachungssystems in die Steuerung einer Werkzeugmaschine integriert, Bild 6.25 rechts. Als Sensorik wurden nur steuerungsinterne Signale verwendet. Die Signalvorverarbeitung, eine Kompensation von Beschleunigungs- und Reibungseffekten, und die Überwachungsalgorithmen werden im NC-Kern der Steuerung durchgeführt. Sensorsignale und Algorithmen werden im Lagereglertakt der Steuerung ausgeführt (ca. 4 ms). Zur Konfiguration und Parametrierung des Überwachungssystems wurde die steuerungseigene Benutzerschnittstelle erweitert [202]. Jedoch wird durch die Berechnungen im Echtzeitteil der Steuerung die NC belastet. Komplexe, umfangreiche Berechnungen müssen somit im nicht-echtzeitfähigen Teil der Steuerung ausgeführt werden, um die Funktionseigenschaften der NC nicht negativ zu beeinflussen.

6.2.6 Temperatursensoren

Temperatursensoren werden in Werkzeugmaschinen zur Überwachung der Betriebstemperatur des Öls in Hydraulikaggregaten, von schnelllaufenden Wälzlagern, von elektronischen Leistungsschaltern z.B. in Antriebsreglern oder der Schaltschränken eingesetzt. Weiterhin wird zur Kompensation temperaturbedingter Verlagerungen mit Sensoren die Temperatur an ausgewählten Stellen der Maschinenstruktur gemessen (s. Band 5, Kapitel 5). Es werden meistens berührende Sensoren eingesetzt. Die Messprinzipien und Eigenschaften der gebräuchlichsten Sensoren sind in Tabelle 6.1 dargestellt.

Thermoelemente werden häufig als aktive Geber eingesetzt. Ihre Funktion beruht auf dem thermoelektrischen Effekt, nach dem sich zwischen zwei leitend verbundenen, unterschiedlichen Metallen eine von der Temperatur abhängige elektri-

Tabelle 6.2. Sensoren zur Temperaturmessung

	Thermoelement	Metallwiderstands-thermometer	Halbleiterwiderstands-thermometer	IC - Sensoren
	Oberflächen-sensor / Mess-draht / NiCr / Ni	Platin-mäander	Halbleiter	
Kennlinie	Spannung / Temperatur	Widerstand / Temperatur	Widerstand / Temperatur	Spannung / Temperatur
Messbereich	-250 bis 1000 °C	-220 bis 750 °C	NTC: -20 bis 250 °C	-30 bis 100 °C
Fehlergrenzen	0,75 % * T	+/- (0,15 + 0,2 % * T)	NTC: +/- 0,4 °C	+/- 0,7
Einstellzeit	Wasser 2 s Luft 50 s	15 s 150 s	2 s 50 s	
Vorteile	- strapazierfähig - preisgünstig - minimale Abmessungen - schnell	- hohe Genauigkeit - gute Linearität	- große Empfindlichkeit	- gute Linearität - Kompakt - keine weitere Signal-bearbeitung notwendig
Nachteile	- niedriger Signalpegel - nicht linear - störempfindlich	- langsam - störempfindlich	- nicht linear - kleiner Temperatur-bereich	- langsam - max. temp.: 110 °C - Stromanschluss notwendig

sche Spannung aufbaut [107]. Die Thermospannungen der gebräuchlichsten Elementtypen (z.B. Eisen-Konstantan) sowie die zulässigen Toleranzen sind in der DIN 43710 genormt. Für bestimmte Elementtypen erhält man eine in einem weiten Temperaturbereich lineare Kennlinie. Thermoelemente benötigen nur einen minimalen Bauraum. Dadurch haben sie eine kleine Wärmekapazität und reagieren schnell auf Temperaturänderungen. Nachteilig sind die sehr kleinen Thermospannungen ($53\mu V/K$ bei Eisen-Konstantan-Elementen), die mit entsprechendem Aufwand verstärkt werden müssen.

Widerstandssensoren ändern ihren elektrischen Widerstand in Abhängigkeit von der Temperatur. Als Widerstandsmaterial werden hierzu Metalle, insbesondere Platin (Pt100-Element) oder Halbleiter, verwendet. Metallwiderstandsthermometer weisen eine annähernd lineare Kennlinie über den gesamten, sehr großen Messbereich auf. Eingebunden in einer Brückenschaltung mit einer Kompensation zur Eliminierung thermischer Einflüsse auf die Zuleitungen lassen sich hiermit sehr genaue Temperaturmessungen durchführen.

Halbleiterwiderstände haben einen positiven (PTC-Element) oder negativen Temperaturkoeffizienten (NTC-Element). Für Messzwecke werden vorwiegend NTC-Elemente eingesetzt, da ihre Kennlinie weniger stark nichtlinear als die von PTC-Elementen ist. Der Einsatzbereich von Halbleiterelementen ist deutlich kleiner als der von Metallwiderstandsthermometern. Aufgrund der großen Widerstandsänderungen bei kleinen Temperaturschwankungen weisen sie jedoch eine höhere Empfindlichkeit auf.

Bei Quarzthermometern wird der Effekt genutzt, dass sich die Resonanzfrequenz eines Schwingquarzes durch dessen temperaturbedingte Ausdehnung ändert. Da die Messinformation in der Frequenz und nicht in der Amplitude des Messsignals liegt, wird die Genauigkeit praktisch nicht durch externe Störstrahlungen auf die Zuleitungen beeinflusst. Nach der Kompensation von Nichtlinearitäten in der Kennlinie lassen sich mit diesen Sensoren in einem relativ kleinen Temperaturbereich sehr genaue Messungen durchführen.

In letzter Zeit finden auch Wärmebildkameras im Bereich der Maschinenüberwachung vermehrt Einsatz. Schaltschränke und mechanische Komponenten werden in regelmäßigen Abständen aufgenommen und auf Veränderungen untersucht. Aus der Wärmeverteilung wird dann auf den Verschleiß des jeweiligen Bauteils geschlossen [4] (s. Band 5, Kapitel 5).

6.2.7 Mechanische und optische Sensoren

Für die Prozess- und Werkzeugüberwachung werden als mechanische Sensoren hauptsächlich Taster verwendet, mit denen ein Antasten und damit in Verbindung mit den Wegmesssystemen eine Bestimmung der Werkzeuggeometrie möglich ist. Hochgenau arbeitende Taster werden auch zur Kontrolle der Werkstückgeometrie innerhalb des Arbeitsraumes der Maschine genutzt. Dazu wird der Messtaster anstelle eines Werkzeuges eingewechselt und damit z.B. der Durchmesser einer Bohrung abgetastet. Die Kommunikation des Tasters mit der Maschinensteuerung erfolgt über eine Infrarotstrecke.

Als optische Sensoren kommen Lichtschrankensysteme zum Einsatz, die wie schaltende Messtaster eingesetzt werden. Der Schaltpunkt ist dabei aber ungenauer als bei entsprechenden mechanischen Tastern. Eine ein- oder zweidimensionale Bilderfassung ist mit Hilfe von Photodiodenarrays möglich, die auf einer Linie bzw. auf einer Fläche verteilt sind. Einige Anwendungsbeispiele zum Einsatz mechanischer und optischer Sensoren in der Werkzeugüberwachung sind im Kapitel 6.4.3.1 aufgeführt.

6.3 Signalverarbeitung und Mustererkennung

Die zu erfassenden Prozess- oder Maschinenzustandsgrößen, wie z. B. Werkzeugverschleiß, Lagerverschleiß, Pittings auf Zahnflanken oder sich anbahnende Zahnbrüche bei Zahnradgetrieben, lassen sich im Betrieb bzw. während des Prozesses nicht direkt messen. Es kommen daher in den meisten Fällen indirekte bzw. prozessbegleitende Erfassungsverfahren zum Einsatz. Hierbei werden messbare Auswirkungen der sich ändernden Zustandsgröße z.B. in Form von Kraft-, Beschleunigungs- oder Schwingungssignaländerungen oder Größen wie Strom oder Körperschall erfasst.

Die einzelnen Verarbeitungsschritte dieser physikalischen Größen durch ein Mustererkennungssystem für Überwachungs- und Diagnoseaufgaben sind im Bild 6.26 dargestellt [98, 99] und werden nachfolgend im Einzelnen diskutiert.

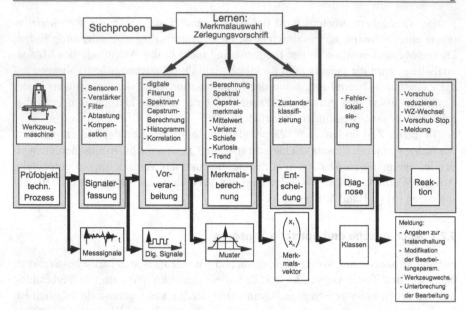

Bild 6.26. Überwachung und Diagnose mit den Begriffen der Mustererkennung

Nach der Signalerfassung durch die Sensorik (s. Kapitel 6.2) schließt sich die Signalvorverarbeitung an. Ziel der Signalvorverarbeitung ist es, bestimmte Merkmale aus den Signalverläufen zu extrahieren, um eine sichere Aussage über den momentanen Prozess- oder Maschinenzustand machen zu können.

Da zwischen Signalquelle und Signalerfassung im Allgemeinen eine Übertragungsstrecke liegt und da die erfassten Signale immer eine Summe aus verschiedenen Signalquellen sind, ist eine analoge und digitale Signalvorverarbeitung erforderlich. Während die analoge Signalvorverarbeitung im Wesentlichen die Signale derart aufbereitet, dass durch deren Digitalisierung keine bedeutenden Fehler auftreten, dient die digitale Signalverarbeitung dazu, Signalkorrekturen durchzuführen, um aus den erfassten Signalen die für die Überwachung interessierenden Anteile zu extrahieren. Dies geschieht im Allgemeinen über entsprechende Modelle, die beispielsweise den Antriebsstrang als Übertragungsstrecke derart nachbilden, dass Motorstromsignale in entsprechende Vorschubkräfte überführt werden. Die hier zum Einsatz kommenden Modelle können je nach Aufgabenstellung verschiedene Komplexität haben (s. Kapitel 6.3.2).

Durch die Merkmalsberechnung werden aus den aufbereiteten Signalen spezifische Größen ermittelt, die das zu erkennende Ereignis beschreiben. Das Finden dieser zustandsbeschreibenden Merkmale setzt detaillierte Untersuchungen über das Maß der Aussagesicherheit dieser Merkmale hinsichtlich der Charakterisierung der zu detektierenden Fehler voraus. Aus diesem Grund war und ist die Ermittlung geeigneter Merkmale und deren Kombination zu aussagefähigen Mustern für die verschiedenen Überwachungsaufgaben Gegenstand zahlreicher Forschungsvorhaben.

Sind Merkmale gefunden worden, die in einem eindeutigen Zusammenhang mit dem zu diagnostizierenden Zustand stehen, so können geeignete Klassifikationsverfahren bestimmt und für die automatische Klassifikationsphase vorgegeben werden. Bei der Entscheidung werden die aufgetretenen Merkmale somit derart klassifiziert, dass sie das gewünschte Beobachtungsergebnis abbilden.

Grundsätzlich sind die Lern- oder Parametrierungsphase und die automatische Klassifikationsphase zu unterscheiden. Die Lernphase ist nötig, um geeignete Grenzwerte und andere Parameter für die spezifische Aufgabe zu ermitteln. In dieser Phase wird das Mustererkennungssystem so eingestellt, dass im Betrieb (Klassifikationsphase) eine sichere Aussage über die Maschinen- bzw. Prozesszustandsgrößen möglich ist. In der Lernphase des Systems werden aus den Stichproben von Merkmalen die Zustandsmustervektoren (Merkmalvektoren) ermittelt und mit den Prozess- oder Anlagenzuständen in Korrelation gesetzt. Als Eingangsgröße können prinzipiell alle prozess- und anlagensignifikanten Signale, wie Kraft, Moment, Schwingungen usw., herangezogen werden.

Die Parametrierung des Klassifikators erfordert oft eine langwierige, iterative Vorgehensweise. Da die Parametervielfalt kaum zu beherrschen ist, werden zur Zeit überwiegend einzelne Merkmale und einfache Klassifikationsverfahren, z.B. der Vergleich eines Merkmales mit einem oder mehreren Grenzwerten, eingesetzt.

Nach Auswahl der Merkmale und Parametrierung des Klassifikators ist die Lernphase abgeschlossen. In der Klassifikationsphase werden die ausgewählten Merkmalvektoren mit den dafür ausgelegten Verfahren Klassen zugeordnet, das heißt klassifiziert. Mögliche Klassen können z.B. „Werkzeug arbeitsscharf" oder „Werkzeug verschlissen" sein.

6.3.1 Analoge Signalaufbereitung

Durch die analoge Signalverarbeitung werden Störungen eliminiert und informationstragende Signalanteile so aufbereitet, dass sie möglichst unverfälscht und mit größtmöglicher Auflösung digitalisiert werden können. Das zeit- und amplitudenkontinuierliche Sensorsignal $u(t)$ wird durch die Analogdigital-Wandlung (A/D-Wandlung) in eine Folge von diskreten Werten u_i umgesetzt, indem das Signal zu äquidistanten Zeitpunkten abgetastet wird. Damit durch die Digitalisierung keine Information verloren geht, muss das Abtasttheorem von Shannon erfüllt sein. Das Abtasttheorem verlangt, dass die höchste im Signal vorkommende Frequenz f_{max} kleiner als die Hälfte der Abtastfrequenz f_a ist:

$$f_{max} < \frac{1}{2} \cdot f_a \tag{6.2}$$

Das analoge Signal wird mit einer Auflösung von 2^w-Wertestufen diskretisiert. Die Wortbreite w entspricht der Anzahl Bits des erzeugten Digitalwortes. Damit durch die Diskretisierung des kontinuierlichen Signals $u(t)$ kein Informationsverlust entsteht, muss die Wortbreite w des A/D-Umsetzers so gewählt werden, dass die kleinste informationstragende Signaländerung U_{min}, meist begrenzt durch Signalrauschen, und der größte vorkommende Signalwert U_{max} erfasst werden können. Das Verhältnis

$$D = 20 lg \left[\frac{U_{max}}{\Delta U_{min}} \right] [dB] \tag{6.3}$$

wird als Signaldynamik bezeichnet. Um U_{min} und U_{max} und damit die volle Signaldynamik zu erfassen, muss gelten:

$$w \geq log_2 \left(10^{\frac{D}{20}} \right) \approx \frac{D}{6dB} \tag{6.4}$$

Um diese Forderungen hinsichtlich Frequenz-Bandbreite f_{max} und Dynamik D des Signals einhalten zu können, muss das Sensorsignal vor der Abtastung tiefpassgefiltert und verstärkt werden. Die Tiefpassfilterung verhindert eine Verletzung des Abtasttheorems. Die Verstärkung ist nötig, um den Eingangsspannungsbereich des A/D-Wandlers voll auszunutzen.

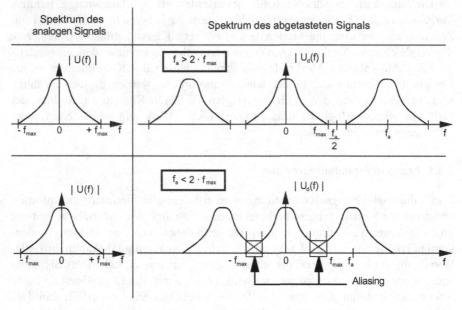

Bild 6.27. Auswirkung der Abtastung auf das Spektrum des Signals

Tiefpassfilterung

Durch die Abtastung des Signals verändert sich das Frequenzspektrum des Signals. Es entstehen neue Frequenzanteile im Spektrum, die sich aus einer periodischen Fortsetzung des Spektrums des analogen Signals mit der Periode f_a (Abtastfrequenz) ergeben [84]. Dieser Zusammenhang ist im Bild 6.27 dargestellt.

Wie im Bild 6.27 zu erkennen ist, entsteht durch eine Abtastung mit $f_a < 2f_{max}$ eine Überlappung der gespiegelten Frequenzbänder und dadurch eine Verfälschung des Signals. Dieser Effekt wird als Aliasing bezeichnet. Der Informationsverlust durch Verletzung des Abtasttheorems kann vermieden werden, indem das analoge Signal so tiefpassgefiltert wird, dass die größte verbleibende Signalfrequenz kleiner als $f_a/2$ ist.

Reale analoge Tiefpassfilter haben allerdings eine endliche Flankensteilheit und eine begrenzte Dämpfung δ_s im Sperrbereich (Sperrdämpfung), Bild 6.28b. Die Sperrdämpfung δ_s gibt den Pegel in dB an, um den Frequenzanteile im Sperrbereich des Filters gedämpft werden.

a) Übertragungsfunktion U(f) b) Übertragungsfunktion U(f)
   Idealer Tiefpass   realer Tiefpass

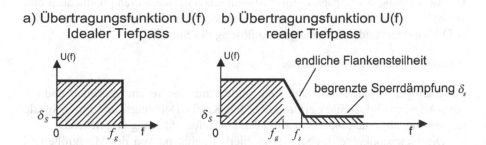

c) Auswirkung der Abtastung auf die tiefpaßgefilterten Signale

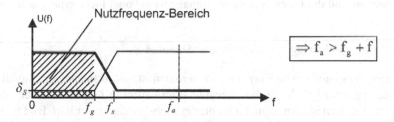

Bild 6.28. Begrenzung des Aliasing-Effektes durch Tiefpassfilterung

Um die Signalverfälschung durch Aliasing im Nutzfrequenzbereich möglichst gering zu halten, müssen Sperrdämpfung δ_s und Signaldynamik D, sowie Abtastfrequenz f_a und Sperrfrequenz f_s wie folgt gewählt werden, Bild 6.28:

$$f_a > f_g + f_s \tag{6.5}$$

f_g Grenze des Nutzfrequenzbereiches,
f_s Sperrfrequenz des Tiefpass-Filters,

$$\delta_s > D \tag{6.6}$$

Die Bedingung nach Gleichung 6.5 verhindert eine Signalverfälschung im Nutzfrequenzbereich aufgrund der endlichen Flankensteilheit des Filters, Bild 6.28 c).

Die Bedingung nach Gleichung 6.6 bewirkt, dass Aliasingeffekte durch die endliche Sperrdämpfung des Filters so gering gehalten werden, dass sie in der Größenordnung des Signalrauschens liegen.

Verstärkung

Die Ausgangssignale der Sensorelemente, insbesondere die der piezoelektrischen Sensoren, sind von sehr geringer Leistung und werden meist an einer hohen elektrischen Impedanz abgegriffen. Dadurch sind die Sensorsignale sehr störanfällig. Die Verstärkung des Signals vermindert zum einen dessen Störempfindlichkeit und ermöglicht zum anderen eine optimale Anpassung an den Spannungsbereich des A/D-Umsetzers und damit eine gute Auflösung des Signals.

Analoge Signalverarbeitungskette

Zur analogen Signalverarbeitung sind folglich mindestens ein Verstärker und ein Anti-Aliasing-Tiefpassfilter erforderlich. Für Kraft-, Dehnungs- und Stromsignale ist eine Signalverstärkung mit anschließender Tiefpassfilterung ausreichend.

Die Nutzbandbreite des Signals ist hierbei abhängig von der Messgröße und der Überwachungsaufgabe. Für die Verschleißerkennung müssen z.B. Kraft- und Dehnungssignale bis 50 Hz ausgewertet werden. Zur Brucherkennung ist dagegen eine Auswertung bis zu mehreren Kilohertz (kHz) erforderlich, da das Signal sehr hochfrequent ist und die bruch-typischen Signalspitzen sonst nicht erfasst werden können.

Analoge Signalverarbeitung bei Körperschall-Signalen

Zur analogen Verarbeitung von Körperschall-Signalen ist eine aufwändigere Signalkonditionierung erforderlich, da die relevante Information in höherfrequenten Signalanteilen enthalten ist. Das Signal wird hier zunächst hochpassgefiltert, Bild 6.29 [79]. Dadurch können niederfrequente Störungen wie Netzbrummen, Gleichspannungsdrift oder Maschinenschwingungen, z. B. durch die Unwucht rotierender Wellen, unterdrückt werden. Diese Störungen könnten ansonsten zur Übersteuerung nachfolgender Komponenten (z.B. Verstärker, A/D-Wandler) führen. Dann wird das Signal aus den oben genannten Gründen verstärkt.

Die Bandpassfilterung dient anschließend dazu, aussagekräftige anwendungsspezifische Frequenzbänder zu selektieren. Sie liegen, je nach Anwendungsfall, im Bereich von 1 kHz bis über 1 MHz [88, 161]. Diese hochfrequenten Signale würden bei einer direkten Digitalisierung eine aufwändige A/D-Umsetzung erfordern (Abtastfrequenzen bis zu 2 MHz). Bei einer direkten Abtastung würde zudem eine Datenmenge entstehen, die kaum zu handhaben ist (bis zu $2 \cdot 10^6$ Werte/s).

Deshalb wird das Signal durch Gleichrichtung und anschließende Tiefpassfilterung in ein niederfrequentes Hüllkurvensignal (50 Hz bis 4 kHz) gewandelt. Diese Art der Signalverarbeitung entspricht einer Demodulation des bandpassgefilterten

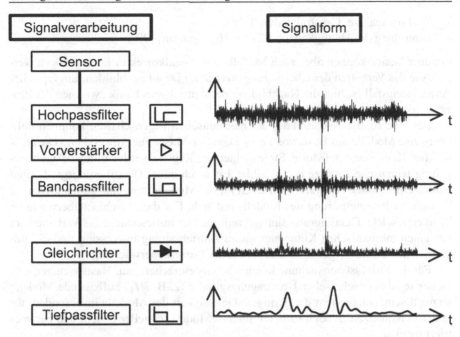

Bild 6.29. Analoge Vorverarbeitung von Körperschall-Signalen. (nach König)

Signals, wie sie auch in der Nachrichtentechnik eingesetzt wird. Durch die Gleichrichtung wird das Frequenzband in den Frequenzbereich ab 0 Hz transformiert. Der Verlauf des so erzeugten Hüllkurvensignals enthält die überwachungsrelevante Information und wird zur Weiterverarbeitung digitalisiert.

Derart aufbereitete Körperschall-Signale werden sowohl zur Anlagen- als auch zur Prozessüberwachung eingesetzt. Es ist dadurch möglich, die aussagekräftigen, hochfrequenten Signalanteile trotz geringem Aufwands bei A/D-Umsetzung und digitaler Signalverarbeitung zu nutzen. Durch die Transformation des relevanten Frequenzbandes in den Frequenzbereich ab 0 Hz können die erforderliche Abtastrate und die bei der Abtastung entstehende Datenmenge stark reduziert werden.

6.3.2 Digitale Vorverarbeitung

Die digitale Signalvorverarbeitung bereitet die erfassten Signale derart auf, dass aus ihnen durch die Merkmalsberechnung die das Beobachtungsobjekt beschreibenden Signalmerkmale extrahiert werden können.

Hierzu ist zunächst eine Signalkorrektur erforderlich, die die Störeinflüsse auf das Signal von seiner Quelle zum Sensor sowie eventuelle Einflüsse der Sensorik kompensiert. Typische Beispiele für diese Signalkorrektur sind:

- digitale Filterung zur Unterdrückung bekannter Störfrequenzen [182],
- Mittelung zur Verringerung stochastischer Einflüsse,

– Spektralanalyse, Cepstralanalyse [176],
– Ermittlung der Häufigkeitsverteilung (Histogramm) [99].

Darüber hinaus können aber auch Modelle zur Signalkorrektur herangezogen werden, die das Verhalten der Übertragungsstrecke im Detail nachbilden. Ein typischer Anwendungsfall ist hier die Nachbildung der Antriebsmechanik zwischen der Prozesswirkstelle und den Motoren.

Für eine solche Nachbildung der mechanischen Eigenschaften kommen üblicherweise Modelle auf Basis von Feder-Dämpfer-Masse zur Anwendung. Die elektrischen Komponenten (Motor, Stromrichter und Regler) werden durch bekannte regelungstechnische Ansätze nachgebildet. Ein solch hoher Detaillierungsgrad bringt jedoch einen hohen Aufwand zum einen für die Modellierung und zum anderen für die spätere Parametrierung des Modells mit sich. Für die Maschinenüberwachung kann eine solche Detaillierung sinnvoll sein, da hier insbesondere das Verhalten der einzelnen mechanischen Komponenten im Antriebsstrang interessiert und die stochastischen Einflüsse geringer sind als bei der Prozessüberwachung.

Für die Prozessüberwachung können bereits einfachere, auf Basis weniger, einfacher regelungstechnischer Übertragungsglieder (z. B. PT_1) aufbauende Modelle sinnvoll sein. Nachteil ist die geringere Genauigkeit des Modells insbesondere für höhere Frequenzen. Jedoch kann ein solches Modell schneller erstellt und parametriert werden.

Weitere regelungstechnische Ansätze zur Signalkorrektur, wie beispielsweise das Beobachterprinzip, werden hinsichtlich ihrer Eignung derzeit untersucht [50].

6.3.3 Merkmalsextraktion

Aus den vorverarbeiteten Signalen werden dann Merkmale (Kennwerte) extrahiert, die den zu überwachenden Prozess- oder Maschinenzustand beschreiben.

Zur Merkmalsfindung aus Prozess- und Maschinensignalen kommen beispielsweise folgende Signalauswertungen in Betracht [80]:

– absolute und gewichtete Werte,
– Trends, Ableitungen der Mittelwertverläufe,
– statistische Parameter (Mittelwert, Verteilung, Häufigkeitsverteilung, Varianz, Schiefe, Kurtosis usw.) [198],
– Parameter der Spektren,
– Parameter der Cepstren,
– Abweichungen von Sollwerten (Residuen).

Ein bei der Prozessüberwachung häufig verwendetes Merkmal wird im Folgenden näher beschrieben.

Gleitender Mittelwert

Der gleitende Mittelwert wird z.B. zur Erkennung von Stufen im Abrichtprozess beim Schleifen oder zur Eliminierung stochastischer Signalanteile im Körperschall-

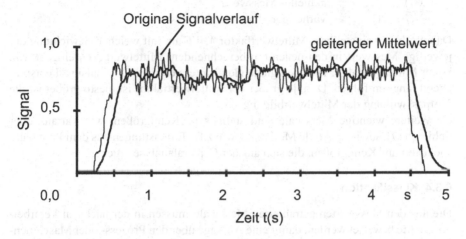

Bild 6.30. Bildung des gleitenden Mittelwertes. (nach König)

signal bei der Lagerüberwachung eingesetzt. Der gleitende Mittelwert eines Messsignals ist beispielhaft im Bild 6.30 [34] dargestellt. Er entspricht einer Tiefpassfilterung mit einem PT_1-Glied. Die numerische Formel für den Frequenzgang

$$G_{PT_1}(i\omega) = \frac{1}{1+(i\omega)T} = \frac{x_a(i\omega)}{x_e(i\omega)}$$

im Zeitbereich lautet

$$x_a(i) = \frac{1}{1+\frac{T}{\Delta t}}\left(x_e(i) + x_a(i-1)\frac{T}{\Delta t}\right)$$

mit

$T = \frac{1}{\omega_e}$ Zeitkonstante des PT_1-Glieds

Δt Abtastzeit

Es wird

$1 + \frac{T}{\Delta t} = MWF =$ Mittelwertsfaktor

$\frac{T}{\Delta t} = MWF - 1$

$$\Rightarrow \overline{XG}(i) = \frac{1}{MWF}\left(\overline{XG}(i-1)\cdot(MWF-1)+x(i)\right) \tag{6.7}$$

mit

$\overline{XG}(i)$ neuer gleitender Mittelwert,

MWF Mittelwertfaktor,

$x(i)$ aktueller Messwert,
$\overline{XG}(i-1)$ vorheriger gleitender Mittelwert.

Dabei gibt der einstellbare Mittelwertfaktor *MWF* an, mit welcher Gewichtung der jeweilige Messwert in den neuen (zu berechnenden) Mittelwert $\overline{XG}_i$ eingeht. Ein hoher Mittelwertfaktor lässt den gleitenden Mittelwert dem Originalsignal entsprechend langsam folgen. D. h. je größer der Mittelwertfaktor ist, desto größer ist die Tiefpasswirkung der Mittelwertbildung.

Weitere wichtige Merkmale sind statistische Kenngrößen, wie Varianz oder Schiefe [17], sowie spektrale Merkmale, wie z.B. Teilleistungen aus dem Frequenzspektrum und Kenngrößen, die sich aus der Cepstralanalyse ergeben.

6.3.4 Klassifikation

Die aus den Messwerten extrahierten Merkmale müssen in der nächsten Verarbeitungsstufe bewertet werden, damit eine Aussage über den Prozess- oder Maschinenzustand möglich ist. Die Reaktionen, die auf die Zustandserfassung erfolgen, sind je nach Anwendungsfall verschieden. Hinweise auf sich anbahnende Maschinenschäden, die möglichst zu günstigen Zeiten zu beseitigen sind, oder die erreichte Grenze des Werkzeugverschleißes, die einen Werkzeugwechsel nach sich zieht, sind einige anschauliche Beispiele.

Stetige Änderungen, z.B. der Freiflächenverschleiß, der eine Maßänderung am Werkstück bewirkt, können durch eine intermittierend oder stetig wirkende Prozessregelung ausgeglichen werden. Hierzu werden die vorverarbeiteten Sensorsignale in anwendungsspezifischen Reglern weiterverarbeitet. Die Funktionsweise von Prozessreglern ist beispielhaft in Kapitel 6.4 beschrieben. Bei der Prozess- und Anlagenüberwachung werden die berechneten Kennwerte mit Hilfe der im Folgenden beschriebenen Klassifikationsverfahren in Klassen eingeteilt (z.B. „Werkzeug arbeitsscharf" / „Werkzeug verschlissen"). Hierbei bedarf es für die wirkungsvolle Klassenfindung vielfach der Intuition und Erfahrung entsprechender Fachleute.

6.3.4.1 Feste Grenzen

Die einfachste Möglichkeit der Klassifikation ist der Vergleich eines Merkmales mit einem festen Grenzwert. Eine Überschreitung oder Unterschreitung des Grenzwertes zeigt je nach Überwachungsaufgabe eine Prozessstörung oder ein defektes Maschinenelement an.

Das Prinzip ist beispielhaft im Bild 6.31a für die Werkzeugüberwachung dargestellt. Es werden hier vier Grenzwerte, für „fehlendes Werkzeug", „Verschleiß", „Werkzeugbruch" und „Kollision", festgelegt [115]. Eine Überschreitung des Kollisions-Grenzwertes führt zur sofortigen Abschaltung der Vorschubantriebe. In weniger kritischen Fällen (z.B. Verschleißgrenze überschritten) hat die Grenzüberschreitung nur eine Meldung an den Benutzer oder einen automatischen Werkzeugwechsel zur Folge. Die Grenzwerte werden in der Regel relativ zu den im Werkzeugneuzustand gemessenen Werten automatisch vom System eingestellt, müssen jedoch durch den Benutzer nachjustiert werden.

a) Werkzeugüberwachung mit festen Grenzwerten

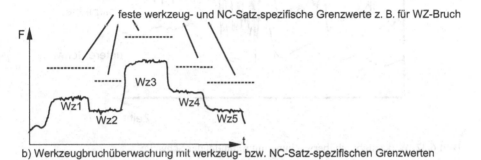

b) Werkzeugbruchüberwachung mit werkzeug- bzw. NC-Satz-spezifischen Grenzwerten

Bild 6.31. Werkzeugüberwachung mit festen Grenzen

Bei der Prozessüberwachung ist es häufig erforderlich, die Grenzwerte an wechselnde Prozessbedingungen anzupassen. In solchen Fällen besteht die Möglichkeit, z.B. NC-Satz- bzw. werkzeugspezifische Grenzwerte zu definieren. Im Bild 6.31 b ist beispielhaft ein Kraftverlauf für die Bearbeitung eines Werkstückes über fünf NC-Sätze mit fünf verschiedenen Werkzeugen skizziert.

In ähnlicher Form werden feste Grenzwerte zur Maschinen- und Anlagenüberwachung eingesetzt. Beispielsweise werden Wälzlagerschäden daran erkannt, dass ein fester Grenzwert der Lagertemperatur oder des Körperschall-Summenpegels überschritten ist.

6.3.4.2 Mitlaufende Schwellen

Die mitlaufenden Schwellen dienen der Erkennung plötzlicher, schadensbedingter Signalveränderungen, wie sie z.B. bei Werkzeugbruch oder Kollision auftreten. Die Berechnung der mitlaufenden Schwellen erfolgt im Betrieb und basiert auf dem aktuellen gleitenden Mittelwert (s. Kapitel 6.3.3). Das Prinzip ist beispielhaft für die Werkzeugbruchüberwachung im Bild 6.32 dargestellt.

Auf den gleitenden Mittelwert wird ein bestimmter Betrag addiert, um die sogenannte obere Schwelle zu berechnen. Die untere Schwelle errechnet sich durch Subtraktion des gleichen Betrages vom gleitenden Mittelwert. Da die beiden Schwellen auf den gleitenden Mittelwert bezogen sind, der dem Signal verzögert folgt, kommt es bei schnellen Veränderungen des Originalsignals zu einem Über- oder Unter-

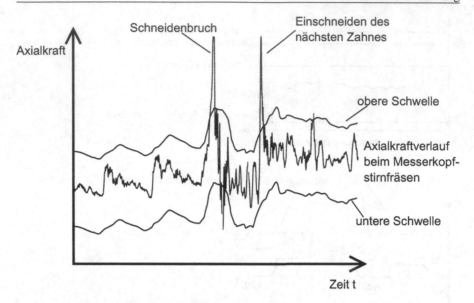

Bild 6.32. Werkzeugbruchüberwachung mit mitlaufender Schwelle

schreiten der Schwellen. Die Breite des Toleranzbandes wird in der Regel proportional an den Absolutwert der zu überwachenden Größe angepasst. Der Vorteil dieser dynamisch nachgeführten Schwellen gegenüber den oben beschriebenen festen Grenzen ist die Anpassung des Toleranzbandes an den Signalverlauf bei veränderlichen Prozessparametern, z.B. Aufmaßschwankungen, Chargenveränderungen oder Werkzeugverschleiß bei der Werkzeugbruchüberwachung.

6.3.4.3 Mehrdimensionale Klassifikation

Wie oben erwähnt, reicht häufig die Auswertung eines einzelnen Merkmals nicht aus, um die Überwachungsaufgabe durchzuführen. In diesem Fall werden entweder mehrere unterschiedliche physikalische Größen oder verschiedene Kennwerte, die aus einem Signalverlauf extrahiert wurden, betrachtet, wobei deren Veränderungen und Relationen zueinander zur Entscheidungsfindung ausgewertet werden.

Diese Merkmale bilden die Komponenten des sogenannten n-dimensionalen Merkmalsvektors $\underline{c}$ (n = Anzahl der Merkmale). Dieser Merkmalvektor könnte z.B. folgende Komponenten enthalten:

$$\underline{c} = \begin{bmatrix} L_{0-1000} \\ L_{ges} \\ \mu \\ \sigma \end{bmatrix} \tag{6.8}$$

L_{0-1000} Summenleistungspegel des Körperschall-Signals im

Frequenzbereich von 0 bis 1000 Hz,

L_{ges} Summenleistungspegel des gesamten aufgenommenen Körperschall-Signals,

μ Mittelwert des Vorschubkraft-Signals,

σ Standardabweichung der Häufigkeitsverteilung des Körperschall-Signals über der Zeit.

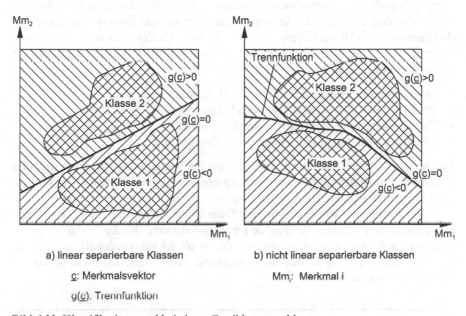

a) linear separierbare Klassen   b) nicht linear separierbare Klassen

$\underline{c}$: Merkmalsvektor Mm_i: Merkmal i

$g(\underline{c})$: Trennfunktion

Bild 6.33. Klassifikationsregel bei einem Zweiklassenproblem

Wenn die Merkmale gut ausgewählt sind, bilden die zu klassifizierenden Zustände separierbare Punktmengen im entsprechenden Zustandsraum. Im Bild 6.33 ist zur Verdeutlichung dieser Tatsache ein Beispiel im zweidimensionalen Raum dargestellt. Aufgetragen sind an den Achsen des Koordinatensystems die Merkmale M_{m1} und M_{m2}. Als Zerlegungsvorschrift müssen sogenannte Trennfunktionen $g(\underline{c})$ gefunden werden, mit deren Hilfe die verschiedenen Prozesszustände eindeutig einer definierten Klasse (= Punktmenge) zugeordnet werden können. Die Algorithmen zur Bestimmung der Trennfunktionen sind meist iterative Verfahren [99]. Im Beispiel von Bild 6.33a ist dies für den zweidimensionalen Fall mit zwei linear separierbaren Klassen skizziert [80]. Die Trennfunktion ist eine Gerade. Diese Klassen lauten z.B. für das betrachtete Problem Werkzeugüberwachung: Klasse 1: „Werkzeug in Ordnung" und Klasse 2: „Standzeitende".

In der Lernphase wird eine Stichprobe mit Merkmalvektoren typischer Prozesszustände ermittelt. Diese Stichprobe dient zur Berechnung der Trennfunktion. Geeignete Merkmale, sowie die Parameter der Trennfunktion müssen für jede Überwachungsaufgabe neu bestimmt werden.

Nach diesem Verfahren der Mustererkennung ist an einem Bearbeitungszentrum das Standzeitende von Bohrwerkzeugen erfasst worden (Bohrerdurchmesser 4 mm und 6 mm).

Als Eingangssignale für das Überwachungssystem dienten das Vorschubkraftsignal, das Körperschallsignal eines an der Werkstückeinspannung montierten Beschleunigungsaufnehmers, sowie je ein der Spindeldrehzahl und der Vorschubgeschwindigkeit in z-Richtung proportionales Signal. Während die beiden letztgenannten Signale zum automatischen Erkennen eines neuen Bearbeitungszyklusses notwendig sind, enthalten das Vorschubkraftsignal und das Schwingungssignal die den Prozesszustand beschreibenden Informationen. Als Ergebnis der Analyse- und Lernphase sind folgende vier Merkmale für einen vierdimensionalen Mustervektor bestimmt worden (s. Kapitel 6.4.3):

– Summenleistungspegel des Körperschall-Signals,
– Standardabweichung des Körperschall-Histogramms,
– Summenleistungspegel des Vorschubkraft-Signals,
– Standardabweichung des Vorschubkraft-Histogramms.

Die Anzahl der Merkmale sowie die Fehlerquoten bei der Klassifizierung sind hier so optimiert, dass mit 99-prozentiger Wahrscheinlichkeit ein verschlissenes Werkzeug vor dem Bruch detektiert werden konnte.

Als Klassifikator wurde die lineare Trennfunktion [99] eingesetzt. Die lineare Trennfunktion ist eine Hyperebene im Merkmalsraum, die die beiden zu unterscheidenden Klassen voneinander trennt. Das heißt, Merkmale der Klasse 1 liegen auf einer Seite der Hyperebene im vierdimensionalen Merkmalsraum, Merkmale der Klasse 2 auf der anderen.

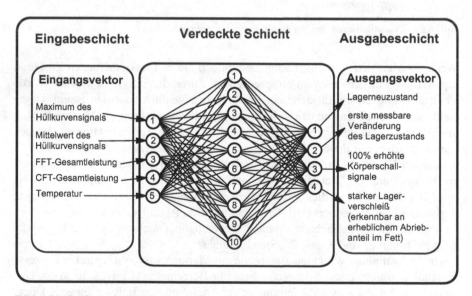

Bild 6.34. Struktur eines Neuronalen Netzes am Beispiel Lagerüberwachung

Ein anderes Klassifikationsverfahren, das auch in der Lage ist, nicht linear separierbare Klassen, wie sie im Bild 6.33b dargestellt sind, zu trennen, sind Neuronale Netze [157]. Künstliche Neuronale Netze sind Systeme, die aus einfachen Verarbeitungseinheiten, sogenannten Neuronen, aufgebaut sind, die über gewichtete Verbindungsleitungen zu einem Netzwerk verknüpft sind. Bild 6.34 zeigt am Beispiel der Zustandsüberwachung von Wälzlagern ein dreischichtiges, rückkopplungsfreies Neuronales Netz. Neuronale Netze können entweder hardwaremäßig mit Hilfe spezieller Prozessoren aufgebaut sein oder softwaremäßig simuliert werden. Neuronale Netze sind in der Lage, einem vorgegebenen Eingangsvektor (Merkmalvektor) einen Ausgangsvektor, der z.B. die Klassenzugehörigkeit des Merkmalvektors bestimmt, zuzuordnen. Die Parametrierung dieses neuronalen Netz-Klassifikators erfolgt durch Lernen an Beispielen. Das Netz lernt entsprechend einer vorgegebenen Lernregel automatisch. Es gibt eine Vielzahl unterschiedlicher Netztypen, die sich durch die Vernetzungsstruktur (Topologie), den Aufbau der Neuronen (Bild 6.35) und die eingesetzte Lernregel unterscheiden. Ein Beispiel für die Anwendung Neuronaler Netze ist in Kapitel 6.6.3 gegeben. Als Lernregel wurde für das Beispiel in Bild 6.34 der Backpropagation Algorithmus verwendet [157]. Über die Lernregel werden die Wichtungsfaktoren $w_{i,j}$ der Verbindungsfunktion beim Lernen so eingestellt, dass eine korrekte Zuordnung der Merkmalsverktoren aus der Lernstichprobe erfolgt.

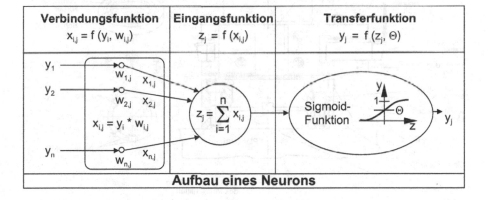

y_i : Eingangswerte für das Neuron
$w_{i,j}$: Wichtungsfaktoren für die Eingangswerte y_i
y_j : Ausgangswerte des Neurons
Θ : Parameter der Transferfunktion
$x_{i,j}$; z_j : Hilfsvariablen

Bild 6.35. Aufbau und Funktionsweise eines Neurons

6.4 Technologische Prozessüberwachung und Prozessregelung bei verschiedenen Fertigungsverfahren

6.4.1 Drehbearbeitung

6.4.1.1 Sensorsysteme zur Drehmoment- und Zerspankraftmessung

Drehmomente und Schnittkräfte dienen der indirekten Erfassung des Prozesszustandes (z.B. Rattern) und des Werkzeugzustandes (z.B. Schärfe) insbesondere bei der Schruppzerspanung. Beim Schlichten ist die Empfindlichkeit der bekannten Sensoren zur Verschleißmessung in der Regel nicht ausreichend.

Die direkte Messung des Drehmoments wird bei Drehmaschinen selten eingesetzt. Nachteile sind hierbei die in der Regel notwendige Signalübertragung von der rotierenden Spindel nach außen und die Trägheit der Werkstückmasse, die das Signal dämpft.

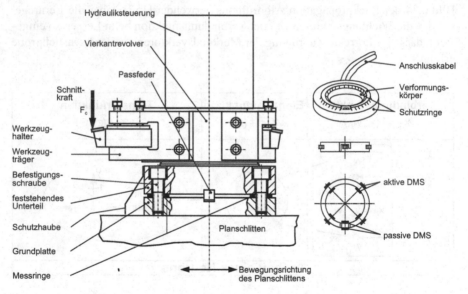

Bild 6.36. Konstruktive Anordnung und Aufbau der Schnittkraftmessringe

Günstiger als die Drehmomentmessung ist an Drehmaschinen vielfach die direkte Schnittkraftmessung im Bereich der Meißelhalterung. Sie zeichnet sich durch geringe Störempfindlichkeit und besonders durch geringe Verzögerungszeiten aus. Bild 6.36 zeigt eine Möglichkeit zum Aufbau eines Schnittkraftsensors [142]. Der die Werkzeuge tragende Vierkantrevolver ist auf vier Messringen gelagert, die unter einer hohen Vorspannung (rd. 80 kN) stehen. Die einzelnen Messringe sind mit je acht aktiven und zwei passiven Dehnungsmessstreifen (DMS) beklebt. Die elastische Verformung des von Schutzringen umgebenen Verformungskörpers ist ein Maß für die auftretende Belastung, die über die Widerstandsänderung der aktiven DMS aufgenommen wird. Die beiden nicht im Kraftfluss liegenden passiven DMS dienen zur Kompensation des Temperatureinflusses. Der Kraftfluss kann aufgrund der konstruktiven Anordnung nur über die Messringe erfolgen. Durch die Summierung aller an den Auflagepunkten gemessenen Belastungsänderungen wird die Schnittkraft F_c ermittelt. Deshalb ist die Schnittkraftmessung für beliebige Werkzeuge unabhängig von der Schneidengeometrie, der Einstelllänge sowie der Lage des Meißels zum Werkzeugträger.

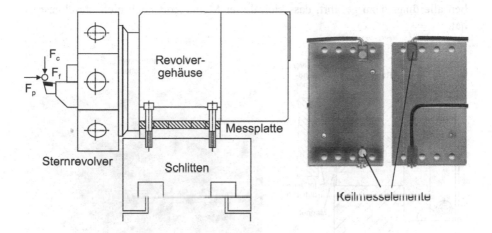

- Messung der Zerspankraftkomponenten mit
  1 - Komponenten - Quarzmesszellen und Rechnerauswertung
- einfach nachrüstbar
- Messung im Kraftnebenschluss - überlastsicher

Bild 6.37. Flexible Kraftmessplatte zur Prozessüberwachung an Drehmaschinen. (nach Prometec)

Zur zusätzlichen Messung der anderen Zerspankraftkomponenten (Vorschub- und Passivkraft) als der Schnittkraft wird zwischen Maschinenschlitten und Revolvergehäuse der Drehmaschine eine den geometrischen Abmessungen entsprechende Messplatte montiert, Bild 6.37 [43, 76]. Diese Platte ist aus dem gleichen Material wie die Maschine aufgebaut, sodass die statischen und dynamischen Eigenschaften der Maschine durch den Einbau nicht beeinflusst werden. Statt die Kraftmessquarze fest einzubauen, wird die Platte mit Nuten versehen, in die Keilmesselemente eingesetzt werden. Die Keilmesselemente sind öl- und kühlschmiermittelfest und für Messrichtungen in 1D- und 3D- Ausführung erhältlich. Auf diese Weise ist es einfach, die Platte an die Maschine anzupassen und das System ist ohne großen Aufwand und preisgünstig nachrüstbar. Die Keilmesselemente sind wenige Mikrometer dicker als die Platte. Dadurch ist gewährleistet, dass die Quarze bei der Montage entsprechend vorgespannt werden, um sowohl Zug-, Druck- als auch Schubkräfte messen zu können. Die Quarzsensoren liegen im Bypass des Kraftflusses und tragen in dieser Anordnung nur einen geringen Teil der Gesamtvorspann- und Prozesskräfte. Dieses Verfahren wird bei ausreichender Empfindlichkeit des Sensors eingesetzt, um den Sensor selbst gegen Überlastung und Zerstörung zu schützen. Die Messelemente können auch zwischen Hirth-Ring und Revolvergehäuse montiert werden. Dadurch sind die Sensoren näher am Bearbeitungsprozess und die Signale sind durch die kürzere Übertragungsstrecke empfindlicher und weniger verfälscht. Die dazu erforderlichen Konstruktionsänderungen am Revolvergehäuse haben allerdings dazu geführt, dass sich dieser Montageort noch nicht durchgesetzt hat.

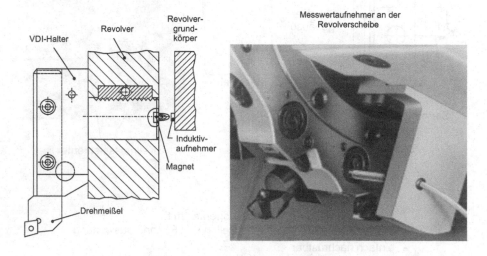

- Messung der Verlagerung des Werkzeughalters durch Magnet und Induktionsaufnehmer
- Sensor nahe an Spanentstehungsstelle
- einfach nachrüstbar
- nur zur Kollisions- und Brucherkennung geeignet

Bild 6.38. Magnetischer Dehnungssensor. (nach Krupp Widia)

Mit Hilfe der Kraft- und Momentengleichungen kann man aus den mit der Messplatte gemessenen Kräften prinzipiell die senkrecht aufeinander stehenden Bearbeitungskräfte F_c, F_p und F_f berechnen [103]. Die Berechnung einzelner Kraftkomponenten erfordert einen hohen Signalverarbeitungsaufwand, ermöglicht aber eine sensiblere Verschleißerkennung.

Neben den oben beschriebenen Systemen mit DMS und Quarzsensoren sind auch andere Möglichkeiten zur Messung von Bearbeitungskräften entwickelt worden. Der im Bild 6.38 dargestellte Verformungssensor wird unmittelbar am Entstehungsort der Zerspanungskräfte hinter der Revolverscheibe angebracht [114]. Der eigentliche Sensor, ein Induktivaufnehmer, wird an der Stirnseite des Zylinderschaftes von standardisierten VDI-Werkzeughaltern montiert, Bild 6.38 links. Das Messprinzip beruht auf einer Wegmessung, d.h. Verformungsmessung der Revolverkopfscheibe. Hierbei wird die Feldänderung des Permanentmagneten mit Hilfe eines Induktivaufnehmers am Revolvergrundkörper erfasst. Die Verformung ist proportional der Vorschubkraft F_f in z-Richtung. Das System ist sehr einfach nachrüstbar, da nur ein Messwertaufnehmer (Bild 6.38 rechts) je Maschine eingebaut werden muss; der Mehraufwand für die Magnetbestückung an jedem Werkzeughalter ist relativ gering.

6.4.1.2 Kraft-, Drehmoment- und Leistungsregelung bei der Drehbearbeitung

Zur Absicherung eines ordnungsgemäßen Prozessablaufs ist es sinnvoll, Werkzeug und Maschine daraufhin zu überwachen, dass bestimmte vorgegebene Grenzschnittkraftwerte und Momente nicht überschritten werden, damit keine Überlastung eintritt.

Andererseits ist es zur wirtschaftlichen Ausnutzung einer Maschine auch zweckmäßig, insbesondere bei Schruppoperationen, an der Leistungs- bzw. Kraft- oder Momentengrenze von Maschine und Werkzeug zu fahren, ohne diese Werte zu überschreiten.

Die bei der Drehbearbeitung verfolgten Ziele sind daher:

– der Schutz der Maschine durch die Begrenzung des Drehmoments M und der Leistung P:

$$M \leq M_{max} \tag{6.9}$$

$$P \leq P_{max} \tag{6.10}$$

– der Schutz des Werkzeugs durch Begrenzung der Schnittkraft F_c:

$$F_c \leq F_{c,max} \tag{6.11}$$

– die volle Auslastung der Maschine zur Minimierung der Bearbeitungszeit:

$$P = P_{max} \tag{6.12}$$

Durch Messung einer dieser drei Größen M, P oder F_c können mit Hilfe der folgenden Formeln die beiden anderen Größen berechnet werden, da Spindeldrehzahl n und Werkstückradius r in der NC-Steuerung bekannt sind.

$$P = \sqrt{3} \cdot \eta \cdot U \cdot I \cdot cos\varphi = M \cdot n \cdot 2 \cdot \pi = F_c \cdot r \cdot n \cdot 2 \cdot \pi \tag{6.13}$$

$$M = \frac{P}{2 \cdot \pi \cdot n} \tag{6.14}$$

$$F_c = \frac{M}{r} \tag{6.15}$$

Im Bild 6.39 ist das Prinzip einer einfachen technologischen Grenzregelung zur Auslastung der installierten Maschinenleistung bei der Drehbearbeitung dargestellt.

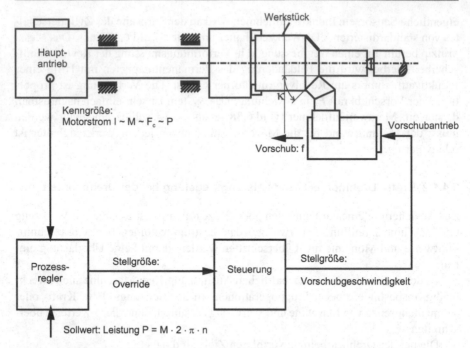

Bild 6.39. Prinzipbild einer einfachen technologischen Grenzregelung (Leistungsregelung) beim Drehen

Regelgröße ist hier also die Maschinenleistung. Ebenso könnte das Moment oder die Schnittkraft als Regelgröße herangezogen werden. Stellgröße ist die Vorschubgeschwindigkeit f, die den Spanungsquerschnitt und damit die Schnittkraft beeinflusst. Als Kenngröße wird in diesem Beispiel der Motorstrom gemessen, der proportional der aufgenommenen elektrischen Leistung ist. Durch den Regler wird nach dem Soll/Ist-Vergleich die zum Einhalten der Soll-Leistung notwendige Vorschubgeschwindigkeit (Stellgröße) ausgegeben.

Ein entscheidender Nachteil der Leistungsmessung über die Stromaufnahme des Hauptantriebs besteht darin, dass die Messstelle relativ weit von der Zerspanstelle entfernt liegt, und sich hochdynamische Änderungen der Zerspanleistung mit großen Verzögerungszeiten auf die Stromaufnahme des Hauptantriebs auswirken. Ein schnelles Reagieren auf Störgrößenschwankungen ist deshalb ausgeschlossen (vgl. Kapitel 6.2).

Zerspanprozess als Regelstrecke

Die Schnittkraft ergibt sich nach der Gleichung von Kienzle:

$$F_c = f^{1-m_c} \cdot a_p \cdot k_{c1,1} \cdot (sin\kappa)^{-m_c} \tag{6.16}$$

Darin ist f der Vorschub je Umdrehung, $1 - m_c$ der Anstiegswert der spezifischen Schnittkraft, a_p die Schnitttiefe, $k_{c1,1}$ der Hauptwert der spezifischen Schnittkraft und κ der Einstellwinkel der Hauptschneide.

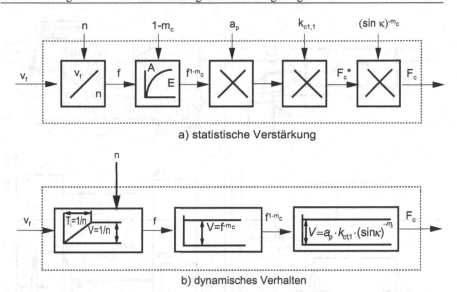

a) statistische Verstärkung

b) dynamisches Verhalten

Bild 6.40. Schnittkraftregelstrecke der Drehbearbeitung

Im Zerspanprozess treten als Hauptstörgrößen z.B. die Schnitttiefe bei starken Schwankungen in den Rohteilaufmaßen und die spezifische Schnittkraft bei unterschiedlichen Materialhärten, sowie eine Veränderung des Schärfezustandes des Werkzeuges auf. Als wirksame Stellgröße zur Regelung der Schnittkraft bleibt somit der Vorschub f (Werkzeugweg je Spindelumdrehung), der über die Vorschubgeschwindigkeit v_f verändert werden kann. Zwischen Vorschub und Vorschubgeschwindigkeit besteht der folgende Zusammenhang:

$$f - \frac{v_f}{n} \, [mm/Umdr.] \tag{6.17}$$

Im Bild 6.40 sind das statische und dynamische Übertragungsverhalten der Schnittkraftregelstrecke dargestellt [54]. Man erkennt, dass die Störeinflüsse sich ausschließlich auf die Streckenverstärkung auswirken.

Das Zeitverhalten der Schnittkraftregelstrecke, d.h. der zeitliche Verlauf der Kraft bei einer Vorschubgeschwindigkeitsänderung, wird nur von der Drehzahl der Hauptspindel beeinflusst.

Bild 6.41 verdeutlicht den Einfluss der Spindeldrehzahl auf das Zeitverhalten der Regelstrecke. Bild 6.41 links zeigt den Verlauf der Schnittkraft bei einem Schnitttiefensprung von Null auf den Wert a_0, wenn die Vorschubgeschwindigkeit konstant gehalten wird (gesteuerter Betrieb).

Nach Berührung des Werkzeugs mit dem Werkstück dauert es genau eine Spindelumdrehung, bis die Schnittkraft F_c von Null ausgehend einen konstanten Wert annimmt. Die Schneidkante benötigt eine Umdrehung, um aus dem Material wieder auszutreten; dabei verringert sich die Spanungsdicke kontinuierlich und die Schnittkraft wird wieder zu Null.

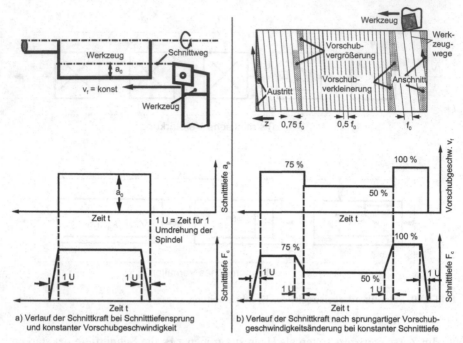

Bild 6.41. Einfluss der Drehzahl auf den Schnittkraftverlauf beim Zerspanprozess (Drehen)

Im Bild 6.41 rechts ist der Schnittkraftverlauf dargestellt, wie er sich bei sprung-förmiger Änderung der Vorschubgeschwindigkeit und konstanter Schnitttiefe ergibt. Hier sind die Auswirkungen des Stellgrößensprungs ebenfalls erst nach einer Spin-delumdrehung abgeschlossen.

Leistungsregelkreis

Im Bild 6.42 ist das vereinfachte Blockschaltbild eines Leistungsregelkreises für die Drehbearbeitung wiedergegeben, bei dem das Drehmoment als Belastungskenngrö-ße erfasst wird [160]. Stellgröße ist die Vorschubgeschwindigkeit v_f, die im vorlie-genden Fall von einer NC vorgegeben ist.

Die auf den Prozess und das Bearbeitungsergebnis einwirkenden Störgrößen sol-len durch das Eingreifen der Regeleinrichtung ausgeglichen werden, so dass die vorgegebene Leistung P_0 eingehalten wird. Hierzu setzt man einen PI-Regler ein. Zur Bildung der Regeldifferenz wird das mit einem entsprechenden Sensor erfasste Drehmoment M mit der aktuellen Hauptspindeldrehzahl n_{ist} multipliziert und das Ergebnis mit dem vorgegebenen Sollwert der Schnittleistung P_0 verglichen. Um ei-ne günstige Aussteuerung des analogen Reglers bei allen Leistungsvorgabewerten P_0 zu erreichen, wird durch Division mit P_0 eine Normierung herbeigeführt.

Da Drehzahländerungen das dynamische Verhalten der Regelstrecke beeinflus-sen, wird ihr variables Zeitverhalten durch multiplikative Aufschaltung der Dreh-zahl auf den I-Teil des PI-Reglers ausgeglichen.

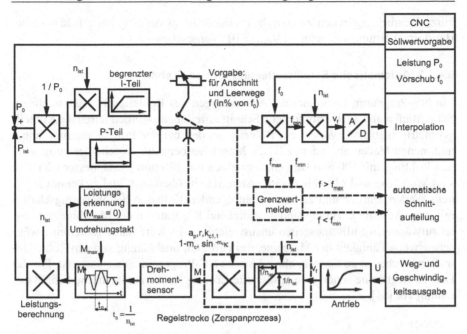

Bild 6.42. Integration der Drehprozessregelung

Die Reglerausgangsgröße wird mit dem Sollvorschub f_0 und mit der aktuellen Drehzahl n_{ist} multiplikativ verknüpft. Durch die Multiplikation mit der Drehzahl n_{ist} kompensiert man die drehzahlabhängige Änderung der Streckenverstärkung und berechnet die Stellgröße Vorschubgeschwindigkeit v_f. Unter dieser Maßnahme wird im engeren Sinn die „Selbstanpassung", die „Adaption" des Reglers an den Prozessparameter „Drehzahl" verstanden. Die Stellgröße v_f wird an den Interpolationsbaustein der numerischen Steuerung weitergegeben, dessen Ausgabegeschwindigkeit auf diese Weise beeinflusst wird. Damit ist der Regelkreis geschlossen.

Bei der Drehbearbeitung treten häufig periodische Störgrößen auf. Typische Beispiele dafür sind unrunde oder vierkantige Werkstücke (z.B. Schmiederohlinge), bei deren Bearbeitung sich ein pulsierendes Drehmoment einstellt. Ohne Änderung der üblichen Reglereigenschaften bzw. ohne besondere Maßnahmen stellt sich hierbei nach kurzer Zeit ein stationäres Schwingen der Regelgröße um den Sollwert ein. Um die periodischen Überhöhungen der Regelgröße zu vermeiden, wird ein so genannter Maximalwertspeicher verwendet. Diese Einrichtung leitet dem Regler als Regler-Istgröße nicht das zeitlich schwankende aktuelle Drehmoment zu, sondern das maximale Drehmoment der jeweils letzten Umdrehung. Falls bei der momentanen Umdrehung ein noch größeres Drehmoment auftritt, wird dieses dem Regler direkt zugeleitet, Bild 6.42.

Treten während der Abarbeitung von NC-Sätzen Leerwege auf (Anfahren an das Werkstück vom Startpunkt aus oder Überbrücken von Einschnitten), so können diese Wege mit erhöhter Vorschubgeschwindigkeit verfahren werden, um möglichst kurze Bearbeitungszeiten zu erreichen. Hierzu ist in der Schaltung Bild 6.42 der Baustein „Leistungserkennung $(M_{max} = 0)$" vorgesehen.

6.4.1.3 Automatische Schnittaufteilung für das Drehen

Ein NC-Programm hat immer die Abmessungen des Rohteils zu berücksichtigen. Schnitttiefen und auch erforderliche Schnittaufteilungen werden durch die Rohteilgeometrie bestimmt. Weicht ein Rohteil von den bei der Programmierung angenommenen Maßen ab, indem z.B. der Maschinenbenutzer anstelle des vorgesehenen Rohlings mit 100 mm Durchmesser einen mit 120 mm Durchmesser wählt, so sind Werkzeug und Maschine beim ersten Schnitt überlastet, und es kommt zu einem Werkzeugbruch und zu einer nachfolgenden Kollision des Werkzeugschaftes mit dem Werkstück. Häufig sind anschließend Reparaturen der Maschine mit kostenaufwändigen Stillstandszeiten unausweichlich. Es wäre daher sicher eine wünschenswerte Fähigkeit der Maschine, das Fertigteil unabhängig von den Rohteilabmaßen bearbeiten zu können, ohne dass das NC-Programm anzupassen ist. Für das Drehen liegt heute schon eine ausgereifte Lösung für die automatische Schnittaufteilung vor [54].

Zielsetzung

Als wichtigste Ziele, die mit der automatischen Schnittaufteilung erreicht werden sollen, sind zu nennen:

– Vereinfachung der NC-Programmierung,
– Unabhängigkeit von Rohteilaufmaßen,
– Verkürzung der Bearbeitungszeiten,
– Sicherung von Maschine und Werkzeug gegen Überlast.

Eine Vereinfachung der NC-Programmierung wird dadurch erreicht, dass nur die Fertigteilkontur des Werkstücks zu programmieren ist. Angaben über die Rohteilmaße sind nicht notwendig. Hiermit ist nicht nur eine Verkürzung der NC-Bearbeitungsprogramme verbunden, sondern man reduziert auch die möglichen Fehlerquellen bei der Programmerstellung.

Die rohteilunabhängige Bearbeitungsmöglichkeit ist für den industriellen Einsatz der NC-Technik ein besonders wichtiges Faktum, da mit den gleichen NC-Programmen Werkstücke mit unterschiedlichen Rohteilaufmaßen bearbeitet werden können. Dies kommt nicht zuletzt auch der Betriebssicherheit zugute. Eine Überlastung von Werkzeug und Maschine wird vermieden und ebenso sind keine Sicherheitstoleranzen beim Programmieren zu beachten, die die Schwankungen von Rohteilaufmaßen berücksichtigen. Auf diese Weise können unnötige Leerwege vermieden und damit die Bearbeitungszeiten verkürzt werden.

Bearbeitungsablauf und Strategien der automatischen Schnittaufteilung

Für ein einfaches Fertigteil (Zylinder) soll im Bild 6.43 das Funktionsprinzip der automatischen Schnittaufteilung verdeutlicht werden. Hierzu findet die in Bild 6.42

dargestellte adaptive Regelung Anwendung. Programmiert sind nur die Fertigteil-kontur, die Sollwerte P_0 (Sollleistung), f_0 (Richtwert für den Vorschub) und a_0 (Sollschnitttiefe); die Rohteilkontur braucht nicht beschrieben zu werden. Wie im Folgenden beschrieben wird, wird die Rohteilkontur durch einen Abtastschnitt er-fasst. Natürlich sind auch tastende oder optische Messmethoden denkbar, die die Rohteilmaße ermitteln.

Der Startpunkt der Bearbeitung (Satzanfang) liegt außerhalb des maximal mög-lichen Aufmaßes. Nach dem Start der Bearbeitung fährt das Werkzeug zur Über-brückung von Leerwegen mit erhöhtem Vorschub auf der programmierten Kontur, d. h. am Fertigteildurchmesser, an das Werkstück heran. Bei Berührung zwischen Werkstück und Werkzeug schaltet sich die Leistungsregelung ein, die durch Än-derung der Vorschubgeschwindigkeit den Leistungssollwert einzuhalten versucht. Wegen der zu großen Schnitttiefe wird bei $a_0 = a_{max}$ die untere Vorschubgrenze $f = f_{min}$ unterschritten und der Alarm „$f \geq f_{min}$" erzeugt. Dieser Alarm bewirkt unmittelbar den Abbruch des aktuellen NC-Satzes und die Abspeicherung der Ist-Position des Werkzeugs. Mit der Ausgabe des nächsten NC-Satzes, den die automa-tische Schnittaufteilung selbsttätig generiert, wird die Schnitttiefe um die program-mierte Schnitttiefe a_0 reduziert und dazu das Werkzeug um diesen Betrag a_0 zu-rückgezogen. Nach der Schnitttiefenreduzierung berechnet das Schnittaufteilungs-programm den nächsten achsparallelen Längssatz, der bis zum Schnittpunkt mit der Fertigteilkontur reicht.

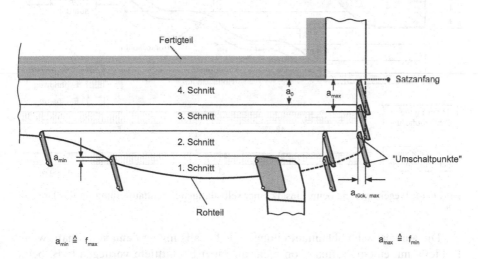

Bild 6.43. Funktionsprinzip einer selbständigen Schnittaufteilung für die Drehbearbeitung

Im vorliegenden Beispiel liegt nach der ersten Schnitttiefenreduzierung immer noch eine zu große Schnitttiefe vor ($f \leq f_{min}$), sodass eine weitere Schnitttiefen-reduzierung um a_0 notwendig ist. Die nun vorliegende Schnitttiefe liegt innerhalb des zulässigen Schnitttiefenbereichs, und es wird so lange mit Längsvorschub bear-beitet, bis ein erneuter Alarm $f \leq f_{min}$ auftritt. Nach einer weiteren Reduzierung –

hervorgerufen durch die ansteigende Rohteilkontur – wird schließlich (wie im linken Teil in Bild 6.43 skizziert) die minimale Schnitttiefe unterschritten: $a_p \leq a_{min}$,
$f \geq f_{max}$. Hier wird die Bearbeitung abgebrochen und zum letzten Abhebepunkt zu-
rückgefahren. Treten keine weiteren Alarme mehr auf, werden die restlichen Schnitte 2 bis 4 hintereinander abgefahren.

Im Bild 6.44 ist ein Arbeitsbeispiel der Fertigung eines Drehteils aus einem
Schmiederohling mit programmierter und automatischer Schnittaufteilung gezeigt.
Dabei ist die Summe der Wege im Eilgang und mit Arbeitsgeschwindigkeit bei
der programmierten Schnittaufteilung zu 100 % gesetzt. Durch die automatische
Schnittaufteilung können für dieses Beispiel 17,5 % der Vorschubwege und 35 %
der Eilgangwege eingespart werden. Diese Werte können bei anderen Beispielen
höher oder niedriger liegen.

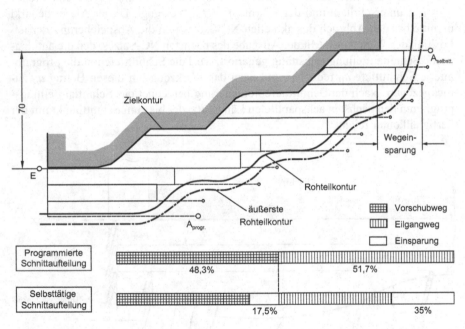

Bild 6.44. Wegeinsparung beim Einsatz einer selbsttätigen Schnittaufteilung für das Drehen

Die automatische Schnittaufteilung ist jedenfalls immer dann vorteilhaft, wenn
Rohteile mit einem Aufmaß von mehr als einer Schnitttiefe vorliegen (z.B. beim
Drehen von Stangenmaterial) oder Rohteile mit stark schwankendem Aufmaß (z.B.
Schmiede- oder Gussteile) verwendet werden. Ebenso verlangt das Abstellen von
auftretenden Rattererscheinungen häufig eine Schnitttiefenreduzierung, die im au-
tomatischen Betrieb nur mit einer solchen Schnittaufteilung möglich wird.

Anforderung an Steuerung, Regelung und Werkzeug

Das Programmiersystem zur automatischen Schnittaufteilung arbeitet eng mit der adaptiven Leistungsregelung, Bild 6.42, zusammen. Letztere erzeugt bei Unter- bzw. Überschreiten festgelegter Grenzen für den aktuellen Vorschub Alarme, die im Schnittaufteilungsprogramm ausgewertet werden. Aufgrund dieser Alarme sind während der Bearbeitung NC-Sätze zu erzeugen, die den geometrischen Bearbeitungsablauf an das vorliegende Rohteil anpassen.

Bild 6.42 zeigt, wie die adaptive Grenzregelung und die NC-Steuerung mit automatischer Schnittaufteilung zusammenwirken. Das Schnittaufteilungsprogramm ist dabei im Steuerrechner abgelegt.

Durch Vergleich der Reglerausgangsgröße (f in % von f_0) mit den Grenzwerten f_{min} und f_{max} erzeugt ein Grenzwertmelder beim Erreichen der Grenzwerte die Alarme „$f \geq f_{max}$" bzw. „$f \leq f_{min}$", die an das Schnittaufteilungsprogramm geleitet werden. Da durch den Regelkreis die Leistung konstant gehalten wird, gelten folgende Beziehungen:

$$f \leq f_{min} \text{ bei } a_p \geq a_{max} \tag{6.18}$$

$$f \geq f_{max} \text{ bei } a_p \leq a_{min} \tag{6.19}$$

sodass also bei Überschreiten der maximal zulässigen Schnitttiefe a_{max} bzw. bei Unterschreiten der minimalen Schnitttiefe a_{min} die genannten Alarme einer Aussage über die aktuelle Schnitttiefe entsprechen. Für die automatische Schnittaufteilung muss man ein Werkzeug mit einem Einstellwinkel $\kappa > 90°$ verwenden, damit auch Planflächen angefahren und bearbeitet werden können. Das Werkzeug arbeitet sich allmählich in den Werkstoff ein, so dass der Regelung Zeit zur Reaktion verbleibt.

6.4.1.4 Prozessüberwachung beim Drehen

Prozessstörungen beim Drehen sind zum einen werkzeug- oder maschinenbedingte Störungen, wie Werkzeugverschleiß, -bruch oder fehlendes Werkzeug, Maschinen oder Werkzeugüberlastung, und zum anderen gestörte Prozessverläufe durch Rattern oder ungünstige Spanformen. Zur schnellen Erkennung dieser Störungen werden prozessbegleitende Überwachungsverfahren eingesetzt, die Prozesskräfte, Körperschall-Signale bzw. die Wirkleistung des Hauptantriebes oder die Signale der digitalen Antriebe auswerten. Diese Signale werden auch zur Kollisionsüberwachung genutzt.

Wirkleistung und Signale der digitalen Antriebe

Wirkleistung und die Signale der digitalen Antriebe werden zur Werkzeugbruchüberwachung eingesetzt. Um Werkzeugverschleiß zu erkennen, sind die Änderungen im Signal der Vorschubantriebe jedoch zu klein, da Reibung in den Führungen und Beschleunigungsvorgänge die relativ geringen Änderungen der Bearbeitungskräfte überdecken [162].

Beim Plandrehen mit konstanter Schnittgeschwindigkeit eignen sich auch die Signale der Hauptantriebe nicht zur Überwachung, da auch hier starke Beschleunigungen auftreten. Weitere Einschränkungen ergeben sich aus der begrenzten Dynamik des Signals:

- Rattern äußert sich in den niederfrequenten Wirkleistungssignalen meist nicht,
- das Erkennen eines Werkzeugbruches oder einer Kollision dauert aufgrund des Tiefpass-Verhaltens der Übertragungsstrecke 20 bis 60 ms. Im Gegensatz dazu können mit Hilfe einer direkten Messung der Bearbeitungskräfte Kollisionen und Werkzeugbrüche in 3 bis 5 ms erkannt werden.

Da Folgeschäden bei Kollisionen mit zunehmender Erkennungszeit stark progressiv steigen, eignet sich die Wirkleistungsmessung nur sehr eingeschränkt zur Werkzeugzustands- und Kollisionsüberwachung.

Die Abhängigkeit der Wirkleistung von der Gesamt-Zerspankraft schränkt ihre Empfindlichkeit bei der Verschleißmessung ein, da sich die Schnittkraft F_c als größte Kraftkomponente kaum verschleißbedingt ändert [190].

Körperschall

Untersuchungen zur Körperschall-Messung haben ergeben, dass im Frequenzbereich oberhalb 30 kHz ausgeprägte, verschleißbedingte Signalanstiege messbar sind, Bild 6.45 oben [161]. Besonders geeignet sind die Varianz und der statische Mittelwert des Körperschall-Hüllkurvensignals im Frequenzbereich größer 30 kHz. Die am besten geeigneten Frequenzbänder und die zugehörigen Anstiegswerte bis Standzeitende sind maschinen- und bearbeitungsprozessspezifisch und müssen daher stets für jeden neuen Prozess erneut ermittelt werden.

Die verschleißbedingten Signalanstiege werden durch dynamische Schnittkräfte und Kontaktänderungen in der Scherzone verursacht und sind zwei- bis dreimal größer als die entsprechenden Kraftanstiege [161]. Allerdings weisen die Körperschall-Signale trotz Mittelung stärkere Streuungen als die Zerspankräfte auf, sodass die Erkennungssicherheit vergleichbar ist.

Werkzeugbrüche äußern sich, ähnlich wie bei der Messung der Zerspankräfte, durch Signalimpulse im Körperschall-Hüllkurven-Signal ($f > 30$kHz), Bild 6.45 unten. Der zweite etwas kleinere Impuls entstand beim Wiederauftreffen der abgebrochenen Schneide auf das Werkstück nach zwei Werkstückumdrehungen. Eine Unterscheidung zwischen Ausbrüchen und normalen Signalstreuungen oder Hartstellen im Werkstück ist nicht immer eindeutig möglich.

Zerspankräfte

Die Passivkraft F_p und die Vorschubkraft F_f sind zur Verschleißüberwachung beim Drehen gut geeignet. Die Passivkraft ändert sich jedoch bei Schnitttiefen in der Größenordnung des Eckenradius und bei einem Einstellwinkel $\kappa > 90°$ kaum mehr verschleißabhängig.

Die verschleißbedingten Änderungen der Schnittkraftkomponente F_c sind sehr gering, dadurch ist eine Messung der Gesamtkraft weniger empfindlich und so zur

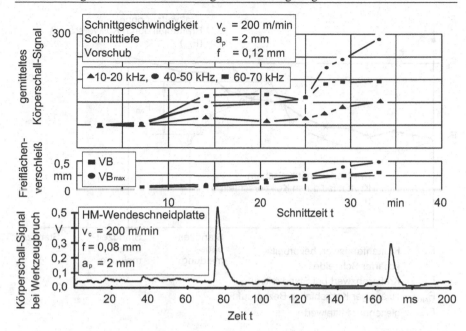

Bild 6.45. Werkzeugüberwachung mittels Körperschall und Verschleißmessgrößen beim Drehen

Verschleißüberwachung weniger gut geeignet als die Messung der Vorschubkraft [161, 190].

Die Verschleißmessung sollte stets bei gleichen Schnittbedingungen durchgeführt werden, um den verschleißbedingten Kraftanstieg unabhängig von anderen Schnittbedingungseinflüssen messen zu können. Eine kontinuierliche Verschleißüberwachung ist i. Allg. nicht nötig, da der Verschleiß eine stetige und langsam wachsende Größe ist. Für jedes zum Einsatz kommende Werkzeug werden daher Messstellen am Werkstück mit möglichst konstanten Schnittbedingungen definiert, an denen die verschleißbedingten Kraftänderungen prozessbegleitend erfasst werden [190].

Die Erkennung des Standzeitendes erfolgt mit den im Bild 6.46 dargestellten festen Grenzwerten. Zunächst wird der gleitende Mittelwert F_{Gn} gebildet. Der erste F_{Gn}-Wert entspricht dem Kraftanfangswert F_A bei arbeitsscharfer Schneide. Der Kraftgrenzwert bei Standzeitende F_E wird entweder in Lernschnitten ermittelt oder vom Benutzer vorgegeben. Sobald dieser Grenzwert überschritten wird, erfolgt eine Standzeitende-Meldung an den Benutzer.

Um zunehmenden Kolkverschleiß, der eine Verringerung der Bearbeitungskräfte zur Folge haben kann, zu erkennen, wird der zulässige Kraftabfall F_{AB} definiert.

Auch zur Bruchüberwachung sind die Zerspankräfte geeignet. Werkzeugtotalbrüche sind in den Zerspankraftkomponenten durch impulsartige Anstiege (< 1 ms) und einen folgenden Signalabfall sehr gut erkennbar.

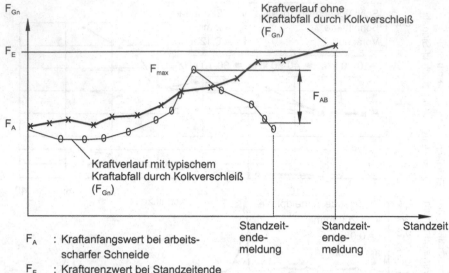

F_A : Kraftanfangswert bei arbeits-
        scharfer Schneide
F_E : Kraftgrenzwert bei Standzeitende
F_{AB} : zulässiger Kraftabfall in Bezug auf F_{max}
F_{Gn} : gleitender Mittelwert

Bild 6.46. Strategie zur Erkennung des Standzeitendes. (nach Kluft)

Die Werkzeugbruch-Überwachung erfolgt in der Regel durch mitlaufende Schwellen, damit verschleiß- und aufmaßbedingte Kraftschwankungen die Brucherkennung nicht beeinträchtigen. Kraftveränderungen bei An- und Ausschnitt oder Bohrungen gehen wesentlich langsamer vor sich als bei Werkzeugbruch. Die verzögert mitlaufenden Schwellen folgen den schnellen Signaländerungen bei Werkzeugbruch nicht. Bei Werkzeugbrüchen werden die mitlaufenden Schwellen über- bzw. unterschritten, Bild 6.47. Liegen die im Bild 6.47 dargestellten charakteristischen Signalverläufe vor, so wird Werkzeugbruch erkannt und eine Meldung an die SPS und an den Benutzer gegeben. Falls eine schnelle Reaktion nötig ist, wird die Reglerfreigabe der Vorschubantriebe gesperrt. Dadurch können Folgeschäden an Werkzeug, Maschine und Werkstück vermieden werden.

Bevor überwacht werden kann, müssen die Überwachungsparameter von Experten eingegeben oder in einem Teach-In-Verfahren innerhalb der Standzeit des ersten Werkzeuges ermittelt werden. Wichtige Überwachungsparameter sind:

– Zerspankraft bei arbeitsscharfem Werkzeug als Bezugsgröße,
– Grenze zur Verschleiß-, Bruch- und Kollisionsüberwachung,
– Mittelwertfaktor zur Bildung des gleitenden Mittelwertes (Kapitel 6.3.3),
– Breite des Toleranzbandes bei mitlaufenden Schwellen,
– zulässige Schnittunterbrechungszeit beim Überdrehen von Bohrungen,
– geeignete Zerspanungsstellen am Werkstück zur prozessbegleitenden Verschleißüberwachung,
– Messbereich und Verstärkungsfaktoren.

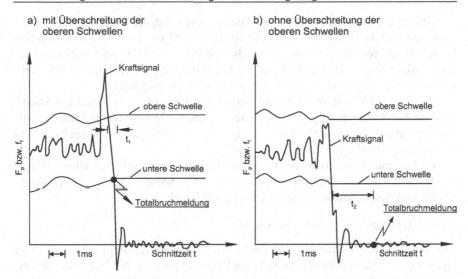

Bild 6.47. Strategie zur Bruch- und Totalbrucherkennung a) mit und b) ohne Überschreitung der oberen Schwelle

Je nach Überwachungssystem werden diese Parameter entweder vom Benutzer vorgegeben, werkseitig eingestellt oder innerhalb einer Lernphase (Teach-In-Phase) vom System selbst ermittelt. Nur bei richtiger Vorgabe dieser Parameter arbeitet das System zuverlässig. Da eine große Anzahl Überwachungsparameter prozessspezifisch eingestellt werden muss, sind oft langwierige Test- und Justierphasen erforderlich.

6.4.2 Fräsbearbeitung

6.4.2.1 Sensorsysteme und Verfahren zur Prozessüberwachung beim Fräsen

Fräsmaschinen wurden für die automatisierte Produktion zu Bearbeitungszentren mit automatischem Werkstück- und Werkzeugwechsel entwickelt. Die Bearbeitungsvielfalt dieser Zentren reicht vom Fräsen und Bohren mit kleinsten Werkzeugdurchmessern über das Gewindebohren, Reiben, Ausspindeln von Passbohrungen bis zu Schwerbearbeitungen mit großen Messerkopffräsern. Dieser Umstand ist bei der Ausrüstung einer Maschine mit einem Sensorsystem zur Prozessüberwachung zu beachten. Bezüglich der Sensorfunktionsbeschreibung sei an dieser Stelle auf Kapitel 6.2 verwiesen.

Die Applikation von Sensorsystemen zur Prozessüberwachung an Fräsmaschinen bzw. Bearbeitungszentren ist im Vergleich zu der an Drehmaschinen weitaus vielschichtiger und problematischer. Auf der Werkstückseite ist die Anbringung von Sensoren schwierig, weil durch automatischen Werkstückwechsel zusammen mit der Aufspannpalette eine Kraftmessung hinter bzw. unter der Palette erfolgen muss.

Günstigere Verhältnisse für kraftbasierte Sensorsysteme liegen auf der Werkzeugseite vor, da sich die Spindel zur Kraft- und Momentenmessung wesentlich besser eignet. Weil beim Fräsen meistens mehrere Schneiden gleichzeitig im Eingriff sind, ist eine exakte Bestimmung der Kraftkomponenten einer einzelnen Werkzeugschneide, vergleichbar zur Drehbearbeitung, nicht möglich.

Da die Applikation von externen Sensoren schwierig ist, wird auf die Strombzw. die Leistungsmessung oder auf steuerungsinterne Informationen zurückgegriffen, soweit die Prozesskräfte groß genug sind, um auch nach der mechanischen Übertragungsstrecke gemessen zu werden.

Im Folgenden soll ein System zur steuerungsintegrierten Prozessüberwachung auf Basis der Signale digitaler Antriebe und in die Spindel integrierter Moment-, Kraft-, und Beschleunigungssensorik vorgestellt werden.

Steuerungsintegrierte Prozessüberwachung

Moderne, offene Steuerungssysteme erlauben es, unter Zugriff auf die Strom- oder Drehmomentsignale digitaler Antriebe und Verknüpfung mit NC-Satz- und Steuerdaten, Prozessüberwachungsfunktionen zu integrieren. Hauptvorteil solcher steuerungsintegrierter Prozessüberwachungssysteme gegenüber bisherigen kommerziellen Lösungen ist die Tatsache, dass in vielen Fällen eine Überwachung ohne den Einsatz von Sensoren oder sonstiger zusätzlicher Hardware möglich ist [202].

Grundlage einer zuverlässigen Prozessüberwachung ist eine hohe Informationsqualität der verwendeten Überwachungssignale. Die Antriebssignale Stromistwert und Momentensollwert sind auch ohne Zerspanprozess – d. h. im Leerlauf – nicht gleich Null. Folgende Effekte sind dabei typischerweise zu berücksichtigen:

- Beschleunigungseffekte durch Trägheitskräfte,
- Reibungseffekte bei bewegten Achsen/Spindeln z.B. durch Führungs- oder Rollreibung,
- Signaloffsets im Stillstand durch die Auswirkung der Haftreibung. Durch diese kann am Antrieb grundsätzlich jeder Stillstandsstrom anliegen, der eine Kraft unterhalb der Haftreibungsgrenze erzeugt.

Sind die Einflüsse des Leerlaufverhaltens von gleicher Größenordnung oder sogar größer als die prozessbedingten Nutzsignale beim Zerspanprozess, so kann eine Analyse des Prozesszustandes nicht mehr zuverlässig erfolgen. Bild 6.48 bietet eine Übersicht über die Korrekturmaßnahmen, die bei den Antrieben zur Eliminierung von störenden Signaleinflüssen und somit zur Extraktion eines qualitativ hochwertigen Nutzsignals getroffen werden müssen. Wie Bild 6.48 zu entnehmen ist, sind drei Korrekturgrößen nötig, um aus dem vorliegenden Stromsignal des Antriebs, die Prozessvorschubkraft zu ermitteln. Als erstes muss der Stromanteil ermittelt werden, der in der Beschleunigungs- bzw. Verzögerungsphase der Achse vorliegt. Danach wird die von der Schlittenposition und der Geschwindigkeit abhängige Reibungskraft aus Tabellen ausgelesen bzw. der hierzu erforderliche Strom erfasst. Kommt es zur Umkehr der Bewegungsrichtung oder zur Anfahrt aus dem Stillstand, so fallen die Kompensationswerte für Kraft bzw. Strom zur Überwindung der Anfahrtsreibung (Haftreibung) an. Durch den Einsatz offener Steuerungen

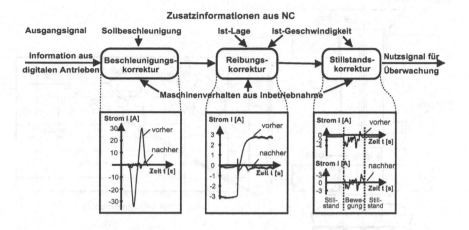

Bild 6.48. Eliminierung nicht prozessbezogener Einflüsse auf die Signale digitaler Antriebe

bieten sich für die Signalkorrektur besonders effiziente Möglichkeiten, da Zusatz-
informationen wie Position, Geschwindigkeit, Beschleunigung aber auch z.B. aktuelle Antriebsparameter, Getriebestufen etc. direkt in der Softwareschnittstelle der
Steuerung verfügbar sind. Es können mit vergleichsweise einfachen Modellen die
Störeinflüsse bereits um bis zu 90 % vermindert werden.

Werden die Anregungssignale aus dem Prozess zu gering, sodass sie durch die
mechanische Übertragungsstrecke des Vorschubantriebs zu stark gedämpft werden,
können die Antriebssignale nicht mehr für eine sichere Überwachung herangezogen
werden. In diesem Fall muss das System mit zusätzlicher Sensorik ergänzt werden.
Hierzu wird die externe Sensorik mit einer signalprozessorbasierten Zusatzhard-
ware an die Steuerung angebunden. Deren Aufbau wird im nachfolgenden Kapitel
erläutert.

Maschinenintegrierte Sensorik

Ziel der maschinenintegrierten Sensorik ist es, verschiedene Prozesskräfte und -
momente beim Fräsen zu erfassen, wie sie beispielsweise zur Überwachung von
Werkzeugen mit kleinen Durchmessern erforderlich sind.

Einen geeigneten Aufbau eines einfachen externen Sensorsystems zur Erfassung
des resultierenden Drehmoments an einer NC-Bettfräsmaschine zeigt Bild 6.49. Die
Torsionsverformung der Spindel wird mit Hilfe von Dehnmessstreifen an einem
geschwächten Teil der Spindel zwischen vorderer Lagerung und Bodenrad gemessen [94]. Als Nachteile dieses Drehmomentsensors sind die Schwächung der Spindel zu nennen, die nötig ist, um die gewünschte Empfindlichkeit zu erreichen, sowie
die Signalübertragung von der rotierenden Werkzeugmaschinenspindel zu ermöglichen.

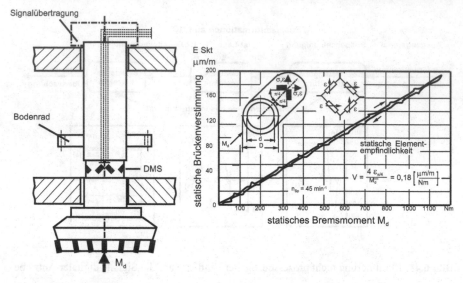

Bild 6.49. Drehmomentsensor an einer Bettfräsmaschine, konstruktive Anordnung und statische Kalibrationskurve

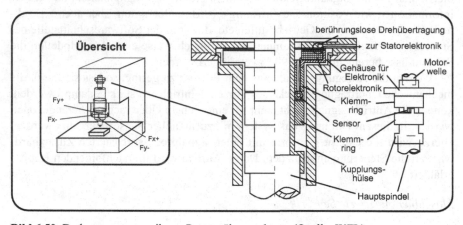

Bild 6.50. Drehmomentsensorik zur Prozessüberwachung. (Quelle: WZL)

Will man die Schwächung der Spindel vermeiden, muss man sich ein Sensorprinzip mit höherer Empfindlichkeit zunutze machen, beispielsweise Quarzsensoren, wie in Bild 6.50 und Bild 6.51 gezeigt [201]. Auf der Kupplungshülse zwischen Hauptspindel und Motor wurde eine Drehmomentsensorik appliziert. Die durch ein Drehmoment hervorgerufene Torsion der Kupplungshülse führt zu einer relativen Verlagerung der zwei Klemmringe, die über Piezokraftsensoren gegeneinander verspannt sind. Die durch den Antrieb erzwungene Hülsentorsion erzeugt Kräfte, die mit piezoelektrischen Kraftmessquarzen erfasst werden, Bild 6.50.

Ebenfalls auf der Spindel mitlaufend befindet sich eine Beschleunigungssensorik. Diese ist in zwei auf der Spindel mitlaufende Bauteile integriert, die die ursprüngliche Lagerdistanzhülse der Spindel ersetzen. Ein Ring enthält den Sensor und die Überträgerschleife, während eine Hülse in entsprechend ausgefrästen Taschen die notwendige Elektronik aufnimmt. Ein piezoelektrischer Beschleunigungssensor erfasst Frequenzen bis 20.000 Hz, Bild 6.51.

Die Sensorsignale werden durch eine auf der Spindel mitlaufende Rotorelektronik, die aus Ladungsverstärker, A/D-Wandler und Datentransferfunktionen besteht, erfasst und vorverarbeitet. Die gleichzeitige berührungslose Übertragung von Energie- und Sensorsignalen zwischen stillstehendem und rotierendem Teil der Auswerteelektronik erfolgt durch induktiv gekoppelte Leiterschleifen. Wegen der möglichen hohen Drehzahlen der Hauptspindel (15.000 U/min) sind besondere Vorkehrungen zum Schutz der Maschine und der Sensorik notwendig. Hierzu zählt insbesondere das Vergießen aller gefährdeten Teile mittels eines elektrisch isolierenden, aber thermisch leitenden Epoxidharzkomplexes. Die stillstehende Statorelektronik führt außer der HF-Energieeinspeisung und Signalrückgewinnung auch die D/A-Wandlung zur Vorbereitung der Steuerungsankopplung durch. Die realisierte Auswerteelektronik basiert auf in [207, 208] beschriebenen Verfahren und wurde hinsichtlich Layout und technischer Realisierung für den Einsatz auf der Hochgeschwindigkeitsspindel optimiert.

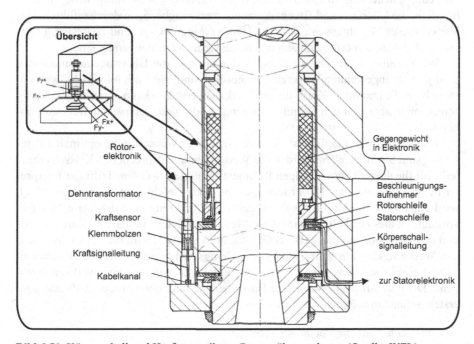

Bild 6.51. Körperschall und Kraftsensorik zur Prozessüberwachung. (Quelle: WZL)

Als Ergänzung der Spindelsensorik sind vier piezoelektrische Kraftsensoren in entsprechende Bohrungen im Spindelstock eingebracht, die die Kräfte in z-Richtung messen. Keramikstäbe wirken dabei als Dehntransformator zur Erhöhung der Empfindlichkeit (s. Bild 6.12). Durch die Positionierung der vier Sensoren rund um die Spindel ist eine vereinfachte Multisensorauswertung zur Gewinnung eines dreidimensionalen Zerspankraftvektors möglich.

Unter Rückgriff auf steuerungsinterne Daten kann die Auswertung der externen Sensorsignale optimiert werden, indem z.B. die Signalqualität durch drehzahl- oder positionsabhängige Korrekturen verbessert wird.

Das im Bild 6.50 und Bild 6.51 gezeigte Sensorsystem eignet sich besonders zur Erfassung dynamischer Vorgänge im Bearbeitungsprozess. Die Erfassung rein statischer Kräfte und Drehmomente ist dagegen wegen auftretender Driften problematisch. Die Drift in den Messsignalen wird in erster Linie durch die Piezoaufnehmer selbst und durch thermoelastische Verformung der Maschinenstruktur erzeugt, die von den Kraftmesszellen erfasst wird.

6.4.2.2 Prozessüberwachung für die Fräsbearbeitung

Werkzeug- und werkzeugklassenbezogene Überwachung

Für eine „Steuerungsintegrierte Prozessüberwachung" sind völlig neue Ansätze möglich, die Überlast- und Brucherkennung werkzeugbezogen durchzuführen. Der Vorteil dieses Verfahrens ist, dass die Überwachung weitgehend unabhängig vom NC-Teileprogramm erfolgen kann und keine Lernzyklen notwendig sind.

Werkzeugbezogene Überwachung bedeutet, dass die Überwachungsmethoden dem jeweils angewählten Werkzeug zugeordnet sind, weil das maximale Drehmoment bzw. die maximale Kraft, die ein Werkzeug ertragen kann, nur vom Werkzeug selbst, nicht aber von den Schnittbedingungen oder dem zerspanten Werkstoff abhängt.

Da es aber nicht möglich ist, für jedes beliebige Werkzeug die optimalen Parameter parat bereitzustellen, werden die Werkzeuge in entsprechende Klassen eingeteilt, für die dann die notwendigen Parameter hinterlegt werden. Trifft der Interpreter beim Abarbeiten des NC-Programms auf einen Befehl zum Werkzeugwechsel, wird zunächst ermittelt, ob für das spezifische Werkzeug eine definierte Methode vorliegt. Ist dies der Fall, so wird diese Methode aktiviert, in den NC-Kern geladen und das Werkzeug auf dieser Basis überwacht. Anderfalls wird die der entsprechenden Werkzeugklasse zugeordnete Überwachungsmethode aktiviert. Selbstverständlich ist eine klassenbezogene Überwachung nicht so exakt wie eine werkzeugbezogene. Doch ist auf diese Weise eine Basisüberwachung ohne großen Aufwand vom ersten Schnitt an möglich.

Totalbruchüberwachung beim Schaftfräser

Zur Überwachung des Bruchs von Schaftfräsern wird der Hauptspindelstrom mittels des Verfahrens der mitlaufenden Schwellen überwacht (Kapitel 6.3.4.2). Für die

Überwachung auf Überlast wird das Verfahren der festen Grenze (Kapitel 6.3.4.1) angewendet.

Bild 6.52 zeigt die mit der Methode der mitlaufenden Schwellen online überwachten internen Hauptspindelstromsignale beim Fräsen mit einem 5 mm Schaftfräser. Im Laufe der Bearbeitung kommt es zum Totalbruch des Werkzeugs. Der steile Abfall des Schnittmoments führt zu einem entsprechend steilen Abfall des Hauptspindelstroms. Durch die resultierende Überschreitung der oberen Schwelle kommt es zum Auslösen eines Bruchalarms und sofortigem Vorschubstopp.

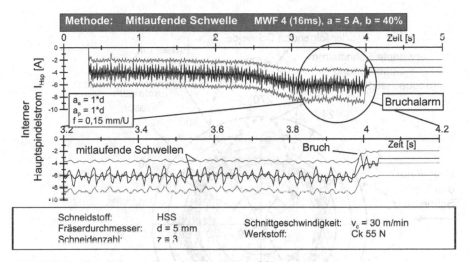

Bild 6.52. Totalbruchüberwachung bei einem Schaftfräser

Schneidkantenausbruch beim Schaftfräser

Ein weiteres Beispiel für die Nutzung steuerungsinterner Signale ist die Überwachung eines Fräsers auf Schneidkantenausbruch. Diese Prozessstörung bewirkt im Allgemeinen eine Verschlechterung der Werkstückoberfläche und kann auch die Vorstufe zu einem Totalbruch des Fräsers sein.

Das Problem bei der Überwachung dieser Prozessstörung besteht darin, dass der Effekt nur lokal – an einer Werkzeugschneide – auftritt und deshalb das Überwachungssignal, wie beispielsweise der Motorstrom der Hauptspindel, ebenfalls nur lokal beeinflusst wird. Der Gesamtverlauf des Signals verändert sich jedoch nicht störungscharakteristisch. Somit lässt sich diese Prozessstörung nicht mit Klassifikationsverfahren identifizieren, die nur mit einem Hauptspindelwinkel unabhängigen Signal arbeiten, da die winkellokalen Effekte aus dem Signal nicht extrahiert werden können.

Charakteristisches Merkmal dieser Störung ist das periodische Eintreten der defekten Schneide in das Werkstück (Bild 6.53). Dieser Effekt, der synchron zur Winkellage der Hauptspindel alle 360° auftritt, kann somit detektiert werden, wenn zusätzlich zum zeitlichen Verlauf des Überwachungssignals des Hauptspindelstroms die Winkellage des Werkzeugs bzw. der Spindel hinzugezogen wird. Dadurch lässt sich im Zeitbereich ein einfacher Algorithmus zur Mustererkennung realisieren, der auf dem Prinzip der mitlaufenden Grenze beruht – jedoch mit wesentlich engeren Grenzen als bei der konventionellen Werkzeugbruchüberwachung. Infolge der Mustererkennung der wiederkehrenden Schnittkraftsignale der einzelnen Fräserschneiden synchron zur Spindellage lassen sich somit bereits im Zeitsignal aufgetretene Schneidkantenausbrüche sicher erfassen.

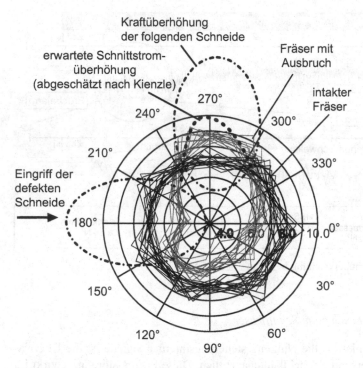

Bild 6.53. Vergleich des Hauptspindelstroms bei intaktem und bei defektem Fräser

Wie Bild 6.53 veranschaulicht, lässt sich das Signalverlaufsverhalten eines defekten Fräsers eindeutig von einem intakten unterscheiden. Die gleichmäßigen Strom- bzw. Momentenspitzen über dem Drehwinkel des Fräsers lassen auf einen fehlerfreien Zustand schließen. Dagegen zeigt der mehr elliptische, unregelmäßige Verlauf der Motorstromsignale über dem Fräserumfang den Schneidenausbruch an. Sogar die Stelle des Schneidenausbruchs des mehrschneidigen Fräsers lässt sich detektieren.

Verschleißüberwachung beim Messerkopfstirnfräser

Aus den dynamischen Anteilen im Kraftsignal lassen sich auch Rückschlüsse auf den Verschleißzustand des Werkzeugs ziehen. Aufgrund veränderter Reibungsverhältnisse erzeugt eine verschlissene Schneide größere Axialkräfte als eine nicht verschlissene. Bild 6.54 zeigt die Abhängigkeit der Energie des dynamischen Anteils der Axialkraft beim Schruppen in Stahl mit einem Messerkopfstirnfräser über der Verschleißmarkenbreite der Hauptschneiden. Die Axialkraft auf das Werkzeug wird durch die Passivkräfte auf die einzelnen Schneiden gebildet. Diese Passivkraft ist zwar vom absoluten Betrag her die kleinste der auf eine Schneide wirkenden Kräfte, zeigt aber gegenüber den anderen Kraftkomponenten die größte Abhängigkeit vom Verschleiß [25]. Mit zunehmendem Verschleiß der Schneiden nimmt die Welligkeit des Kraftverlaufs zu, d. h. die Wechselleistung des Signals steigt. Integriert man diese Wechselleistung über eine feste Zeit, z.B. die Dauer eines Bearbeitungslaufs, so erhält man den Energiewert. Durch die alleinige Betrachtung des Wechselanteils werden Fehler, z.B. durch Offsetwerte und Temperaturdriften, die im statischen Messsignal vorhanden sind, nicht berücksichtigt. Diese Fehlerquellen würden sich durch die Integration besonders gravierend auswirken.

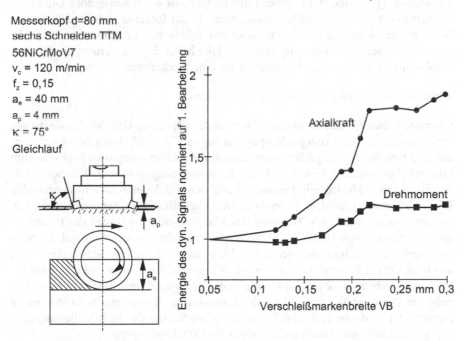

Bild 6.54. Abhängigkeit der Energie des dynamischen Axialkraftsignals und des Drehmomentes vom Schneidenverschleiß beim Messerkopfstirnfräsen

Im Bild 6.54 ist zum Vergleich ebenfalls der Zusammenhang der über einen Bearbeitungslauf integrierten Leistung im dynamischen Drehmoment und der durchschnittlichen Verschleißmarkenbreite an den Hartmetallschneiden des Messerkopfs dargestellt. Das Drehmoment ist hier proportional der Hauptschnittkraftkomponente auf eine Werkzeugschneide. Diese Komponente zeigt im Vergleich zur Energie der dynamischen Axialkraft eine wesentlich geringere Abhängigkeit von der Verschleißmarkenbreite. Aus Untersuchungen bei der Drehbearbeitung ist bekannt, dass Kolkverschleiß an einer Werkzeugschneide sogar ein Absinken der Hauptschnittkraft verursacht [190].

Die Bestimmung des Werkzeugverschleißes beim Fräsen ist im Vergleich zur Brucherkennung ungleich schwieriger. Aufmaßschwankungen des Rohteils oder unterschiedliche Festigkeiten des Materials der Werkstücke, die aus unterschiedlichen Chargen stammen, erzeugen in den Schneidkraftkomponenten teilweise wesentlich größere Schwankungen als die durch den Schneidenverschleiß verursachten. Eine gewisse Unabhängigkeit von den Werkstückparametern kann erreicht werden, wenn man statt einzelner Kraftkomponenten, bzw. den dazu proportionalen Größen, deren Verhältnisse zueinander bewertet [164].

Bei der Schlichtbearbeitung ebenso wie beim Fräsen mit kleinen Werkzeugen sind die Bearbeitungskräfte sehr klein. Eine erste Entwicklung für dieses Anwendungsgebiet ist in [75] beschrieben. Für dieses System wurde ein piezoelektrischer Kraftmessring entwickelt. Er befindet sich im Gehäuse der Hauptspindel. Die Messelemente sind im Krafthauptfluss positioniert. In der Regel sind die Kräfte bei der Schlichtbearbeitung jedoch nur im Labor mit aufwändigen Aufbauten, z.B. Kraftmessplattformen, noch eindeutig erfassbar. Hier bietet die Auswertung des Körperschallsignals oft die einzige Möglichkeit für eine Werkzeugüberwachung.

Werkzeugüberwachung mit Körperschallsensoren

Charakteristisch für den Bruch eines Hartmetall- oder eines HSS-Werkzeugs ist die Erzeugung eines breitbandigen Körperschallsignals, das sich durch die Maschinenstruktur fortpflanzt. Ein großer Energieanteil dieses Signalimpulses liegt dabei im Ultraschallbereich, bis hinauf zu Frequenzen von einigen hundert Kilohertz. Die Erscheinung wird häufig mit dem aus der englischsprachigen Literatur stammenden Begriff „Acoustic Emission" bezeichnet. Diese Schallemission hat verschiedene Ursachen; u. a. ist hierfür die Trennung des Materialgefüges während des Bruchvorgangs verantwortlich [161]. Mit Hilfe von Körperschallsensoren können die beim Werkzeugbruch auftretenden Schallimpulse erfasst werden. Der Sensor muss dazu an einem Ort der Maschine montiert sein, an dem das Schallsignal auf dem Übertragungsweg nicht zu stark gedämpft wird. In der Regel wählt man einen Ort möglichst nahe der Prozessstelle. Speziell für die Erfassung hochfrequenter Schallereignisse eignet sich u. a. der im Kapitel 6.2.3 beschriebene Sensor, der die Schallleitung über den Kühlschmiermittelstrahl auf das rotierende Werkzeug nutzt.

Starker Schneidenverschleiß bei kleinen Fräswerkzeugen bewirkt, dass die Fräserschneiden das Material nicht mehr einwandfrei abscheren. Teilweise schaben sie nur über das Werkstück, was ein Verbiegen des Werkzeuges zur Folge hat. Dieses Schaben kann im Körperschall als Signalburst festgestellt werden. Das Bild 6.55 zeigt das Körperschallsignal bei Bearbeitung eines Werkstückes mit einem scharfen

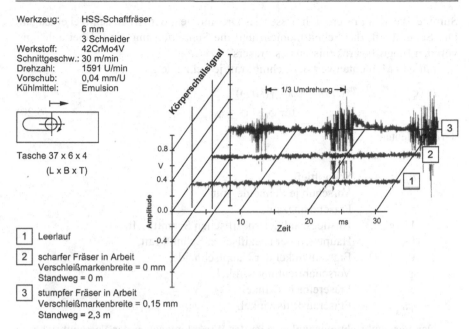

Werkzeug: HSS-Schaftfräser
              6 mm
              3 Schneider
Werkstoff: 42CrMo4V
Schnittgeschw.: 30 m/min
Drehzahl: 1591 U/min
Vorschub: 0,04 mm/U
Kühlmittel: Emulsion

Tasche 37 x 6 x 4

(L x B x T)

1 Leerlauf

2 scharfer Fräser in Arbeit
Verschleißmarkenbreite = 0 mm
Standweg = 0 m

3 stumpfer Fräser in Arbeit
Verschleißmarkenbreite = 0,15 mm
Standweg = 2,3 m

Bild 6.55. Körperschallpulse durch verschlissene Schneiden eines kleinen HSS-Fräsers

und mit einem stark verschlissenen HSS-Fräser, dessen Durchmesser 6 mm betrug. Das Signal wurde mit einem Körperschallsensor auf der rotierenden Spindel eines Bearbeitungszentrums aufgenommen.

Jede der drei verschlissenen Schneiden des Fräsers erzeugt die typischen Schallpulse. Diese Pulse nehmen zusammen mit dem auftretenden Verschleiß an Häufigkeit und Stärke überproportional zu. Es besteht zusätzlich eine Abhängigkeit vom Eingriffsquerschnitt des Werkzeugs sowie von der Größe des Werkzeuges selbst, weshalb das Verfahren allenfalls eine qualitative Beurteilung des Verschleißzustandes der Schneiden zulässt.

6.4.2.3 Prozessregelung für die Fräsbearbeitung

Allgemeines Ziel der Fräsprozessregelung ist es, die installierte Maschinenleistung zu nutzen bzw. eine maximale Zerspanleistung zu erreichen, die einerseits durch die maximal zulässige Werkzeugbelastung begrenzt ist und andererseits gerade noch ratterfrei erreicht werden kann. Hierbei ergeben sich dann nahezu minimale Fertigungskosten für die Schruppbearbeitung.

Aufgrund des Einsatzes mehrschneidiger Werkzeuge und der sich ändernden Eingriffsverhältnisse beim Fräsen ist der Verlauf des Spindeldrehmoments durch die große Anzahl der Parameter komplizierter als bei der Drehbearbeitung.

Maßgebend für die zu verrichtende Zerspanarbeit beim Fräsen sind in erster Linie die tangential an den einzelnen Fräserschneiden angreifenden Kräfte, die in ihrer

Summe über den Fräserdurchmesser das Drehmoment der Arbeitsspindel erzeugen. Die Schnittkraft, das Schnittmoment und die Schnittleistung sind dabei abhängig von den Eingriffsverhältnissen des Fräsers.

Für den Momentanwert der Schnittkraft je Schneide gilt:

$$F_c(\varphi) = a_p f_z^{1-m_c} (sin\kappa)^{-m_c} k_{c1,1} (sin\varphi)^{1-m_c}$$
$$\text{für } \varphi_i \leq \varphi \leq \varphi_0 \tag{6.20}$$

darin bedeuten:

a_p	Schnitttiefe,
f_z	Vorschub je Schneide, mit
z	Fräserzähnezahl
$1 - m_c$	Anstiegszahl der spezifischen Schnittkraft,
$k_{c1,1}$	Hauptwert der spezifischen Schnittkraft,
κ	Einstellwinkel der Hauptschneide,
φ	Vorschubrichtungswinkel,
φ_i	Fräsereintrittswinkel,
φ_0	Fräseraustrittswinkel.

Der Vorschubrichtungswinkel φ ist der Winkel zwischen der Vorschubrichtung des Werkzeugs und der momentanen tangentialen Hauptschnittkraftrichtung der sich im Eingriff befindenden Schneide. Beim Fräsen ändert sich der Vorschubrichtungswinkel φ ständig. Bild 6.56 verdeutlicht die Definition des Vorschubrichtungswinkels für das Stirnfräsen.

Das auf die Frässpindel wirkende momentane Drehmoment $M(t)$ ergibt sich aus der arithmetischen Summe der Schnittkräfte $F_c(\varphi)$ an den einzelnen Schneiden j, die sich auf dem Schnittbogen $\varphi_s = \varphi_0 - \varphi_i$ unter den momentanen Vorschubrichtungswinkeln φ_j im Eingriff befinden:

$$M(t) = \frac{D}{2} \sum_{j=1}^{j=z_E(t)} F_c(\varphi_j(t)) \tag{6.21}$$

mit dem Fräserdurchmesser D, der im Eingriff befindlichen Schneidenanzahl z_E und dem Schneidenindex j.

Die Vorschubrichtungswinkel φ_i und die Anzahl der im Eingriff befindlichen Schneiden z_E sind zeitabhängige Größen, die sich mit der Drehung des Fräsers periodisch ändern.

Die Anzahl der sich im Eingriff befindenden Schneiden z_E ist nur dann konstant, wenn der Schnittbogen φ_s ein ganzzahliges Vielfaches des Schneidenteilungswinkels $\varphi_T = 360/z$ ist. Unter der Voraussetzung ratterfreier Bearbeitung lässt sich der zeitliche Verlauf des Drehmoments unter Benutzung der Gleichung 6.20 und Gleichung 6.21 beschreiben:

$$M(t) = \frac{D}{2} a_p f_z^{1-m_c} (sin\kappa)^{-m_c} k_{c1,1} \sum_{j=1}^{j=z_E(t)} (sin\varphi_j(t))^{1-m_c} \tag{6.22}$$

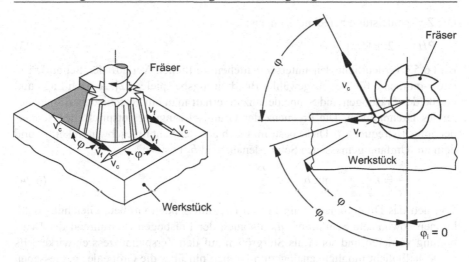

Bild 6.56. Vorschubrichtungswinkel beim Fräsen mit Stirnfräser. (nach DIN 6580)

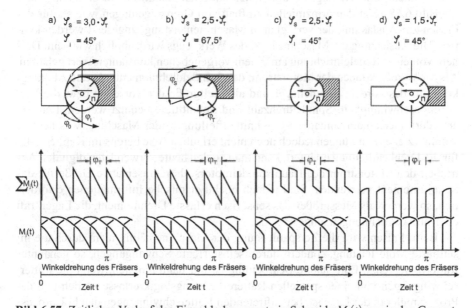

Bild 6.57. Zeitlicher Verlauf der Einzeldrehmomente je Schneide $M_i(t)$ sowie des Gesamt-momentes $M(t)$ beim Fräsen für unterschiedliche Eingriffsverhältnisse

Die Zerspanleistung berechnet sich aus:

$$P(t) = 2\pi n M(t) \tag{6.23}$$

Bild 6.57 verdeutlicht den unterschiedlichen zeitlichen Verlauf der Schnittkräfte bzw. -momente für vier ausgewählte Bearbeitungsbeispiele [52]. Je nach Lage und Größe des Fräsbogen und Schneidenanzahl erhält man ein verschiedenartig pulsierendes Drehmoment. Die Frequenz der Grundschwingung entspricht der Schneideneingriffsfrequenz f. Diese bestimmt sich aus der Schnittgeschwindigkeit v_c und dem am Umfang gemessenen Schneidenabstand b_z aus:

$$f = \frac{v_c}{b_z} = n \cdot z \qquad \text{mit } b_z = \varphi_T \frac{D}{2} \tag{6.24}$$

Von den das Drehmoment beim Fräsen beeinflussenden Größen, Gleichung 6.22, können sowohl die Schnitttiefe a_p als auch der Fräsbogen φ_s während der Bearbeitung variieren und somit als Störgrößen auf den Zerspanprozess einwirken. Es ist deshalb nicht möglich, analog zum Drehen nur über die Größe des gemessenen Drehmoments eine Aussage bezüglich der aktuellen Schnitttiefe zu erhalten.

Bild 6.58 zeigt den prinzipiellen Aufbau von Grenzregelungen, wie sie für das Fräsen zur Auslastung der verfügbaren Maschinenleistung eingesetzt werden können. Die Auslastung der Maschine bzw. des Werkzeugs wird, ähnlich wie beim Drehen, von einer Regeleinrichtung auf einem vorgegebenen konstanten Wert gehalten. Als Messgröße können der Motorstrom, das Spindeldrehmoment oder die Abdrängkraft auf das vordere Spindellager und als Stellgröße der Vorschub bzw. die Vorschubgeschwindigkeit, Spindeldrehzahl und Schnitttiefe benutzt werden. Letztere erfordert aber eine automatisierte Schnittaufteilung in der Maschine, was heutige kommerzielle Steuerungen jedoch noch nicht erlauben. Wie bereits im Kapitel 6.4.1 für die Drehbearbeitung erläutert, kann man an den heute verwendeten digitalen Antrieben den Motorstrom des Hauptspindelmotors als repräsentative Größe für das Schnittmoment verwenden. Sind jedoch hochdynamische Informationen erforderlich, so werden als Messgrößen das sensorisch erfasste Drehmoment, die Lagerkraft oder Strukturdehnungen eingesetzt.

Beim Fräsen wird die Zerspanleistung der Maschine häufig nicht durch die installierte Motorleistung, sondern durch selbsterregte Schwingungen, so genanntes Rattern, begrenzt. Eine stabile Bearbeitung ist nur dann möglich, wenn die Ratterschwingungen von einer speziellen Rattererkennungslogik erfasst werden und der Prozessregler in der Lage ist, bei auftretenden Ratterschwingungen den Fräsprozess automatisch in einen stabilen Arbeitsbereich zu führen. Wie im Kapitel 6.4.2.5 näher erläutert wird, sind Drehzahländerung und Schnitttiefenreduzierung geeignete Maßnahmen zur Beseitigung von Ratterschwingungen an Fräsmaschinen.

Der Regelkreis einer Drehmomentregelung für das Fräsen ist im Vergleich zum Drehen durch eine weitere Einflussgröße, den Schnittbogen φ_s, gekennzeichnet.

Betrachtet man zur Analyse des Übertragungsverhaltens der Regelstrecke nicht mehr das zeitlich pulsierende Drehmoment $M(t)$, Gleichung 6.22, sondern den Spitzenwert des Drehmoments $\hat{M}$ innerhalb des Zeitintervalls einer Werkzeugumdrehung

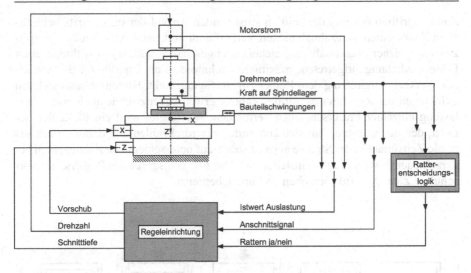

Bild 6.58. Aufbau der Prozessregelung für den Fräsprozess

$$\tau = \frac{1}{n}$$

so erhalt man:

$$\hat{M} = \frac{D}{2}a_p f_z^{1-m_c}(sin\kappa)^{1-m_c}k_{c1,1}\cdot V_e \tag{6.25}$$

mit

$$V_e = \left\{ \sum_{j=1}^{j=z_E(\varphi_s,t)} (sin\varphi_j(t))^{1-m_c}\Big|_{\varphi_j=\varphi_0}^{\varphi_j=\varphi_0} \right\} \tag{6.26}$$

Der Maximalwert des Summenausdrucks V_e ist ein Teil des Verstärkungsfaktors der Regelstrecke, der durch den Schnittbogen φ_s, durch den Fräsereintrittswinkel φ_i sowie durch die Anzahl der Schneiden z bestimmt wird.

Im Bild 6.59 ist der gesamte Regelkreis einer Drehmomentregelung für das Fräsen dargestellt [52]. Da beim Fräsen die Drehzahl für ein Werkzeug während der Bearbeitung im Allgemeinen unverändert bleibt, wird durch die Momentenregelung auch die Leistung auf einem konstanten Wert gehalten.

In dieser Regelung ist der Zerspanprozess Teil der Regelstrecke mit der Vorschubgeschwindigkeit v_f als Eingangs- und dem Drehmoment M als Ausgangsgröße. Als hauptsächliche Störgrößen wirken die Schnitttiefe a_p, die Materialfestigkeit $k_{c1,1}$ sowie der Verstärkungsfaktor V_e auf den Zerspanprozess ein. Diese Störeinflüsse haben ausschließlich auf die Streckenverstärkung der Regelstrecke Einfluss, während sich die Drehzahl n und die Zähnezahl z auf das Zeitverhalten der Regelstrecke auswirken.

Die Auslastung der Maschine wird von einem Drehmomentsensor oder mit Hilfe des Motorstroms erfasst. Da das Spindeldrehmoment beim Fräsen infolge des

Zahneingriffsstoßes und der zeitlich variierenden Anzahl der im Eingriff befindlichen Zähne einen sägezahnähnlichen Verlauf annimmt, wird dem Sensor ein Spitzenwertspeicher (Maximalwertspeicher) nachgeschaltet, sodass das während einer Fräserumdrehung aufgetretene maximale Drehmoment als Istgröße für die Zeit einer Werkzeugumdrehung dem Regler zur Verfügung steht. Hierdurch lässt sich ein Schwingen des Regelkreises mit der Zahneingriffsfrequenz sowie auch eine Überlastung einzelner Fräserschneiden vermeiden. Als Regler wird ein PI-Regler benutzt, der sich selbsttätig an sich ändernde Fräserdrehzahlen und damit an das variable Zeitverhalten der Strecke anpasst sowie auf unterschiedliche Zähnezahlen bei verschiedenen Werkzeugen einstellbar ist. Die Ausgangsgröße des Reglers, der Vorschub je Zahn f_z, wird nach oben und unten begrenzt.

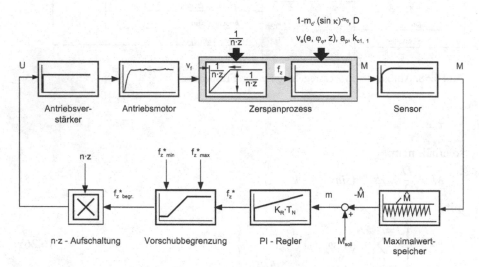

Bild 6.59. Regelkreis einer Drehmomentenregelung für die Fräsbearbeitung

Bei kleinen Schnitttiefen a_p wird das entsprechende Drehmoment sehr gering. Der Regler versucht in diesem Fall durch Erhöhung der Vorschubgeschwindigkeit v_f das Sollmoment zu erreichen. Hierbei kann ein zu großer Vorschub je Zahn auftreten. Der Vorschub wird daher gezielt auf den vorgegebenen Wert f_{zmax} begrenzt. Umgekehrt stellt sich durch eine zu große Schnitttiefe a_p der gegebene Wert f_{zmin} ein. Sinnvollerweise müsste der Prozess abgebrochen und eine neue Schnittaufteilung durch den Maschinenbediener vorgenommen werden. Künftig ist es denkbar, dass die Maschinensteuerungen, wie im Kapitel 6.4.1 für das Drehen beschrieben, in solchen Fällen selbstständig diese Schnittaufteilung ausführen.

Unter Berücksichtigung der Grenzen für die Stellgrößen $f_{zmin} \leq f_z \leq f_{zmax}$ und des Ratterbereichs erhält man den Regelbereich der Drehmomentregelung, wie er im Bild 6.60 für ein praktisches Beispiel gezeigt ist. Auf den Abzissen sind die Einflussgrößen Schnitttiefe a_p und Verstärkungsfaktor $V_e(\varphi_s, \varphi_i, z)$ aufgetragen.

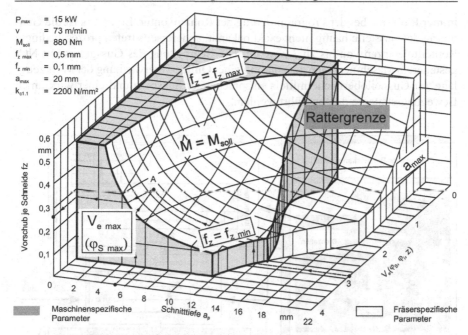

Bild 6.60. Regelbereich der Drehmomentenregelung

Auf der Ordinate ist die Stellgröße der Regelung – der Vorschub je Schneide f_z – dargestellt, die sich in Abhängigkeit der Einflussgrößen einstellt. Die hyperbolisch gewölbte Fläche ist die des konstanten Drehmoments, hier des Solldrehmoments M_{soll}. Die Fläche $\hat{M} = M_{soll} = konst.$ beschreibt den Regelbereich der Drehmomentregelung. Dieser wird durch die schon erläuterten Grenzen f_{zmin} und f_{zmax}, durch den maximal möglichen Wert V_{emax} und durch die maximal mögliche Schnitttiefe a_{max} begrenzt. In den meisten praktischen Fällen verläuft die Rattergrenze, ähnlich wie im Bild 6.60 gezeigt [52], mitten durch den Regelbereich und schränkt diesen beträchtlich ein. Die Rattergrenze wird von einer Vielzahl von Größen beeinflusst, sodass ihre Lage im Regelbereichsdiagramm großen Veränderungen unterworfen sein kann. Die technologischen, geometrischen und schwingungsbedingten Begrenzungen des Regelbereichs führen dazu, dass die Drehmomentregelung nicht alle Störgrößenschwankungen ausregeln kann. Beim Erreichen der übrigen Grenzen muss die im Kapitel 6.4.2.5 beschriebene Ratterbeseitigungsstrategie eingreifen und die Zerspanparameter so verändern, dass die Drehmomentregelung wieder in sicherem Regelbereich arbeiten kann und der Sollwert aufrechterhalten bleibt.

6.4.2.4 Prozessregelung beim Gussputzen

Forschungsarbeiten haben sich im Rahmen der Prozessregelung auch mit Verfahren und Hilfsmitteln zum Entgraten von Gusswerkstücken beschäftigt [51]. Gleichgültig ob hierzu Roboter oder Werkzeugmaschinen eingesetzt werden, ergeben sich immer Probleme bei der Programmierung der Rohteilkontur. Einerseits ist die Geometrie der Gussteile häufig nicht exakt bekannt, andererseits treten prozessbedingte Rohteiltoleranzen von bis zu 3 mm auf. Die Bearbeitung des Gussgrates mit NC-gesteuerten Maschinen kann also nur mit einer Online-Überwachung der Werkzeuglage zur Gussteiloberfläche mittels entsprechender Sensoren und einer wirksamen Bewegungsstrategie durchgeführt werden.

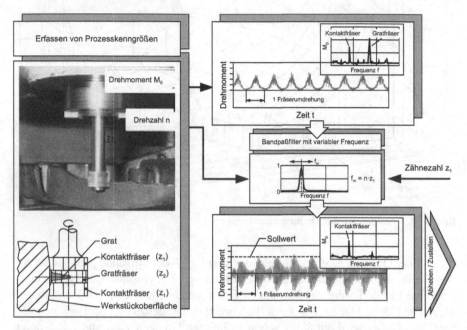

Bild 6.61. Funktionsprinzip des Sensorsystems zur Regelung der Putzqualität beim Umfangfräsen

Bild 6.61 zeigt ein Sensorsystem, das beim Umfangfräsen für die Gratbeseitigung eingesetzt werden kann. Das Fräswerkzeug besteht aus drei konventionellen Scheibenfräsern, die auf einem gemeinsamen Aufnahmedorn zusammengesetzt sind. Bei gleichem Durchmesser weisen die Fräserscheiben unterschiedliche Schneidenanzahlen auf.

Die Positionierung des Werkzeugs zum Grat geschieht derart, dass die Abarbeitung des Grates nur durch den mittleren Fräser erfolgt. Der Fräser wird so geführt, dass der obere oder untere Kontaktfräser die Oberfläche des Gussteils gerade berührt. Dieser Zustand wird dadurch erkannt, dass die Messereingriffsfrequenz dieser Fräser im Schnittkraft-, Drehmoment- oder Körperschallsignal enthalten ist. Fehlt diese Frequenz im Signal, so wird das Werkzeug auf das Werkstück zubewegt. Ist dieses Signal zu groß, so wird das Werkzeug entsprechend zurückgenommen.

Auf diese Weise braucht das NC-Programm nur ungefähr den Entgratweg zu beschreiben. Die richtige Lage des Fräsers wird durch die überlagerte Sensorführung erreicht. Hierzu muss die NC-Steuerung allerdings über die erforderlichen Schnittstellen verfügen.

6.4.2.5 Automatische Ratterbeseitigung

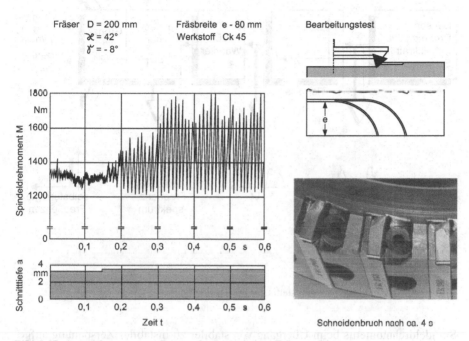

Bild 6.62. Auswirkungen von Ratterschwingungen an Fräsmaschinen

Spanende Werkzeugmaschinen neigen unter bestimmten Bedingungen (s. Werkzeugmaschinen Band 5) zu instabilem Verhalten, d. h. selbsterregten Schwingungen. Beim Zerspanen wird eine Maschine grundsätzlich durch die Messereingriffsstöße zum Schwingen angeregt. Die auftretende Schwingungsamplitude wird durch die Schnittkraftstöße und durch das Nachgiebigkeitsverhalten des Maschinensystems bei der Messereingriffsfrequenz bestimmt. Diese fremderregten Schwingungen relativ zwischen Werkzeug und Werkstück erzeugen natürlich eine wellige Oberfläche, die man durch Vermeiden von Resonanzstellen jedoch klein halten kann. Bei nicht ausreichend gedämpften Maschinenstrukturen kann es unter bestimmten Schnittbedingungen zu selbsterregten Schwingungen kommen. Bei dieser Instabilität schwingt (rattert) die Maschine mit einer ihrer Eigenfrequenzen. Die Messereingriffsfrequenz steht hierbei nicht in unmittelbarem Zusammenhang mit der Schwingfrequenz.

Charakteristisch für selbsterregte Schwingungen bei spanenden Werkzeugmaschinen ist, dass beim Überschreiten einer bestimmten Grenzschnitttiefe a_{cr} die Schwingungsamplituden schlagartig anwachsen. Im Bild 6.62 ist der Verlauf des

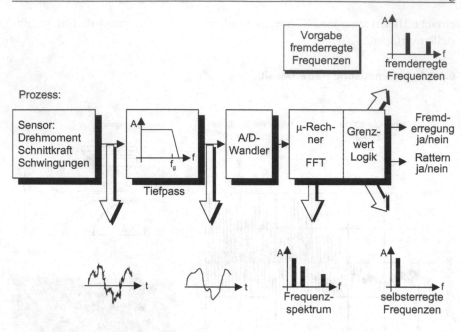

Bild 6.63. Aufbau eines Sensorsystems zur Rattererkennung

Spindeldrehmoments beim Übergang von stabiler zu instabiler Zerspanung aufgetragen. Die Schwingungen traten nach einem Schnitttiefensprung von nur 0,5 mm von 3,2 auf 3,7 mm auf, und nach 0,2 s war der dynamische Anteil des Drehmoments bereits um 600 Nm angestiegen. Solche hohen dynamischen Belastungen gefährden in starkem Maße Werkstück, Werkzeug und Maschine. Im vorliegenden Bearbeitungsfall waren nach ca. 4 s sämtliche Schneiden des Fräsers gebrochen.

Um durch geeignete Maßnahmen den Fräsprozess automatisch in einen stabilen Arbeitsbereich zu führen, ist es notwendig, die selbsterregten Schwingungen des Ratterns zu erkennen, d. h. von fremderregten Schwingungen (z.B. durch Messereingriffsstöße) zu unterscheiden. Bild 6.63 zeigt den prinzipiellen Aufbau eines Sensorsystems zur Erkennung von Ratterschwingungen.

Hierzu wird der Prozesszustand (stabil bzw. instabil) durch Auswertung der gemessenen Größen Drehmoment, Schnittkraft oder Maschinenschwingungen erfasst. Zur Beseitigung der Rauschsignale wird ein Tiefpassfilter verwendet. Die digitalisierten Signale werden Fast-Fourier-transformiert, um das Signalspektrum zu erhalten [176]. Im Amplitudenspektrum des Prozesssignals sind in jedem Fall die Schneideneingriffsstöße und deren Höherharmonische enthalten. Diese Frequenz (Fremderregung) muss zuerst bestimmt werden. Weitere markante Schwingungen deuten dann auf Rattern hin.

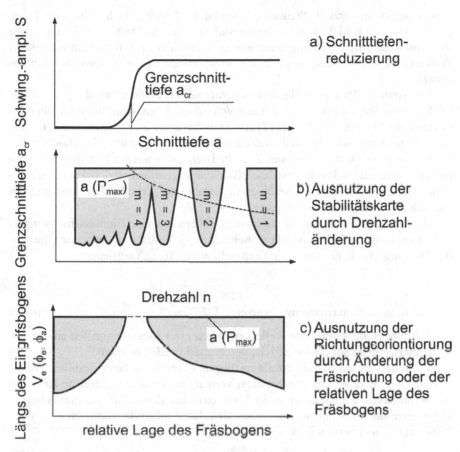

Bild 6.64. Mögliche Maßnahmen zur Beseitigung von Ratterschwingungen

Überschreiten die Schwingungsamplituden einen bestimmten vorzugebenden Schwellwert, erfolgt entweder die Meldung „Rattern" oder „fremderregte Schwingungen". Die Zahneingriffsfrequenz zur Dedektierung fremderregter Schwingungen ist durch die Drehzahl und die Zähnezahl des Fräsers bekannt. Alle Frequenzsignale, die nicht von fremderregten Schwingungen stammen, werden somit als Ratterschwingungen erkannt. Sie liegen meist in der Nähe einer der bekannten Eigenfrequenzen der Maschine.

Geeignete strategische Maßnahmen zur Beseitigung von Ratterschwingungen, die an Fräsmaschinen während der Bearbeitung (online) einzusetzen sind, leiten sich aus den bekannten, für Fräsmaschinen typischen Kennlinien ab, Bild 6.64. Die Schnitttiefenreduzierung ist die sicherste und wirkungsvollste Maßnahme zum Vermeiden von Ratterschwingungen, da sie in jedem Fall zu einer stabilen Bearbeitung führt. Diese Maßnahme hat jedoch den Nachteil, dass zusätzliche Schnitte notwendig werden. Die Steuerung muss in diesem Fall eine automatische Schnittaufteilung vornehmen. Kommerzielle Steuerungen sind dazu derzeit jedoch nicht in der Lage. Die weiteren im Bild 6.64 angegebenen Maßnahmen, die Drehzahländerung sowie die Ausnutzung der Richtungsorientierung, vermindern bei ihrer stabilisierenden Wirkung die Zerspanleistung praktisch nicht, jedoch ist ihr Wirkungsbereich begrenzt.

Die Strategie der Drehzahländerung beruht auf der Ausnutzung der stabilen Bereiche in der Stabilitätskarte, in der der Verlauf der Grenzschnitttiefe a_{cr} über der Fräserdrehzahl n dargestellt ist [212] (Bild 6.64b). Dazu muss bekannt sein, in welchem Bereich der aktuellen Stabilitätskarte sich der Arbeitspunkt der Maschine bei der momentanen Drehzahl befindet. Sind die Drehzahlen aus der Stabilitätskarte, denen die untersten Punkte der instabilen Bereiche zugeordnet sind, bekannt, so kann man entscheiden, ob eine Drehzahlverminderung oder -erhöhung in einen stabilen Bereich zwischen zwei „Rattersäcken" führt.

Besitzt das schwingungsfähige System näherungsweise Einmassenschwingerverhalten, lassen sich die kritischen Drehzahlen n_{cr} bestimmen, bei denen die Stabilitätsminima (d. h. die minimale Grenzschnitttiefe a_{crmin}) vorliegen:

$$n_{cr}(m) \approx \frac{f_{ratter}}{z(m-0,25)}$$

mit f_{ratter} = Ratterfrequenz   und $m = 1,2,3\ldots$ (6.27)

Hierbei gibt m die Anzahl der Wellen zwischen zwei Messereingriffen an, die mit der Ratterfrequenz auf die Oberfläche geschnitten werden können.

Zwischen diesen Stabilitätsminima liegen Bereiche höherer Stabilität, deren Maxima aufgrund des unsymmetrischen Verlaufs der instabilen Bereiche innerhalb der Stabilitätskarte nicht genau in der Mitte zwischen den Stabilitätsminima liegen. Die Stellen der Stabilitätsminima lassen sich durch folgende empirisch gefundene Näherungsformel beschreiben:

$$n_{st} = n_{cr}(m+1) + 0,6\,[n_{cr}(m) - n_{cr}(m+1)]$$ (6.28)

Den Aufbau der Ratterbeseitigungsstrategie, in der diese Beziehung für die Berechnungen benötigt werden, gibt das Flussbild, Bild 6.65, wieder. Ein Satz aus dem NC-Programm, für den die Drehzahl n programmiert ist, wird an das Steuerprogramm übergeben bevor die Bearbeitung beginnt. Tritt während der Bearbeitung Rattern auf, erfasst der Prozessrechner auf einen Alarm hin die Ratterfrequenz und bestimmt aufgrund der aktuellen Ratterfrequenz die Stabilitätsminima im Bereich der Drehzahlen sowie die benachbarten Zieldrehzahlen. Anschließend müssen Restriktionen bezüglich des zugelassenen Drehzahländerungsbereichs berücksichtigt werden [52]. Der Drehzahländerungsbereich ist durch die zulässigen Schnittgeschwindigkeiten für den Fräsprozess festgelegt. Wenn ein Stabilitätsminimum durchfahren werden muss, um aus einem Ratterbereich in ein stabiles Gebiet der Stabilitätskarte zu gelangen, wird der Vorschub während der Drehzahländerung kurz unterbrochen. Hiermit lässt sich ein eventuelles Anschwellen der Ratterschwingungen vermeiden.

Bild 6.66 zeigt ein Beispiel für die Ratterbeseitigung durch Drehzahländerung. Im zugelassenen Drehzahländerungsbereich liegt kein Stabilitätsmaximum. Deshalb wird die Drehzahl bis an die Grenze des zulässigen Bereichs geregelt. Bei

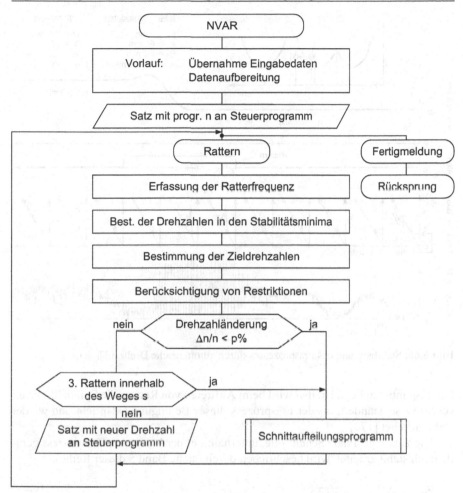

Bild 6.65. Prinzipielles Flussbild der Drehzahländerungsstrategie

dieser Drehzahl ist der Fräsprozess wieder stabil. Im Bild 6.66 wurden übereinander das Spindeldrehmoment, das Amplitudenspektrum des Drehmomentsignals, der Ratteralarm und die Drehzahl des Hauptmotors aufgezeichnet.

Im vorliegenden Beispiel wurde eine FFT im Bereich von 0 bis 250 Hz innerhalb von etwa 100 ms durchgeführt (vgl. Bild 6.63). Die Stabilisierung des Zerspanprozesses durch die Drehzahländerung ist deutlich zu erkennen. Die Lage der Drehzahlen ist vor und nach dem Eingriff in der Stabilitätskarte oben angedeutet.

Eine andere Strategie zur Rattervermeidung basiert ebenfalls auf den elementaren Zusammenhängen bei selbsterregten Schwingungen. Die Theorie besagt, dass die Werkzeugdrehzahl bei der die Messereingriffsfrequenz und deren ganzahlige Vielfache der Eigenfrequenz des Maschinennachgiebigkeitsfrequenzganges entspricht, genau zwischen den Rattersäcken, d.h. in den Drehzahlbereichen höchster

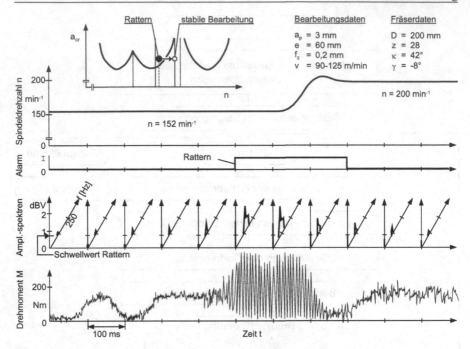

Bild 6.66. Stabilisierung des Fräsprozesses durch automatische Drehzahländerung

Grenzspantiefen liegt. Hierbei wird beim Auftreten von Rattern die Spindeldrehzahl schrittweise geändert, bis der Fräsprozess dieser Bedingung entspricht und wieder stabil arbeitet [173].

Die zulässige axiale Schnitttiefe, unterhalb der der Messerkopffräsprozess gerade noch stabil arbeitet, wird beschrieben durch (siehe Band 5 dieser Reihe):

$$a_{cr} = \frac{-1}{2k_{cb}Re\{G_g(jf)\}_{neg}} \tag{6.29}$$

mit:

a_{cr}	Maximale axiale Schnitttiefe für stabile Bearbeitung,
k_{cb}	Spezifischer dynamischer Schnittkraftkoeffizient des Werkstoffes,
$Re\{G_g(jf)\}_{neg}$	Negativer Realanteil der gerichteten Nachgiebigkeitsfunktion zwischen Werkstück und Werkzeug.

Zwischen der Ratterfrequenz f_{Ratter} und der Zahneingriffsfrequenz $n \cdot z$ des Fräsers existiert die Beziehung:

$$f_{ratter} = n \cdot z \left(m + \frac{\varepsilon}{2\pi} \right) \tag{6.30}$$

mit:

f_{ratter} auftretende Ratterfrequenz,

n Spindeldrehzahl,

z Zähnezahl des Fräsers,

$m = 1, 2 \ldots$ Zahl der Wellen zwischen zwei Messereingriffen.

Die Phasenverschiebung ε zwischen der Schwingung des schneidenden Zahns und der Welligkeit, die durch die vorherige Schneide verursacht wurde, ist für den Fall des Stabilitätsrandes beschrieben durch:

$$\varepsilon = 2\pi - arctan\left(\frac{Re\{G_g(jf)\}}{Im\{G_g(jf)\}}\right) \tag{6.31}$$

Die grafische Darstellung der Zusammenhänge zeigt Bild 6.67, wobei der gerichtete Frequenzgang eines vereinfachten Maschinensystems in Form eines Einmassenschwingers zugrunde gelegt wurde. Das Bild 6.67a gibt die Stabilitätskarte für den Prozess wieder. Im Bild 6.67b ist die sich einstellende Ratterfrequenz dargestellt. Zusätzlich sind die Geraden der Zahneingriffsfrequenz $n \cdot z$ sowie deren 1/m-fache $(m = 2, 3)$ $2 \cdot n \cdot z$ und $3 \cdot n \cdot z$ in Abhängigkeit zur Drehzahl n eingezeichnet. Mit kleineren Drehzahlen werden bei gleichbleibender Ratterfrequenz mehrere Wellen (m) zwischen den Messereinschnitten auf der Oberfläche abgebildet.

Zu beachten ist, dass in den Punkten maximaler Stabilität die Phasenverschiebung ε zwischen der Schwingung des schneidenden Zahns und der Welligkeit auf der Werkstückoberfläche, die durch den vorherigen Zahn erzeugt wurde, gerade $\varepsilon = m \cdot 2\pi$ beträgt. In diesem Fall tritt keine Spandickenmodulation auf, die zu einem Aufschaukeln der Schwingungen führt. Mit $\varepsilon = 0$ bzw. $\varepsilon = m \cdot 2\pi$ wird aus Gleichung 6.30:

$$n \cdot z = \frac{f_{ratter}}{m} \Rightarrow n_{neu} = \frac{f_{ratter}}{z \cdot m} \tag{6.32}$$

mit:

$m = 1, 2, 3 \ldots$

Mit anderen Worten, ist aus der gemessenen Ratterfrequenz eine Drehzahl für das Werkzeug zu suchen, deren Messereingriffsfrequenz bzw. m-fachen Messereingriffsfrequenz der Ratterfrequenz entspricht und nicht weit von der aktuellen Drehzahl entfernt ist. Der freie Parameter ist hierbei m.

Der Vorgang in Bild 6.67 beginnt mit dem Prozesszustand A, d.h. mit der Schnitttiefe a und der Drehzahl n_a, der, wie die Stabilitätskarte Bild 6.67a zeigt, instabil ist und mit der Frequenz f_1 (Bild 6.67b rattert.

Im nächsten Schritt wird nun die Drehzahl gesucht, deren m-fache Messereingriffsfrequenz der Ratterfrequenz entspricht. Dabei ist der ganzzahlige Wert für m so zu wählen, dass man nicht weit von der vorgegebenen Drehzahl n_A abweicht. Die Hilfslinien $f = n \cdot z \cdot m$ für die Werte $m = 1, 2$ und 3 sind in das Diagramm (Bild 6.67b) eingetragen. Wie zu ersehen liegt der Punkt A mit der Ratterfrequenz f_1 am nächsten bei der Hilfslinie $f = 2 \cdot n \cdot z$, d.h. für $m = 2$.

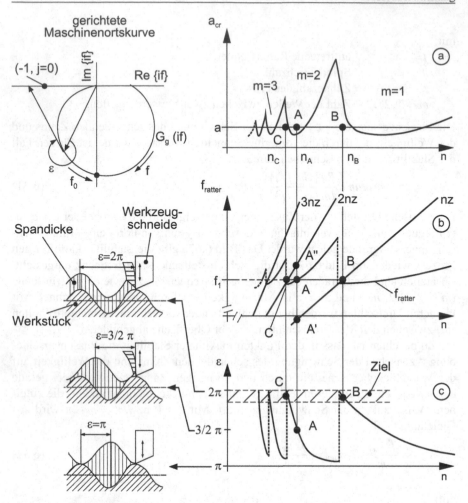

Bild 6.67. Verschiebung des Arbeitspunktes in Bereiche stabiler Bearbeitung. (nach Tlusty)

Die nun einzustellende Drehzahl beträgt:

$$n_{neu_C} = \frac{f_1}{z \cdot 2} \tag{6.33}$$

Das bedeutet, dass der Arbeitspunkt sich zu dem Punkt C in der Stabilitäts- und Frequenzkarte verschiebt und somit im stabilen Bereich zwischen den Rattersäcken ist. Die Drehzahlverminderung in diesem Fall bedeutet einen Rückgang der Produktivität. So ist man meist bestrebt den Rattersack nach rechts, d.h. zu höheren Drehzahlen zu verlassen, wenn das vom Werkzeug her (Verschleiß) möglich ist.

Im vorliegenden Fall bedeutet dies, dass wir uns zur Hilfslinie $f = 1 \cdot n \cdot z$, d.h. $m = 1$ hin bewegen. Die Hilfsgerade schneidet die Frequenz f_1 im Punkt B mit der zugehörigen Drehzahl

$$n_{neu_B} = \frac{f_1}{z \cdot 1}. \tag{6.34}$$

Diese Drehzahl führt ebenfalls aus dem Rattersack nach rechts heraus. Es ist jedoch – wie erwähnt – zu klären, ob diese Schnittgeschwindigkeit technologisch sinnvoll ist. Sollte die Prozedur der Drehzahlveränderung nach diesem Verfahren nicht erfolgreich sein, so wird ein zweiter Versuch mit der veränderten Ratterfrequenz f_2 unternommen.

Die Vorgehensweise bewirkt eine Verschiebung der Phasenbeziehung ε zwischen der schwingenden Werkzeugschneide und der Welligkeit auf der Werkstückoberfläche in Richtung auf den Betrag $m \cdot 2\pi$. Bei dieser Phasenverschiebung tritt praktisch keine Spandickenmodulation auf.

Wie die Stabilitätskarte im Bild 6.67a zeigt, ist das Auffinden einer geeigneten Drehzahl zwischen den Rattersäcken $m = 1$ und $m = 2$ sehr gut möglich. Die stabilen Bereiche werden mit niedrigeren Drehzahlen, d. h. mit zunehmenden m-Werten der Rattersäcke, merklich kleiner. Für m-Werte größer 6 lohnt sich die Suche nach einem stabilen Bereich kaum noch.

Die Erfahrungen beim Einsatz dieser Regelstrategie für verschiedene Bearbeitungsfälle haben gezeigt, dass maximal drei Iterationsschritte notwendig sind, um nach dem Auftreten von Rattern den Prozess zu stabilisieren [173]. Gibt es jedoch für eine vorgegebene Schnitttiefe in der Stabilitätskarte keine Bereiche, in denen eine Stabilisierung möglich ist, so hilft nur noch eine Schnitttiefenreduzierung.

6.4.3 Bohren

6.4.3.1 Prozessüberwachung beim Bohren und Tiefbohren

Das Bohren mit Spiralbohrern ist ein sehr häufig angewandtes Bearbeitungsverfahren. Der Überwachung des Bohrprozesses kommt eine verhältnismäßig große Bedeutung zu. Das Potenzial einer Kostenreduktion durch eine Werkzeugüberwachung liegt hierbei weniger in der Einsparung von Werkzeugen, da Spiralbohrer relativ preiswerte Artikel sind. Vielmehr sind die Folgeschäden, die durch einen Bohrerbruch entstehen, weitaus höher zu bewerten. Meistens bleibt ein Stück des gebrochenen Bohrers im Material stecken, wodurch bereits weitgehend bearbeitete und damit teure Werkstücke unbrauchbar werden. Weiterhin werden Nachbearbeitungswerkzeuge (z.B. Gewindebohrer, Reibwerkzeuge) durch das Auffahren auf das Bruchstück ebenfalls zerstört.

Für die Bohrerbruchüberwachung werden als mechanische Sensoren Taster verwendet, mit denen ein Antasten und damit in Verbindung mit den Wegmesssystemen eine Bestimmung der Werkzeuglänge möglich ist. Als optische Sensoren kommen Lichtschrankensysteme zum Einsatz. Eine ein- oder zweidimensionale Bilderfassung ist mit Hilfe von Photodiodenarrays möglich, die auf einer Linie bzw. auf einer Fläche verteilt sind.

Im Bild 6.68 und Bild 6.69 sind einige Anwendungsbeispiele für mechanische und optische Sensoren aufgeführt, die in Systemen zur Werkzeugüberwachung ein-

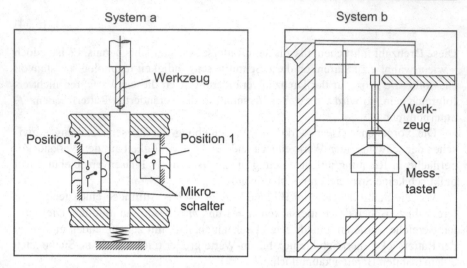

Bild 6.68. Systeme zur Bohrerbrucherkennung mit mechanischen Sensoren. (nach Hüller Hille)

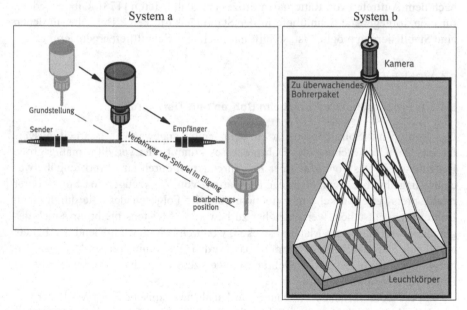

Bild 6.69. Systeme zur Bohrerbrucherkennung mit optischen Sensoren. (Quelle: Artis)

gesetzt werden. Die hier aufgeführten Verfahren arbeiten intermittierend, d. h. während der Bearbeitungspausen des Werkzeugs.

Bild 6.68a zeigt einen schaltenden Taster, auf den der Bohrer bis auf einen z-Sollwert gedrückt wird. Ist der Bohrer richtig eingespannt, wird nur das Signal des ersten Mikroschalters („Position 1") des Tasters erfasst. Löst auch der zweite Mikroschalter („Position 2") aus, so kann eine falsche Werkzeuglängeneinstellung festgestellt werden. Wenn keines der beiden Mikroschaltersignale einen Kontakt anzeigt, kann auf ein fehlendes Werkzeug oder auf einen Werkzeugbrand geschlossen werden.

Anstelle der schaltenden Abtasteinrichtungen kann ebenfalls im Arbeitsraum der Maschine ein messendes Tastersystem zum Einsatz kommen, das ein allseitiges Abtasten (axial und radial) ermöglicht (Bild 6.68b). Damit ist neben der Möglichkeit der Bohrerbrucherkennung (Werkzeuglänge) auch für Fräswerkzeuge ein Werkzeugverschleiß über die Messung des Werkzeugdurchmessers im 1/100-mm-Bereich feststellbar.

Den Aufbau einer optischen Kontrollvorrichtung zur Bohrerbrucherkennung zeigt Bild 6.69a. Auf dem Verfahrweg zwischen Grundstellung und Bearbeitungsposition wird die Bohrerspitze abgetastet. Dieses System ist zur Werkzeugbruch- und Werkzeugfehltüberwachung geeignet.

Für die Überwachung von Mehrspindelköpfen werden Kamerasysteme eingesetzt, Bild 6.69b. In einem Lernzyklus wird der Mehrspindelkopf durch die Kamera aufgenommen und das Bild im Überwachungsmodul gespeichert. Anschließend wird die Kontur des gelernten Soll-Bildes mit der Kontur des aktuell aufgenommenen Ist-Bildes verglichen. Auf diese Weise wird das Fehlen und der Bruch einzelner Bohrer überwacht.

CCD-Kameras eignen sich auch zur genauen Bestimmung von Verschleißmarkenbreiten an den Hauptschneiden eines Bohrers. Das Bild 6.70 zeigt eine Anordnung mit einer Kamera im Werkzeugmagazin eines Bearbeitungszentrums. Hauptzeitparallel werden die im Magazin befindlichen Bohrer unter der Kamera betrachtet. Ein Bildverarbeitungssystem erkennt anhand von Lichtreflexionen und Schattenbildung die Verschleißmarke an der Schneide und vermisst ihre Größe exakt [147].

Bei geringen Veränderungen der Beleuchtung, des Werkzeuges oder der Verschleißart stellen sich leicht andere Bildverhältnisse ein. Dies hat den Effekt, dass sich schlagartig Reflexe oder Schattenwürfe dem Bild überlagern. Somit geht Information im Bild verloren (Helligkeitsübersteuerung) oder zusätzliche „falsche" Konturen treten im Bild auf. Daher wurde ein breit einsetzbares Bildoptimierungsverfahren entwickelt: nach einem festen Schema wird die Beleuchtung der Schneide bei der Bildaufnahme variiert. Durch Vergleich der Bilder erkennt das System, welche Konturen im Bild ihre Lage verändern, also in Abhängigkeit der Beleuchtung wandern. Dies sind „falsche" Konturen von Reflexen oder Schattenwurf; sie werden im Konturbild eliminiert. Es verbleibt also ein Bild mit der „wahren" Verschleißkontur, die nun sicher ausgewertet werden kann.

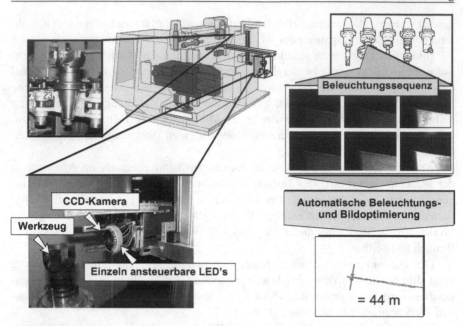

Bild 6.70. Einsatz einer CCD-Kamera mit angeschlossener Bildverarbeitung zur Verschleißmessung an Bohrern (Quelle: Pfeifer)

An einem Spiralbohrer treten die unterschiedlichsten Verschleißformen auf,
Bild 6.71. Die Auswirkungen der einzelnen Verschleißarten auf statische und dynamische Kräfte und Drehmomente ebenso wie auf die Entstehung von Schallschwin-
gungen sind eingehend untersucht worden [65].

Als für die Praxis tauglich hat sich dabei ein Überwachungsverfahren durchgesetzt, das auf der Erkennung von Schwingungen beruht, die typischerweise kurz
vor dem Eintritt des Bohrerbruchs entstehen. Durch einen starken Ecken- und Führungsfasenverschleiß verklemmt sich ein Bohrer kurzeitig in dem Bohrloch, tordiert
und reißt sich wieder los. Hierdurch werden Schwingungen angeregt, die sich in
der Axialkraft und im Drehmoment feststellen lassen. Im Körperschall sind diese
Schwingungen auch bei kleinen Bohrern noch sehr deutlich zu erkennen, Bild 6.72.
Kurz nach dem Auftreten dieser Schwingungen bricht der Bohrer infolge der starken
statischen und dynamischen Belastung.

Die auftretenden Schwingfrequenzen können sehr weit streuen. Sie sind abhängig von den Schwingungseigenschaften des Gesamtsystems, bestehend aus Maschine, Werkstück, Werkzeug und Einspannvorrichtungen. In der Regel reicht die
breitbandige Messung des Summenpegels des Körperschalls zur Überwachung des
Bohrprozesses aus. Das Auftreten der Bohrerschwingungen ebenso wie der heftige
Schallimpuls, der bei einem Spontanbruch des Werkzeugs entsteht, wird durch das
Überschreiten eines festen Grenzwertes festgestellt.

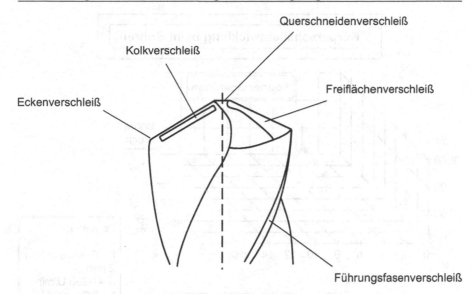

Querschneidenverschleiß

Kolkverschleiß

Freiflächenverschleiß

Eckenverschleiß

Führungsfasenverschleiß

Bild 6.71. Verschleißformen an einem Spiralbohrer

Ein weiteres sehr eindeutiges Kriterium ist die Streubreite im Verlauf des Histogramms (Amplitudendichteverteilung) des Körperschallzeitsignals. Bei ungestörter Bearbeitung geht vom Bohrprozess und von der Maschine ein Rauschen aus, dessen Amplitudendichteverteilung einer Gaußfunktion ähnelt, Bild 6.72 unten. Die Streubreite dieser Verteilung wird durch das Auftreten zusätzlicher Schwingungsamplituden im Zeitsignal größer.

Zur Überwachung des Bohrens werden in der Praxis auch verschiedene Sensorsysteme eingesetzt, die auf der Messung der Vorschubkraft beruhen. Mit zunehmendem Stumpfwerden des Bohrers steigt bei gleicher Vorschubgeschwindigkeit die Vorschubkraft an. Bild 6.73 zeigt einen Sensor, bei dem die Vorschubkraft am Axiallager der Kugelrollspindel mit Hilfe eines speziell ausgebildeten Verformungskörpers, der als Träger des Lagers mit DMS bestückt ist, gemessen wird [44]. Rechts im Bild sind typische Signalverläufe des Sensors mit zwei Grenzwerten skizziert.

Voraussetzung zum Einsatz dieses Sensors ist die Möglichkeit des Einbaus einer zusätzlichen Kraftmesshülse, in die das Axiallager integriert wird. Wenn dies aus konstruktiven Gründen nicht möglich ist, können so genannte Kraftmesslager eingesetzt werden, Bild 6.74. Hierzu werden serienmäßige Lager am Außenring mit einer umlaufenden Nut versehen. Mit Hilfe von entsprechend angebrachten DMS kann so die vom Lager übertragene Kraft gemessen werden. Diese Lagerkräfte sind mit der Überrollfrequenz der Wälzkörper moduliert, sodass das Signal zunächst tiefpassgefiltert werden muss. Für dynamische Messungen, z.B. Erfassung von Ratterschwingungen, ist diese Lösung nicht gut geeignet. Prinzipiell lassen sich solche Lager für Radial- und Axialkraftmessung präparieren.

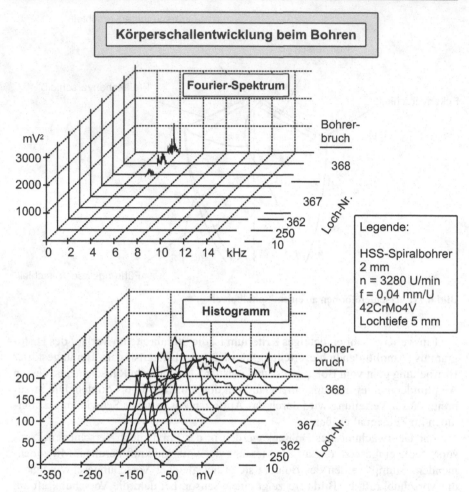

Bild 6.72. Schwingungen im Körperschall kurz vor dem Bruch eines Spiralbohrers

Die Überwachung des Bohrens mit Hilfe des Stroms im Haupt- oder Vorschubmotor wird ebenfalls häufig praktiziert. Hierbei treten jedoch zusätzliche Fehler durch Reibungsverluste im Antriebsstrang (Riementrieb, Getriebe) auf. Dynamische Vorgänge können nur im sehr niederfrequenten Bereich erfasst werden. Die Trägheit der mechanischen Bauteile bewirkt eine extreme Tiefpassfilterung. Für größere Bohrerdurchmesser ist die Motorstromüberwachung dennoch ein in der Praxis gut funktionierendes Verfahren.

Eine wesentliche Verbesserung lässt sich mit dem in Kapitel 6.4.2.2 beschriebenen steuerungsinternen Überwachungssystem erreichen. Bei diesem System werden die auftretenden Reibungs- und Beschleunigungseffekte unter Verwendung von in der Steuerung zugänglichen Informationen über Position, Geschwindigkeit und Beschleunigung kompensiert.

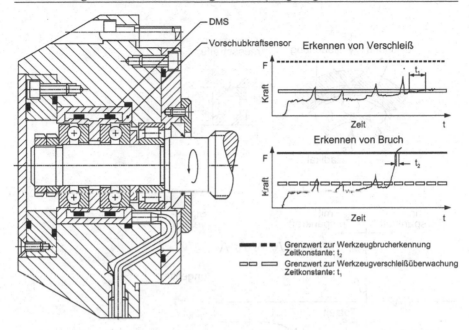

Bild 6.73. Vorschubkraftsensor zur Prozessregelung und -überwachung. (nach Sandvik)

Die Herstellung langer Bohrungen nach dem Tiefbohrverfahren erfordert einen konstanten Kühlschmiermittelkreislauf zur Kühlung und Schmierung von Schneide und Stützleisten. Gleichzeitig ist er für einen kontinuierlichen Späneabfluss aus der Bohrung verantwortlich. Der Späneabtransport durch die lange Bohrstange erfordert kurzbrechende Späne, die durch konstruktive Ausgestaltung der Schneide (Schneidenaufteilung, Spanleitstufe) und durch geeignete Zerspanparameter (Schnittgeschwindigkeit, Vorschub) erzielt werden.

Die Spänefluss- und Spanformerkennung sind eine notwendige Voraussetzung zur Automatisierung des Tiefbohrprozesses. Eine Möglichkeit der Spanformerkennung ist über die Bestimmung der Spanbruchfrequenzen möglich. Bild 6.75 zeigt die prinzipielle Anordnung eines hierfür einsetzbaren induktiven Ringsensors [14]. Die speziell für die Bohrspindel konstruierte Düse im Kühlmittelrücklauf ist notwendig, um im Bereich der Messstrecke eine genügend große Strömungsgeschwindigkeit zur Erzielung einer hohen Auflösung zu gewährleisten.

Das Ausgangssignal ist abhängig von Anzahl (= Pulsfrequenz) und Größe (= Pulsbreite) der Späne, sodass über eine angepasste Auswerteelektronik der aktuelle Prozesszustand beschrieben und bei Spanformabweichung entsprechend einer programmierten Strategie reagiert werden kann.

6.4.3.2 Prozessregelung für das Tiefbohren

Das Fertigungsverfahren Tiefbohren hat in speziellen Anwendungsbereichen eine große Bedeutung. Die mit diesem Verfahren heute erreichbare hohe Bohrungs-

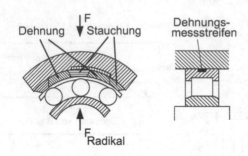

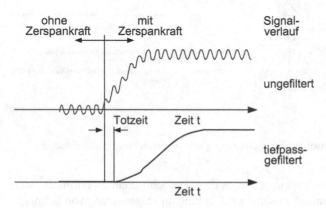

Bild 6.74. Aufbau und Funktionsweise eines Kraftmesslagers. (nach Promess)

qualität wird durch speziell ausgebildete Werkzeuge ermöglicht. Die erzielbaren Bohrtiefen-Durchmesser-Verhältnisse reichen bis zu ca. 400. Voraussetzung für eine einwandfreie Bohrung sind ein möglichst geringer Mittenverlauf und ein einwandfreier Späneabfluss aus der Bohrung.

Die Vorgabe technologischer Grenzen und vor allem die Überwachung des Prozessablaufs bleibt auch heute oft dem Fingerspitzengefühl des Bedieners überlassen, der bei Bedarf durch rasches Handeln mögliche Folgeschäden an den kostspieligen Werkzeugen und Werkstücken verhindert. Für die angestrebte Automatisierung ist eine Prozessregelung mit der Erfassung aller relevanten Prozesszustandsgrößen eine unabdingbare Voraussetzung.

Ein geschlossener Regelkreis für den Tiefbohrprozess ist im Bild 6.76 dargestellt [14]. Eingangsgrößen des Prozessreglers sind Vorschubkraft, Bohrmoment, Maschinenschwingungen sowie Informationen über Spanform und Vorschubweg. Diese Signale werden über geeignete Sensoren während des Prozessverlaufs gewonnen. Grundsätzlich sind die beiden Kenngrößen Bohrmoment und Vorschubkraft als Regelgrößen zur Regelung und Überwachung des Tiefbohrprozesses geeignet. Veränderungen an der Werkzeugschneide sind deutlich im Vorschubkraftsignal sicht-

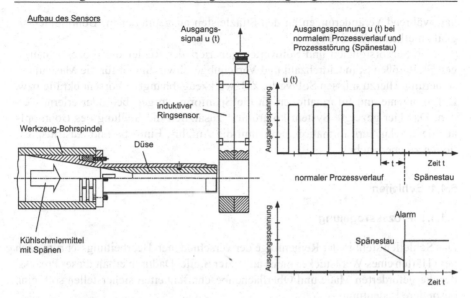

Bild 6.75. Induktiver Ringsensor zur Messung der Spänedurchflussfrequenzen beim Tiefbohren. (nach Baier)

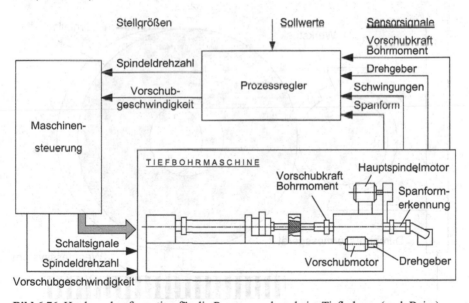

Bild 6.76. Hardwarekonfiguration für die Prozessregelung beim Tiefbohren. (nach Baier)

bar, während Veränderungen an den Stützleisten ausgeprägter im Bohrmomentsignal zu erkennen sind [14].

Aus Sensorsignalen und Sollwerten generiert der Regler die prozessabhängigen Stellgrößen Spindeldrehzahl und Vorschubgeschwindigkeit für die Maschinensteuerung. Hierzu müssen Sollwerte, z.B. werkzeugabhängige Vorschubkräfte bzw. Bohrmomente und Informationen für die Spanform, vorgegeben oder erlernt werden. Das hier gezeigte System kontrolliert zusätzlich die Stellung des Bohrkopfs aus der Drehgeberinformation, um damit die Anfahr-, Eintritts- und Austrittspositionen zu überwachen.

6.4.4 Schleifen

6.4.4.1 Prozessregelung

Das Schleifen steht in der Reihenfolge der verschiedenen Bearbeitungsschritte nach dem Härten eines Werkstückes meist an letzter Stelle. Dadurch erhält dieser Prozess, der die geforderten Maße und Oberflächenbeschaffenheiten sicherstellen soll, eine besondere Bedeutung.

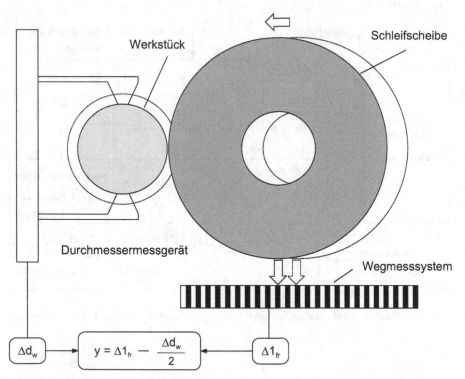

Bild 6.77. Berechnung der Maschinenaufbiegung y aus dem Vorschub Δl_{fr} und der Durchmesserabnahme Δd_w

Auch hier ist die direkte und prozessbegleitende Messung der oben genannten Qualitätsmerkmale vor erhebliche Probleme gestellt. Als Standardlösung sind heute Messregelungen anzusehen, welche die Veränderung des Werkstückdurchmessers während der Bearbeitung mit NC-gesteuerten, mechanischen Messköpfen erfassen und die Umschaltzeitpunkte der Vorschubgeschwindigkeit für das Schruppen, Schlichten und Ausfunken der Maschinensteuerung vorgeben. Bei Erreichen des Nennmaßes wird der Bearbeitungsvorgang beendet.

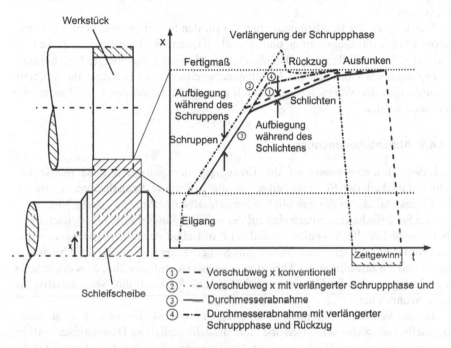

Bild 6.78. Außenrundschleifen mit Spindelstockrückzug

Ebenso haben sich Systeme bewährt, die durch Vermeidung bzw. Reduzierung des Luftschleifens vor dem Anschnitt eine Verkürzung der Hauptzeit bewirken [11]. Die Umstellung der Schleifscheiben-Vorschubgeschwindigkeit von Eilgang auf Schruppgeschwindigkeit erfolgt normalerweise bei einem angenommenen maximalen Werkstückaufmaß. Bei diesem System erfolgt die Scheibenzustellung mit reduzierter Eilganggeschwindigkeit solange, bis die Schleifscheibe das Werkstück kontaktiert. Dieser Anschnitt wird mit Hilfe von Körperschallsensoren – zur Sicherheit meist in zweifacher Ausführung – erkannt.

Im üblichen dreistufigen Schleifprozess wird die durch Schnittkräfte bedingte Maschinenaufbiegung zum größten Teil in der Schlichtphase durch die Abnahme des Werkstückdurchmessers wieder abgebaut. Eine Verkürzung der Hauptzeit bewirken solche Systeme, die die Schruppphase gezielt verlängern, um das Maß der

Maschinenaufbiegung ebenfalls durch die Schruppbearbeitung abzutragen [184], Bild 6.77.

Durch die zeitliche Verlängerung der Schruppphase wird das Werkstück mit größerer Zerspanleistung unter Reduzierung der Schlichtphase fast bis auf Endmaß bearbeitet. Die überhöhte Zustellung in der verlängerten Schruppphase würde beim anschließenden Feinschlichten jedoch ein entsprechendes Untermaß am Werkstück erzeugen. Deshalb wird der Spindelstock kurz vor Erreichen des Endmaßes zurückgezogen. Beim anschließenden Feinschlichten wird dann das genaue Fertigmaß erreicht, Bild 6.78.

Die Vorgabe der Bearbeitungsparameter für den Schleifprozess beruht auf technologischen Erfahrungswerten und den elastischen Maschineneigenschaften. In Form von Wertetabellen oder Datenbanken werden die Einstellwerte bereitgestellt. Häufig muss das Optimum der Maschineneinstellung vom Benutzer durch Qualitätsprüfungen der Werkstücke und durch gezielte Variation der Einstellparameter gefunden werden.

6.4.4.2 Abrichtüberwachung

Ziel des Abrichtprozesses ist die Erzeugung der geforderten Geometrie und Schneidfähigkeit der Schleifscheibe, um die geforderte Spanabnahme sowie die Werkstückqualität bei der anschließenden Schleifbearbeitung zu gewährleisten.

Die Schleifscheiben nutzen sich auf der vollen Zylinderbreite nicht gleichmäßig ab. Insbesondere die Außenkanten und bei Profilscheiben die hervorstehenden spitzen Profilanteile verschleißen stärker. Aus Sicherheitsgründen wird die Abrichthäufigkeit und die Zustellung des Abrichtwerkzeuges so groß gewählt, dass die Scheibe über ihrer gesamten Profilbreite garantiert geschärft ist und ihre Sollgeometrie zurückgewonnen hat.

Da das Verschleißmaß nicht genau bekannt ist, wird eher zu viel als zu wenig zugestellt, sodass die Schleifscheibe mehr als erforderlich an Durchmesser verliert. Dies bedeutet erhöhte Werkzeug- und Abrichtkosten. Um das Abrichtmaß auf das Notwendigste zu reduzieren, wird der Abrichtvorgang durch den Verlauf von Körperschallsignalen überwacht. Der Sensor wird auf dem Halter des Abrichtwerkzeuges montiert. Bild 6.79 stellt den prinzipiellen Aufbau eines Systems zur Überwachung des Abrichtens von Schleifscheiben mit stehenden Werkzeugen (Diamant, Fließe) dar.

Die Sollwertvorgabe für den Körperschallverlauf erfolgt über einen Lernzyklus, der meist während des Einrichtens durchgeführt wird und den Signalverlauf bei garantiert gleichem Abtrag über dem gesamten Profil wiedergibt. Der Körperschall-Summenpegel wird nach vorhergehender Gleichrichtung und Filterung digitalisiert und im Systemspeicher als Funktion des Vorschubweges abgelegt. Von diesem Sollwertverlauf wird nun ein Toleranzband vorgebbarer Breite abgeleitet. Liegen die Signalwerte des Körperschalls außerhalb dieses Toleranzbandes, so erfolgt über die SPS-Schnittstelle des Systems eine Fehlermeldung, die zur automatischen Wiederholung des Abrichthubes mit erneuter Zustellung des Abrichtwerkzeuges benutzt werden kann.

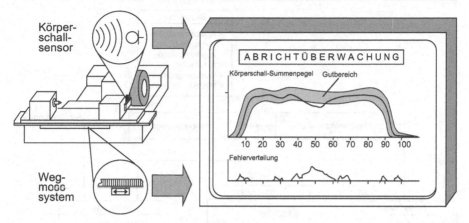

Bild 6.79. Prinzip des Systems zur Abrichtüberwachung

Unterhalb des aktuellen Körperschall-Signalverlaufs wird auf dem Bildschirm eine Häufigkeitsverteilung der Abrichtfehler über die jeweils 32 letzten Abrichthübe dargestellt. Der im Bild 6.79 gezeigte fehlerhafte Istwertverlauf lässt auf einen erhöhten Verschleiß in der Scheibenmitte schließen. Aufgrund der aufgetretenen Abweichung muss die Scheibe nochmals abgerichtet werden. Zur Optimierung des Prozesses kann als vorbeugende Maßnahme beispielsweise der Zustellbetrag erhöht werden und/oder die Anzahl der zwischen zwei Abrichtzyklen zu schleifenden Werkstücke verringert werden.

6.4.5 Funkenerosive Bearbeitung

Die sachgerechte Bedienung einer Funkenerosionsanlage erfordert einen erfahrenen Benutzer mit entsprechenden Kenntnissen der technologischen Zusammenhänge zwischen den vielfältigen Einstellmöglichkeiten der Anlage und dem erzielbaren Arbeitsergebnis [78]. Beurteilungskriterien für das Arbeitsergebnis können sein: Oberflächengüte, Maßgenauigkeit oder thermische Randzonenbeeinflussung des Werkstückes. Auch die Abtragrate (Werkstück) und die Verschleißrate (Werkzeug) hängen von der gewählten Einstellung der Maschinensteuerung ab und werden von verschiedenen Störgrößen, z.B. den augenblicklichen Spülbedingungen oder dem Verschmutzungsgrad des Arbeitsmediums (Dielektrikum), beeinflusst. Aufgabe eines Regelsystems ist es, unabhängig von den Fähigkeiten der Bedienungsperson die für das gewünschte Arbeitsergebnis günstigste Einstellung der Maschinensteuerung vorzunehmen sowie die Störeinflüsse zu kompensieren.

Bild 6.80 zeigt schematisch den Aufbau eines Reglers an einer Funkenerosionsanlage. Zunächst werden mit Hilfe von Sensoren aus dem Prozess geeignete Kenngrößen gewonnen, die Aufschluss über den augenblicklichen Prozesszustand geben, da sich Abtragrate oder Verschleiß aus technischen Gründen nicht direkt messen lassen. Die Optimierungsstrategie, die auf technologischen Kenntnissen basiert, legt

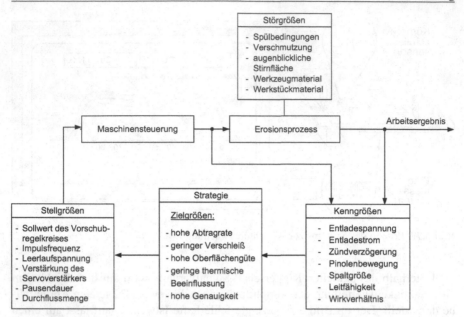

Bild 6.80. Schematischer Aufbau eines Prozessregelsystems für die funkenerosive Bearbeitung mit beschreibenden Kenngrößen

dann je nach Zielgröße (z.B. kurze Bearbeitungszeit, geringer Werkzeugelektrodenverschleiß) die zum Erreichen des optimalen Arbeitspunktes notwendigen Stellgrößenänderungen fest.

Im Bild 6.81a sind mögliche charakteristische Entladespannungsverläufe am Funkenspalt dargestellt. Der mit Funkenentladung bezeichnete Verlauf weist auf eine abtragintensive Entladung hin, während Verläufe der Leerlauf- und Kurzschlussform keinen Abtrag erbringen und die Fehlentladung die Neigung zur unerwünschten Lichtbogenbildung signalisiert. Das Verhältnis der Anzahl der Abtrag wirksamen Funkenentladungen zu der Gesamtanzahl der vom Generator gelieferten Impulse nennt man das Wirkverhältnis η.

Bild 6.81b zeigt den schematischen Aufbau des Wirkverhältnissensors. Dieser Sensor wertet die beschriebenen Entladespannungsverläufe mit Hilfe einer Komparatorschaltung aus. Eine nachgeschaltete Logik bildet aus den Ausgangssignalen der Komparatoren $K1$ bis $K4$ eine Information über die Qualität der Impulse. Der Signalverlauf nach einem bestimmten Zeitpunkt t_A, der durch ein Totzeitglied bestimmt wird, gibt Auskunft: „Funkenentladung – ja oder nein". Diese Information steht digital oder – zeitlich gemittelt – als analoges Signal-Wirkverhältnis η am Ausgang des Sensors zur Verfügung. Weitere Sensoren sind im Einsatz, die z.B. zur Messung der Zündverzögerungszeit, der Leitfähigkeit des Spaltes und des Ventilstroms des hydraulischen Vorschubsystems.

a) charakteristische Entladespannungsverläufe

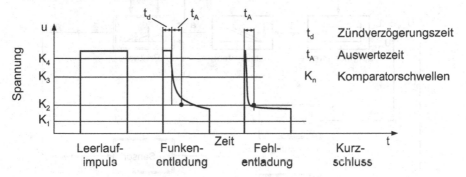

b) Wirkverhältnissensor

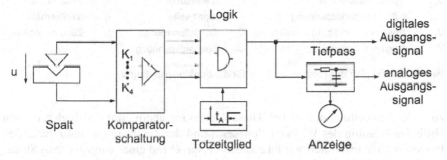

Bild 6.81. Charakteristische Entladespannungsverläufe und schematischer Aufbau des Wirkverhältnissensors

Bild 6.82 zeigt den Wirkplan der Regelung der Funkenspannung u_f, wobei die obere Hälfte des Schaltplans – die Regelstrecke – einen konventionellen Vorschubantrieb und den Funkenerosionsprozess enthält [36].

Der Sollwert des Vorschubregelkreises U_{soll} wird im Handbetrieb über ein Potentiometer am Generator der Bearbeitungsaufgabe entsprechend eingestellt. Aufgrund der Differenz zwischen Sollwert und der mittleren Entladespannung U_{fm}, die sich über ein Glättungsglied in der Rückführung aus der tatsächlichen Entladespannung u_f ergibt, wird die Pinole über Spannungsregler und Stellsystem verfahren. Es stellt sich eine Spaltweite a ein, die unter Einfluss der Durchflussmenge Q_S des Dielektrikums eine mittlere Spannung erzeugt, die der Vorgabe U_{soll} entspricht. Auf den Prozess wirken die im Bild 6.80 genannten Störgrößen ein.

Es hat sich gezeigt, dass allein die richtige Auswahl des Sollwertes je nach Bearbeitungsaufgabe schwierig ist. Eine kontinuierliche Anpassung dieser Stellgröße an die augenblicklichen Bearbeitungsbedingungen trägt zu einer optimalen Ausnut-

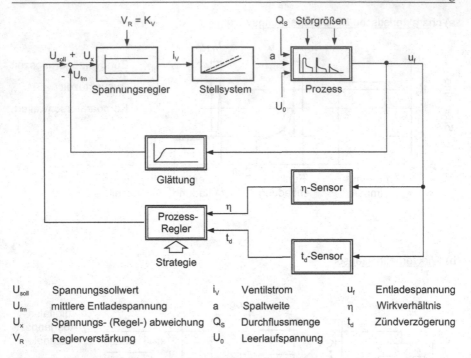

U_{soll}	Spannungssollwert	i_V	Ventilstrom	u_f	Entladespannung
U_{fm}	mittlere Entladespannung	a	Spaltweite	η	Wirkverhältnis
U_x	Spannungs- (Regel-) abweichung	Q_S	Durchflussmenge	t_d	Zündverzögerung
V_R	Reglerverstärkung	U_0	Leerlaufspannung		

Bild 6.82. Wirkplan der Prozessregelung für die Funkenspannung u_f

zung der Bearbeitungsanlage bei. Diese Anpassung übernimmt der Regler, der mit Hilfe der Messung des Wirkverhältnisses η und der Zündverzögerung t_d über den Prozesszustand informiert wird. Er ändert entsprechend einer vorgegebenen Strategie die Sollgröße U_{soll}.

Die Strategie dieses einfachen Reglers sowie die zugrundeliegenden technologischen Zusammenhänge sind im Bild 6.83 dargestellt. Zielgröße sei eine hohe Abtragrate bei relativ geringem Werkzeugverschleiß. Es ist aus der Technologie bekannt, dass eine Proportionalität zwischen der Abtragrate V_W und dem Wirkverhältnis η besteht, wie aus dem unteren Teil von Bild 6.83 zu erkennen ist. Entsprechend der in der Bildmitte dargestellten Entscheidungstabelle wird in einem Suchverfahren je nach zeitlicher Änderung der Kenngrößen η und t_d der Sollwert variiert. Mit Hilfe dieses Verfahrens lässt sich das größtmögliche Wirkverhältnis bei maximaler Abtragrate erzielen.

Seit geraumer Zeit sind Bestrebungen festzustellen, adaptive Regelungseinrichtungen sowohl für die Normal- als auch für die Feinstbearbeitung zu entwickeln. Für die Charakterisierung des Erosionsprozesses hat es sich als vorteilhaft erwiesen, neben der Zündverzögerungszeit als weitere Kenngröße die Brennverzögerungszeit zu definieren [26], Bild 6.84.

Hierdurch wird es möglich, eine detaillierte Beschreibung der Fehlentladungen durchzuführen. Diese sind dadurch gekennzeichnet, dass die vor der Entladung auftretende Spannung im Bereich zwischen der Leerlaufspannung und der Entlade-

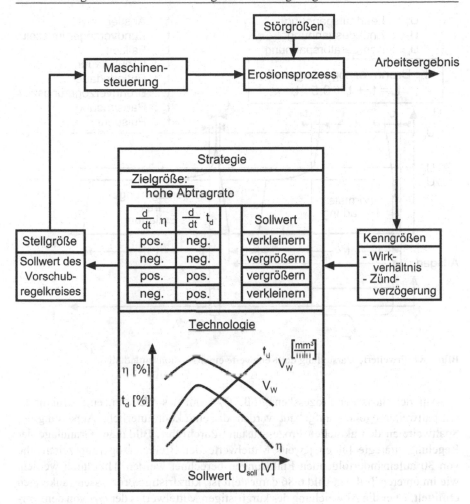

Bild 6.83. Beispiel für ein Teilsystem zur Prozessregelung

spannung liegt (rechter Impuls Bild 6.84). Diese Fehlentladungsimpulse lassen sich durch die messtechnische Erfassung der $(t_{df} > 0)$ erkennen. Somit stellt die Brennverzögerungszeit t_{df} eine charakteristische Kenngröße des Erosionsprozesses dar, deren Veränderung mit dem Abtrag und Verschleiß korreliert, Bild 6.85.

Für die üblichen Materialkombinationen von Werkzeugelektrode und Werkstück können sowohl die Abtragrate als auch der Verschleiß in Abhängigkeit von t_{df} ermittelt werden. Hieraus ergibt sich die Möglichkeit, über eine rechnergestützte Auswertung detaillierte Prozessinformationen des aktuellen Zustandes als Hilfsmittel für den Benutzer online darzustellen. Im Gegensatz zur üblichen Anzeige des Wirkfaktors ist hier eine Darstellung möglich, die die Auswirkung der gezündeten Entladungen auf den Abtrag bzw. den Verschleiß anzeigt.

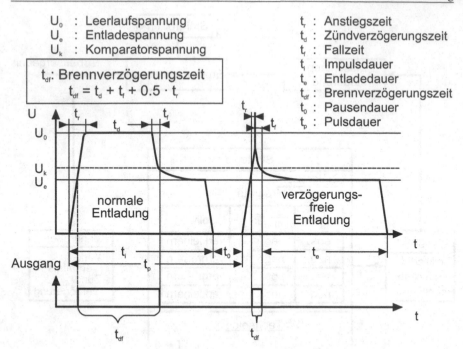

Bild 6.84. Erweiterte Darstellung der Kennwerte einer Erosionsentladung

Auf der Basis der Prozesskenngröße t_{df} kann des Weiteren eine strukturierte Spaltweitenregelung aufgebaut werden, die eine kontinuierliche Anpassung der Spaltweite an den aktuellen Prozesszustand durchführt, Bild 6.86. Grundlage der Regelungsstrategie bilden jeweils Mittelwerte der Brennverzögerungszeiten, die von 30 aufeinanderfolgenden Entladungen berechnet werden. Hierdurch werden, wie im unteren Teil von Bild 6.86 dargestellt ist, kurzfristige Prozessschwankungen ermittelt. Über die Abweichung des kurzfristigen Mittelwertes der t_{dfk} von dem vorgegebenen Sollwert t_{dfsoll} wird die Eingangsgröße für den adaptierten Proportionalregler Δt_{dfk} gebildet. Für eine Beurteilung des gesamten Prozesses sind jedoch auch langfristige Trends zu berücksichtigen, die in Form eines übergeordneten Systems (Bild 6.86 oben) eine Adaption der Verstärkungsfaktoren V_r und V_v des Spaltweitenreglers für die vorwärts (v) und rückwärts (r) Bewegung bewirken. Über die Abweichung des langfristigen Mittelwertes t_{dfl} von dem Vorgabewert t_{dfsoll} wird das Verstärkungsverhältnis aus Vorwärts- zu Rückwärtsverstärkung des Pinolenantriebes und damit die Dynamik des Vorschubantriebes beeinflusst. Der Regler generiert ein Signal variabler Amplitude und Stelldauer L_v bzw. L_r, das an den Drehzahlregler des Vorschubmotors ausgegeben wird. In der Praxis hat es sich als günstig erwiesen, hierbei eine hohe Verstärkung einer langen Stelldauer vorzuziehen.

Einerseits lassen sich durch diese Maßnahme sehr kleine Regeltakte erzielen. Andererseits ist aufgrund der zeitlichen Auflösung keine Unterscheidung zwischen L_v und L_r mehr notwendig, sodass lediglich die Verstärkungen adaptiert werden

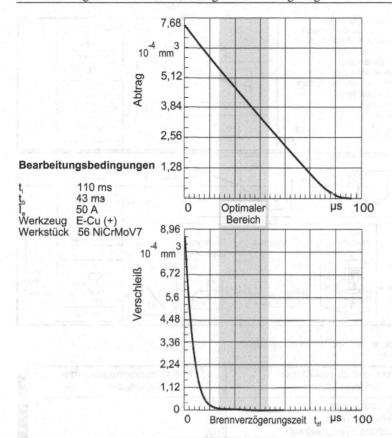

Bearbeitungsbedingungen

t_i 110 ms
t_o 43 ms
I_e 50 A
Werkzeug   E-Cu (+)
Werkstück   56 NiCrMoV7

Bild 6.85. Zusammenhang zwischen Brennverzögerungszeit t_{df} und Abtrag bzw. Werkzeugverschleiß

müssen. Berücksichtigt man ferner, dass zwischen der Abweichung t_{dfl} im langfristigen Mittel und dem Quotienten aus V_v und V_r eine lineare Beziehung besteht (vgl. [26]), kann aus den Anfangsbedingungen sowie einem weiteren Arbeitspunkt ein optimales Verstärkungsverhältnis $V_v = V_r$ durch Inter- bzw. Extrapolation berechnet werden. Die spezifische Anfangseinstellung der im Regelkreis enthaltenen Kenngrößen L_i sowie V_v, V_r und t_{dfk} beruht dabei auf Erfahrungswerten und Ergebnissen aus experimentellen Untersuchungen.

Auf Basis der hier vorgestellten statistischen Auswertung kann erreicht werden, dass der Erosionsprozess stabil abläuft und sich ein optimaler Zustand bezüglich Materialabtrag und Elektrodenverschleiß einstellt. Daraus resultiert eine erhebliche Verkürzung der Bearbeitungszeit bei gleichzeitiger Verringerung des Werkzeugverschleißes.

t_{df} : Brennverzögerungszeit
t_{dfk} : Mittelwert über ca. 30 Impulse
t_{dfl} : Mittelwert über 100 000 Impulse
$t_{dflsoll}$: Sollwert mittleres tdf
V_v : Vorwärtsverstärkung
V_r : Rückwärtsverstärkung
$L_{v,r}$: Stelldauer des Vorschubmotors
V_{soll} : Sollwert Drehzahlregler
U : Spaltspannung
t_i : Impulsdauer
t_0 : Pausendauer
$T_{0,1}$: Abtastzeit

n=20
m=5000

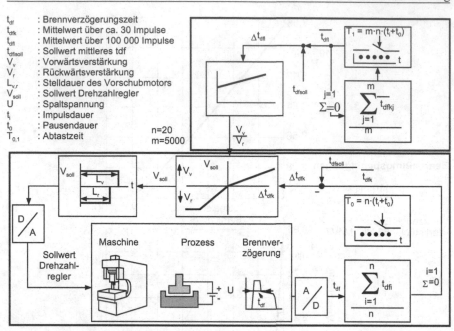

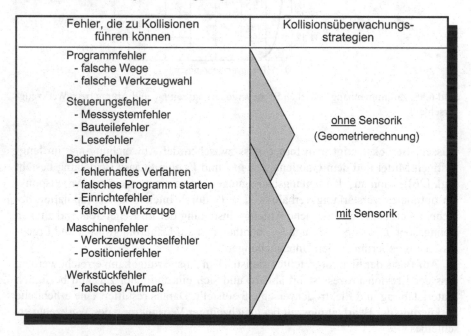

Bild 6.86. Struktur der Spaltweitenregelung

Fehler, die zu Kollisionen führen können	Kollisionsüberwachungs-strategien
Programmfehler - falsche Wege - falsche Werkzeugwahl	
Steuerungsfehler - Messsystemfehler - Bauteilefehler - Lesefehler	<u>ohne</u> Sensorik (Geometrierechnung)
Bedienfehler - fehlerhaftes Verfahren - falsches Programm starten - Einrichtefehler - falsche Werkzeuge	
Maschinenfehler - Werkzeugwechselfehler - Positionierfehler	<u>mit</u> Sensorik
Werkstückfehler - falsches Aufmaß	

Bild 6.87. Kollisionsursachen und zugehörige Überwachungsstrategien

6.4.6 Kollisionsüberwachung

Kollisionen an Werkzeugmaschinen führen in der Regel zu erheblichen Schäden, die einerseits hohe Reparaturkosten, andererseits lange Ausfallzeiten der Maschinen nach sich ziehen. 70 % der Maschinenausfälle mit langen Stillstandszeiten und hohen Reparaturkosten sind durch Kollisionen bedingt [93].

Werden Kollisionsschutzsysteme eingesetzt, so sollten diese möglichst die Kollision verhindern oder zumindest Folgeschäden minimieren. Sie sollten sich anbahnende Kollisionen in allen Betriebszuständen, d. h. Hand- und Automatikbetrieb, erfassen können. Statistisch gesehen ist die Fehlbedienung der Maschine die häufigste Ursache für eine Kollision. Dazu zählen sowohl das Einspannen falscher Werkzeuge oder Werkstücke, Unachtsamkeit beim manuellen Verfahren der Achsen, als auch Fehler bei der Handeingabe von NC-Sätzen oder bei der Vorgabe von Korrekturwerten. Weitere Kollisionsursachen liegen in Steuerungs- oder Programmfehlern, die trotz Überwachungs- und Testfunktionen nicht immer erkannt werden können, Bild 6.87.

Ein Kollisionsschutzsystem sollte nach Möglichkeit alle Fehlerquellen erfassen, die zu Kollisionen führen können. Hierzu sind prinzipiell zwei verschiedene Verfahren einsetzbar. Im Folgenden werden sensorische und sensorlose Systeme diskutiert und die Vor- und Nachteile aufgezeigt.

Sensorische Verfahren

Sensorische Verfahren zur Kollisionsvermeidung arbeiten mit verschiedenartigen Sensoren.

Denkbar sind z.B. optische Sensoren in Form von Kameras, deren Signale nach entsprechender Auswertung einen Großteil möglicher Kollisionsfälle verhindern können. Nachteile sind die hohe Empfindlichkeit von optischen Systemen im Arbeitsraum von Werkzeugmaschinen und die aufwändige Informationsverarbeitung.

Käufliche Kollisionserkennungssysteme basieren meist auf Kraftsensoren in Verbindung mit gezielten Schwachstellen (Überlastkupplung, s. Kapitel 2.3) oder einer Einrichtung zur Sperrung der Reglerfreigabe. Neben der Tatsache, dass sie die Kollision nicht vermeiden, sondern nur erkennen, bzw. den Schaden klein halten, erfassen sie oft auch nicht alle Punkte des bewegten Maschinenteils, die an Kollisionen beteiligt sein können.

Für Sensoren auf akustischer Basis gilt Ähnliches. Sie erfassen lediglich eine Richtung und werden leicht durch Späne, Kühlschmiermittel usw. gestört. Für den Betrieb im Arbeitsraum einer Werkzeugmaschine sind sie daher ungeeignet.

Unter Verwendung steuerungsinterner Informationen können alle Achsen und damit alle Richtungen überwacht werden (s. Kapitel 6.2.5). Durch Kompensation der Beschleunigungseffekte kann die Kollisionsschwelle im Eilgang niedrig eingestellt werden. Zusammen mit einer schnellen Reaktion im Lagereglertakt kann so, zumindest bei Kollisionen der Vorschubantriebe, in der Regel eine Schadensreduzierung erreicht werden.

Sensorlose Verfahren

Sensorlose Verfahren zur Kollisionsvermeidung bestehen in der Regel aus einer reinen Softwarelösung. Der geometrische Kollisionsraum einschließlich Werkzeugen, Werkstück, Spannelementen und Umbauten für alle bewegten Achsen wird mit einfachen Geometrieelementen (Primitivs) beschrieben [178, 210].

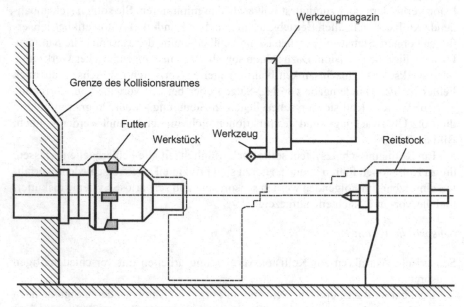

Bild 6.88. Beschreibung des Kollisionsraumes

Aus der Position und Geschwindigkeit der beweglichen Maschinenteile (Werkzeuge, Werkzeugträger) und den bekannten Geometrien kann jederzeit rechnerisch eine Kollisionsgefahr erkannt werden. Die Problematik bei dieser Geometrierechnung liegt in der hohen Datenmenge zur Beschreibung der Arbeitsraum-, Werkzeug-, und Werkstückgeometrie sowie in dem hohen Rechenaufwand, der zur Berechnung möglicher Kollisionsgefahren nötig ist.

Eine erhebliche Reduzierung des Online-Rechenaufwandes lässt sich dadurch erreichen, dass die Anzahl der zu betrachtenden Punkte, die an der Kollision beteiligt sein können, durch eine Vorausberechnung auf einen Punkt reduziert wird. Dieser eine zu betrachtende Punkt (Kollisionspunkt) sollte der Punkt sein, dessen Bewegungsbahn im Bearbeitungsprogramm der Maschine beschrieben ist, also z.B. die Werkzeugspitze.

Die Teile des Arbeitsraumes, die an einer Kollision beteiligt sein können, werden dazu derartig künstlich vergrößert, dass das Bewegen des Kollisionspunktes außerhalb dieser künstlich vergrößerten Oberfläche zu keiner Kollision mit irgendeinem Punkt des bewegten Maschinenteils führt. Bild 6.88 zeigt die Vorgehensweise

für den zweidimensionalen Fall. Der auf die Werkzeugspitze bezogene kollisions-
freie Bewegungsraum unter Berücksichtigung der künstlich vergrößerten Hinder-
niskörper bzw. -flächen liegt oberhalb der gestrichelten Linie in Bild 6.88. Die Kol-
lisionsrechnung muss nur noch die Bewegungsbahn der Werkzeugspitze bezüglich
der gestrichelten Linie berücksichtigen.

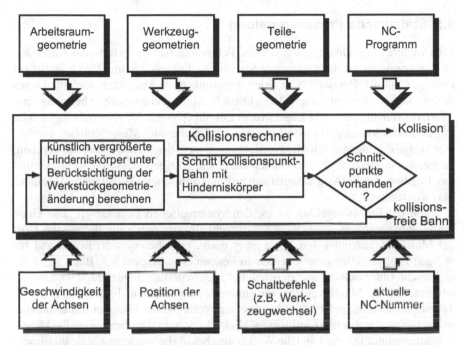

Bild 6.89. Informationsfluss in einem Kollisionsschutzsystem

Schneidet die Bahn des Kollisionspunktes in dem zu untersuchenden Bewegungsabschnitt die gestrichelte Linie, so wird eine Kollisionsmeldung generiert und
die Bewegung darf nicht ausgeführt werden, Bild 6.89. Ansonsten ist die Bahn kol-
lisionsfrei und kann ausgeführt werden. Der Kollisionsrechner untersucht dann den
nächsten Bewegungsabschnitt.

Unter Berücksichtigung der geschwindigkeitsabhängigen Stoppwege der Vorschubachsen wird der Kollisionsraum zusätzlich vergrößert, bzw. die Geschwindigkeitswerte bei Annäherung an den Kollisionsraum automatisch zurückgenommen.
Auf diese Weise wird garantiert, dass die Vorschubbewegung vor dem Erreichen des
Kollisionsraumes gestoppt werden kann.

Bei diesem Verfahren wird davon ausgegangen, dass alle Geometriedaten richtig eingegeben worden sind und auch die veränderlichen Geometriewerte (Werkstück, Werkzeuge usw.) mit der Realität übereinstimmen. Das Einwechseln eines
falschen, z.B. zu großen, Werkstückes oder Werkzeuges oder die Eingabe eines
falschen Werkstückprogramms bzw. eine Fehlbedienung führen bei diesem Sys-

tem unweigerlich zur Kollision. Hier ist natürlich eine Kombination aus sensorloser und sensorischer Kollisionsvermeidungsstrategie sinnvoll. Ein Körper vermessendes Kamerasystem überwacht die Umrissgeometrie von Werkstück, Futter und eingewechseltem Werkzeug. Auf dieser Weise können Fehleingaben der Geometriedaten der betroffenen Kollisionskörper vermieden bzw. aufgedeckt werden.

6.5 Statistische Prozessregelung

Eine weitere Möglichkeit, systematische Fehlerursachen am gefertigten Werkstück zu kompensieren, ist die sogenannte Statistische Prozessregelung (SPC: Statistical Process Control). Bei der SPC werden in periodischen Abständen Werkstücke aus der Produktion entnommen und deren kritische Maße (beispielsweise besonders eng tolerierte Durchmesser von Lagersitzen) mit angepassten Messvorrichtungen oder mit normalen Messmitteln, wie Mikrometerschraube oder Mess-Schieber, geprüft. Der Vorteil der angepassten Messvorrichtungen ist in der Serienproduktion gegeben, da meist eine Vielzahl von Merkmalen mit einem einzigen Messvorgang erfasst und das Ergebnis der Prüfung automatisch auf elektronischen Datenträgern dokumentiert werden kann.

Sinn der Prozessregelung ist es, den systematischen Fehleranteil, also einen Trend, hervorgerufen durch Werkzeugverschleiß oder durch die thermische Drift der Maschine, auszugleichen. Dazu ist es nötig, zwischen systematischen und zufälligen Fehleranteilen unterscheiden zu können (s. a. Kapitel 9.3, Band 5 „Messtechnische Untersuchung und Beurteilung"). Der zufällige Fehleranteil wird bei einer sogenannten Maschinenfähigkeitsuntersuchung ermittelt. Es werden meist 50 Teile hintereinander gefertigt und vermessen. Während der Fähigkeitsuntersuchung sollen die systematischen Einflüsse möglichst klein sein. Das heißt, dass die Umgebungstemperatur konstant und die Werkzeugschneide bereits einige Male im Einsatz gewesen sein soll, um den progressiven Anfangsverschleiß zu vermeiden.

Aus der Streuung der gefertigten Werkstückmaße werden für die kritischen Merkmale die Standardabweichung s_x und die auf die vorgegebene Zeichnungstoleranz T bezogene Maschinenfähigkeit C_m berechnet:

$$C_m = \frac{T}{6 s_x} \tag{6.35}$$

mit:

$s_x = \sqrt{\frac{\sum_i (x_i - \bar{x})^2}{n-1}}$ Standardabweichung,

x_i Messwert,

n Stichprobengröße,

$\bar{x} = \frac{1}{n} \sum_i x_i$ Mittelwert.

Damit der Prozess regelbar ist, muss die zufällige, nicht beeinflussbare Streuung im Verhältnis zur Toleranzfeldbreite klein sein. Die in der Praxis geforderten Fähigkeitsindizes C_m liegen deshalb zwischen 1,3 und 1,67.

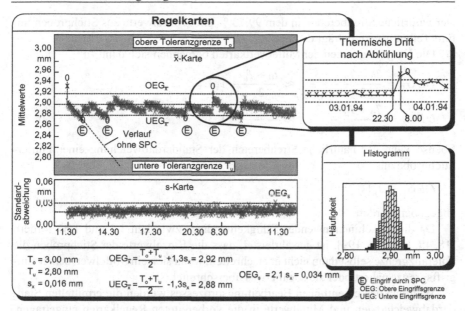

Bild 6.90. Regelkarten zur Statistischen Prozesskontrolle (SPC)

Bei der statistischen Prozessregelung werden während des eigentlichen Bearbeitungsprozesses in periodischen Abständen Stichproben zu meist fünf Teilen aus der Produktion entnommen und vermessen. Für jede Stichprobe werden die Standardabweichung und der Mittelwert berechnet. Die Ergebnisse der Messung werden in Prozessregelkarten eingetragen, Bild 6.90. Als erstes werden in die Regelkarte die obere und untere Toleranzgrenze des kontrollierten Merkmals, hier der Durchmesser eines Synchronrings für ein Pkw-Getriebe, eingetragen.

Anschließend sind für die Mittelwertkarte ($\bar{x}$-Karte) und die Standardabweichungskarte (s-Karte) Eingriffsgrenzen zu bestimmen. Die Eingriffsgrenzen berechnen sich derart, dass ein Über- oder Unterschreiten dieser Grenzen eindeutig als Trend erkannt wird, so dass die Maschine geregelt gegensteuern kann. Aus der Maschinenfähigkeitsuntersuchung ist die Standardabweichung s_x der Einzelwerte bekannt. Statistisch gesehen kann von einer systematischen Abweichung gesprochen werden, wenn ein Messwert außerhalb des $\pm 3s$-Bereichs liegt, in dem sich bei rein zufälliger Verteilung 99,73 % aller Messwerte befinden. Durch die Mittelwertbildung wird der Verlauf der Messwerte geglättet. Ein Trend ist besser erkennbar, weil die Mittelwerte einer Stichprobe weniger stark streuen als die Einzelwerte. Wenn die Einzelwerte einer Stichprobe mit der Standardabweichung s_x verteilt sind, ergibt sich die Standardabweichung $s_{\bar{x}}$ der Mittelwerte aus n Werten zwischen den Stichproben zu

$$s_{\bar{x},n} = \frac{1}{\sqrt{n}} s_x \tag{6.36}$$

Der natürliche Streubereich, in dem 99,73 % aller Mittelwerte aus Stichproben mit fünf Teilen liegen, beträgt demnach $\pm 3/\sqrt{5} \cdot s_x$.

Die Eingriffsgrenzen der Mittelwertkarten berechnen sich dann zu:

$$OEG_{\overline{x}} = \frac{T_0 + T_u}{2} + \frac{3}{\sqrt{5}} s_x \approx \frac{T_0 + T_u}{2} + 1,3 s_x$$

$$UEG_{\overline{x}} = \frac{T_0 + T_u}{2} - \frac{3}{\sqrt{5}} s_x \approx \frac{T_0 + T_u}{2} - 1,3 s_x \qquad (6.37)$$

Ebenso kann der natürliche Streubereich der Standardabweichung einer Fünfer-Stichprobe mit

$$OEG_s = 2,1 s_x \qquad (6.38)$$

angegeben werden.

Da die Maschinenanwender Fähigkeitsindizes zwischen 1,3 und 1,67 fordern [18, 48, 113, 196, 199], ist gewährleistet, dass die Einzelwerte der Stichproben die Toleranzgrenze selbst dann nicht überschreiten, wenn sich ein Mittelwert seiner Eingriffsgrenze nähert oder sie sogar etwas überschreitet.

Während des eigentlichen Bearbeitungsprozesses werden die ermittelten Standardabweichungen und Mittelwerte in die vorbereiteten Regelkarten eingetragen. An modernen SPC-Stationen für die Serienfertigung geschehen Messung, Auswertung und Übernahme der Daten in die Regelkarten automatisch. Im Bild 6.90 ist der Ausschnitt einer solchen Regelkarte wiedergegeben. Aufgrund des Verschleißes der konischen Reibahle werden im Laufe der Zeit immer kleinere Durchmesser gefertigt. Erreicht ein Mittelwert die untere Eingriffsgrenze, so wird die Ahle radial zugestellt und reibt wieder größere Durchmesser. Der zweite Effekt, der aus dieser Regelkarte deutlich wird, ist die thermische Drift der Maschine. Man erkennt, dass die erste Stichprobe bei Beginn der neuen Schicht oberhalb der oberen Eingriffsgrenze gefertigt wurde. Daraufhin muss der Prozess ebenfalls nachgestellt werden. Im Histogramm ist die Häufigkeitsverteilung von 4785 Einzelwerten aufgetragen, die in dieser Zeit gefertigt wurden. Es zeigt sich, dass die Durchmesser durchschnittlich etwas unterhalb der Toleranzmitte gefertigt wurden, aber alle Synchronringe innerhalb der Toleranz lagen. Ohne statistische Prozessregelung wäre der Prozess bereits nach drei Stunden aus der Toleranz gelaufen.

6.6 Instandhaltung und Maschinenzustandsüberwachung

In den folgenden Abschnitten werden Maßnahmen zur Instandhaltung von Fertigungsmitteln sowie verschiedene Methoden und Techniken zur Maschinenzustandsüberwachung und Diagnose vorgestellt. Die Instandhaltung liefert im Bereich der Produktion einen wichtigen Beitrag zur Aufrechterhaltung der Fertigungsqualität, indem sie die Produktionsfähigkeit der Maschinen und Anlagen gewährleistet. Hierfür werden nachfolgend die Zielsetzung und verschiedene Strategien vorgestellt.

Daran anschließend wird die Maschinenzustandsüberwachung als ein wichtiges Hilfsmittel für die Instandhaltung besprochen. Neben verschiedenen Werkzeugen, die für die Maschinenzustandsüberwachung eingesetzt werden können, wird auch auf die Abgrenzung zur Prozessüberwachung eingegangen (s. Kapitel 6.1.4.3).

Darauf aufbauend werden unter dem Stichwort Diagnosemöglichkeiten verschiedene Ansätze vorgestellt, die insbesondere im Bereich der Maschinenstörungsdiagnose Einsatz finden. Abschließend wird in Kapitel 6.6.4 auf den Teleservice eingegangen, der in den letzten Jahren für die Maschinenzustandsüberwachung und Diagnose an Bedeutung gewonnen hat.

6.6.1 Verfahren der Instandhaltung und Wartung

Unter dem Gesichtspunkt zunehmender Investitionskosten in moderne Werkzeugmaschinen gewinnt die Instandhaltung von Maschinen und Anlagen zunehmend an Bedeutung.

Zur Amortisation der Anschaffungskosten einer Maschine ist eine hohe Auslastung der Fertigungskapazität erforderlich [192]. Diese Auslastung erfordert eine hohe Zuverlässigkeit und Verfügbarkeit der Maschinen. Ziel der Instandhaltung ist es, diese Zuverlässigkeit und Verfügbarkeit der Fertigungsanlagen zu einem höchst möglichen Maße sicherzustellen, indem sie der Abnutzung der Maschinen und ihrer Komponenten entgegen wirkt [219]. Dabei findet in der Nutzungsphase der Maschine ein Abbau des Abnutzungsvorrates von verschleißanfälligen Komponenten der Maschine statt, über den sich Wartungs- und Instandsetzungszeitpunkte festlegen (Bild 6.91).

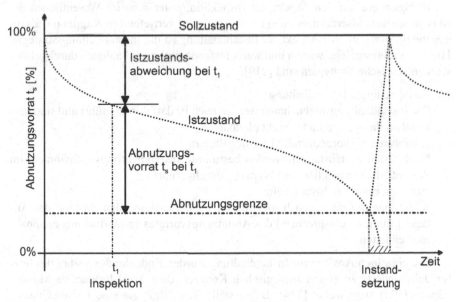

Bild 6.91. Verlauf des Abnutzungsvorrat t_s. (nach [30])

Als Maß für die Qualität der Instandhaltung wird häufig die Gesamtanlagenef-fektivität (O.E.E., Overall Equipment Effectiveness) herangezogen [144, 188]. Die-ser Kennwert beschreibt die Effektivität, mit der vorhandene Anlagen genutzt wer-den. Sie berechnet sich nach [8] als:

$$O.E.E. = \frac{n_{gefertigt} - n_{Ausschuss} - n_{Nacharbeit}}{t_{Planbelegung}} \cdot t_{takt} \cdot 100\% \qquad (6.39)$$

mit:

$n_{gefertigt}$	Anzahl der gefertigten Teile
$n_{Ausschuss}$	Anzahl der Ausschussteile
$n_{Nacharbeit}$	Anzahl der Nacharbeitteile
$t_{Planbelegung}$	Planbelegungszeit
t_{takt}	geplante Taktzeit

Die Maßnahmen der Instandhaltung untergliedern sich nach [30] in:

– Inspektion: Maßnahmen zur Feststellung und Beurteilung des Ist-Zustandes,
– Wartung: Maßnahmen zur Bewahrung des Sollzustandes von technischen Sys-temen,
– Instandsetzung: Maßnahmen zur Herstellung eines erforderlichen (Soll-) Zu-standes einer Maschine.

Hinsichtlich Wartung und Inspektion werden im Allgemeinen firmeninterne sowie anlagen- bzw. maschinenspezifische Richtlinien ausgegeben (Bild 6.92).

Insbesondere auf den Aspekt der Inspektion, unter dem im Wesentlichen die Maschinenzustandserfassung zu verstehen ist, wird vertiefend in Kapitel 6.6.2 ein-gegangen. Wesentlicher Aspekt der Instandhaltung ist die Instandhaltungsstrategie. Hierbei wird festgelegt, warum und wann Instandhaltungsmaßnahmen durchgeführt werden. Typische Strategien sind [219]:

– ausfallbedingte Instandhaltung:
Die Instandhaltungsmaßnahmen werden nach Bedarf durchgeführt und sind hin-sichtlich ihres Zeitpunktes nicht planbar.
– zeitabhängige (vorbeugende) Instandhaltung:
Nach festen Zeitabständen werden bestimmte Instandhaltungsmaßnahmen, im Wesentlichen Inspektion und Wartung, durchgeführt.
– zustandsorientierte Instandhaltung:
Kennt man aufgrund von Inspektion oder Überwachung den Zustand der An-lage, kann man entsprechend des Abnutzungsvorrates Instandhaltungsmaßnah-men einleiten.

Die einzelnen Ansätze zur Instandhaltung wurden Ende der 80er Jahre des letz-ten Jahrhunderts zu einem strategischen Konzept, dem Total Productive Mainte-nance (TPM) ausgeweitet [144]. Dabei stellt diese Strategie eine vorausschauen-de, vorbeugende Instandhaltung dar, die zur Steigerung der Anlageneffektivität das gesamte Unternehmen in die Instandhaltungsmaßnahmen mit einbezieht und nicht nur die Wirkphase der Anlage, sondern deren gesamten Lebenszyklus umfasst. Als

○ *Reinigung*

Wo	Was	Wann		Wie	Wer	Zeit-bedarf	Siehe
1.01.01 1.01.02	Station 2	100 h	W	• Spänerinne und Bearbeitungseinheit mit Spänehaken, Spänekratzer und Besen reinigen, nicht abblasen		3 min	
1.01.03	Station 3	100 h	W	⇒ Spänerinne und Bearbeitungseinheit mit Spänehaken, Spänekratzer und Besen reinigen, nicht abblasen		3 min	
[...]							
1.04.01 1.04.02	Führungsbahnen/Abstreifer Stat. 2	100 h	W	⇒ Abbürsten mit Besen, nicht abblasen		2 min	
[...]							
1.05.01 1.05.02	Teleskopabdeckungen Stat. 2	100 h	W	⇒ Abbürsten mit Besen, nicht abblasen		2 min	

□ *Wartung*

Wo	Was	Wann	Wieviel	Wie	Wer	Zeit-bedarf	Siehe
2.11.01	Hydrauliktank I Schmierstoff Nr. 1234	2000 h	J	400 l	• Tankinhalt ablassen • mittels autom. Befülleinrichtung füllen		5 min	TPM-Trainings-unterlagen 2.11.01
2.11.02	Tank Zentralschmierung I Schmierstoff Nr. 3412	nach Bedarf	15 l	⇒ Mittels Befülleinrichtung füllen		5 min	TPM-Trainings-unterlagen 2.11.02
2.11.03	Station 2A Tank Planzugschmierung I Schmierstoff Nr. 2233	nach Bedarf	30 l	⇒ Spänerinne und Bearbeitungseinheit mit Spänehaken, Spänekratzer und Besen reinigen, nicht abblasen		5 min	TPM-Trainings-unterlagen 2.11.03
[...]							
2.17.01	Filter Hydrauliköl	Bei Meldung		⇒ Filter wechseln		5 min	TPM-Trainings-unterlagen 2.17.01
2.17.02	Filter Umlaufschmierung Stat. 2A	1000 h	H	⇒ Filter wechseln		5 min	TPM-Trainings-unterlagen 2.17.02

Bild 6.92. Beispielhafter Inspektionsplan. (nach [188])

einen wesentlichen Störfaktor der Effektivität wird hierbei der „Produktionsverlust durch Anlagenausfälle" gesehen, auf den insbesondere in Kapitel 6.6.2 eingegangen wird. Es ist jedoch auch festzustellen, dass Nutzen und Umsetzungsmöglichkeiten dieser Strategie durchaus kontrovers diskutiert werden [152].

6.6.2 Maschinenzustandsüberwachung

Die Bedeutung der Maschinenüberwachung, oder allgemeiner der Inspektion, ergibt sich daraus, dass der aktuelle Zustand der Maschine erkannt werden kann. Hinsichtlich ihrer wirtschaftlichen Bedeutung wurden der Maschinenzustandsüberwachung in einer Umfrage unter Europäischen Maschinenherstellern und Anwendern [127] eine genauso wichtige Rolle wie der Prozessüberwachung zugerechnet (Prozessüberwachung: 1,2; Maschinenüberwachung: 1,3; bei Noten von 1 - 5).

Der Nutzen der Überwachung ergibt sich hierbei dadurch, dass unerwartete Ausfälle vermieden werden können und damit die Ausfallzeit der Maschine bzw. deren

Ausfallhäufigkeit verringert wird. Die wesentlichen Kennzahlen zur Beschreibung der sich hieraus ergebenden Verfügbarkeit sind:

Zuverlässigkeit R(t)

Die genaue Definition der Zuverlässigkeit unterscheidet sich je nach Literaturquelle [16, 31, 186]. Im Wesentlichen bezieht sie sich darauf, dass eine Maschine „... denjenigen durch den Verwendungszweck bedingten Anforderungen zu genügen [hat], die an das Verhalten ihrer Eigenschaften während einer gegebenen Zeitdauer gestellt sind." [31]. Sie ergibt sich empirisch als:

$$R(t) = \frac{\textit{Anzahl der verfügbaren Einheiten}}{\textit{Anzahl der betrachteten Einheiten}} \tag{6.40}$$

Ausfallrate λ

Die Ausfallrate ergibt sich als statistisches Maß aus dem Verhältnis der Anzahl der ausgefallenen Einheiten zur Anzahl der nicht ausgefallenen Einheiten bezogen auf den Betrachtungszeitraum Δt:

$$\lambda(t) = \frac{n(t) - n(t + \Delta t)}{n(t) \cdot \Delta(t)} = -\frac{dR(t)}{dt} \cdot \frac{1}{R(t)} \tag{6.41}$$

mittlere störungsfreie Zeit (MTBF)

Im Falle konstanter Ausfallraten λ ergibt sich die mittlere störungsfreie Zeit MTBF (Mean Time between Failure) als:

$$MTBF = 1/\lambda \tag{6.42}$$

mittlere zu erwartende Reparaturdauer (MTTR)

Die mittlere zu erwartende Reparaturdauer MTTR (Mean Time To Repair) ist die Zeit, die im Mittel für eine Reparatur erforderlich ist. Somit ist diese Zeit eine technisch bedingte Ausfallzeit, in der die Werkzeugmaschine nicht produktiv arbeiten kann. Fällt die Maschine unerwartet aus, so verlängert sich insbesondere diese Zeit um den Anteil, der für Diagnose und Ersatzteilbeschaffung aufgewendet werden muss. Auf dieser Tatsache begründet sich ein wesentlicher Nutzen der Maschinenüberwachung. Ein erkannter, sich anbahnender Fehler kann gezielt am Schichtende oder am Wochenende behoben werden.

Ein Beispiel, bei Maschinenausfällen Daten für die beschriebenen Kennwerte online zu erfassen, ist in Bild 6.93 dargestellt. Mittels dieser Maske sammelt ein LKW-Hersteller alle störungsrelevanten Daten in einer zentralen Datenbank und bekommt somit einen Überblick über die betroffenen Maschinenkomponenten und somit auch über die technische Verfügbarkeit seiner einzelnen Maschinen und Fertigungslinien.

Dies stellt jedoch eine reine Bestandsaufnahme dar und bietet in dieser Form keine Möglichkeit der technischen Ursachenanalyse. Aufgrund des hohen Aufwandes der Analyse der Ausfallursachen und deren detaillierter Dokumentation ist dies im geregelten Produktionsbetrieb auch wenig gebräuchlich. Eine Möglichkeit, den technischen Zustand der Maschinen genauer zu analysieren, stellt die Inspektion dar, die nachfolgend beschrieben wird.

Die Inspektion als eine wesentliche Voraussetzung der Instandhaltung ist der organisatorische Oberbegriff für alle Maßnahmen, die zum Ziel haben, den aktuellen Zustand der Maschine bzw. ausgewählter Komponenten zu beurteilen. Somit kann die ständige Maschinenzustandsüberwachung die Aufgaben der Inspektion sehr wirkungsvoll unterstützen. Entsprechend der Instandhaltung lässt sich die Inspektion in zeitbedingte und zustandsbedingte Strategien unterteilen.

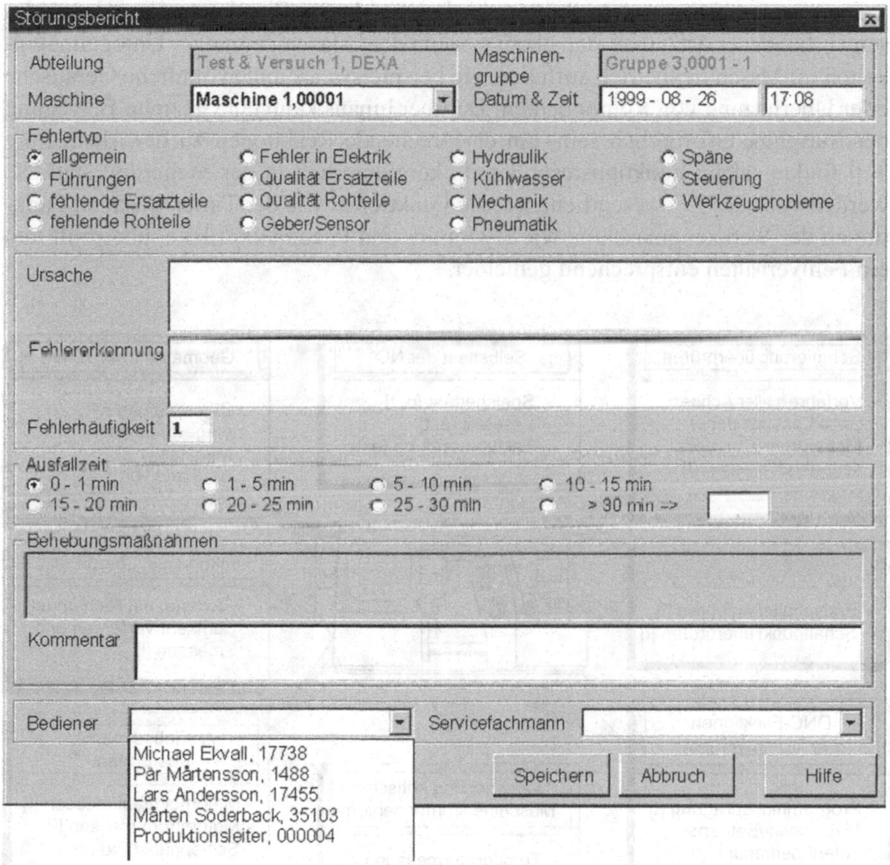

Bild 6.93. Beispielhafte Online-Erfassung von Störungsdaten. (Quelle: Scania)

Die Maßnahmen, die bei einer Inspektion erforderlich sind, richten sich nach der Komplexität des zu begutachtenden Objektes. Grundsätzlich lassen sich die Maßnahmen unterteilen in ([29])

– Messen und

– Prüfen.

Durch das „Messen" im Rahmen der Inspektion wird eine quantitative Größe erfasst, auf der die Beurteilung des Zustandes aufbauen kann. Um beispielsweise charakteristische Genauigkeitskenngrößen der Maschine und die Antriebsdynamik zu überprüfen, werden bereits in einigen NC-Steuerungen entsprechende Funktionen angeboten. Beispiel hierfür sind steuerungsintegrierte Funktionen zur Bestimmung des Übertragungsverhaltens der Achsen [169].

„Prüfen" bedeutet darüber hinaus festzustellen, dass bestimmte Qualitätskriterien erfüllt sind. Somit umfasst „Prüfen" immer eine Entscheidung über den Zustand. Dazu ist nicht unbedingt die Erfassung quantifizierbarer Größen erforderlich. Beispielsweise fallen unter „Prüfen" auch die üblichen Sichtkontrollen, das Ablesen vorhandener Anzeigen etc.; ebenso, wenn dem Maschinennutzer Unregelmäßigkeiten im Maschinenbetrieb auffallen wie beispielsweise ungewöhnliche Geräusche oder Überhitzung von Komponenten. Darüber hinaus kann eine gezielte Bewegung der Maschine erforderlich sein, um entsprechende Reaktionen zu bewirken. Zum Teil finden solche Funktionstests bereits kontinuierlich in der Steuerung statt. So werden von der PLC wesentliche interne Funktionen wie der Timer, als auch Funktionen der Werkzeugmaschine wie Hydraulik und Pneumatikdrücke, überprüft und ein Fehlverhalten entsprechend gemeldet.

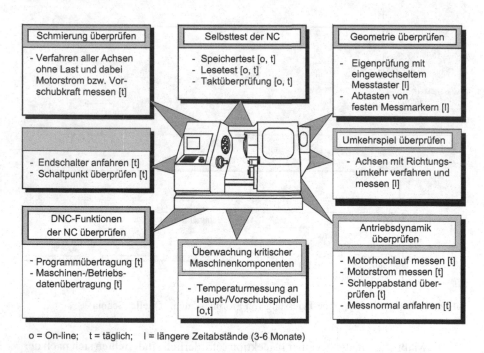

o = On-line;   t = täglich;   l = längere Zeitabstände (3-6 Monate)

Bild 6.94. Aufgaben beim allgemeinen Funktionstest

Im Rahmen der Inspektion sollten vor Beginn einer Schicht verschiedene Funktionen der Maschine einschließlich Peripherie mit Hilfe verschiedener Testprogramme überprüft werden, Bild 6.94.

Zum Testen der Maschinen-Steuerung kann der sogenannte Selbsttest der NC, der in modernen Steuerungen integriert ist, verwendet werden. Dieser führt neben den laufend aktiven Überwachungen – wie z.B. der Taktüberwachung – auch Tests durch, die nur einmal, beim Anschalten der Steuerung, ausgeführt werden. Ein Beispiel hierfür ist z.B. der Speichertest. Falls erforderlich, werden zusätzlich die DNC-Funktionen (Distributed Numerical Control), d. h. die Kommunikationsfunktionen mit übergeordneten Rechnern, geprüft.

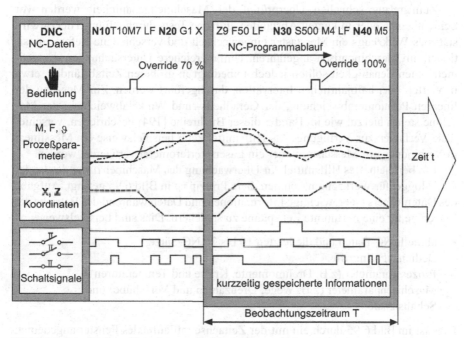

Bild 6.95. Prinzip eines Datenloggers für Werkzeugmaschinen

Das Überprüfen der Antriebsdynamik sollte ebenfalls täglich oder in kurzen Zeitabständen erfolgen. Dies geschieht durch Auswerten verschiedener Messwerte, die beim Motorhochlauf der Vorschub- und Hauptantriebe ohne Last aufgezeichnet werden. Zu den charakteristischen Größen zählen hier der Schleppabstand, der Drehzahlverlauf über der Zeit sowie der Motorstrom.

Verschiedene Maschinenkomponenten bzw. deren Maschinenelemente werden bei der geforderten hohen Produktivität der Maschinen bis an ihre physikalischen Grenzen belastet. Die Gefahr des Ausfalls dieser Bauteile ist besonders groß. Es empfiehlt sich daher, diese Elemente ständig, z.B. durch Temperatur- oder Körperschallmessungen, zu überwachen, damit sich anbahnende Schäden frühzeitig erkannt werden.

Weiterhin sollte eine regelmäßige Überprüfung des Schmierzustandes bzw. der Reibverhältnisse aller Führungsbahnen durchgeführt werden. Durch das Verfahren der Achsen ohne Last mit gleichzeitigem Messen des Motorstroms bzw. der Vorschubkräfte kann frühzeitig eine Verschlechterung des Führungsbahnzustandes erkannt und Abhilfe geschaffen werden. Hierzu ist eine entsprechende Trendauswertung über der Einsatzdauer der Maschine erforderlich. Auch die Funktionstüchtigkeit von Schaltern lässt sich einfach testen. Durch Auslösen verschiedener Schaltfunktionen oder Anfahren der Endschalter in allen Achsen kann aus dem Schaltzeitpunkt und der Stärke des Schalterprellens auf deren Zustand geschlossen werden.

Zum relativ schnellen Überprüfen der Maschinengenauigkeit werden vor Schichtbeginn oder in kurzen Abständen einfache Tests durchgeführt. Hierzu wird statt des Werkzeugs ein Messtaster eingewechselt und verschiedene Referenzpositionen am Maschinentisch angefahren. Umfangreichere Untersuchungen der geometrischen Genauigkeit sollten jedoch unbedingt in größeren Zeitabständen, etwa in viertel- oder halbjährlichen Intervallen, durchgeführt werden. Zur Messung der linearen Positionierabweichung, der Geradheits- und Winkelabweichung der Maschine stehen hierzu, wie im Band 5 dieser Buchreihe [194] beschrieben, verschiedene Verfahren zur Verfügung. Als Hilfsmittel kann beispielsweise ein Messlineal in Verbindung mit Messtastern oder ein Laserinterferometer verwendet werden.

Ein beispielhaftes Hilfsmittel zur Überwachung des Maschinenzustandes ist der Datenlogger für Werkzeugmaschinen. Sein Prinzip ist in Bild 6.95 gezeigt. Aufgabe des Datenloggers ist es, wichtige Informationen und Daten während des Betriebs der Maschine für eine bestimmte Zeitspanne zu speichern. Dies sind beispielsweise:

– aktuelle NC-Daten und die letzten 10 bis 20 NC-Sätze,
– Bedienungseingriffe,
– Prozessparameter (z.B. Drehmomente, Kräfte und Temperaturen),
– Maschinenparameter (z.B. Wege, Drehzahlen und Vorschübe) und
– Schaltsignale.

Dies ist im Bild 6.95 durch ein mit der Zeitachse mitlaufendes Fenster angedeutet, dessen Breite den Beobachtungszeitraum veranschaulicht. Alle Informationen innerhalb dieses Fensters sind gespeichert und können jederzeit abgerufen werden. Im Normalfall bewegt sich das Fenster mit der Zeit t vorwärts, d. h. in gleichem Maße, wie neue Informationen aufgenommen werden, gehen alte Informationen verloren. Tritt eine Störung an der Maschine auf, werden die Maschine und auch das Fenster angehalten. Somit werden die Informationen und Daten der Beobachtungszeit T vor der Störung bis zum Auftreten der Störung festgehalten. Eine genaue Analyse dieser Informationen kann oftmals zielführend direkt zur Ermittlung der Störungsursache führen.

Bei der Überwachung des Zustandes mechanischer Komponenten handelt es sich im Allgemeinen um eine Überwachung, die sich langperiodisch über die gesamte Lebenszeit der Maschine erstreckt (vgl. Bild 6.3). Dies liegt darin begründet, dass sich durch Verschleiß begründete Schäden in mechanischen Komponenten häufig erst nach einem längeren Zeitraum bilden. Dabei erfolgt die Überwachung dieser Komponenten üblicherweise durch den Einsatz von sensorbasierten Systemen. Insbesondere im Bereich der Wälzlagerüberwachung und der verschleißbehafteten Komponenten des Antriebsstrangs z.B. Wälzführung wurden hier industrietaugliche Lösungen entwickelt [21, 22].

Strukturell gliedert sich die Maschinenzustandsüberwachung analog zur Prozessüberwachung (s. Kapitel 6.1.4.3). Im Gegensatz zur Prozessüberwachung liegt der Fokus der Maschinenzustandsüberwachung auf den mechanischen Komponenten der Werkzeugmaschine. Jedoch sind bei einer Prozessüberwachung erfasste Prozesssignale für die Maschinenüberwachung meist mit nutzbar. So lassen sich z.B. die für die Werkzeugbruchüberwachung gemessenen Schnittkräfte ebenso zur Belastungserfassung der Hauptspindel verwenden. Dabei sind die eingesetzten Methoden und Werkzeuge in ihren Grundlagen entsprechend.

Das bei der Maschinenzustandsüberwachung aussagekräftige Antwortverhalten der mechanischen Komponenten erfordert jedoch häufig eine spezifische Systemanregung. Dies kann im einfachen Fall eine konstante Bewegung sein, bei spezielleren Anwendungen jedoch auch komplexere Anregungsmechanismen umfassen. Beispiele hierfür können die Sprunganregung oder spezielle Bewegungszyklen zur Überwachung des Umkehrspiels in einer Achse sein.

Wenn es eben möglich ist, werden die Belastungsdaten heute aus den steuerungsintern verfügbaren Antriebssignalen abgeleitet und ebenso der Maschinenzustand erfasst [21]. Aufgrund ihrer Vergleichbarkeit zu konventionellen, externen Sensoren werden diese steuerungsinternen Signale ebenfalls als „Sensoren" bezeichnet. Dem Vorteil der preiswerten und zuverlässigen Sensorik steht hierbei jedoch das Problem entgegen, dass die steuerungsinternen Sensorsignale nur ein Summensignal aus mehreren Einflußgrößen des Antriebsstrangs beschreiben. Das hierdurch auftretende Problem der Separation der Informationen nach Signalquellen ist eine Aufgabe, mit der sich die aktuelle Forschung befasst. Hierzu wird nach Algorithmen und Modellen gesucht, um diese Einflüsse geeignet abzubilden. Beispielhafte Komponenten, die durch einen solchen steuerungsintegrierten Ansatz überwacht werden können, sind in Bild 6.96 dargestellt.

In Bild 6.97 werden die Messsignale eines Führungssystems an der x-Achse einer Werkzeugmaschine verglichen. In einem Langzeitversuch wurden die Führungssysteme mit trockenen Graugussspänen kontaminiert, um Umgebungsbedingungen zu realisieren, wie sie in Werkzeugmaschinen vorkommen können. Gemessen wurde dabei die Verschiebekraft der Führungsschuhe sowie der Strom des Vorschubmotors.

In der Messung ist zu erkennen, dass die Verschiebekraft nach 1.150 h deutlich ansteigt. Dies ist auf ein Verklemmen der Kugeln im Führungswagen zurückzuführen. Nach 1.900 h musste der Versuch beendet werden, da das Umlenkstück des Führungswagens ausgebrochen war und die Wälzkörper ausgetreten waren.

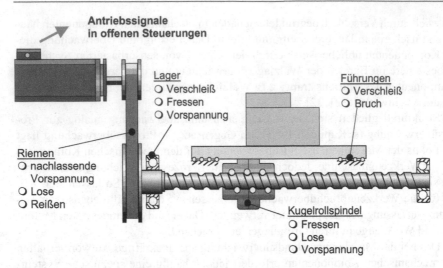

Bild 6.96. Beispielhafte Komponenten zur steuerungsintegrierten Maschinenüberwachung

Wie Bild 6.97 zu entnehmen ist, konnte der Schaden durch die Messung der Vorschubkraft über den Motorstrom bereits ca. 750 *h* vor dem eigentlichen Ausfall erkannt werden.

6.6.3 Diagnosemöglichkeiten

Die Aufgabe der Diagnose besteht darin, bei einer erkannten Störung die Ursache hierfür genau zu lokalisieren [215]. Es gilt hierbei, die erfassten und aufbereiteten Signalmuster (Symptome) derart zu klassifizieren, dass die aufgetretene Störung den möglichen Ursachenzugeordnet werden kann. Einige hierzu einsetzbare Werkzeuge wurden bereits in Kapitel 6.3 vorgestellt.

Die Durchführung der Diagnose erfolgt im Allgemeinen in verschiedenen Stufen, bei denen je nach Komplexitätsgrad der Diagnoseaufgabe verschiedene ausführende Stellen erforderlich sind (Bild 6.98). Hierbei ist der Benutzer der Maschine das erste Glied in der Kette, der die Diagnose vor Ort durchführen kann. Da er im Allgemeinen den Ausfall der Maschine unmittelbar miterlebt hat bzw. den aktuellen Zustand der Maschine sowie deren Belastungshistorie sehr gut kennt, zählen seine Wahrnehmungen zu den wichtigsten Grundlagen bei der Fehlersuche.

Die Maßnahmen, die er selbst ergreifen kann, sind allerdings i. d. R. sehr begrenzt. Außer einer optischen Kontrolle kann er aufgrund seiner Erfahrung und der ihm zur Verfügung stehenden Hilfsmittel, z.B. der Bedienungsanleitung oder einer Fehleranzeige an der Maschine, einfache Kontrollen und Tests durchführen. Ist der Fehler aber nicht offensichtlich, wird die weitere Fehlersuche dem Wartungs- und Instandhaltungspersonal übertragen. Aktuelle Entwicklungen gehen jedoch dahin, dem Benutzer an der Maschine mehr Verantwortung und Befähigung zu verleihen

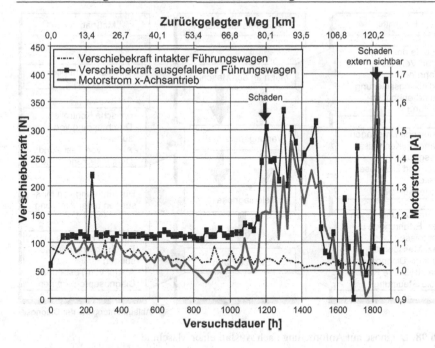

Bild 6.97. Vergleich von Antriebssignalen mit realen Kräften an einem Führungswagen

und somit durch ihn eine schnellere und effizientere Störungsbehebung durchzusetzen [144].

Das speziell geschulte Wartungspersonal ist meist in der Lage, den Fehlerort und die Fehlerursache zu ermitteln. Hierfür stehen Messgeräte, technische Unterlagen der Maschine sowie Test- und Diagnoseprogramme der Hersteller zur Verfügung. Dabei ist – wie bereits erwähnt – die genaue Beschreibung des fehlerhaften Maschinenverhaltens aus den Beobachtungen des Maschinenbedieners Voraussetzung für ein effektives Arbeiten.

Führen auch die Maßnahmen des Wartungspersonals nicht zum Ziel, besteht die Möglichkeit, eine Telediagnose durchzuführen. Diese Option bieten mittlerweile viele Steuerungshersteller an (s. Kapitel 6.6.4).

Sollte auch dies nicht zum Ziel führen, bleibt als letzte Möglichkeit die Entsendung eines Servicetechnikers seitens des Herstellers. Dieser verfügt neben seinen besonderen Kenntnissen und Erfahrungen auch über spezielle Messhilfsmittel und umfangreiche Diagnoseprogramme des Herstellers, die letztlich bei der Ermittlung des Fehlers helfen.

Anwendungsbeispiele

Ein Anwendungsbeispiel für die Diagnose ist die Überwachung von Getrieben (Bild 6.99). Bei dieser Anwendung bildet der Körperschall die physikalische Basis-

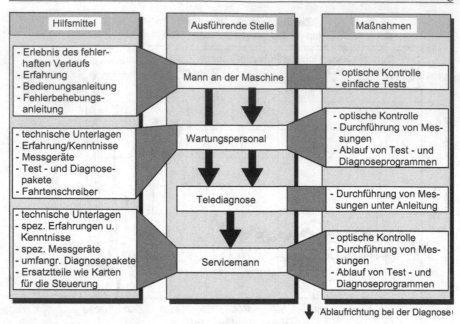

Bild 6.98. Diagnose auf Anforderung nach Ausfall einer Maschine

größe zur Beurteilung des Verzahnungszustands. Aus den drei Verarbeitungsstufen des Körperschallsignals: zeitlicher Verlauf des Körperschallpegels, Spektren und Cepstren können entweder über statistische Berechnungsvorschriften (Mittelwerte und Häufigkeitsverteilungen) oder über die Berechnung und Zusammenfassung von Einzelpegeln (z.B. Systemgrundfrequenzen, deren harmonischen Reihen und Pegeldifferenzen) unterschiedliche Einzelkennwerte gebildet werden. Eine verknüpfende, vektorielle Betrachtung dieser Merkmale sowie deren Veränderungen $K_i(t)$ erlaubt es dann, über Vergleiche mit bekannten Mustern von aufgetretenen Schäden, Veränderungen der Bauteile frühzeitig zu erkennen. Um verschiedene Schadensarten sowie unterschiedliche Anwendungsfälle behandeln zu können, müssen mehrere Vergleichsmuster mit entsprechenden Merkmalen (in Bild 6.99 exemplarisch $K_{1i}(t)$, $K_{2i}(t)$) zur Verfügung stehen.

Bild 6.100 verdeutlicht den typischen Verlauf einiger signifikanter Merkmale für die Ausbildung eines Pittingschadens mit einem anschließenden Zahnbruch am Versuchsende. Eine Übersicht über die formelmäßigen Zusammenhänge gibt Tabelle 6.3. Das Merkmal „mittlere Amplitude" stellt den Mittelwert der Amplitudenanteile innerhalb eines bestimmten Frequenzbandes dar. Die „Korrelationskoeffizient" beschreibt die Änderung eines Signals mit sich selbst nach einer zeitlichen Verschiebung, während die „Schiefe" eine Auswertung der Amplitudenhäufigkeitsverteilung des Spektrums innerhalb eines bestimmten Frequenzbereichs darstellt. Unter der „Amplitudendifferenz" wird der Abstand einer Systemfrequenz (z.B.

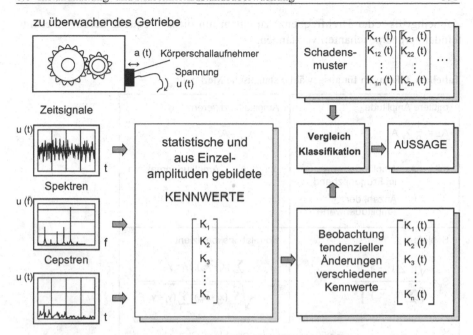

Bild 6.99. Struktur der Schadensfrüherkennung und Diagnose. [85, 209]

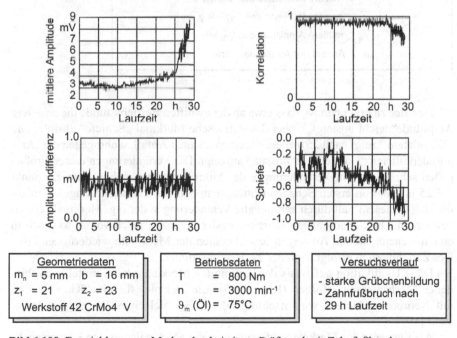

Bild 6.100. Entwicklung von Merkmalen bei einem Prüfstand mit Zahnfußbruch

Zahneingriffs- oder Drehfrequenz) zu einem um diese Frequenz herum zu ermittelnden Grundrauschanteil verstanden.

Tabelle 6.3. Formeln für ausgewählte statistische Merkmale

mittlere Amplitude	Amplitudendifferenz
$\overline{A}_m = \dfrac{1}{n} \sum\limits_{i=1}^{n} A_i$	$A_D = A_{max} - \overline{A}_m$
mit $\quad A_i \quad$ Amplitudenwerte im Frequenzband $\quad n \quad$ Anzahl der Amplitudenwerte	mit $\quad A_{max} \quad$ Amplitudenmaxima
Schiefe	Korrelationskoeffizient
$S_K = \dfrac{\sqrt{n} \sum\limits_{j=1}^{n} (x_j - \overline{x}_m)^3}{\left[\sum\limits_{j=1}^{n} (x_j - \overline{x}_m)^2 \right]^{\frac{3}{2}}}$	$r_{xy} = \dfrac{\sum\limits_{j=1}^{n} (x_j - \overline{x}_m)\,(y_j - y_m)}{\sqrt{\sum\limits_{j=1}^{n} (x_j - \overline{x}_m)^2 \sum\limits_{j=1}^{n} (y_j - \overline{y}_m)^2}}$

mit $\quad x_j \quad$ Amplitudenwerte des Signals x
$\quad\quad\ \overline{x}_m \quad$ mittlere Amplitude des Signals x
$\quad\quad\ \overline{y}_j \quad$ Amplitudenwerte des Signals y
$\quad\quad\ \overline{y}_m \quad$ mittlere Amplitude des Signals y
$\quad\quad\ n \quad$ Anzahl der Amplitudenwerte

Deutlich zu erkennen ist, dass etwa ab der zwölften Betriebsstunde die „mittlere Amplitude" leicht ansteigt, wobei das statistische Merkmal „Schiefe" absinkt. Die „Korrelation" zeigt nach 25 h ebenfalls einen leichten Abfall, wohingegen die „Amplitudendifferenz" keine Beeinflussung aufzeigt. Die Veränderungen dieser Größen gehen sehr häufig mit Veränderungen der Mikrogeometrie einher. Zum Zeitpunkt $t = 25$ h kann von ersten Schäden (Pittings) an den Flanken ausgegangen werden, die sich in diesem Fall durch sprunghafte Veränderungen der o.g. Merkmale erkennen lassen. Die Schädigungen schreiten in der Folgezeit rasch voran, was sich in einem weiteren steilen Ansteigen bzw. Abfallen der Merkmale wiederfinden lässt. Der Zahnfußbruch erfolgt nach der 29. Betriebsstunde.

Die Klassifikation auf Basis der bestimmten Merkmale kann mittels verschiedener Mechanismen erfolgen (Kapitel 6.3). Ein Beispiel für eine Klassifikation mit Neuronalen Netzen wird nachfolgend am Beispiel eines Wälzlagers dargestellt [197].

Als Elemente des Merkmalvektors wurden die Merkmale aus den Körperschall- und Temperatur-Signalen ausgewählt, deren Verläufe mit der Lagerschädigung korrelieren:

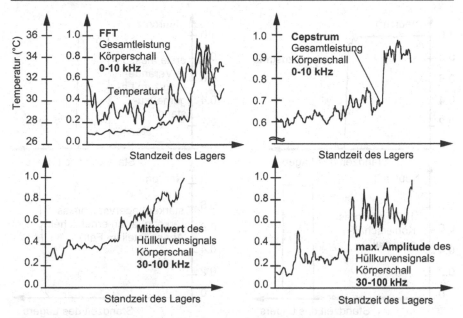

Bild 6.101. Verlauf verschiedener Signalmerkmale über der Lagerlaufzeit

– Maximum des Körperschall-Hüllkurvensignals (30 bis 100 kHz),
– Mittelwert des Körperschall-Hüllkurvensignals (30 bis 100 kHz),
– spektraler Summenleistungspegel des Körperschall-Signals (0 bis 8 kHz),
– cepstraler Summenleistungspegel des Körperschall-Signals (0 bis 8 kHz),
– Temperatur des Lageraußenringes.

Die Signalverläufe über der Lagerstandzeit sind im Bild 6.101 dargestellt.

Bild 6.102 zeigt die Klassifizierung des Lagerzustandes anhand der Aktivierung der Neuronen in der Ausgabeschicht über der Standzeit des Lagers. Das erste Neuron ist dann aktiv, wenn noch keine messbare Lagerschädigung vorliegt. Das zweite Neuron zeigt erste messbare Veränderungen des Lagerzustandes an. Das dritte Neuron spricht bei stark (ca. 100 %) erhöhten Körperschallmerkmalen an. Das vierte Neuron zeigt starken Lagerverschleiß an. Das Neuronale Netz ist in der Lage, diese Klassen klar zu unterscheiden und stellt daher einen geeigneten Klassifikator für diese Problemstellung dar.

Ein weiteres beispielhaftes Werkzeug in modernen Steuerungen zur Diagnose gestörter Maschinenzustände ist der SPS-Logikanalysator (Bild 6.103).

Ein SPS-Logikanalysator bietet die Möglichkeit, zeitliche Abläufe in der SPS und an den Schnittstellen auf dem NC-Bildschirm darzustellen. Dieser integrierte Analysator hat gegenüber einem handelsüblichen Logikanalysator einige Vorteile. Neben den SPS-Ein- und Ausgängen können auch interne SPS-Signale (z.B. Merker) angezeigt werden. Außerdem ist kein zeitintensives Anschließen von Messkabeln notwendig, und die Bedienung der vertrauten NC ist einfacher als die eines fremden Gerätes. Der hier dargestellte Analysator kann darüber hinaus kontinuier-

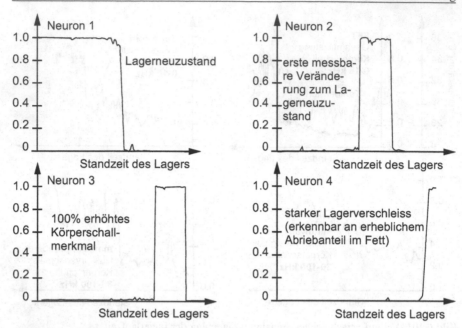

Bild 6.102. Klassifikation des Lagerzustandes durch das Neuronale Netz

liche Signale anzeigen. Mehrere Cursor sind setzbar. Es gibt verschiedene Such-funktionen wie beispielsweise Muster in den digitalen Signalen oder Flanken in den analogen Signalen.

Expertensysteme und Künstliche Intelligenz

Ein Ansatz, der insbesondere bei der Maschinendiagnose Einsatz fand, ist die wis-sensbasierte Diagnose. Sie findet in sogenannten Expertensystemen Anwendung. Ein solches System soll in der Lage sein, mittels einer internen Wissensbasis An-fragen zu präzisen Problemstellungen zu beantworten und durch Hilfestellungen zur Umsetzung der Lösung beizutragen [165]. In diesem Teilgebiet der Künstli-chen Intelligenz (KI, englisch: Artificial Intelligence, AI) wird versucht, das Wissen des menschlichen Experten nachzubilden. Ein solches Expertensystem besteht aus (Bild 6.104):

–   einer Komponente zur Wissensakquisition,
–   einer Wissensbasis (mit statischem und dynamischem Wissen),
–   einer Erklärungskomponente sowie
–   einer Inferenzmaschine, die die fallspezifische Schlussfolgerung aus der Wis-sensbasis durchführt.

Die Inferenzmaschine kann dabei durch verschiedene Schlussfolgerungsverfahren realisiert werden, wie beispielsweise Neuronale Netze, oder auch logikbasierte Pro-grammiersprachen, wie PROLOG.

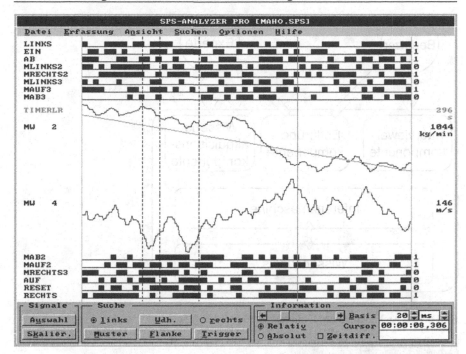

Bild 6.103. Zeitdarstellung eines SPS-Logikanalysators. (Quelle: Autem GmbH)

Der Einsatz solcher Expertensysteme für die Maschinendiagnose war insbesondere in den 80er Jahren des letzten Jahrhunderts Gegenstand wissenschaftlicher Untersuchungen. Vereinzelt finden solche Systeme auch heute noch Einsatz in Spezialgebieten der Industrie, wie beispielsweise bei der akustischen Qualitätssicherung von Elektromotoren [170].

Jedoch blieben diese technisch hochkomplexen Systeme in der industriellen Anwendung bisher wenig erfolgreich. Wesentliche Gründe hierfür sind:

– Die Wissensakquisition solcher Systeme gestaltet sich als zu umfangreich, um eine für die industrielle Anwendung adäquate Wissensbasis zu erhalten. Dieses Problem der Wissensakquisition wurde zwar von der Forschung angegangen [214], jedoch ergaben sich daraus für das komplexe Anwendungsfeld der Maschinendiagnose keine hinreichend einsetzbaren Systeme.

– Die Fehleranfälligkeit solcher Systeme beim Schließen auf Ursachen hängt direkt von der Qualität der Wissensbasis ab. Passen Problemstellung und Wissensbasis nicht zueinander, so können die Aussagen des Expertensystems leicht derart falsch werden, dass sie für den Anwender unverständlich sind. Dies führt in direkter Konsequenz zu einer mangelnden Akzeptanz beim Anwender.

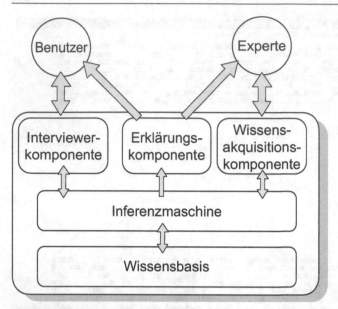

Bild 6.104. Architektur eines Expertensystems. (nach [154])

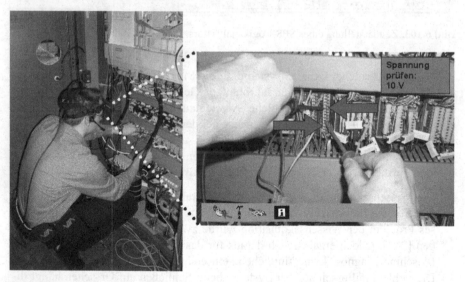

Bild 6.105. Beispielanwendung für AR beim Service

Virtual Reality und Augmented Reality in der Diagnose

Gegenüber den bisher beschriebenen, hoch technologischen Ansätzen der Maschinendiagnose gehen aktuelle Entwicklungen eher dahin, dem Maschinenbenutzer bzw. Servicefachmann vor Ort das erforderliche Wissen bereitzustellen bzw. ihn ob seines wertvollen Erfahrungswissens in den Entscheidungsprozess zu integrieren [200]. Die spezifischen Schlussfolgerungen bleiben dem Nutzer überlassen. Es wird ihm das erforderliche Wissen in einer geeigneten Weise, beispielsweise als Checkliste, dargeboten, dessen Darstellung durch anschauliche Medien, wie Virtual Reality und Augmented Reality, unterstützt wird (s. Kapitel 6.5, Band 4). Ebenso kommen neue Technologien wie Head-Mounted Displays oder Spracheingabe zum Einsatz, wie sie bereits aus der Luft- und Raumfahrttechnik bekannt sind. Diese Techniken ermöglichen es, zusätzliche Informationen zur Verfügung zu stellen, ohne den Maschinenbediener bei der Arbeit zu behindern [137].

Der weiterführende Einsatz von Augmented Reality (AR) für Service und Störungsdiagnose ist aktuell Gegenstand der Forschung [149]. Ziel der Forschung ist es, ein System zu entwickeln, das im Falle einer Maschinenstörung das momentane Sichtfeld des Maschinennutzers mit Hilfe der Bildverarbeitung analysiert und in Interaktion mit diesem kontextsensitive Hinweise zu Service und Diagnose einblendet (Bild 6.105). Dabei kommen die Informationen von einem speziellen Datenserver.

Als Ergänzung eines solchen Systems ist die Konsultation eines Remote-Experten zu sehen, der die Aktionen des Serviceexperten vor Ort beobachten und entsprechende Diagnoschinweise geben kann. Dieser Teilbereich des Teleservice wird im folgenden Kapitel eingehend vorgestellt.

6.6.4 Teleservice

Die Euphorie, die hinsichtlich des Themas Teleservice (TS) im Maschinenbau in den letzten Jahren eingesetzt hat, resultiert im Wesentlichen aus einem hohen Kostensenkungspotential, auch wenn sich die dadurch vermeidbaren Kosten nicht genau quantifizieren lassen. Außerdem ergeben sich für Hersteller und Anwender weitere verschiedene Nutzen durch Einsatz von Teleservice [68]:

- schnelle Reaktion bei Maschinenstörungen
- Reduktion des Zeitaufwandes durch Reisen von Servicetechnikern,
- Kostensenkung durch weniger Reisekosten,
- effizienterer Ressourceneinsatz durch bessere Verfügbarkeit der Experten,
- Verbesserung in Service und Kundenbindung.

Somit wird für den Maschinenhersteller der Service schneller, kostengünstiger, flexibler und effizienter. Teleservice ermöglicht dem Maschinenhersteller ein weltweites Angebot von Dienstleistungen, ohne dass zwangsläufig eine örtliche Präsenz erforderlich ist.

Für den Kunden des Teleservice liegt der Nutzen in:

- zeitlicher Reduzierung, insbesondere von Maschinenstillstandszeiten und verlängerten Wartungsintervallen,

- Kostensenkung bei Störfällen, Wartung und Inspektion,
- höherer Produktivität durch höhere Maschinenverfügbarkeit und
- Unterstützung des Kundenpersonals durch den Hersteller, z.B. bei Bedienfehlern und einfachen Problemen.

Die Bedeutung des Themas Teleservice spiegelt auch eine Umfrage wieder [130], bei der 83% der Befragten aus den Bereichen Maschinenbau, Elektrotechnik, Fahrzeugbau und Metallverarbeitung dem Thema Teleservice für die Zukunft eine wichtige bis sehr wichtige Bedeutung beigemessen haben.

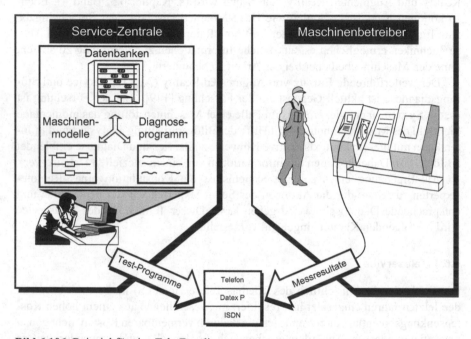

Bild 6.106. Beispiel für eine Tele-Ferndiagnose

Beim Thema Teleservice stellt sich zunächst die Frage, was unter dem Begriff „Teleservice" überhaupt zu verstehen ist. Auch hier lässt sich keine eindeutige Antwort finden, da der Begriff für viele verschiedene Anwendungen genutzt wird. Der VDMA beschreibt Teleservice als aus zwei wesentlichen Elementen bestehend [187]:

- dem Übertragen von Daten zwischen vernetzten Rechnern und Steuerung sowie
- der Durchführung von weltweiten Dienstleistungen auf diesem Wege.

Eine wesentliche Grundlage des Teleservice stellt somit die Vernetzung von Computern mit Maschinen- bzw. Anlagensteuerungen dar. Zwar wurden bereits mit der CIM-Euphorie Anfang der 80er Jahre Computer in Produktionsanlagen miteinander verbunden. Jedoch legte erst die explosionsartige Entwicklung des Internet in

Verbindung mit der Verbreitung von PC-basierten Steuerungen (s. Band 4, Kapitel 6.2) die für die breite Anwendung von Teleservice erforderliche technische Basis. Die Verknüpfung der Steuerungsrechner mit preiswert verfügbaren Technologien, die aus den Massenanwendungen des Office-Bereiches bekannt sind, hat den Weg für den Teleservice und damit verbundene neue Strategien bereitet.

Einzelne Ansätze zum Teleservice gab es jedoch bereits in den späten 1980er und 90er Jahren des letzten Jahrhunderts [66]. Zu dieser Zeit wurde der Teleservice nur für spezielle Anwendungen – im Wesentlichen Ferndiagnose – verwendet und baute auf proprietären Punkt-zu-Punkt-Verbindungen (z.B. mittels Modem) auf (Bild 6.106).

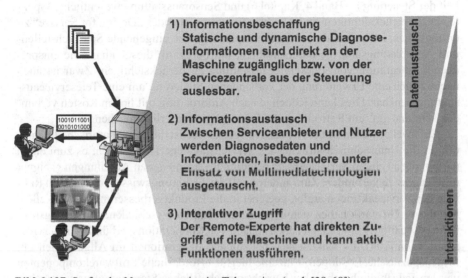

Bild 6.107. Stufen der Nutzerszenarien im Teleservice. (nach [39,68])

Für Nutzungsszenarien von Teleservice sind drei verschiedene Stufen denkbar, die sich nach der Verteilung und Art der Servicenutzer unterscheiden (Bild 6.107):

– Informationsbeschaffung („anzeigende Funktionen"): Von der Servicezentrale aus besteht Zugriff auf die Maschinensteuerung derart, dass Fehlermeldungen und Daten auslesbar sind. Der Informationsstrom ist im Wesentlichen von der Maschine zur Servicezentrale gerichtet. Somit fallen darunter auch Programme zur Diagnose sowie Automatismen, die im Störungsfall die Verbindung zu einer Servicezentrale aufnehmen (z.B. [46]). Weiterhin kann hierunter auch gefasst werden, dass sich der Servicefachmann vor Ort Informationen wie Handbücher, Bestellformulare etc., von der Servicezentrale abruft.
– Informationsaustausch: Hierbei stehen der Servicefachmann vor Ort und die Servicezentrale mittels Multimediatechniken (Bildübertragung, Augmented Reality, etc.) in einer direkten Kommunikation miteinander. Der Informationsaustausch findet bidirektional statt.

– Interaktiver Zugriff („aktive Maßnahmen"): Insbesondere im Bereich von Softwareproblemen lassen sich aus der Ferne direkt Behebungsmaßnahmen einleiten. Hierunter fallen unter anderem: Inbetriebnahme, Fernparametrierung und -programmierung und Fernsteuerung. Der Informationsstrom ist dabei im Wesentlichen von der Servicezentrale zur Maschinensteuerung gerichtet.

Um diese Verbindung zwischen Servicezentrale und Maschine vor Ort zu ermöglichen und darauf den gewünschten Teleservice aufzubauen, ist jedoch zunächst die entsprechende technische Ausstattung an der Maschine sowie in der Servicezentrale erforderlich [132]. Zwar bieten hier die bereits erwähnten Technologien aus dem Office-Bereich bereits wesentliche Grundlagen. Jedoch sind auch Punkte wie Offenheit der Steuerung (s. Band 4, Kapitel 6) und Sensorausstattung wesentliche Aspekte, die zu berücksichtigen sind. Um hier ein entsprechendes „Design for Service" zu ermöglichen, ist während der Maschinenplanung eine eingehende Schwachstellen- und Anforderungsanalyse durchzuführen, um bereits in dieser Phase die entsprechende Integration von Teleserviceausstattung zu berücksichtigen. Zwar ist auch nachträglich eine Erweiterung der vorhandenen Steuerung um eine Teleserviceausstattung denkbar. Dies kann jedoch je nach Anforderung mit hohen Kosten verbunden sein und ggf. ein Retrofitting der Steuerung erforderlich machen.

Ein zweiter wesentlicher Aspekt des Teleservice ist die organisatorische Integration in die Unternehmensstruktur des Serviceanbieters. Hierbei geht es zum einen darum, die an einem Serviceeinsatz beteiligten verschiedenen Abteilungen geeignet miteinander zu verbinden. Zum anderen soll das Erfahrungswissen, das sich im Rahmen der Serviceaktionen ergibt, geeignet in die Produktverbesserung miteinfließen. Mit dieser Thematik haben sich in den letzten Jahren verschiedene Forschungsprojekte beschäftigt, zum Beispiel auch anhand von Kooperationsverbünden in Servicenetzwerken [104]. Es handelt sich bei solchen Integrationen im Allgemeinen um firmenspezifische Lösungen. Einzelne hierfür erforderliche Softwarekomponenten werden jedoch auch schon bei betriebswirtschaftlicher Standardsoftware angeboten. Eine standardisierte Integration zwischen den einzelnen Abteilungen existiert jedoch noch nicht.

Die Nutzung des Teleservice kann sich auf verschiedene Anwendungen erstrecken. Beispielhaft können hier genannt werden:

– Inbetriebnahme,
– Fernwartung und Inspektion,
– Ersatzteilbestellung,
– Maschinendiagnose,
– Prozessüberwachung,
– Prozessoptimierung,
– Fernprogrammierung,
– Update von Steuerungssoftware.

Neben den bisherigen, im Wesentlichen an der Dienstleistung orientierten Aspekten, ergeben sich für den Teleservice noch zwei weitere technische Bereiche, die betrachtet werden müssen:

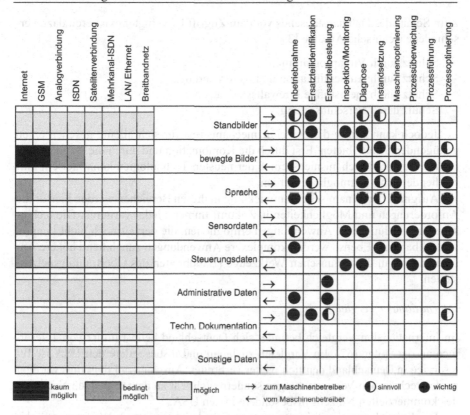

Bild 6.108. Einsetzbarkeit von Kommunikationsmedien für Teleservice. (nach [216])

– die technische Verfügbarkeit der Bandbreite in den Übertragungsnetzen und
– die Datensicherheit, insbesondere beim Einsatz des Teleservice im Internet.

Technologische Anforderungen an die verfügbare Bandbreite der Vernetzung zwischen Maschinensteuerung und Servicerechner werden insbesondere durch die Art der Informationen gestellt, die übertragen werden sollen. In Bild 6.108 ist deren Nutzbarkeit abhängig vom Übertragungsmedium und von der betreffenden Teleservice-Anwendung beispielhaft zusammengestellt. Die Übertragung von Parametern und einfachen Daten stellt nur geringe Anforderungen an die Bandbreite. Hingegen ist die Übertragung von bewegten Bildern mit derzeit verfügbaren Technologien, wie Internet oder analogen Telefonverbindungen, nur sehr eingeschränkt realisierbar. Neben diversen Kompressionsverfahren für Daten kann hier auch der Einsatz aktiver Softwarekomponenten (Agenten, Java Applets) für manche Anwendungen zu einer effizienten Datenverringerung derart beitragen, dass die relevanten Daten bereits an der Datenquelle extrahiert und verdichtet werden.

Die Datensicherheit bei der Übertragung findet insbesondere mit der Entwicklung des Internet immer mehr Bedeutung und entwickelt sich ähnlich dynamisch.

Zum Schutz des Datenaustausches vor dem Zugriff Unbefugter existieren dazu verschiedene technische Ansätze [39]:

- Schutz durch Virenprogramme,
- Schutz durch Authentifikation und Autorisierung,
- Schutz durch mehrstufige Firewallsysteme,
- Schutz durch Verschlüsselung.

Jedoch kann keiner dieser Schutzmechanismen für sich alleine gesehen einen genügenden Schutz bieten. Erst durch die Kombination und durch die ständige Aktualisierung der Mechanismen gemäß der neusten Technologien kann hier ein hinreichender Schutz ermöglicht werden.

Aufgrund der dynamischen Entwicklung in diesen Bereichen werden hierfür die Anforderungen und Möglichkeiten in Zukunft immer wieder variieren. Die technische Entwicklung wird Anwendungen ermöglichen, die derzeit noch nicht konkret vorstellbar sind. Ebenso werden komplexere Anwendungen zunehmend höhere Anforderungen an die technischen Werkzeuge (Bandbreiten des Übertragungsnetzes) stellen.

Internationaler Vergleich

Im internationalen Vergleich befindet sich Deutschland beim Einsatz von Teleservice an der Spitze [67]. Im Vergleich zu Japan und insbesondere den USA ist Teleservice in Deutschland deutlich weiter verbreitet. Anscheinend liegt dies weniger an den technischen Voraussetzungen sondern vielmehr an dem fehlenden Nachweis des kommerziellen Nutzens insbesondere in den USA.

Die Entwicklung des Teleservice, vor allem beim Einsatz an Werkzeugmaschinen, wird in den nächsten Jahren noch dynamisch weitergehen. Dabei müssen für eine effiziente und ökonomische Verbreitung jedoch besonders folgende Themen behandelt und die damit verbundenen Probleme gelöst werden:

- Ausbildung vereinheitlichter Serviceangebote,
- Standardisierung der Schnittstellen,
- Verbesserung und Vereinheitlichung der Datensicherheit in Netzwerken,
- Verringerung der Kommunikationskosten, insbesondere im Bereich des Maschinenbaus,
- Verbesserung der organisatorischen Integration der Insellösungen mit Teleservice,
- Klärung rechtlicher Unsicherheiten.

Literatur

1. *Firmenschrift der Firma Cyclo Getriebebau Lorenz Braren GmbH*
2. *Firmenschrift der Firma Harmonic Drive System GmbH*
3. *Firmenschrift der Firma SKF*
4. *Infrarot-Meßtechnik.* Prospekt der Gesellschaft für Technische Lösungen
5. *Magnetostriktive Sensoren*
6. *VDI/VDE 2600: Meßtechnik.* Verein Deutscher Ingenieure, (1973). Bl. 2
7. Ackermann, H.: *Abtastregelung.* Springer-Verlag, Berlin, Heidelberg, New York, (1983)
8. Al-Radhi, M. und Heuer, J.: *Produktive Instandhaltung.* QZ, 41 8, (1996)
9. Arnold, M.: Feldbussysteme, Teil 1: Grundlagen der offenen Kommunikation; Teil 2: Konzepte und Ausführungen realisierter Systeme. *ELRAD*, (1993). Hefte 4 und 5
10. Aulmann, A.: Bausteine und Anwendungsbeispiele für die Übertragung und Verarbeitung von Winkelinformationen. *Sonderdruck „Funk und Technik"*, Jahrgang 1 bis 4, (1970)
11. Averkamp, T.: *Überwachung und Regelung des Abricht- und Schleifprozesses beim Außenrund-Einstechschleifen.* Diss., RWTH Aachen, (1982)
12. Backé, W.: Fluidtechnische Realisierung ungleichmäßiger periodischer Bewegungen. *Ölhydraulik und Pneumatik*, Jahrgang Band 5, Seiten 22–38, (1987)
13. Backé, W.: *Neue Möglichkeiten der Verdrängerregelung.* Tagungsunterlagen zum 8. Aachener Fluidtechnischen Kolloquium, (1988). Bd. 2, Seiten 5-59
14. Baier, J.: *Entwicklung einer digitalen AC-Grenzregelung unter Betrachtung geeigneter Prozeßgrößen.* Diss., Univ. Dortmund, (1985)
15. Beuck, W. und u.a.: *Förderprogramm Fertigungstechnik (PFT) des BMFT. Hrsg.: Kernforschungszentrum Karlsruhe. Kfk-PFT 143, April 1989: Qualitätssicherung bei der Planung und Realisierung sowie der Störungsanalyse von Flexiblen Fertigungssystemen und CNC-Koordinaten-Meßgeräten.* Eigendruck Kernforschungszentrum, Karlsruhe, (1989)
16. Birolini, A.: *Quality and Reliability of technical Systems.* Springer-Verlag, Berlin, (1994)
17. Bosch: *Elementare Einführung in die angewandte Statistik.* Vieweg-Verlagsgesellschaft, Braunschweig, (1987)
18. Bosch: *Qualitätssicherung in der Bosch-Gruppe; Technische Statistik, Maschinen- und Prozeßfähigkeit von Bearbeitungseinrichtungen.* Robert Bosch GmbH, Stuttgart, (1990)
19. Braasch, J.: Genügen Drehgeber zur Positionierung von Werkzeugmaschinen? *MSR Magazin*, (7-8/1997)
20. Braasch, J.: *Genauigkeit von Vorschubantrieben.* Firmenschrift der Fa. Heidenhain, (Juni 2000)

21. Brändlein, Echmann, Hasbargen und Weigand: *Die Wälzlagerpraxis*. Vereinigte Fachverlage, Mainz, (1995)

22. Brüel und Kjær: *Maschinenzustandsüberwachung. Brüel & Kjær, BR0382–12. Nærum*. Eigendruck, (1991). Dänemark

23. Bryan, J. B.: Design and Construction of a precision 84 inch Diamond Turning Machine. *Precision Engineering*, Jahrgang 1, Seiten 13–17, (1979)

24. Budig, P. K., Timmel, H., Schubert, T., Jugel, U. und Seyfarth, K.: *Aktive magnetische Lager – eine Übersicht über theoretische Grundlagen, Aufbau, Wirkungsweise, Entwurf und spezielle Probleme, Teil 1 und Teil 2.*, Seiten 10 und 11, 365–370 und 424–428. Elektrie 42, (1998)

25. Christoffel, K.: *Werkzeugüberwachung beim Bohren und Fräsen*. Diss., RWTH Aachen, (1984)

26. Dehmer, J.: *Prozeßführung beim funkenerosiven Senken durch adaptive Spaltwietenregelung und Steuerung der Erosionsimpulse*. VDI-Verlag, Düsseldorf, (1992)

27. Deutsches Institut für Normung e.V. (Hrsg.). *DIN 1319: Grundbegriffe der Meßtechnik*. Beuth-Verlag, Berlin, (1971)

28. Deutsches Institut für Normung e.V. (Hrsg.). *DIN 32876: Elektrische Längenmessung*. Beuth-Verlag, Berlin, (1988)

29. DIN 1319.: *Grundbegriffe der Messtechnik - Teil 1: Grundlagen*. Beuth-Verlag, Berlin

30. DIN 31051.: *Instandhaltung - Begriffe und Maßnahmen*. Beuth-Verlag, Berlin, (1985)

31. DIN 40041.: *Zuverlässigkeit: Begriffe*. Hrsg.: Deutscher Normungsausschuss, (Ausg. Dezember 1990)

32. Doetsch, G.: *Anleitung zum praktischen Gebrauch der Laplace-Transformation und der z-Transformation*. Oldenbourg, München, (1985)

33. Dooms, K. und Machielsen, K.: Intelligenter Bewegungscontroller. *NC-Fertigung*, Nummer Nr. 6, (1991)

34. Dornfeld, D. A., König, W. und Ketteler, G.: *Aktueller Stand von Werkzeug- und Prozeßüberwachung bei der Zerspanung. VDI-Berichte 988, Neuentwicklungen in der Zerspantechnik*. VDI-Verlag, Düsseldorf, (1993)

35. Eckhardt, V. und et al.: Die Grenzen liegen jetzt bei der Mechanik. *Elektronik Heft 18*, (1993)

36. Engels, R.: *Ein Beitrag zur Optimierung des funkenerosiven Senkens*. Diss., RWTH Aachen, (1975)

37. Ernst, A.: *Digitale Längen– und Winkelmeßtechnik*, Band 3. Verlag Moderne Industrie, Landsberg/Lech, (1998)

38. Eun, I.-U.: *Optimierung des thermischen Verhaltens von elektrischen Linearmotoren für den Einsatz in Werkzeugmaschinen*. Diss., RWTH Aachen, (1999). Berichte aus der Produktionstechnik Bd. 29/99, Shaker-Verlag Aachen

39. Eversheim, W., Klocke, F., Pfeifer, T. und Weck, M.: *Wettbewerbsfaktor Produktionstechnik - Aachener Perspektiven*. Shaker-Verlag, Aachen, (AWK 1999)

40. Eversheim, W., König, W., Pfeiffer, T. und Weck, M.: *Wettbewerbsfaktor Produktionstechnik. Aachener Werkzeugmaschinen Kolloquium*. VDI-Verlag., Düsseldorf, (1993). 10 und 11, S. 365–370 und S. 424–428.

41. Eversheim, W., König, W., Pfeiffer, T. und Weck, M.: *Wettbewerbsfaktor Produktionstechnik. Aachener Werkzeugmaschinen Kolloquium*. VDI-Verlag, Düsseldorf, (1999)

42. Fahrbach, C. und Hammann, G.: Ohne Umwege - Servoantriebe in Vorschubachsen erhöhen die Bearbeitungsgeschwindigkeit. *Maschinenmarkt 99*, Jahrgang 22, (1993)

43. Firma Kistler: *Kistler-Information*. Prospekt der Firma Kistler Instrumente AG, (September 1986)

44. Firma Sandvik: *Tool Monitoring System.* Prospekt der Firma Sandvik Coromant, (1985)

45. Firmenschrift der ETEL S.A.: *Lineare kollektorlose Motoren großer Kraft.* Môtiers, Schweiz, (1995)

46. Focus GmbH: *Alert, das Fernwirk- und Meldesystem.* http://www.focus-ia.de/alert.htm

47. Föllinger, O.: *Regelungstechnik.* Hüthig, Heidelberg, (1994). 8. Auflage

48. Ford-Werke: *Statistische Prozeßregelung - Leitfaden.* Ford-Werke AG, Köln, (1985)

49. Fördergemeinschaft SERCOS interface e.V.: *IEC 1491 SERCOS interface - Digitale Schnittstelle zwischen numerischen Steuerungen und Antrieben an numerisch gesteuerten Maschinen.* Fördergemeinschaft SERCOS interface e. V., Frankfurt, (1997)

50. Fritz, S.: *Process Monitoring in Turning, Milling, Drilling and Grinding Processes. Proceedings of the 8th International Imeko Symposium on Technical Diagnostics.* Antriebsinterne Nachbildung von Prozesskräften. Antriebstagung, ISW, (1999)

51. Fürbaß, J. P.: *Verbesserung der Arbeitsbedingungen beim Einsatz einer modular aufgebauten flexiblen Fertigungszelle.* Diss., RWTH Aachen, (1987)

52. Gather, M.: *Adaptive Grenzregelung für das Stirnfräsen - Leistungsregelung, selbsttätige Schnittaufteilung.* Diss., RWTH Aachen, (1977)

53. Gehrtsen und Kneser: *Physik.* Springer-Verlag, Berlin, Heidelberg, New York, (1974)

54. Gieseke, E.: *Adaptive Grenzregelung mit selbsttätiger Schnittaufteilung für die Drehbearbeitung.* Diss., RWTH Aachen, (1973)

55. Greff, S.: Für Werkzeugmaschinen und Industrieroboter bestimmt. *Industrie-Anzeiger*, Jahrgang Nr. 6, (1990)

56. Gronies, M.: Highspeed und Dynamik setzen neue Standards. *Industrieanzeiger*, Jahrgang 25, Seiten 40–43, (1999)

57. Groß, M.: *Elektrische Vorschubantriebe an Werkzeugmaschinen.* Firmenschrift, Siemens, (1981)

58. Hagemeister, W.: *Auslegung von hochdynamischen servohydraulischen Antrieben für eine aktive Frässpindellagerung.* Diss., RWTH Aachen, (1999)

59. Heidenreich, W.: Aufbautechniken für Halbleiter-Magnetfeldsensoren. *Technisches Messen*, Jahrgang tm 56, (1989)

60. Heinemann, G. und Papiernick, W.: Hochdynamische Vorschubantriebe mit Linearmotoren. *VDI-Z Special Antriebstechnik*, Seiten 26–34, (April 1998)

61. Henneberger, G.: Servoantriebe für Werkzeugmaschinen und Roboter. In *Stand der Technik, Entwicklungstendenzen.*, München, (1986). Conference Proceedings der ICEM

62. Henneberger, G.: *Elektrische Maschinen I - Grundlagen, Wirkungsweise, Aufbau, Betriebsverhalten.* Vorlesung an der RWTH Aachen, (1994)

63. Hexamer, B.: *Entwicklungsstand und Tendenzen bei geschalteten Reluktanzmotoren*, Seiten 40 und 70–74. Nummer 105. Maschinenmarkt, (1999)

64. Hiller, B.: *Relativbeschleunigungssensor – Potential und Einsatzmöglichkeiten in der Servo-Antriebstechnik.* Lageregelseminar ISW Stuttgart, (1998)

65. Himburger, T.: *Die Dynamik des Bohrvorgangs als Grundlage eines Überwachungskonzeptes.* Diss., TU Hamburg-Harburg, (1988)

66. Homag AG: *Ferndiagnose an Maschinen.* Homag Maschinenbau AG: Eigendruck, (1993). 460/1/1.5/VK/MS/STE/1193

67. Hudetz, W. und Harnischfeger, M.: *Teleservice - Einführung und Nutzen. Herausgegeben durch den VDMA.* Maschinenbauverlag, Frankfurt/M., (1997)

68. Hudetz, W. und Harnischfeger, M.: *Teleservice für die industrielle Produktion – Potentiale und Umsetzungshilfen.* Forschungszentrum Karlsruhe. FZKA-PFT 186. Eigendruck, (1997)

69. Isermann, R.: *Systemidentifikation*. Springer-Verlag, Berlin, Heidelberg, New York, (1983)

70. Jakob, L.: *Sicherheitskupplungen in Achsantrieben von NC-Maschinen. Konstruktion, Elemente, Methoden*. Konradin-Verlag, Stuttgart, (1979)

71. Jakob, L.: Anwendungen drehstarrer, flexibler Kupplungen. *Der Zuliefermarkt*, (Sept. 1983)

72. Jeppsson, J. und Palmer, D.: *Adaptive Control with Tool Wear Indication for Milling Machines with Open CNC's*. Technical Paper on SME Conference on Advanced Technology, (IMTS'98)

73. Kiel, E. und Schierenberg, O.: Einchip-Controller für das SERCOS-Interface. *Elektronik*, Seiten 50–59, (6/1992)

74. Kirchenberger, U. und Beierke, S.: *Motorsteuerung mit Köpfen - Digitale Signalverarbeitung und Leistungselektronik gestatten die optimierte Ansteuerung von AC-Motoren.*, Seiten 76–82. Elektronik 15, (1999)

75. Klocke, F. und Reuber, M.: *Process monitoring in mould and die finish milling operations challenges and approaches*. Proceedings of the 2nd International Workshop on Intelligent Manufacturing Systems., (September 1999). Leuven Belgien, Seiten 747-756

76. Kluft, W.: Sensorik verhindert Folgeschäden. *Moderne Fertigung*, Jahrgang Nr. 7., (1986)

77. Knoop, H.: *Kriterien und Methoden zur Überwachung hochautomatisierter Fertigungseinrichtungen. VDI-Bericht 364*. VDI-Verlag, Düsseldorf, (1980)

78. König, W.: *Fertigungsverfahren*, Band 3. VDI-Verlag, Düsseldorf, (1990)

79. König, W., Ketteler, G. und Klumpen, T.: *Process Monitoring in Turning, Milling, Drilling and Grinding Processes. Proceedings of the 8th International Imeko Symposium on Technical Diagnostics*. (23-25 September, 1992)

80. Kühne, L.: *Entwicklung eines universellen Überwachungssystems für Fertigungseinrichtungen*. Diss., RWTH Aachen, (1985)

81. Kupfmüller, K.: *Einführung in die theoretische Elektrotechnik*. Springer-Verlag, Berlin, Heidelberg, New York, (1968)

82. Kynast, R.: *SERCOS interface - Technical Overview*. Präsentation auf der National Manufacturing Week, (März 15-18, 1999). Chicago

83. Lorenz, L. und Kanelis, K.: Antriebslösungen optimiert - Signalverarbeitung und Leistungschalter vereint. *Components*, Seiten 13–16, (3/99)

84. Marko, H.: *Methoden der Systemtheorie*. Springer-Verlag, Berlin, (1986)

85. Mengen, D.: *Früherkennung der Schadensbildung bei zahnradtypischen Beanspruchungen*. Diss. RWTH Aachen, (1995)

86. Menzel, Mirande und Weingärtner: *Fourier-Optik und Holographie*. Springer-Verlag, Berlin, Heidelberg, New York, (1973)

87. Metzger, K. und Hulliger, P.: Schleppfehlerfreie adaptive Regelung mit PED-Algorithmus für NC-Achsen. *Antriebstechnik 28*, Nummer Nr. 8., (1989)

88. Meyen, H. P.: *Acoustic Emission (AE) - Mikroseismik im Schleifprozeß*. Diss., RWTH Aachen, (1991)

89. Meyr, H.: *Regelungstechnik I+II*. Umdruck zur Vorlesung. Institut für Regelungstechnik, RWTH Aachen, (1992)

90. Milberg, J.: *Verfügbarkeit von Werkzeugmaschinen. VDW-Forschungsberichte AiF 8649, März 1994*. Eigendruck VDW, Frankfurt, (1994)

91. Milberg, J. und Kahlenberg, R.: *Einbindung qualitätssichernder Maßnahmen in den CAM-Bereich. VDW-Forschungsbericht AiF 12 Q, Februar 1993*. Eigendruck, Frankfurt, (VDW 1993)

92. Miller, W.: Bezeichnungen für Weg– und Winkelmeßsysteme, Verwirrende Begriffe. *Industrieanzeiger 78*, (1990)

93. Moser, O.: *3-D-Echtzeitkollisionsschutz für Drehmaschinen.* Diss., TU München, (1991)

94. Müller, W.: *Ein Beitrag zur Entwicklung von Sensoren für adaptive Regelsysteme bei spanenden Werkzeugmaschinen.* Diss., RWTH Aachen, (1976)

95. Murrenhoff, H.: *Grundlagen der Ölhydraulik.* Umdruck zur Vorlesung des Instituts für hydraulische und pneumatische Antriebe und Steuerungen. RWTH-Aachen, (1999)

96. Murrenhoff, H.: *Servohydraulik.* Umdruck zur Vorlesung des Instituts für hydraulische und pneumatische Antriebe und Steuerungen. RWTH-Aachen, (1999)

97. Nelle, G.: Optoelektronische Meßverfahren zur digitalen Längenmessung. *Konstruktion*, Jahrgang 43, (1991)

98. Niemann, H.: *Methoden der Mustererkennung.* Akademische Verlagsges., Frankfurt a. M., (1974)

99. Niemann, H.: *Klassifikation von Mustern.* Springer-Verlag, Berlin, Heidelberg, New York, Tokio, (1983)

100. N.N.: *ITI Benutzerhandbuch. Großmann.*

101. N.N.: *Matlab user's guide. The Mathworks Inc.*

102. N.N.: *MatrixX user's guide.*

103. N.N.: *Patentschrift DE 344 0670C2*

104. N.N: *Service-Support-System für den Maschinenbau in Baden Württemberg (S3-BaWü) - Abschlußbericht.* http://www.maschinenbau-service.de/teleservice/docs/asb/abschlussber.html.

105. N.N.: *Simulink user's guide. The Mathworks Inc.*

106. N.N.: Maschinendiagnose in der automatisierten Fertigung. *Industrie-Anzeiger*, Jahrgang Nr. 62, (103/1981)

107. N.N.: *Computer integrated Tool and Machine Monitoring (CTM).* Prospekt der Firma ARTIS Gesellschaft für angewandte Meßtechnik GmbH, (13.01.2000)

108. N.N.: Adaptive Control bei spanenden und abtragenden Bearbeitungsverfahren. 15. Aachener Werkzeugmaschinenkolloquium. *Industrie-Anzeiger 99*, Nummer 96, (1974)

109. N.N.: *Hrsg.: VDI: VDI/VDE-Gesellschaft Meß- und Regelungstechnik (GMR)-Richtlinie 3426: Numerisch gesteuerte Arbeitsmaschinen. Adaptive Control an spanenden Werkzeugmaschinen.* VDI-Verlag, Düsseldorf, (1975)

110. N.N.: *Laser-Transducer-System. System operating and service booklet.* Firmenprospekt Hewlett-Packard, Santa Clara, California, USA, (1976)

111. N.N.: *Laser Transducer Systems Computer Interface Electronics.* Firmenprospekt Hewlett-Packard, Santa Clara, California, USA, (1976)

112. N.N.: *Geometrisches und kinematisches Verhalten von Werkzeugmaschinen im lastfreien und belasteten Zustand.* Seminarunterlagen. Werkzeugmaschinenlabor, RWTH Aachen, (1980)

113. N.N.: *Sicherung der Qualität vor Serieneinsatz.* Verband der Automobilindustrie, (1986). 2. grundlegend überarbeitete Auflage

114. N.N.: *Grundlagen und Aufbau der Widatronic-Überwachungskomponenten.* Prospekt der Firma Krupp Widia, Essen, (1987)

115. N.N.: *Prozeßüberwachung in der spanenden Fertigung.* Prospekt der Firma Brankamp System–Prozeßautomation GmbH, (1987)

116. N.N.: *Vorrichtung zur Überwachung von Bearbeitungsprozessen. Europäische Patentanmeldung Nr. 0446849A2 der Fa. Dittel GmbH,* (1991)

117. N.N.: *Digitale, intelligente AC-Servoantriebe.* Firmenprospekt der Indramat GmbH, Lohr a. M., (1992)

118. N.N.: *Firmenprospekt der Fa. Nordmann*, (1992)

119. N.N.: *Hochpräzise CNC-Bearbeitung mit digitalen, intelligenten Antrieben.* Firmenprospekt der Indramat GmbH, Lohr a. M., (1992)

120. N.N.: *Magnetisches Längenmeßsystem ML01*, Band 30-05. Firmenprospekt Hewlett-Packard, Kirchzarten, (1992)

121. N.N.: *Hochgeschwindigkeits-Bearbeitungszentrum XHC 240.* EX-CELL-O GmbH, (1993)

122. N.N.: *Minicoder GEL 243/244.* Firmenprospekt der Fa. Lenord + Bauer, Oberhausen, (1993)

123. N.N.: *3-Phasen-Schrittmotor-Antriebe - Grundlagen, Funktionsbeschreibung.* Firmenschrift der Berger Lahr GmbH, Lahr, (1994)

124. N.N.: *Automatisieren - Katalog Antriebstechnik.* Firmenschrift der Klöckner-Moeller GmbH, Bonn, (1995)

125. N.N.: *Lineare kollektorlose Motoren großer Kraft.* Firmenschrift der ETEL S.A., Môtiers, Schweiz, (1995)

126. N.N.: *CNC-Steuerungen und AC-Antriebe - Produktprogramm.* Firmenschrift der Indramat GmbH, Lohr a.M., (1997)

127. N.N.: *Concerted Action on Research and Related to Machine Tools and Manufacturing Technology (CAMATT), Technical Workgroup 3. Machine Diagnosis: Report 3.3: Evaluation of the Questionnaire for Machine Tool builders and Machine Tool users.* Brite-Euram Project No. BE-7775, (1997). Aachen

128. N.N.: *Frequenzumrichter UDM...3.. für DS-Asynchronmotoren und Kompaktverstärkermodul CDC...1/2.. für Synchron-Servomotoren.* Firmenprospekt der Stromag Elektronik GmbH, Unna, (1998)

129. N.N.: *Gleichstrommotoren für drehzahlveränderbare Antriebe von 0,7-1550 kW.* Firmenschrift der Siemens AG Automation & Drives, Nürnberg, (1998)

130. N.N.: Internet fördert den Teleservice-Einsatz. *Elektronik/8*, (1998)

131. N.N.: *Schrittmotoren.* Firmenschrift der Max Stegmann GmbH, Donaueschingen, (1998)

132. N.N.: *Strategien zur Unterstützung von Inbetriebnahme und Service komplexer Anlagen für die Produktion und für Dienstleistungen (STRAGUSS) - Abschlußbericht.* VDMA-Verlag, Frankfurt/M., (1998)

133. N.N.: *Anorad Linear Motors - The Original Choice.* Firmenschrift der ANORAD Corporation, New York, USA, (1999)

134. N.N.: *BM(S) Series Motors - Data Publication.* Druckschrift der Firma Kollmorgen, Radford, USA, (1999)

135. N.N.: *Bürstenlose SSB-Servomotoren, SSB-Hohlwellenservomotoren.* Firmenschrift der SSB-Antriebstechnik GmbH, Salzbergen, (1999)

136. N.N.: *Motion Control - Technologien, Produkte & Systeme.* Firmenschrift der MACON GmbH, (1999). München

137. N.N.: *SFB 368 - Autonome Produktionszellen (APZ). Arbeits- und Ergebnisbericht.* Eigendruck, RWTH Aachen, (1999)

138. N.N.: *Heidenhain, Traunreut: Positionsmeßsysteme für elektrische Antriebe.* Firmenprospekt, (März 2000)

139. Nordmann, K.: *Ein Beitrag zur Verschleiß- und Bruchüberwachung rotierender Werkzeuge.* Diss., Univ. Saarland, (1990)

140. Ophey, L.: *Leistungssteigerung mit Direktantrieben?* Chemnitzer Produktionstechnisches Kolloquium, (1998)

141. Oppelt, W.: *Kleines Handbuch technischer Regelvorgänge.* Verlag Chemie, Weinheim, (1972)

142. Otto, F.: *Entwicklung eines gekoppelten AC-Systems für die Drehbearbeitung.* Diss., RWTH Aachen, (1976)

143. Özmeral, H.: *Elektromagnetisches Fast Tool Servo System für den Einsatz in der Ultrapräzisionstechnik. Berichte aus der Produktionstechnik.*, Band 12. Shaker-Verlag, Aachen, (2000)

144. Perlewitz, U.: *Konzept zur lebenszyklusorientierten Verbesserung der Effektivität von Produktionseinrichtungen.* Fraunhofer-Institut IPK Berlin, Berlin, (1999)

145. Pfeifer, T.: *Qualitätsmanagement: Strategien, Methoden, Techniken.* Hanser-Verlag, München, Wien, (1993)

146. Pfeifer, T. und u.a.: *Verfahren und Methoden zur Beurteilung der Arbeitsgenauigkeit von Werkzeugmaschinen.* Seminarunterlagen. Werkzeugmaschinenlabor, RWTH Aachen, (1976)

147. Pfeifer, T. und Wiegers, L.: *Reliable tool wear monitoring by means of image optimization in machine vision.* 2nd International Conference on High-Speed Machining, (March 10.-11. 1999). Seiten 157–163

148. Philipp, W.: *Linear-Direktantriebe hoher Genauigkeit und Dynamik.* Konstruktion 43, (1991). Seiten 425-429

149. Plapper, V., Wenk, C. und Weck, M.: Augmented Reality unterstützt den Teleservice. *wt Werkstatttechnik 89*, Jahrgang 6, (1999)

150. Powell, N. P., Whittingham, B. D. und Gindy, N. N. Z.: *Parallel Link Mechanism Machine Tools: Acceptance Testing and Performance Analysis. First European-American Forum on Parallel Kinematic Machines.* (1998)

151. Pressler, G.: *BI-Hochschultaschenbuch: Regelungstechnik.* Bibliographisches Institut, Mannheim, Wien, Zürich, (1964)

152. Preuß, T.: Eine teamorientierte Strategie führt Bediener und Instandhalter zusammen. *Industrie-Anzeiger 107*, Jahrgang 22/98, (1998)

153. Pritschow, G. und Fahrbach, C.: *Direktantriebe für Werkzeugmaschinen zur Hochgeschwindigkeitsbearbeitung.*, Seiten 162–166. wt-Produktion und Management 85, (1995)

154. Puppe, F.: *Einführung in Expertensysteme.* Springer-Verlag, Berlin, Heidelberg, (1991)

155. Rake, H.: *Regelungstechnik A+B.* Umdruck zur Vorlesung. Institut für Regelungstechnik, RWTH Aachen, (1993)

156. Rosenbauer, T.: *Getriebe für Industrieroboter - Beurteilungskriterien, Kenndaten, Einsatzhinweise.* Diss., RWTH Aachen, (1994)

157. Rumelhart, D. E. und McClelland, I. C.: *Parallel distributed Processing*, Band 1: Foundations. MIT-Press, Cambridge (USA), (1986)

158. Rummich, E. und Gfrörer, R.: *Elektrische Schrittmotoren und –antriebe, Funktionsprinzip - Betriebseigenschaften - Meßtechnik.* Nummer 365. Kontakt & Studium, Expert-Verlag Ehningen, (1992)

159. Salzmann, T. und Klug, R.-D.: Mehr Qualität für Antriebe im Megawattbereich. *engineering & automation*, Seiten 38–40, (1-2/1997)

160. Schäfer, K.: *Funktionserweiterung für numerische Werkzeugmaschinensteuerungen durch Mikroprozessoreinsatz.* Diss., RWTH Aachen, (1977)

161. Schehl, U.: *Werkzeugüberwachung mit Acoustic Emission beim Drehen, Fräsen und Bohren.* Diss., RWTH Aachen, (1991)

162. Schehl, U. und u. a.: Abschlußbericht des Verbundprojektes „Sicherung des spanabhebenden Bearbeitungsprozesses". *KfK-PFT*, Jahrgang 154, (April 1990)

163. Schierling, H.: Selbstinbetriebnahme - eine neue Eigenschaft moderner Drehstromantriebe. *atp*, Jahrgang Nr. 32, (1990)

164. Schneider, G.: *Rechnergestützte Werkzeugüberwachung beim Fräsen und Bohren in der flexiblen automatisierten Produktion.* Diss., TU Chemnitz, (1990)

165. Schneider, H. J. und et al.: *Lexikon der Informatik und Datenverarbeitung.* Oldenbourg Verlag, München, Wien, (1986)

166. Schnurr, B.: Bei den potentiellen Kunden ist noch viel Überzeugungsarbeit notwendig. *Industrie-Anzeiger*, (1-2/1999)

167. Schuhmacher, W. und Kiel, E.: Elektrische Antriebe in den neunziger Jahren. *Elektronik Heft 7*, Seiten 94–98, (1993)

168. Sesselmann, T.: Maßstäbe für interferentielles Abtasten ermöglichen Nanometer-Meßschritte. *Werkstatt und Betrieb 124*, Jahrgang 2, (1991)

169. Siemens AG: *Sinumerik 840D/Simodrive 611D Inbetriebnahmeanleitung.* Eigendruck Siemens AG, (1997)

170. Siemens AG: *Benutzerhandbuch AKUT - Akustisches Diagnosesystem & Technikbaukasten für elektrische Motoren.* Eigendruck, (1999). Erlangen

171. Sienz, M. und Rabenschlag, T.: Mit kühlem Kopf - Dynamische Linearmotoren. *iee 44, 10*, Seiten 122–123, (1999)

172. Simon, W.: *Die numerische Steuerung von Werkzeugmaschinen*, Seiten 10 und 11, 365–370 und 424–428. Hanser-Verlag, München, (1971)

173. Smith, S. und Tlusty, J.: *Stabilizing Chatter by Automatic Spindle Speed Regulation.* Annals of CIRP., (Vol. 41/1/1992)

174. Spies, A.: Längen in der Ultrapräzisionstechnik messen. *Feinwerktechnik & Meßtechnik 98*, Jahrgang 10, (1990)

175. Spur, G., Weck, M. und Pritschow, G.: *Technologien für die Hochgeschwindigkeitsbearbeitung, Weck, M. und Krüger, P.: Verbesserte Abschätzung der Störsteifigkeit linearer Direktantriebe.* Nummer 2. VDI-Verlag, Düsseldorf, (1998)

176. Stearns, S. D.: *Digitale Verarbeitung analoger Signale.* R. Oldenbourg-Verlag, München, Wien, (1979)

177. Stof, P.: *Untersuchung über die Reduzierung dynamischer Bahnabweichungen bei numerisch gesteuerten Werkzeugmaschinen.* Springer-Verlag, Berlin, Heidelberg, New York, (1977)

178. Streifinger, F.: *Beitrag zur Sicherung der Zuverlässigkeit und Verfügbarkeit moderner Fertigungsmittel unter besonderer Berücksichtigung von Kollisionen im Arbeitsraum.* Diss., TU München, (1983)

179. Stute, G.: *Regelung an Werkzeugmaschinen.* Hanser-Verlag, München, Wien, (1981)

180. Stute, G.: *Regelung an Werkzeugmaschinen.* Hanser-Verlag, München, Wien, (1981)

181. Thiele, J. und Urban, F.: *Motorspindel mit aktiver Magnetlagerung erhöhen Leistungsfähigkeiten von Maschinen.*, Seiten 30–33. Maschinenmarkt 104, (1998)

182. Tietze, U. und Schenk, C.: *Halbleiterschaltungstechnik.* Springer-Verlag, Berlin, (1990)

183. Ulrich, H.-J.: Verhütung von Kollisionsschäden an NC-Drehmaschinen. *Industrie-Anzeiger 104*, Jahrgang 45, (1982)

184. Varlik, M.: *Optimierte Prozeßführung beim Außenrundeinstechschleifen.* Diss., RWTH Aachen, (1987)

185. VDI 3423: *Auslastungsermittlung für Maschinen und Anlagen.* Beuth-Verlag, Berlin, (1991)

186. VDI 4004.: *Zuverlässigkeitskenngrößen, Verfügbarkeitskenngrößen.* Hrsg. Verein Deutscher Ingenieure, (1986). Ausg. Juli

187. VDMA: *Maschinenbau setzt „Teleservice" zur Globalisierung ein.* http://www.vdma.de/deutsch/news_stat/telemain.htm

188. Volkswagen AG: *Instandhaltungsstandard für Reinigung, Inspektion, Wartung und Instandsetzung. Firmeninterne Druckschrift*, (Ausgabe März 1999)

189. Voultoury, P.: *Sensorloses Erfassen der Rotorlage eines Gleichstromantriebes über digitale Signalprozessoren.*, Seiten 35 und 52–57. Maschinenmarkt 105, (1999)

190. W., K.: *Werkzeugüberwachungssysteme für die Drehbearbeitung.* Diss., RWTH Aachen, (1983)

191. Walcher, H.: *Digitale Lagemeßtechnik.* VDI-Verlag, Düsseldorf, (1974)

192. Warnecke, H. J.: *Handbuch Instandhaltung.*, Band 1. Verlag TüV Rheinland, Köln, (1992)

193. Weck, M.: *Werkzeugmaschinen Bd. 2: Konstruktion und Berechnung.* Springer-Verlag, Berlin, Heidelberg, New York, (1997). 6. überarb. Aufl.

194. Weck, M.: *Werkzeugmaschinen - Fertigungssysteme. Bd. 5: Meßtechnische Untersuchung und Beurteilung.* Springer-VDI-Verlag, Düsseldorf, (2001)

195. Weck, M.: *Werkzeugmaschinen Bd. 5: Messtechnische Untersuchung und Beurteilung.* Nummer 6. überarb. Aufl. Springer-Verlag, Berlin, Heidelberg, New York, (2001)

196. Weck, M. und Bonse, R.: *Studie zum Thema Abnahmebedingungen an Werkzeugmaschinen - Bestandaufnahme und Problemanalyse.* VDW-Forschungsbericht 0157, (April 1992)

197. Weck, M. und Fauser, M.: Lagerüberwachung mit neuronalen Netzen. *wt Produktion und Management*, Jahrgang Nr. 12, Seite 34/36, (1992)

198. Weck, M. und Fritsch, P.: *Einfluß der Oberflächenstruktur auf die Zahnflankentragfähigkeit von Zahnrädern.* Abschlußbericht FVA-Forschungsvorhaben, Nr. 82/II, (1988)

199. Weck, M. und Hanrath, G.: *Ermittlung und Verbesserung der Fähigkeit von Werkzeugmaschinen.* 7. Internationale Brauschweiger Feinbearbeitungskolloquium., (1993)

200. Weck, M. und Henning, K.: *Innovative Wege zur Handlungsunterstützung des Facharbeiters an Werkzeugmaschinen - InnovatiF.* Wissenschaftsverlag, Aachen, (1998)

201. Weck, M. und Kaever, M.: *Anwendergerechte Steuerungsintegrierte Prozessüberwachung. VDI-Fortschrittsberichte*, Band 439, Reihe 2. VDI-Verlag, Düsseldorf, (1997)

202. Weck, M., Klocke, F., Kaever, M., Wenk, C., Rehse, M. und Gose, H.: Steuerungsintegrierte Überwachung von Fertigungsprozessen. *VDI-Z*, Jahrgang Nr. 6, (Juni 1998)

203. Weck, M., Krüger, P. und Brecher, C.: Grenzen für die Reglereinstellung bei elektrischen Lineardirektantrieben. *Antriebstechnik 38*, Jahrgang Nr. 2+3, Seiten 55–58 und 71–76, (April 1999)

204. Weck, M., Krüger, P., Brecher, C. und Remy, F.: *Statische und dynamische Steifigkeit von linearen Direktantrieben. Antriebstechnik 36.* Springer-Verlag, Berlin, Heidelberg, New York, (1897)

205. Weck, M., Krüger, P., Brecher, C. und Wahner, U.: Components of the HSC-Machine. In *Proceedings of the 2nd International German and French Conference on High Speed Machining*, Seiten 269–278, Darmstadt, (10-11 März 1999)

206. Weck, M., Krüger, P., Brecher, C. und Wahner, U.: Components of the HSC-machine. Proceedings of the 2nd International German and French Conference on High Speed Machining. (10.-11. März 1999, Darmstadt)

207. Weck, M. und May, H. P.: *Abschlußbericht DFG-Vorhaben We550/126: Werkzeugintegrierte Sensorik.* (1994)

208. Weck, M. und May, H. P.: *Tool Integrated Sensor System. Annals of the German Academic Society for Production Engineering (WGP).* (1995). Vol. II/2 Seiten 101-104

209. Weck, M. und Mengen, D.: *Effektive Getriebeüberwachung durch leistungsfähige Diagnosesysteme.* Tagungsband 33. Arbeitstagung „Zahnrad und Getriebeuntersuchungen", (Juni 1992). RWTH Aachen, Werkzeugmaschinenlabor

210. Weck, M. und Pascher, M.: Kollisionen bei Werkzeugmaschinen vermeiden. *Industrie-Anzeiger 107*, Nummer 94, (1985)

211. Weck, M., Plapper, V. und Groth, A.: Sensorlose Maschinenzustandsüberwachung. *VDI-Z, Integrierte Produktion*, Jahrgang 142, 6, (2000)

212. Weck, M. und Teipel, K.: *Dynamisches Verhalten spanender Werkzeugmaschinen.* Springer-Verlag, Berlin, Heidelberg, New York, (1977)

213. Weck, M. und Ye, G.: Bahnsteuerungskonzept zum hochgenauen Abfahren komplexer Kurven. *Technische Rundschau*, Jahrgang Nr. 1, (1989)

214. Weiß, S.: *Modellbasiertes Lernen zur Wissensakquisition für technische Diagnosesysteme.* Hanser-Verlag, München, Wien, (1993). Zugl.: Berlin, Techn. Univ., Diss., 1993

215. Westerbusch, R.: *Entwicklung eines lernfähigen transputergestützten Werkzeugmaschinendiagnosesystems.* Diss., Essen, (1994). Vulkan-Verlag

216. Westkämper, E. und Wieland, J.: Neue Chancen durch Teleservice. *Werkstatt und Betrieb 131*, Jahrgang 6, (1998)

217. Wildermuth, E.: Der „Resolver", ein moderner Analogrechenbaustein. *Sonderdruck „Feinwerktechnik" 63*, Seiten Nr. 9, S. 307/16; Nr. 10, S. 369/73, (1959)

218. Wittman, G.: Spieleinstellbare Getriebe mit konischen Verzahnungen. *Zuliefermarkt*, Jahrgang 36, (1988)

219. Xu, C.: *Flexibilisierung der Instandhaltung durch Taktikoptimierung. Fortschr.-Ber.* Nummer VDI Reihe 16 Nr. 77. VDI-Verlag, Düsseldorf, (1995)

220. Ye, G.: *Erhöhung der Bahngenauigkeit NC-gesteuerter Vorschubachsen mit Hilfe eines Kompensationsfilters. Fortschritt-Berichte VDI.* Nummer Reihe 2 Nr. 255. VDI-Verlag, Düsseldorf, (1992)

221. Zwicker, T.: *Anwendung von Oberflächenwellenresonatoren zur Dehnungsmessung.* Diss., TU München, (1988)

Index

±10-V-Schnittstelle, 124
„Failsafe"-Stellung, 137, 139
4fach-Auswertung, 71

Abnutzungsvorrat, 381
Abrichten
   Überwachung 366
Abrichthäufigkeit, 366
Abschneidversuch, 217
Abtast
   -einheit 43
   -frequenz 301
   -gitter 43, 45, 47, 52, 58
   -rate 125
   -schritte 175
   -theorem 301
Abtastsystem
   quasikontinuierliches 172
Abtastung, 47, 172, 303, 304
   inkremental-absolute 52
Abtragrate, 367, 370
Acoustic Emission (AE), 293, 338
Adaptive Control, 281
Aliasing, 303
Amplitudenreserve, 168
Anregelzeit, 11, 200
Anregungsfrequenz, 209, 227
Antrieb
   Direkt- 30
   Kolben-Zylinder- 131
   Lineardirekt- 2, 82
   Vorschub- 151, 249
   Zahnriemen- 96
Antriebs
   -einheit 8
   -schnittstelle 122, 123, 125
   -signal 389
   -verstärker 116

Auflichtverfahren, 43
Aufnehmer
   elektromagnetisch 62
   magnetisch 68
Aufschaltelement, 181
Augmented Reality, 398
Ausfallrate, 384
Ausfallzeit, 267
Ausgangsgleichung, 185
Ausgangsmatrix, 186
Ausgleichszeit, 170
Außerschrittfallen, 26
Auswerteelektronik, 118
Axialkolben
   -motor 133
   -pumpe 133

Bahn
   -abweichung 246
   -beschleunigung 246
   -fehler 179
   -fehlerkorrektur 183
Bearbeitungsqualität, 8
Benutzerschnittstelle, 235
Beobachtbarkeit, 190
Beobachterstruktur, 221
Beschleunigungsmoment, 256
Betrieb
   Dauer- 19
   Halbschritt- 26
   Kurzzeit- 19
   Mikroschritt- 26
   Vollschritt- 27
Beugung, 54
Bewegungs-DGL, 257
Bildbereich, 157
Blechpaket, 30
Blockschaltbild, 163, 201

Bode-Diagramm, 159, 264
Bohren
  Prozessüberwachung   355
  Tiefbohren   361
Bohrerbruchüberwachung, 355
Bolzen, 106
Bremse, 121
Bürsten, 11
Butterworth-Filter, 181

CCD-Kameras
  Einsatz   357
charakteristische Gleichung, 166
Circular Spline, 102
Cogging, 31
Cyclo, 102
Cyclo-Getriebe, 104

D-Verhalten, 162
Dämpfung, 200, 230, 233, 303
  aktive   229
Dämpfungsgrad, 198, 201
Dead-Beat-Entwurf, 189
Dehnmesselement
  Oberflächenwellenresonator   285
Dehnmessstreifen, 282
  aktiver   284, 315
  Folien-DMS   283
  passiver   284, 315
Dehntransformator, 284, 289, 333
Demodulation, 304
Diagnose, 267, 390
  -aufgaben   269
  -system   269
  wirtschaftliche Bedeutung   272
Differenzengleichung
  lineare   175
Differenzialgleichung, 155
Differenziation, 74
Digitalisierung, 43, 300
Direktantrieb
  linearer   211, 216
  Messsystem   216, 217
  Steifigkeit   224
Doppelexzenter, 106
Doppelkammanordnung, 32
Doppelmutter, 85
Drehbearbeitung
  Drehmomentregelung   317

Kraftregelung   317
Leistungsregelung   317
Prozessüberwachung   325
Sensorsysteme   314
Drehgeber, 191
  digital-absoluter   50
  inkrementaler   45
Drehmoment, 334
  -anpassung   99
  -messung   314
  -messvorrichtung   331
  -regelung (Drehbearbeitung)   317
  -sensor   331
  dynamisches   337
  Spitzenwert   344
Drehzahl
  -änderungsstrategie   350
  -regelung   20
  -sprung   262
  biegekritische   204
Drucköltasche, 95
Druckspannung, 85
Durchlichtverfahren, 43
Dynamic Spline, 104

Eckenverrundung, 240
Eigenfrequenz, 196, 199, 230, 233
  des Regelkreises   206
Eigenkreisfrequenz, 262
Eigenschwingung
  hochfrequente   217
  mechanische   217
Eilganggeschwindigkeit, 256
Eingangsmatrix, 186
Eingriffsgrenzen (OEG, UEG), 378
Einheitskreis der z-Ebene, 175
Einmassenschwinger, 155, 157
Einstellregeln, 169
Einzelkammanordnung, 32
Elektronik, 1
Empfindlichkeit, 283
Endschalter
  Hardware   120
  Software   120
Energie
  dynamischer Anteil   337
Entgraten, 345
Ersatzsteifigkeit
  dynamische   231

Expertensystem, 396
Explosionsmodell, 26
Exzenter, 104
Exzentergetriebe, 107

Fähigkeitsindex, 378
Federsteifigkeit, 108
Feedforward-Controller, 180
Fehler
  geometrischer 236
  kinematischer 205
Fehlereinflüsse, 39
Feldschwächbereich, 23
Ferraris-Sensor, 219
Flankensteilheit (Filter), 303
Flexspline, 102
Flüssigkeitskühlung, 36
Flussregler, 22
Fourieranalyse, 264
Fräsbearbeitung
  Prozessregelung 339
  Prozessüberwachung 329
Frequenz
  -gang 158
  -modulator 115
  -vervielfachung 72
  komplexe 157
Frequenzumrichter, 117
Führungs
  -frequenzgang 195
  -größe 153, 163, 193, 205, 236
Funkenerosionsanlage, 367
Funkenspannung
  Regelung der 368
Funktionstest, 386

Geberfrequenz
  maximale 260
Gegenkopplung, 165
Gegenspannung
  induzierte 204
Genauigkeit, 58
  stationäre 230
Geometriedaten, 236
Gesamtanlageneffektivität, 381
Geschwindigkeits
  -aufschaltung 247
  -regler 193
  -rückführung 200

-verstärkung 196, 201, 229, 230
Getriebe, 1
  Überwachung von 392
  Vorschub- 98
  Zahnrad- 99
  Zahnriemen- 254
Gewindemutter, 81
  zweiteilige 84
Gewindespindellagerung, 89
Gitterteilung, 47, 54, 56
Glockenankerläufer, 13
Gray-Code, 50
Grenzfrequenz, 198
Grenzwert
  fester 308

Halbschrittbetrieb, 26
Halteglied, 172
Harmonic Drive, 102
Hartgewebeschicht, 37
Head-Mounted Display, 398
Hexapod, 238
Hilfsphase, 72
Hochlaufzeitkonstante, 256
Hohlkolben, 93
Hohlläufer, 13
Hohlrad, 107
Hüllkurvensignal, 304
Hydropumpe, 132

I-Verhalten, 162
IGBT, 204
Impulsbreitenmodulator, 115
Inbetriebnahme, 260
Inductosyn, 63
Informatik, 1
Inspektion, 382, 384
Instandhaltung, 380
  ausfallbedingte 383
  vorbeugende 383
  wirtschaftliche Bedeutung 272
  zeitabhängige 383
  zustandsorientierte 383
Instandhaltungsstrategie, 382
Instandsetzung, 382
Integralanteil, 194
Interferenzen, 57
Interferometer, 58
Interpolation, 48, 71, 235

digitale 74
Kreis- 236
mit Hilfsphasen 71
Spline- 236
Interpolations
-fehler 237
-tabelle 74
-takt 123
-verfahren 71
Interpolator, 237
Inversstabilität, 181
Istwert, 163

Johnson-Drive, 95

K_V-Faktor, 30, 196, 199, 240, 244, 246
Kennkreisfrequenz, 228
Klassifikation, 308
mehrdimensionale 310
Mustererkennung 299
Knickung, 251
Körperschall, 359
-schwingungen 290, 357
Histogramm 359
Streubreite 359
Körperschallsensor, 290
Beschleunigungssensor
piezoelektrischer, 290
Hydrophon 293
Kollektorlamelle, 11
Kollision, 373
Kollisions
-punkt 376
-raum 376
-rechner 376
-schäden 110
-schutzsystem 373
-ursache 375
Kommutierung, 14
Kompensation, 74
Kompensationsfilter
inverses 181
Kompensationsfunktion, 223
Komponente
mechanische 249
Koordinatensystem
Feld- 20
Läufer- 20
Stator- 20

Statorwicklungs- 20
Korrespondenztafel, 157
Kostenreduktion
Potenzial 355
Kraft
-fluss 81, 209, 224
-messlager 359
-regelung (Drehbearbeitung) 317
-übertragungskomponente 81
-welligkeit 31
Kraftsensor
Kraftmesselement
piezoelektrisches, 286
Längskraftmessdübel 287
Quarzsensor 286
Querkraftmessdübel 287
Kreis
-umfahrfrequenz 241
offener 166
Kreisform
-abweichung 240
-test 242
Kreisinterpolation, 236
Kreuzgittermessgerät, 238
Kugel
-gewindespindel 82, 249
-rollspindel 254
-rückführung 83
Kunststoffkette, 84
Kupplung, 108, 251
Ausgleichs- 108
Balg- 109
drehstarre, biegeelastische 108
Formschluss- 112
Klauen- 110
Rutsch- 112
Sicherheits- 110
Kurvenscheibe, 106
Kurzschlussläufer, 19
Kurzstatorbauweise, 31

Ladungsverstärker, 286
Längenmessgerät
gekapselt 77, 79
offen 78, 79
Läuferkoordinatensystem, 20
Läufermagnetfeld, 19
Lage
-abweichung 1

-regelkreis   152, 237
-regler   154, 193, 236
-rückführung   154
-signal   191
Lagerung
  magnetische   3
Langsamläufer, 13
Laplace-Transformation, 157
Lastmoment, 193, 255, 256
Least-Square-Verfahren, 178
Leistungselektronik, 1
Leistungsmessung, 293
Leistungsregelkreis (Drehbearbeitung), 320
Leistungsregelung (Drehbearbeitung), 317
Lernregel, 313
Lichtschrankensystem, 299
Lineal, 66
Linear-Inductosyn, 65
Lineardirektantrieb, 2, 249
  elektrischer   225
Logikanalysator, 396

Maschinenfähigkeit, 378
Maschinenzustandsgrößen, 299
Massenträgheitsmoment, 251
Maßstab, 43
MATLAB, 201
MatrixX, 201
Mechanik, 1
Mehrmassenschwinger, 210
Merkmalvektor, 301
Messfehler, 50
Messgenauigkeit, 48
Messsystem, 154
  -auflösung   179
  analoges   37
  Anbringungsort des   217
  digitales   37
  direktes   260
  indirektes   225
  Laser-Transducer-   61
  Weg-
    interferenziell, 53
    interferometrisch, 58
Messung
  zyklisch-absolute   43
Messwert, 38
Messwerterfassung
  absolute   42

analoge   40
digitale   40
direkte   38
indirekte   38
inkrementale   41
Michelson-Interferometer, 58
Mikro-Systemtechnik, 4
Mikroschrittbetrieb, 26
Mitkopplung, 165
Mittelwert
  gleitender   306
Modalanalyse, 209, 212
Modell
  -steuergröße   180
  der Regelkreise   193
Modellierung
  grafische   201
Motor, 8
  -drehzahl
    maximale, 204
  -kennlinie   14
  -messsystem   260
  -moment   193, 249, 256
  -wicklung   193
  Antriebs-   253
  Asynchron-   19, 254
  Axialkolben-   133
  Elektro-   9
  Gehäuse-Linear-   32
  Gleichstrom-   10, 254
  Hybrid   26
  Hybrid-Schritt-   26
  Hydraulik-   131
  Langstator-   31
  Linear-   29
  Minertia-   12
  Nebenschluss-   11
  Radialkolben-   133
  Reluktanzschritt-   26
  Schritt-   25, 153
  Servo-   8
  Solenoid-   32
  Synchron-   15, 204, 254
  Torque-   13
  Vorschub-   254
Mustererkennungssystem, 299
Mutter
  hydrostatische   82

Nachgiebigkeit, 224, 225
  dynamische 234
Nachgiebigkeits
  -frequenzgänge 209
Nachstellzeit, 214, 229
NC-Steuerung, 235
Nennmoment, 257
Netz
  Neuronales 313
Neuronen, 313
Nichtlinearität, 201
Nutschrägung, 17
Nutzfrequenzbereich, 303
Nutzungsgrad, 268
Nyquist, 166, 213

Oberflächenwellenresonator (OFWR), 285
Ortskurve, 159
  komplexe 224

P-Verhalten, 159
Parameteridentifikationsverfahren, 178
Passivkraft, 326
Periodenlänge, 43
Phasenreserve, 168
Photodiodenarray, 299
Photoelemente, 47
Piezoeffekt
  longitudinal 286
  Schubeffekt 286
  transversal 286
Piezoventil, 137
Planetengetriebe, 99
Planetenmutter, 85
Planetenrad, 107
Polarisationsfilter, 60
Polpaarzahl, 16, 17, 26, 27
Polvorgabe, 187
Positioniergenauigkeit, 37, 250
Positionsmessgerät, 3
Primärteil, 30
Proportionalregelventil, 137
Prozesskräfte, 223
Prozessregelkarte, 378
Prozessregelung, 267
  Drehen 317
  Drehmomentregelung 342
    Regelbereich, 344
  Fräsen 339

Grenzregelung 342
Gussputzen 345
  Möglichkeiten 281
  Prinzipien 280
  Schleifen 364
  statistische 377
  Tiefbohren 361
  wirtschaftliche Bedeutung 272
Prozessüberwachung, 267
  Abgrenzung zur Maschinendiagnose
    278
  Bohren 355
  Drehen 325
  Fräsen 329, 334
  steuerungsintegrierte 330, 334
  steuerungsinterne 295
  Tiefbohren 362
  wirtschaftliche Bedeutung 272
Pseudo-Random-Code, 52
PT_1-Glied, 194
PT_2-Glied, 233
PT1-Verhalten, 162
PT2-Verhalten, 162
Pulswechselrichter, 116

Quadrantenübergangsfehler, 238
Qualität
  Bestimmungsgrößen 275
  Einflussgrößen 273
Qualitätssicherung, 268
Quasi-Einfeld-Abtastung, 45, 47
Querstromkomponente, 20

Radialkolbenmotor, 133
Radialkolbenpumpe, 131
Radiusdifferenz, 242
Rastlage, 27
Rattererscheinung, 324
Rattern
  automatische Beseitigung 347
  Erkennung 348
Ratterschwingung, 342, 347
Rauschen
  hörbares 217
Referenzmarke, 47
  abstandscodierte 47
Referenzpunkt, 112, 121
Reflektor, 61
Regel

-abweichung   154, 163
-dynamik   228
-größe   163
-kreis   163
    Stabilität des, 165
Regelung, 4, 152
    analoge   118
    digitale   119
    feldorientierte   20
Regelungs
    -einrichtung
        adaptive, 370
Regler
    -einstellung   212, 266
    -matrix   187
    analoger   118
    Strom-   193
    zeitdiskreter   176
Reibung, 257
Reiter, 66
Reparaturdauer
    mittlere zu erwartende   384
Resolver, 63
Resonanzfrequenz, 209
Resonanzstelle
    mechanische   208
Riccati-Gleichung, 189
Richtungserkennung, 75
Ringkolben, 114
Ritzel
    schrägverzahnte   94
Ritzel-Zahnstange
    -Antrieb   82, 94, 250
    -System   82
Ritzeldurchmesser, 253
Rohteilaufmaß, 322
Rollengewindespindel, 85
Rollengewindetrieb, 85
Ruck, 204
Rückführrohr, 84
Rückmoment, 224

Satzaufbereitung, 235
Scheibenläufer, 12
Schleifbearbeitung
    Prozessregelung   364
Schleifkontakt, 24
Schlepp
    -abstand   196

-fehler   30, 179, 240
-fehlerkorrektur   179
Schnecke-Zahnstange-
    Antrieb   82, 95
    System   82
Schneideneingriffsfrequenz, 342
Schnellläufer, 12
Schnittaufteilung
    automatische   322, 342, 349
Schnittkraft, 326, 339, 348
    -messung   314
    -regelstrecke   319
    -sensor   314
Schnittstelle, 6, 122
Schnitttiefenreduzierung, 349, 355
Schraubenflächenverzahnung, 113
Schrittfrequenz, 28
Schrittweite, 221, 222
Schwelle
    mitlaufende   309
Schwingung
    Maschinenschwingung   347
    selbsterregte   347
Schwingversuch, 177
Sekundärteil, 30
Selbsthemmung, 224
Sensor
    magnetoresistiver   68
    mechanischer   299, 355
    optischer   299, 355
    Ringsensor
        induktiver, 361
Sensorführung, 346
Sensorsystem
    Drehbearbeitung   314
    Erkennung von Ratterschwingungen
        348
    kraftbasiertes   330, 359
    Prozessr., Gussputzen   345
    Prozessüb., Fräsen   329
SERCOS, 125
Servo
    -antrieb
        hydraulischer, 130
    -motor   8
    -ventil   135
    -verstärker   114
Signal

-dynamik 302, 303
-rauschen 302
Signalverarbeitung, 299
analoge 301, 304
Simulation, 201
Simulink, 201
Sinusansteuerung, 15
SISO-System, 184
Softwareendschalter, 120
Solltrajektorie, 181
Sondervorschubgetriebe, 102
Späneflusserkennung, 361
Spaltweitenregelung, 371
Spandickenmodulation, 353
Spanformerkennung, 361
Speisung
blockförmige 15
sinusförmige 16
Sperr
-dämpfung 303
-frequenz 303
Spiel, 206
-freiheit 83, 249
Spindel-Mutter
-Antrieb 250
-System 84
Spindellagerung, 83
Spindelmoment, 256
Spindelmutter
hydrostatische 89
Spindelsteigung, 253
Spindelsteigungsfehler, 121
Spitzengewinde, 86
Splineinterpolation, 236
Sprungfunktion, 155, 262
Stabilität, 165
Stabilitäts
-karte 350
-kriterien 166
-minima 350
-rand 167
Stabläufer, 12
Start-/Stopfrequenz, 29
Steifigkeit, 90, 224
axiale 90
dynamische 224, 226
statische 206, 224, 225
Stellglied, 163

Stellgröße, 154
Stellgrößenbegrenzung, 181
Step-Response-Test, 221
Steuerkette
offene 152
Steuerung, 152
Stichprobe, 301
Stick-Slip-Effekt, 83, 249
Störfrequenzgang, 212
Störgröße, 163, 205
Störkraft, 217, 223
Störquelle, 81
Störverhalten
des Lineardirektantriebs 229
Strahlteiler, 61
Ströme
sinusförmige 15
Stromanstiegsgeschwindigkeit, 204
Strommessung, 293
Hallelement 295
Motorstrommessung 295
Shuntwiderstand 294
Transformator 295
Strukturverformung
elastische 225
Synchronisation, 125
System
-dämpfung 196
-eigenfrequenz 196
-matrix 186
instabiles 166
schwingungsfähiges 211
zeitdiskretes 171

Tachogenerator, 193
Teach-In-Verfahren (Überwachung), 329
Teleservice, 399
Dienstleistung 399
internationaler Vergleich 404
Nutzungsszenarien 400
Temperatursensor, 297
Quarzthermometer 299
Thermoelement 298
Widerstandssensor 298
Halbleiterwiderstand, 298
Metallwiderstands-Thermometer, 298
Testsignal, 262
Thermoelektrischer Effekt
Thermospannung 298

Thermoelement, 297
Tiefpassfilterung, 302
Toleranz, 79
Toleranzband, 310
Trägheitsmoment, 253
Transferelement
    mechanisches 193
Trapezgewindespindel, 82, 89
Trennfunktion, 311

Übergangsfunktion, 155
Überlastbereich, 14
Überlastung, 316
Überschwingen, 201, 265
Übersetzungsgetriebe, 252
Übertragungs
    -faktor   170
    -fehler   208
    -funktion   157, 264
Übertragungselement
    mechanisches   203, 249
    nichtlineares   202
Übertragungsverhalten
    dynamisches   208
    kinematisches   205
    Mechanik   202
    statisches   206
Überwachung, 120
    Abrichten   366
Überwachungs
    -strategie   275
    -system   269
Ultrapräzisions
    -fertigung   5
    -maschine   89
Umfangfräsen
    Sensorsystem   346
Umlenk
    -rohr   84
    -system   83
Umrichter, 114, 204

V-Abtastung, 50
Verdrängersteuerung, 144
Verfahr
    -geschwindigkeit   250
    -weg   250
    -weglänge   82
Verformungsenergie, 111

Verfügbarkeit, 272
Verlagerung, 224
Verschleifen, 240
Verspannmoment, 94
Verstärkung, 229, 233, 304
Verzahnungsfehler, 94
Verzögerungsglied, 194
Verzugszeit, 170
Vielkeilwellenabsatz, 94
Vierfeld-Abtastung, 47, 52
Virtual Reality, 398
Vollschrittbetrieb, 27
Vorfiltermatrix, 187
Vorschaltgetriebe, 99
Vorschub
    -achse   191
    -antrieb   82, 151, 249
    -beschleunigung   249
    -bewegung
        lineare, 82
    -geschwindigkeit   249
    -getriebe   98, 253
    -kraft   249, 326
    -motor   254
    -regelkreis   153
Vorschubrichtungswinkel, 340
Vorspannung, 85

Wälzlagerüberwachung, 388
Wälzringgewindespindel, 87
Wartung, 268, 380, 382
Wave Generator, 102
Wegmesssystem, 214
    direktes   216, 225
    indirektes   216
Wegmessung, 37
Werkstückfehler, 237
Werkzeugschneidenbruch
    totaler   335
Werkzeugüberwachung
    Kolkverschleiß   327
    Verschleißmarkenbreite   337
Wheatstonesche Brücke, 284
Widerstandssteuerung, 143
Winkel
    -lage   37
    -schritt   25
    Schritt-   25
Wirbelströme, 219

Wirbelstromband, 219
Wirkleistung, 294
Wirkungsgrad, 256
Wirkungsplan, 163
Wirkverhältnis, 368
Wissensakquisition, 397
Wortbreite, 301

z-Bereich, 175
z-Transformation, 173
Zahnradgetriebe, 99
Zahnriemen
  -Antrieb   96
  -getriebe   254
  -triebe   82
Zahnstange
  -Ritzeltriebe   249
Zahnstange-Ritzel
  -Antrieb   82
Zahnstange-Schnecke
  -Antrieb   82

-System   95
Zahnstangenflanken, 94
Zerspanarbeit, 339
Zustands
  -beobachter   190
  -differenzialgleichung   185
  -erfassung   269
  -gleichung   185
  -größe   183
  -raum   311
  -raumdarstellung   183
  -regelung   183
  -regler   187
  -vektor   185
  -vergleich   269
Zwischengröße, 184
Zwischenkreis, 204
Zwischenkreisspannung, 115, 204
Zykloidenzug, 106
Zykluszeit, 125